中国建筑口述史文库

【第二辑】

建筑记忆与多元化历史

主编 陈志宏 陈芬芳

同济大学 出版社
TONGJI UNIVERSITY PRESS

中国·上海

言为心声

文若寰宇

郑时龄

郑时龄院士题词

目 录

口述史工作经验交流及论文　245

历史照片识读　311

附录　321

华侨建筑与传统匠作记述

马来西亚槟城姓林桥的营建 [1]

受访者简介

林天助

男，1939 年出生于马来西亚槟城，祖籍为中国同安后田社 [2]（现厦门后田村），第三代移民。父亲为上任桥主（已故）。现与儿子同住在自己所建的桥屋 [3]。

林福生

男，1956 年出生于马来西亚槟城。现住姓林桥，祖籍同安。

林宝胜

男，1983 年生，第四代移民。现于马来西亚首都吉隆坡工作，妻子和儿子住在桥上。

采访者： 涂小锵（华侨大学建筑学院）、康斯明（华侨大学建筑学院）

访谈时间： 2018 年 11 月 27 日现场采访，部分问题以网络方式请林宝胜补充

访谈地点： 马来西亚槟城姓林桥林天助、林福生家门前

整理情况： 现场记录整理于 2018 年 12 月 25 日，网络采访整理于 2019 年 1 月 24 日

审阅情况： 未经受访者审阅

访谈背景： 槟城（Penang）是近代华侨在东南亚的重要聚居地，现为马来西亚十三个联邦州之一，并以"槟威海峡"为界分为"槟岛"和"威省"两个地区，在槟城乔治市的东北部海墘区域保存大量的华人海上木屋，现在还居住着大量来自中国福建闽南的华侨后裔，该区域被称为槟城姓氏桥。现有槟城华侨研究多以历史文献档案分析会馆、公司等华侨社团组织，对于社会下层的华侨生活状态却缺少相关历史文献的支撑，如槟城姓氏桥、相公园 [4] 等大量华侨居住的传统聚落。在海外华侨建筑调研中，虽然保存有大量的建筑实物可以进行实地测绘研究，还需要对当地华侨后裔进行口述访谈。口述史是对海外华侨建筑和聚落研究的重要研究方法。本文以槟城姓林桥为例，通过与当地桥主 [5] 儿子和桥上住民的访谈了解姓林桥的营建过程和建筑特点。

受访者 林天助

受访者 林福生

涂小锵　以下简称涂
康斯明　以下简称康
林天助　以下简称天助
林福生　以下简称福生
林宝胜　以下简称宝胜

关于姓林桥的历史

涂　阿伯您好，我来自中国厦门，请问这里是姓林桥吗？这座桥有多久历史了呢？

　天助　是的，这是姓林桥。很早以前就有了，桥头那边有 1910 年的照片，那个时候已经小有规模了。我是 1939 年出生，第二年[6]姓林桥被日本炸掉，然后我们搬到其他地方住，八岁的时候重新回到这里。

康　为什么会被日本人炸掉？

　福生　日军于 1941 年轰炸槟城，姓林桥中弹失火，大部分桥屋烧尽。原因是中国云南抗日的时候缺少驾兵车和运粮的技工，技工都是从姓林桥坐商船、客船回国去的。日本人那边的间谍收到情报，所以日本飞机第一个进来就轰炸我们的桥。

康　其他桥也有被炸吗？

　福生　没有，其他桥没有运技工，没有被烧掉。

槟城位于马来西亚西北侧，
以槟威海峡为界分为槟岛和威省

姓氏桥分布在槟岛码头以南的海埕区域
原图来自槟岛市政厅，
本图由陈耀威建筑文史研究室提供

涂 姓林桥什么时候重建的？有什么不一样的地方吗？

　｜天助 日本人走了就重建了。桥头有一张 1945 年的照片，因为人多了，所以房子也多了。桥头的那段桥比之前的宽了很多，还可以看到有汽车停在上面。

康 那这些姓氏桥什么时候开始形成的？姓林桥是最早的吗？

　｜福生 姓氏桥成为固定的住所应该是 19 世纪后期。在这之前，各姓氏的劳工社区出现在乔治市沿海一带，尤其靠近海墘码头附近的地区，打铁街、打石街、打铜仔街那块。直到 1882 年填海工程扩建乔治市沿海的土地及海墘码头的兴建，新海岸一带才在沼泽海泥中建造由木柱支撑的简单木棚屋。1910—1920 年是马来西亚橡胶和锡米 [7] 生产的巅峰期，也是大量的中国人到这里来的时候。姓氏桥当时不停地扩建，海上的桥屋也日渐增多。

康 姓林桥是最早的吗？

　｜福生 姓林桥是不是最早的不清楚，可能各个桥都会说自己是最早的。

涂 中国人从原乡过来，是先住在内陆还是直接就到这里呢？

　｜天助 之前有听人家讲，后田村的人来一开始是住在山上 [8] 的，后来因为做海上生意方便就慢慢住到桥上去了。

关于姓林桥的生活情况

涂 桥上住的都是姓林的吗？你们祖籍是哪里的呢？

　｜天助 是，以前都是姓林的，现在有些人没有住了就卖给其他姓氏的人。还有一些因为亲戚是其他姓的，或者嫁给了其他姓氏的人，所以现在桥上也住了其他姓氏的人。（祖籍）有三个地方，后田、南安，还有一个想不起来了。

涂 其他姓的可以在这里建房子吗？或者买你们的房子吗？

　｜天助 不可以，只能是来自中国后田姓林的。有听他们说不可以把房子卖给外姓的，如果经济上有困难，可以先把房子卖给姓林桥公司，等有钱了再赎回，可能是避免被其他姓氏的吞并。听说后来也有一些其他地方姓林的加入进来。

涂 桥上什么时候有庙的？桥头和桥尾是不是都会有祭拜神灵的地方？

　｜天助 桥头有日月坛，大概是 1970 年以后建的，供奉金天大帝和其他神明，还有日月两（位）大使。桥尾那个神农庙是个人新建的，大概一二十年。

涂 现在桥上住的有几户？你们在其他地方也有房产吗？

　｜天助 30 户。其他地方没有房产，以前老一辈的有说，他们到了这里以后走船赚多少就是多少，都是拿现金过日子的，没有去投资房产。桥上最多时候住了几百人，有些人赚到钱搬到内地去了。

涂 以前走船主要是做什么？

1910 年的姓林桥桥屋已小有规模
姓林桥提供

战后重建的姓林桥（1945 年）
引自：潘怡洁《初探槟城姓氏桥社会的形成与转变》，
《闽商研究文化》，2016 年，第 1 期

｜天助　主要是载货。大船会停在政府的港口，我们驾船（舢板）去运货，运回来之后商铺的人会来拿货。也有载客。

涂　政府的港口是在哪里？你们会在桥上卖东西吗？

｜天助　在对面，威省那边。没有的，都是给内陆商铺拿货。小时候很热闹，会有人载菜来卖，桥上交易。

涂　和其他姓氏桥之间会有竞争吗？去了之后商品会不会拿错？

｜天助　肯定会有竞争的，有时候还会打架。商品不会拿错，店家会把单子给我们，我们拿着单子去。店家会把钱给到姓林桥公司，公司再安排姓林桥的人去拿货。做工的人每天要给到基金会 2 块钱（马币）。

涂　我从老照片看，桥边停了很多的舢板，那个时候是可以从桥的任何地方上岸吗？还是说只能从一个地方上岸？

｜天助　载人和载货一般都要从桥尾上岸，如果自己驾船就随便哪都可以。

位于姓林桥桥头的日月坛

位于姓林桥桥尾的神农庙

自己出钱建设的内部桥，早期宽度较窄　　　　　　　　　　用于造桥的木材，来自泰国的柚木

关于姓林桥的建桥情况

涂　大家都是从（这）一座桥上吗？为什么只有一座桥大家公用的，没有建很多桥？

　│天助　这个（桥）很贵的，没有人建得起。

涂　是先建了房子还是先有这座桥呢？建桥的钱是谁出的？

　│天助　先建桥。钱是由桥主从桥民（处）筹集，公共的桥是大家一起出钱，后来自己搭建的桥，家门前的这条就是自家出钱。（林天助的儿子在一旁补充：早期的时候因为经济不好，所以桥没有现在这么宽，当时只有三块板，两边是空的。记忆中小时候在桥上跑，父母都会在后面喊，小心掉到海里）

涂　桥是怎么建的？用的什么木材？

　│天助　木材是 Teak（柚木），其价格昂贵，来自泰国。分为四个步骤：先打水桩（槟城福建话为 Tong Ak Ka），一根 12 尺（英尺，约 3.65 米），大小为 4 寸 ×4 寸（英寸，约 0.1 米），需要四五个人合力将桩打下一半（5 ~ 6 英尺），柱子之间大概是 4 尺（约 1.22 米）的间距；然后在水桩上面搭上与桥面平行的柚木；再搭上垂直于桥面的较短木条；最后才是放的桥板。

桥面细部　　　　　　　　　　　　　　　　　　　　外包水泥以保护水桩

涂　要用什么工具？上回采访相公园一位居民时描述他在做水桩的时候会自己坐上去用自身的力将桩打入，你们会用人坐在上面吗？

丨天助　没有人坐在上面。我们是用铁锤，这个很难打。

涂　柱子会容易腐烂吗？这个公共部分的桥是谁维修的？

丨天助　不会，打到水里的不会烂，露在外面的就用水泥包起来。会有桥主维修公共部分。

关于桥屋的建设情况

涂　你们桥上是用这么好的木头，那房子是用什么木材？

丨天助　都没有钱，所以房子的木头没有暴露在风雨中就会选择较为便宜的杂木。

涂　屋子的地板会碰到水吗？水位有发生变化吗？

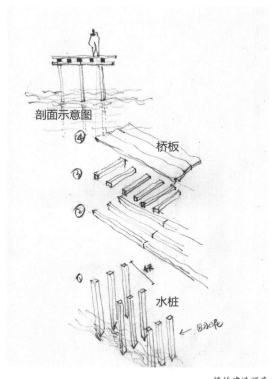

桥的建造顺序
笔者根据林天助口述整理自绘

丨天助　不会碰到水，建得够高。会比以前高一点，以前人站到海里的时候水只到腰部，现在会到嘴巴了。每月一次涨潮，水位最高时候离木板只有五六寸（12～15厘米）距离，但不会漫上房子。

涂　这里的房子有请人设计吗？这个房子是您起（盖）的吗？

丨天助　没有的，这里的房子都是自己起的。这个就是我自己起的。

涂　当地有从事造房的匠师吗？是世袭制还是收徒？每位师傅一般会带多少助手？如何收费？

丨宝胜　有，我有认识几个老匠师。老匠师世袭和收徒都会有，但现在年轻一辈都不干这活了。现在很多新匠师，都是聘请外国劳工。我们这边外国劳工多数是来自孟加拉国、缅甸、越南、印尼和柬埔寨。当然，不少是非法劳工。中国人也有，不过很多过来都是做生意，不干粗活。（老匠师）一般是带三四个助手。收费的话我爸爸那个年代（20世纪70年代），师傅的工钱大概是每天2块钱（马币）。

涂　现在还能自己建房子吗？

丨宝胜　我们这里第三代开始基本上不可以自己建造房子了，因为政府开始管制，要经过很多申请手续才能起房子。我们家这个房子是我曾祖父建好遗留下来的，我们在1996年有重修过，1996—2018年期间也有几次小维修。

涂　建造的过程是什么顺序呢？

与邻居共用的柱子（有 72 年的历史）

供维修及固定作用的老鼠桥

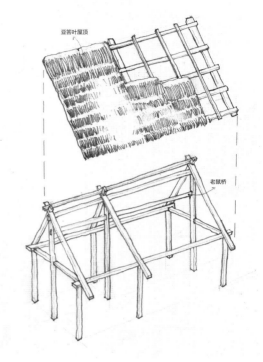

亚答叶屋顶

老鼠桥

林天助桥屋的结构示意。屋顶为根据早期的亚答叶屋顶绘制，
现已更换为锌板

笔者根据林天助口述整理自绘

|天助 底下部分跟建桥是一样的，桥板的部分就是屋子的地板，然后立柱子。（柱子）可以有两种，一种是柱子都一样高，再搭一个三角形的屋架。还有一种就是我们家这样的，柱子不一样高，算好就直接立上去。

涂 房子的大小和高度会有什么要求吗?

|天助 没有，自己想建多大都可以。

涂 每栋房子都是单独的吗? 旁边房子是不是兄弟亲戚住一排?

|天助 不一定，我和邻居这面墙是共用的。他们是我亲戚，我们先建的，后来他建的时候就跟我们共用这根柱子。这根柱子72年了。

涂 中间这根（横木）是什么用途?

|天助 这根叫老鼠桥，施工的时候人可以在上面走，同时也起到固定的作用。

涂 这栋房子是五路厝 9 吗?

|天助 是五路厝，按照亚答叶 10 的片数来算。

涂 房间有分等级吗?

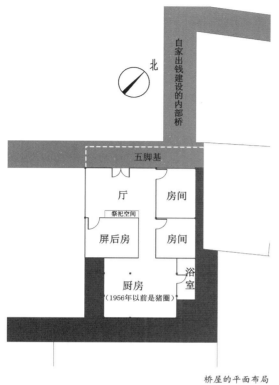

锌板的桥屋

用作屋顶的石棉材料

桥屋的平面布局

笔者根据林天助口述整理自绘

｜天助 没有，都一样的。这边一共是 3 间。后面现在是厨房，在 1956 年以前是猪圈。旁边这间是浴室。

涂 你们房子没有建五脚基[11]吗？

｜天助 前面这部分就叫五脚基，没有柱子也是算五脚基。

康 我刚走过来看到很多房子都没有用木头了，都换成新的材料了，是什么时候改的？现在一般是用什么材料作为替换木板？

｜福生 大概十多年前拆除木板屋，改用新材料。木头太贵了，而且不挡风雨。我们家是 2000 年更换，以前木板 16 尺长（约 4.88 米）只要几块钱，而现在卖七八十块，没办法只能选新材料。

｜宝胜 现在多数用的是锌板，鲜红色的这种是锌板，然后粉红和暗黑的这种是石棉。价格应该差不多，但现在我们都会选择锌板，因为石棉两年左右会破裂，一旦破裂会漏雨，要修补也比较难。这两种材料也是用来做屋顶的。

位于姓林桥尾端的公司厝

15

康 现在大家怎么也不用亚答叶了？

丨福生 其实（我们）更喜欢用亚答叶，凉快。但是现在亚答叶少了，以前一片四分钱，现在不好买，也贵。大概二十年前开始没有使用了。

涂 亚答叶不是自己制作吗？每片的尺寸是多大？

丨天助 亚答叶是统一购买的，每片的尺寸为长边 4 尺 ~ 6 尺（1.22 ~ 1.83 米）左右，短边根据树叶的大小而定，一般是 2 尺（0.61 米）左右。盖屋顶的时候每片之间还会重叠 2/3。大概每三四年更换一次。亚答叶久了会坏，也会有虫子。

涂 亚达叶是不是会有虫子掉落？虫子掉落影响大吗，如何处理？

丨天助 是，（那）是虫子的屎，会掉到客厅里，（一直）要打扫。房间的话上方会放塑料膜。

涂 刚才走到桥的尾端，有一间不一样的房子，那个有什么特别的吗？

丨天助 那个是姓林桥的公司厝[12]。大家都可以使用，会放一些工具也可以住人。

1　国家自然科学基金资助项目：闽南近代华侨建筑文化东南亚传播交流的跨境比较研究（编号：51578251）。

2　同安县后田社更为槟城姓林桥人所熟知，早期槟城华人寄信回原乡的地址为"同安县天马山前后田社"。后田村的人则多以"柴路头"称呼姓林桥。

3　当地人称建在姓氏桥上的屋子为桥屋。

4　相公园为位于槟城大路后（Jelutong）的村子（kampung），居住大量祖籍福建南安三十一都潮塘社（现为莲塘乡）的陈氏族人，现保留有大量的木屋。

5　在姓氏桥中，辈份高的桥民或族长可以被姓林桥公司委任为"桥主"，桥主负责调解桥民之间的纷争。"姓林桥公司"是指姓林桥上的宗亲组织，在星马地区华人组织多称为"公司"。

6　林天助 1939 年出生，此处的第二年指 1941 年即他二岁的时候。

7　文中"锡米"也称"锡矿"，源自马来西亚广东话。马来西亚蕴含丰富的锡矿资源，曾是最大的锡矿生产和出口国，吸引了大量的华裔劳工前往开采。

8　老一辈槟城华人称乔治市中心为"坡底"，市区以外内陆（包含山区）统称"山上"。

9　马来西亚民间以亚答铺盖屋顶的行数称为"路"，并用"路"来衡量木屋的大小规模。一般上，3.66 ~ 4.57 米宽的客厅铺三行，2.74 ~ 3.05 米宽的房间铺两行，所以一栋两开间，即一厅一房面宽的木屋叫"五路厝"。原文参考自：陈耀威《木屋：华人本土民居》。廖文辉《马来西亚华人民俗研究论文集》，吉隆坡：策略咨询研究中心，新纪元大学学院，2017 年，71 页。

10　亚答叶主要采用亚答树（马来语：atap）或者其他当地棕榈树的叶子，屋顶采用亚答叶的东南亚传统建筑称为"亚答屋"。

11　五脚基，指的是连栋式店屋的街区，其首层的部分必须留设有顶盖的五尺（约 1.5 米）步行通道，以供行人防止日晒及雨淋。典型的五脚基有着连续性的柱廊。后于田野调查中发现，当地华人称自家木屋前（包括没有柱子的木屋）都为五脚基。"五脚基"一词的由来，一方面是英文字面上的直译（foot 既是英尺，也是脚），一方面则是受到马来语的影响，马来语称英尺叫"Kha Gi"，海外福建人将这个结合英语与马来语的拼音转译成"脚基"，用以描述这种新的建筑形式。原文参考自：江柏炜《"五脚基"洋楼：近代闽南侨乡社会的文化混杂与现代性想象》，《建筑学报》，2012 年，第 10 期，92-96 页。

12　闽南语，族人共住的房子，相当于会所。早年华侨下南洋无处安身时可先在公司厝下榻安身。

"香山帮"杰出匠师程茂澄先生口述

受访者
简介

程茂澄

男，1944 年出生于苏州。自 1960 年起从事古建园林营造工程，至今已近六十年。现任东吴园林古建筑工程公司总工程师，是苏州"香山帮"杰出的古建园林匠师。2017 年在中国民间文艺家协会中国建筑与园林艺术委员会和北京圆明园研究会共同主办的公益评选活动中获得"当代艺匠"称号。

在从业生涯中，曾主持一百多处工程项目的修缮、改造和设计，范围涵盖古建园林、历史街区以及现代公建和住宅等。曾承担苏州拙政园、留园、网师园、沧浪亭、狮子林、耦园等修缮工程；主持建造江苏省国画院（1983—1985），北京东湖别墅苏式庭院（1988—1989），徐州矿务局张集煤矿苏式庭院（1990—1991）、彭祖园苏式庭院（2010），海南万国旅游博览村（1993—1994），苏州工商银行疗养院（1995）、兰莉园宾馆（2002）、工艺美术博物馆（2005），台北"天地人间"苏式庭院工程（1997），浙江平湖报本禅寺大雄宝殿（1998—1999），江西赣江宾馆苏式庭院（2003—2004），上海闵行房地集团江南御府（2012—2013）与御前街（2013—2014）；修复安徽寿县清镇（1996—1997，华东地区规模最大省级文物）与靖淮门城墙（1998，国家级文物保护单位），上海闵行区项宅（2014）、财大老校门（2017）；改造上海七宝老街（2000 年至今），青岛即墨路小商品市场立面（2007），徐州新沂窑湾古镇老街（2009）等。

多项工程受到国家级、省级褒奖，特别是徐州张集煤矿苏式庭院工程，被誉为中国首座园林式矿区，载入由联合国教科文组织、中国新华社联合编纂的《世界通讯》。

采访者： 蔡军（上海交通大学）、刘莹（上海交通大学）、殷婕（上海交通大学）

访谈时间： 2018 年 4 月 26 日、5 月 2 日

访谈地点： 苏州市东吴园林古建筑工程公司，以及程茂澄先生家中

整理情况： 2018 年 5 月 8 日完成整理

审阅情况： 经程茂澄先生审阅

访谈背景： 程茂澄先生作为苏州"香山帮"匠师的杰出代表，长期奔走各地主持工程项目，2018 年前后主要在江西进行古建营造活动。采访者为研究苏州"香山帮"木作营造技术在江南地区的发展、渊源和变迁机制，与程先生电话约定 2018 年 4 月 26 日在苏州东吴园林古建筑工程公司及 5 月 2 日在程先生家中进行访谈。两次访谈分别进行了 4 个多小时，其间程茂澄先生畅谈了个人从业经历，对"香山帮"的认知及古建营造感悟。

蔡军及学生与程茂澄先生合影
蔡军（左二）、程茂澄（左三）、刘莹（右一）、殷婕（右三）

蔡 军 以下简称蔡
刘 莹 以下简称刘
殷 婕 以下简称殷
程茂澄 以下简称程

蔡 您什么时候开始从事古建园林的营造工作？请您大致讲讲香山帮的情况。

程 我从 1960 年开始从事古建园林营造的工作，从业五十多年了，所做的建筑项目分布在全国各地。提到香山帮，人们想到最有名气的就是天安门（建筑）、蒯祥 [1]（人）、苏州园林（建筑、景观）。香山帮是一个整体，木工、瓦工、石工、彩绘、砖雕等，工种齐全，起源于苏州太湖胥口一带的香山地区。现代苏州的工匠都可以称为香山帮，都是一条线发展下来的。据我所知，（十一届）三中全会后，古建筑技艺得到重视和保护。国际上，（陈从周先生）将网师园殿春簃复制在美国大都会博物馆展示，引起世界轰动。中国的传统古建筑太伟大了，原来日渐衰微的中国传统建筑技艺传承又渐渐弘扬起来。我个人在工地上带了一批又一批的传人。

蔡 香山帮的木作最主要的特色是什么？

程 苏州的大木作和安徽、福建的是不同的，但和上海、湖州一带，基本是一种风格。举个例子，矮柱，香山帮的矮柱下部通常做成大肚子，和梁交接的地方做（成）老鹰嘴；安徽的矮柱不讲究，仅用圆木。再有，屋架和墙体的关系也存在不同，考究的香山帮建筑，边柱有一半过一寸包在山墙中 [2]；而安徽、江西等地，墙体与柱子是相互分离的，江西万寿宫历史文化街区的建筑，墙和柱子也（是）完全脱开的。在工程实践中要多观察，慢慢积累知识，就可以了解各地木作特征。苏州屋架基本上圆作 [3] 没有雕花，扁作 [4] 有雕花；扁作挖底 [5]，圆作有时做挖底。香山帮的木结构表面涂广漆，漆树分布在湖北、

陕西、四川,在树皮上割一刀,渗流胶汁,胶汁经过纱布处理,再在生漆中配桐油,是一般油漆价格的10倍。现在苏州园林内部建筑都涂这种漆,它与调和漆、化学漆不同,有一定的包浆厚度,需要13道工序耗时一个月的时间来完成光漆,抗氧化功能强。除了木作,香山帮建筑其他方面也很有讲究。建筑屋面正间的中缝处,必须是一条盖瓦;而北方建筑中缝大多为底瓦。地面铺装,正间的中线位置必须正对一排方砖的中心(雄缝),而不能是两排方砖的拼缝(雌缝)。这一点现在很多的年轻匠师也不懂,经常搞错。

刘 您是什么年代负责苏州园林的管理?

|程 (20世纪)80年代,我们负责苏州所有开发园林的维修工程,在留园水地驳岸维修中发现水地里还有一口水井,悟出一个道理:此井实为净化水质,使水池水与井水形成一个微循环的作用。井水冬暖夏凉,冬天鱼到井里,夏天鱼也喜欢井里凉水。井口搁置两块条石,中间空隙有12公分(厘米),人在池中作业掉不进井里,我们古代工匠的智慧由此可见。

蔡 您怎样看待中国传统的榫卯结构?或者说您对"成也榫卯,败也榫卯"这句话如何看待?

|程 这种说法不科学。唐山大地震时,我的一个亲戚刚好出差去唐山,地震前一天暂住在木结构老房子中,结果万幸的是房子没有在地震中倒塌,人安全无事。榫卯结构的传统建筑,结构中有相互牵引力,抗震性能较强。我在江西做的项目,榫头与柱子交接的部分,有销子相互连接(术语为红进肚,连接的韧性强)。榫卯结构具有很多优势,在传统建筑中发挥着十分重要的作用。

蔡 您认为香山帮是什么时候起源的?

|程 有记载的历史是从蒯祥开始,实际应该早已开始。该地区历来都出建筑匠人。历史上在香山一带从事建筑营造的工匠都可以称为香山帮工匠。

刘 扁作梁截面高大,是否通常都是用几块木头拼接的做法?

|程 可以,大梁两侧雕花板,内部由较小的木材拼成,再用木钉钉上。

殷 清代到民国时期,您知道哪些著名的香山匠人?

|程 (20世纪)60年代初期,有郁姓师傅(三兄弟),当时七十多岁了,后来失去联系了,可以去香山帮协会查查看。

蔡 请问您做项目主要是做施工还是设计?是画图,还是直接凭经验施工?

|程 很多项目是自己内部画图,再送去施工,以施工为主,需要总控负责的。

蔡 对于香山帮匠人来说,在外地从事工程,是否会考虑地域的变化,融入当地的传统建筑特色?

|程 基本不考虑。因为项目委托我们去做,往往就是认准了喜欢苏州古建园林的做法。当然我也不是只懂得苏式做法,其他地区的建筑也了解一些。

刘 您目前还从事古建修复工程吗?

|程 从事。如上海老闵行项宅(现作为闵行老街展览馆),当时设计方提出要加固基础。我做了一个实验,证明不用加固基础,得到了对方的赞许。我现在对于建筑修复与营造如履薄冰,希望能留下精品建筑。学习建筑需要多去现场,不能盲目按照图纸施工,要用心设计,设计图不到位处要加以调整优化。

刘　现在建筑构件加工是否还依靠手工？

　程　加工基本都是机械加工，手工为辅。

蔡　扁作厅侧檐的"判官头"[6]是否有结构作用？

　程　现在大多并没有结构作用，有一定装饰作用。

殷　湖州建筑风格与苏州接近，其建筑营造是否有香山帮匠人参与？

　程　湖州建筑大部分是香山帮建筑匠人参与修建。在民国时期，木匠流徙各地，（原本）一个地区内封闭的做法转化为博览众家之长、吸收各地优秀技艺的做法。例如我在江西古村落，发现古建筑内部许多做法十分有创意，比如窗格做成喜字形。工匠吸收了地域做法，会融合起来，对最初的做法进行修改。

刘　您在浙北杭嘉湖地区是否有古建项目？

　程　浙北地区最大的大雄宝殿——报本寺大雄宝殿，与杭州灵隐寺规模相近，钢混结构非木构，但椽子、老嫩戗与门窗都是木头的。

蔡　太湖石的具体定义是什么？

　程　太湖石是源于西山太湖边上的石材，主要是园林造景置石，宋代时期所用的太湖石范围推测是限定太湖的石头。没有太湖石就不是苏州园林，苏州园林的水池如果放生1000条鱼，只能看见700条，其余都在假山的石洞里。广义的太湖石不只是指太湖里的石头，只要是由石灰岩形成的石头即可，浙江长兴、安徽巢湖、北京房山、山东临沂均产太湖石。太湖石有"花脸"，（讲求）"瘦透漏皱"，直接买几吨的石头后选择堆砌，工人堆砌时（要）控制石头的悬挑和重心。现在资源越来越少，苏州太湖边已经没有这种石头了，巢湖也不允许开挖了，现在大多用广西的太湖石。

蔡　您参加过香山工坊[7]的讲习所吗？

　程　我参加过几次会议，学员比较少，正儿八经想学本事的，听讲才有效果。有次去"姑苏人家"（苏州城区内的一处园林别墅区）观摩，我讲了一些关于块材交接的方法。江西农大园林景观毕业班学生来苏州实习，我去上了一节课，一起去了拙政园苏州古典园林现场讲解。

蔡　请您大概讲讲曲廊的做法。

　程　曲廊没有屋脊，因为做了屋脊就失去了美感。曲廊一般用黄瓜环[8]，顶上瓦相互盖住。水榭就有戗脊，有老戗和嫩戗的必须有屋脊。如果用小青瓦或筒瓦做，戗角都要发出，比如三层或者重檐屋面，戗角往往有些不注意就出现歪曲。发戗必须每层戗脚吊线，使之重叠戗脚在一条线上。

殷　请您举个例子谈谈印象深刻的项目和合作者。

　程　我做过南京夫子庙聚星亭的施工，设计（师）是叶菊华。她曾是南京园林规划研究所的，后去园林局任局长。江苏省国画院是姚宇澄设计，我负责施工。上海财大原大门是民国时期杨锡镠建筑师[9]设计，在抗战时期被日军炸毁灭，财大百年校庆要恢复重建老校门，由上海华东设计院首席设计师李军负责设计，我负责修复，配合默契。

蔡　您是否了解有哪些机构做香山帮的宣传活动？

程 揭保如[10]希望拍摄样式雷的纪录片。他原是南昌县土木建筑设计室的主任，对样式雷研究较深，现已六十多岁。（他）做房地产开发，另外也有博物馆和文化产业，每年都资助希望小学。香山帮宣传机构有香山工坊。香山工坊主要是服务机构，买租结合，主要服务下游的古建筑公司。香山帮匠人现在在全国各地营造建筑，都是做苏州园林，因为苏州园林的知名度较高，或江南园林风格的小别墅。正在酝酿成立香山工匠学院，教企结合培养古建人才，我现在是江西进贤古村落保护专家顾问。

蔡 苏州园林建筑主要使用什么木材？

程 考究的用楠木，楠木不易腐烂，但楠木难得，一般只在一个厅里使用楠木，称为"楠木厅"。现在苏州还有保留下来的全楠木结构，（上海）七宝老街有许多明末清初的楠木。那时资源丰富，现在砍伐楠木需要林业部的批准。苏州以杉木为主，也不易腐烂。（不过）杉木（之间）还是有区别的，一般原始林木需要的生长时间比较长。杉木在山南与山北也不同，北面不向阳的杉木生长期较长，称为老杉木。毛主席纪念堂使用井冈山原始森林的老杉木，纤维密度比较高，江西建筑也都使用杉木。杉木产于江西、湖南、湖北、浙江、安徽、四川。太湖流域的木构建筑基本都是使用杉木为材，大料用梓木（木中之冠）或者柏树。此外，还用银杏树、榉树等，苏州之前不用松木。

蔡 您记忆较深的徒弟和师傅是谁？

程 我初中毕业就由于家庭出身问题（特定的历史环境）放弃学业从事工匠行业。我选择做木工，那时没有机器设备，都是手工作业。由于自身刻苦勤奋，在老师傅干活时也不敢休息，在当时四十几个学徒中名列前茅，学了半年就可以做床头柜和五斗橱。学徒期间，（我还）自费上技校学建筑识图、制图、工程造价。当时的老木工师傅都是正宗的香山帮匠人，印象最深的师傅是李义良[11]。后来碰到苏州市建筑公司第一位经理马世良。马世良也是我的伯乐，时任苏州建筑联社、第四合作社主任，让我负责三机部267厂的保密车间施工，是两层楼清水墙。那个年代已没有拜师的仪式了。

蔡 请您补充谈谈香山工坊汇总的匠师名录。

程 蒯祥、杨根兴[12]都是横泾人，香山帮包括横泾、东山，但蒯家后代也不重视家谱的事情。有位匠师过汉泉[13]，以前也是房管局的木工，是苏州市劳动模范，实践经验十分丰富，他前些年出了一本书，对于大木结构的了解十分详细。他可以在苏州地区做藻井，尤其是螺旋形的藻井，更难控制。（十一届）三中全会后，建设部成立古建公司，陈庆良（香山帮砖雕匠师）是南京三建公司的，退休后就来了古建公司。我是苏州古建公司三处主任。

程茂澄先生（左一）与蔡军教授（右一）

1 蒯祥，明代建筑匠官，吴县香山人。曾参与及主持多项重要的皇家工程建设，如北京故宫三大殿、景陵、裕陵等，被香山帮工匠奉为鼻祖。其生平及事迹考证详见：沈黎《香山帮匠作系统研究》，上海：同济大学出版社，2011 年 30-38 页。

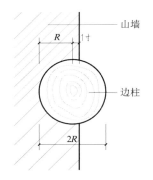

2 在香山帮营造技艺中，山墙和边柱的关系是边柱有大半部分（柱径尺寸的一半再加一寸）被包裹在山墙内，仅有小半部分（柱径尺寸的一半减一寸）露出山墙外。见平面示意。

3 圆作，指梁架截面形态为圆形的做法。

4 扁作，指梁架截面形态为扁方形的做法。

5 挖底，指扁作梁底部自两端向中部逐渐向上挖去半寸的一种做法。参见：姚承祖原著，张志刚增编，刘敦桢校阅《营造法原》，北京：中国建筑工业出版社，1986 年，22 页。

6 "判官头"即枫栱，位于梁和柱交接处的一种装饰构件，形似古时官帽。

7 香山工坊，是为传承和弘扬香山帮营造技艺成立的古建园林产业基地，位于苏州吴中区胥口镇。

8 "黄瓜环"是一种瓦，呈三维曲面形态，侧面弯曲似黄瓜状。

9 杨锡镠，吴江人。上海百乐门舞厅设计师，《中国建筑》杂志发行人。

10 揭保如，南昌建筑行业著名企业家，对传统建筑文化有浓厚兴趣。

11 李义良，苏州香山帮匠人，与程茂澄先生合作过，曾是苏州人民商场项目的包工头。

12 杨根兴，香山帮传统建筑营造技艺江苏省级代表性传承人，苏州蒯祥文物古建筑研究设计有限公司董事长。工程经验丰富，曾在国内多个城市进行传统建筑的修复及仿古建筑的营造工程，并承接了澳大利亚墨尔本市唐人街牌楼、捷克六角亭及月洞门等国际工程，常年致力于传承并弘扬香山帮传统营造技艺。

13 过汉泉，苏州香山帮木作匠人，著有《古建筑木工》等。

闽南传统泥水匠师陈实生 [1]

**受访者
简介**

陈实生（1947—）

男，福建泉州台商投资区张坂镇人，出生于惠安县砖瓦作匠师世家，13 岁跟随父亲陈祖枝学习营造技艺，包括墙体砌筑、石作安装、屋面铺瓦施工工序与营造禁忌，掌握了精湛的设计和施工技术，主持完成大量古建筑的修缮与兴建工程，积累了丰富的实践经验；在培养匠师、传授技艺等方面作出了突出的贡献，并热心协助华侨大学建筑历史专业完成多个闽南传统建筑营造技艺的研究课题。现为福建省第四批非物质文化遗产保护项目代表性传承人、中国民族建筑研究会专家、泉州台商投资区张坂雕刻艺术协会会员。从事古建筑修缮工作近 60 年，现受聘于福建省泰承古建园林工程有限公司，所主持的传统建筑工程，分布于福建、广东、浙江、安徽等地，涉及国家级、省级等多处文物保护单位。曾获中国民间文艺家协会中国建筑与园林艺术委员会授予的"中华传统建筑艺术传承与创新杰出人物"荣誉称号和"当代艺匠"提名奖，入选中国文物保护基金第八届"薪火相传——传统村落守护者"杰出人物，作品《闽南古厝》获得第十二届中国（深圳）国际文化产业博览交易会"中国工艺美术文化创意奖"铜奖。

采访者：　成丽（华侨大学建筑学院）、武超（华侨大学建筑学院）
访谈时间：　2017 年 6 月 8 日
访谈地点：　泉州市泉港区后龙镇生活区（福建省文物保护单位——土坑村古建筑群修缮工地附近）
整理情况：　成丽、武超、侯玮琳根据录音整理与完善
审阅情况：　经受访者审阅
访谈背景：　为完成国家自然科学基金资助项目"基于匠作体系的闽南传统建筑营造技艺研究"和华侨大学2015 级硕士研究生武超的学位论文《闽南沿海地区传统建筑砖瓦作研究》[2]，对陈实生师傅进行访谈。

成　丽　以下简称成
武　超　以下简称武
陈实生　以下简称陈

关于技艺传承

成 陈师傅，您好，我们是华侨大学建筑学院的师生，想跟您请教一些技艺传承和泥水作方面的问题。

> **陈** 好的。

成 传统泥水作学艺一般要几年出徒？

> **陈** 差不多都要三年。师傅包吃包住，没有工钱。

成 过去对小孩子学艺有没有年龄限制？

> **陈** 没有。不读书的话，十来岁就可以学了。

成 您跟谁学的泥水作技术？

> **陈** 我读到小学三年级，后来家里困难就不读了。13 岁开始跟我父亲陈祖枝（1912—1965）学泥水工，16 岁出徒（1960—1963）。从最简单的拌泥浆、运送瓦片、做小工开始，边做边学。我父亲的技术是跟我爷爷陈团宗（1890—1928）学的，都是一代一代传下来的。

成 除了跟您父亲学，您还有别的师傅吗？

> **陈** 没有。除了跟我父亲学，我还自学一些。

成 您的兄弟和孩子有学泥水工的没？

> **陈** 我们兄弟三个，我排行老二。老大没有学，老三在十来岁的时候开始跟我做。我有两个儿子。大儿子叫陈钦钊（1976—），跟我在做泥水工；小儿子叫陈钦忠（1983—），也在从事古建筑行业，主要负责项目施工管理和工程设计。

成 您还有收其他徒弟吗？

> **陈** 有，有亲戚（外甥），也有好多外地来学的，比如福建泉州的郭永聪、郭永忠、郭永章、苏思明、苏昆明、陈建海等。他们出徒后都在闽南地区从事传统寺庙、祠堂的修建。徒弟跟我学的时候，也是按照传统的方式，头三年没有工资，有的徒弟还会送酒、送烟孝敬我。一些聪明的徒弟，很快就可以掌握技巧，一年多就能学到 50% 的技术，一般的工作都能做，比如屋面铺瓦、砌墙等。学徒三年以后如果再跟着我做，就要给他们发工钱了。

成 您传授技艺的时候，对徒弟有没有要求？您对带出的徒弟满意吗？

陈实生在南安石井中宪第演武厅屋面修缮现场
陈钦忠摄

陈实生在南安蔡氏古民居建筑群孝友第修缮现场
陈钦忠摄

家族技艺传承情况表

亲缘关系[3]	姓 名	生卒年	从业经历
曾祖父	陈三元	1868—1915	曾在台湾地区主持多个寺庙、宫庙的修建，逝于台湾
祖 父	陈团宗	1890—1928	曾参与厦门集美学村等工程建设
父 亲	陈祖枝	1912—1965	在泉州、漳州等地承建传统民居
–	陈实生	1947—	参与厦门鼓浪屿中华路25号、泉州西街116号洋楼、南安石井中宪第演武厅修缮工程和晋江五店市传统街区二期新建工程等
长 子	陈钦钊	1976—	参与厦门鼓浪屿中华路25号、晋江紫湖卓氏祖厝等修缮工程
次 子	陈钦忠	1983—	参与泉州西街116号洋楼修缮，负责项目施工管理和工程设计等

来源：陈钦忠、成丽整理

陈实生从业经历

时间	从业情况
1964—1980	在泉州（晋江）、漳州（南靖、平和）、厦门等地参与传统寺庙、民居的修建
1981—1990	在厦门、惠安承建传统民居、砖灶等
1991—2000	在惠安、晋江、石狮等地承建祖厝、寺庙，如惠安北正黄氏祖厝、惠安上塘陈王爷府等工程
2001—2010	在泉州、厦门等地承建祖厝、寺庙、市政古建项目，如泉州清源山天湖、晋江紫湖卓氏祖厝、晋江草庵公园龙泉书院、厦门鼓浪屿中华路25号、石狮雪上祖厝、惠安陈厝灵岩古地宫等工程
2011—2017	组建泰承古建工程队，承建安溪普陀寺圆通宝殿、浙江西方静苑寺、惠安后见赵王府、泉州浮桥延陵祠堂、厦门观音寺僧舍楼、晋江五店市二期A–01院落、广东惠州三太子宫二期、厦门雪峰寺西裙楼、惠安东岭东埔陈氏五家祖厝、泉州西街116号洋楼、南安石井中宪第演武厅、蔡氏古民居建筑群孝友第、泉港土坑村万捷十三行大厝等工程

来源：陈钦忠、成丽整理

> **陈** 如果想要很好地掌握这门技术，也需要自己去多琢磨、多思考。那种很老实的，我就会传给他。如果调皮、不稳重的，有些技巧就不会教，会有所保留。我带的徒弟们做的都还可以，有的做的比我还好。

成 现在年轻人都不爱学这行，觉得辛苦。您觉得有什么好的方法能够让更多的年轻人愿意学，把这些技艺传承下去？

> **陈** 我就跟他们讲，学这个工种，工资很高，收入有保障，有前途，叫他们来学祖宗传下来的这个技术。

成 闽南地区的泥水匠师有流派么？

> **陈** 不同的地方有不同的做法和传承。一般按地方分，没有明确的流派一说。

关于从业经历

成 您出徒后，是继续跟着父亲，还是自己独立出去做？

> **陈** 我出徒后，自己在闽南一带独立承包工程，当时做传统建筑的还算多。"文化大革命"期间，"破四旧"对我们有一些影响。但是那时候有的老人家会把老房子保护起来，如果被红卫兵破坏了，后面会叫我们去修，还是有活干的。

成 您那时候做泥水工的收入，跟普通老百姓比，是高是低？

> **陈** 算高的，我们这个工种的收入都比较稳定。我对这个工作也很感兴趣，碰到困难会自己钻研，根据实际情况改进，做好以后大家的评价都不错。

成 您都到过哪些地方做工？

> **陈** 以前主要是福建省内各地，近些年来也会去外省参与传统建筑的兴建或修缮，比如浙江、广东、安徽等地。

成 从现在行情来看，技术好的泥水大工一天的工钱大概有多少？

> **陈** 好的工艺一天大概 400 块，而且甲方还要包吃、包住、包路费。我们一天都要做 11 小时，不是 8 个小时。夏天一般早晨五点半开工，做到十二点。中午休息一会儿，再从一点多做到天黑。

成 像夏天屋顶上这么热，也是一样？

> **陈** 一样。得扛得住天气，也很辛苦，所以年轻人都不想学。

关于营造技艺

成 您有自制的泥瓦作工具么？

> **陈** 以前的工具基本都是自己拿铁板做的，我家里还保存了一些自制工具。现在都是买的，比较方便，都能满足使用要求。

板瓦

3/10　7/10

砂浆填充　望砖　椽枝

"压七露三"剖面构造示意图
武超绘

"压七露三"实景照片
武超摄

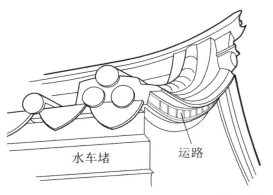

水车堵　运路

三运路示意图
武超绘

三运路实景照片
武超摄

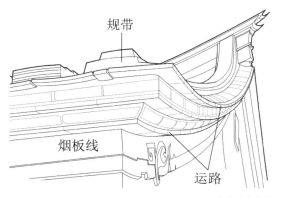

规带

烟板线　运路

五运路示意图
武超绘

五运路实景照片
武超摄

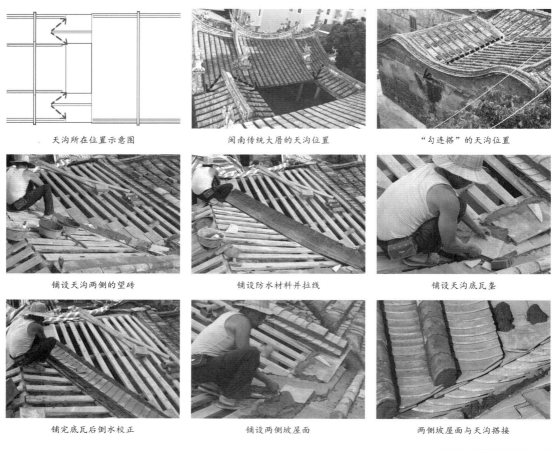

天沟所在位置示意图	闽南传统大厝的天沟位置	"勾连搭"的天沟位置
铺设天沟两侧的望砖	铺设防水材料并拉线	铺设天沟底瓦垄
铺完底瓦后倒水校正	铺设两侧坡屋面	两侧坡屋面与天沟搭接

陈实生师傅的天沟铺设工艺

武超绘、摄

成 您平时自己会画设计图吗？

　　陈 会，我自己设计，再画到图纸上。有的项目是甲方找设计单位提供的图纸，我就按照图纸做。如果图纸表达不清楚或者有问题，我会参照当地的做法。比如我正在做的这个屋面，按照现在屋面椽板的坡度，水就流不下来，要把屋脊垫高起来才可以。

成 我看您铺一垄就要试一下水。

　　陈 对，铺一垄，试一垄。如果瓦片倾斜了，水就流偏了，屋面就会漏水。

成 有的修缮工程屋面刚修完没多久，就有个别地方漏水，您认为是什么原因？怎么解决？

　　陈 主要是因为铺瓦的技术不过关。遇到这种问题，要上屋面检查瓦片有没有倾斜或者被踩破。按照传统做法，板瓦要铺成"压七露三"[4]，才能不漏。

武 屋面铺瓦最有难度的是哪一个步骤？

|陈 做天沟是最难的 [5]。因为天沟是两个坡屋面交接的地方，用于集中排水，对工艺的要求高，做不好就容易漏水，是屋面瓦作的重点之一。

成 过去没有防水材料的年代，传统建筑屋面防水是怎么做的？

|陈 其实把瓦仔细铺好，也可以不用防水材料，主要靠瓦片搭接和合理的排水坡度解决问题。

成 燕尾脊 [6] 起翘越高，就代表身份地位越高，有这个说法吗？有没有业主特别要求把燕尾脊做高一点？

|陈 民间有这种说法，有的业主为了显示地位高也会提出这样的要求，像晋江有些地方的屋脊起翘得就比较高。

成 与泉州其他地方相比，泉港土坑村传统民居的燕尾脊起翘算高的么？

|陈 这里的民居比较古朴，装饰不多，燕尾脊起翘不算高。

武 匠师们常说的"五运路""七运路" [7] 是什么意思？

|陈 我们也把"运路"称为"纹路"，就是要做五层、七层线条。

武 七运路的等级比五运路的要高么？有没有九运路？

|陈 对，七运路的等级高，没有九运路。

武 泉州、厦门、漳州地区的屋顶做法有差别么？

|陈 有。泉州跟厦门、漳州的不一样。漳州有的地方屋面瓦片距离五厘米，盖的很密，铺完椽板、望砖，上面直接盖瓦干铺，望砖和板瓦之间没有灰浆固定 [8]，在上面走也不会破。

成 屋面瓦片这么密，会不会太重？

|陈 不会，屋面下的木结构都能撑得住。像泉州地区瓦片之间加灰浆，屋面其实比漳州的更重。

密缝

宽缝

砖缝形式
武超摄

镜面墙实景
郭星摄

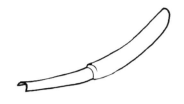

用竹刀勾缝　　　　　　自制圆鼓缝勾缝工具实物照片　　　　　自制圆鼓缝勾缝工具示意图
武超摄　　　　　　　　　　　成丽摄　　　　　　　　　　　　武超绘

成　是的，如果瓦片坏了，这种不加灰浆的做法，修缮的时候也比较容易更换。

　│**陈**　对，而且瓦片破三块都不会漏水。

成　台风来了会不会把瓦掀走？

　│**陈**　不会。

成　您觉得泉州、厦门、漳州这三个地方，哪个地方的泥水工艺更好一点？

　│**陈**　如果从做法上说，我感觉还是泉州比较好。泉州的屋面样式比较好看、多样。

武　泉州、厦门、漳州砖墙的砖缝有没有区别？

　│**陈**　有差别，泉州是密缝，漳州的比较宽，稍微粗糙一些。[9]

成　我们在漳州调研过一栋番仔楼[10]，用的红砖颜色较深，和泉州一带的不一样，是因为烧制用的土不一样么？

　│**陈**　有的是因为土质不同；有的是因为烧制时砖所在的位置不同。

成　对，离火源远近不同也会导致颜色不一。泉州能做密缝的砖一般质量都很好、很平。感觉泉州的墙面砌筑和装饰工艺确实比漳州和厦门都精致一些。

　│**陈**　对，做出来的花样也丰富。

武　传统的墙体做法，基础挖槽要到什么深度？

　│**陈**　挖基础要看地形和土壤的承载力，就是看土质的松软度。如果土质软就要挖的深一些，硬的话就浅一点；还要看建筑的高度，像常见的单层大厝最起码要挖50公分（厘米），不然地基会下沉、倾斜。

武　假如要砌一个红砖的镜面墙[11]，红砖在砌之前要泡多长时间？

　│**陈**　起码要泡2个小时，才能吃灰、粘接。再泡久一点也没关系，但是施工前要提早拿起来，不然水太多也不好用。

武　砌砖时挤出的白灰怎么处理？

　│**陈**　要在差不多快干的时候抹掉。太阳大的时候很快就干了，差不多二十来分钟就要全部抹掉。下雨天就要根据实际经验再看。

成 我看有一些新做的墙面白花花的，砖上全是涂抹的白灰。是不是因为没怎么干就先抹掉了？

| **陈** 对。这样容易把墙面弄脏，后期也不好清除。

成 这个砌砖的灰浆刮掉之后，是否还需要再勾缝？

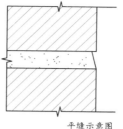

平缝示意图　　　　　　　　平缝实景图片

| **陈** 密缝砌筑的不用，宽缝的还需要用白灰勾缝。用一两公分宽的竹片，按照缝宽把一头削成尖尖的，勾一下就可以了。

成 还有一种圆鼓缝，有专门的叫法吗？是怎么勾出来的？

| **陈** 我们叫"圆鼓线"，这个需要一种特制的工具。有自制的，也有卖的。还有一种是往里凹的勾缝形式。

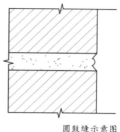

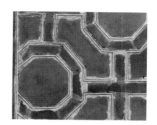

圆鼓缝示意图　　　　　　　圆鼓缝实景图片

武 用碎砖瓦夯筑的墙体，对里面的土有没有要求？

| **陈** 对土质有要求，太松的不行，要有黏性，夯起来才能粘结，松的土夯起来就容易散掉。石灰也要掺一点。

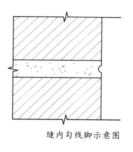

缝内勾线脚示意图　　　　　缝内勾线脚实景图片

勾缝形式示意图及实例
武超绘、摄

成 有一些老房子的墙体会外鼓，是什么原因造成的？要怎么修？

| **陈** 大多是因为地基沉降、承载力不够造成的，修的话要拆掉重新砌。

成 我们调研的一些老房子地面是三合土，不铺地砖。这种三合土是什么材料做的？

| **陈** 这种三合土一般是按一小桶红土、两小桶白灰、五小桶沙子的比例混合而成 [12]，有的还要掺红糖，一平方米大概三两就够了。比较黏的红土，沙子要多一些；比较厚的，沙子也要多一些，不会开裂。白灰的比例基本是固定的，一百斤白灰大概可以铺二十多平方的地面，用量也跟三合土厚度有关。

成 您传承的是闽南地区的做法，但是每个地区的泥水工艺都有自己的内在逻辑和特色。如果到外地做工，您的工艺跟当地做法不一样时，一般会怎么解决？

| **陈** 开工前我们会到项目所在地去参观，先研究一下当地的做法，有时候整晚不睡觉，讨论、琢磨如何施工，然后再按照地方工艺做，泥水作很多东西都是相通的。如果是修缮工程的话，更是要按照原来的样子做，设计图纸跟实际情况有出入的，我们也会提出来跟业主和设计单位讨论，再确定怎么做。

1 国家自然科学基金资助项目：基于匠作体系的闽南传统建筑营造技艺研究（编号：51508207）。

2 本文对闽南泥水作相关内容的注释，如无特别说明，均引自华侨大学武超的硕士学位论文《闽南沿海地区传统建筑砖瓦作研究》。文中所用闽南地方营造术语及其释义主要来自匠师访谈和曹春平先生的《闽南传统建筑》，参见曹春平《闽南传统建筑》，厦门：厦门大学出版社，2016 年。

3 本文所指亲缘关系均以陈实生为参照。

4 "压七露三"即铺设板瓦时按照上一块压着下一块的十分之七的规矩铺设，也称"四搭头"。

5 在闽南传统大厝建筑中，榉头与下落的屋面交接处都有天沟；"勾连搭"的屋面也会涉及天沟构造。天沟用仰瓦垄做成，高度低于两侧坡屋面，需要先行铺设。两侧的坡屋面端部要压住天沟瓦件，而后根据需要对瓦件形状进行处理后抹灰。在当代的修缮工艺中，往往在此处的望砖上方加一道宽约 500 毫米的防水卷材，再铺设板瓦。

6 燕尾脊是指两端翘起并呈燕尾分叉形式的正脊。

7 "运路"通常是指包规起（即硬山顶）的檐口处以不同规格的砖料叠涩外挑的部位，往往会环绕包规起屋顶建筑的规壁（指建筑左右两侧上端像山形的墙壁）和后檐墙。闽南沿海地区的运路通常用若干层方砖和条砖层层砌筑而成，部分案例局部也会使用筒瓦材料。依据实际出挑的砖层数，有"三运路""五运路""七运路"等形式，其计算方式是从烟板线（用于保护、装饰运路和墙面交界处的部分）上方算起，到规带（指垂直于正脊或者垂下的脊）与墙体交接处的最外侧方砖为止，每隔两层砖出挑 80～90 毫米，最上一层以方砖收尾。在传统的古厝建筑中，常见的是三运路和五运路，出挑太多会造成檐口构造的不稳定。

8 厦门、漳州地区传统建筑屋面铺瓦较为密集，通常使用的板瓦规格为 250 毫米见方，"压八露二"，每块板瓦只露出 50 毫米。

9 采用密缝工艺时，对砖的尺寸和质量、平整度要求较高，成本也较高，施工中很考验匠师的耐心和技艺，否则会造成墙面灰缝不统一，影响外观效果；而在宽缝工艺中，砖料间的误差可以通过灰缝调整，也能做出相对整齐划一的墙面效果，同时成本更低，但墙面防水性能不及密缝。

10 番仔楼指闽南地区受到南洋、西洋外廊式住宅影响而建的洋楼建筑，一般有 2～3 层。

11 镜面墙是指闽南传统大厝建筑主体正面的墙体，砌筑工艺精细，是装饰重点。一般正中开门，两边开窗。

12 在闽南地区，壳灰（以牡蛎壳烧制、研磨而成的白灰）的质量、红土的含沙率并不稳定，匠师调制时要根据经验灵活调整配比。

闽南溪底派传统工匠师承谱系 [1]

受访者
简介

王世猛

男，出生于 1947 年。1962 年随父亲王银生学习小木作雕刻，1963 年随师王金螺学习大木制作，1965 年在泉州木器厂制作家具，1971 年在永安造桥，1973 年随刘胜发学习古建筑制图，1973—1985 年在漳州空军部队建造营房，1985 年随王为尧担任泉州承天寺重修工程助手。1986—2009 年，在中国闽台地区、马来西亚、韩国、印尼等地从事古建筑营建工作。2009 年，被评为国家非物质文化遗产"闽南传统民居营造技艺"代表性传承人。2009 年至今，主要工作以古建设计为主，兼施工顾问。

王江林

男，1954 年出生。1966 年开始师从父亲王为尧学习大木作施工，1983 年参与修建集美陈氏宗祠，后来转业石雕，技艺精湛。作品有广东揭阳慈云禅寺、广东汕头青云禅寺、漳浦古雷吉林圣王庙和福建惠安溪底妈祖庙等。

采访者： 成丽（华侨大学建筑学院）、武超（华侨大学建筑学院）
访谈时间： 2017 年 6 月 8 日
访谈地点： 泉州市泉港区后龙镇生活区（福建省文物保护单位——土坑村古建筑群修缮工地附近）
整理情况： 成丽、武超、侯玮琳根据录音整理与完善
审阅情况： 经受访者审阅
访谈背景： 为完成国家自然科学基金资助项目"基于匠作体系的闽南传统建筑营造技艺研究"和华侨大学 2015 级硕士研究生武超的学位论文《闽南沿海地区传统建筑砖瓦作研究》[2]，对陈实生师傅进行访谈。

王为尧指导古建筑的篙尺绘制
王濒锋提供

王江林匠师在古建筑施工现场
王濒锋提供

王世猛 以下简称 王
王江林 以下简称 江
陈志宏 以下简称 陈
黄美意 以下简称 黄

传统工匠拜师学艺

陈 两位师傅好！我们是华侨大学建筑系的师生，想了解您二位的师傅尧司 [2] 和溪底派的师承历史。

｜江、王 好。

陈 惠安县崇武镇周边，传统上出了不少知名的建筑业工匠专业村？

｜王 是的，崇武镇周边的官住村出泥水匠 [3]，峰前村出石匠 [4]，溪底村自古大木工匠比较出名。

陈 听说你们溪底派的招牌是"拳头、烧酒、曲"？

｜王 "拳头、烧酒、曲"是溪底传统俗语，实际上没有拳头，只有烧酒和曲。如果非要说拳头，那就是斧头。溪底匠师每到一处工场，接受主人摆酒请客或者自己备酒，再拿出家乡功夫南管 [5] 娱乐之后，才正式开始工作。特别是每有对场 [6] 工作，溪底派匠师自娱自乐之后能比对手更出色地完成工作，除有示威之意，对自身能力也是很有自信。现在已经没有这样（做了）。

陈 听说你们以前学大木是在祠堂里学的？

｜王 不是，学大木还是要跟师傅学，但是溪底村以前有家族传艺的传统。每年的正月初一村里有名的大师傅会带徒弟聚集在祠堂里。师傅们平时都在外地做项目，春节返乡有空就互相交流切磋技艺，也指点后辈。如益顺司（王益顺，1861—1931）[7] 还会在祠堂讲鲁班经，大家都会去听。师傅们初二、初三还会互相拜访，初四才回娘家，这是溪底村的传统习俗，但现在也没有这个传统了。

陈 当时有拜师傅的仪式吗？传统上学艺要多长时间？

｜**王** 早期才有拜师傅，是要走仪式的。以前的说法要三年四个月才能出师，师傅一般不喜欢继续留徒弟，他们希望徒弟出去外面打拼。如果师傅忙不过来，徒弟再回来帮忙。

｜**江** 现在学艺不用三年了，也没有拜师傅。市场经济冲击得厉害，没有人愿意学习做木（工），学时长，而且工资少。做木（工）的工资一日只有200元，是打石的一半价钱。打石的工价比较高。

陈 年轻人比较喜欢学打石、不爱做木的情况从什么时候开始呢？

｜**王** 这20年内木作基本没什么人学。

｜**江** 溪底的年轻人几乎没有人学做木了。

"文革"后闽南古建筑的重修

黄 江林师傅，您什么时候开始跟着父亲（王为尧，1917—2002）学做大木呢？

｜**江** 一般是十二三岁做学徒，再大些身体定性就不好学了。我是1966年开始学，当时是"文革"期间，学做大木很辛苦，整双手做得都起水泡。

陈 那个时候项目多吗？

｜**江** 比较少，当时破四旧，没有古建筑项目。另外，福建沿海缺少木材，交通不便，山区的木材运不出来。许多溪底派师傅有的转到工厂做工，有的转向做新建筑。当时我们只好转到泉州的皮箱厂，后来在水站做工也比较久。一直到"文革"后才有古建筑的项目，大概是1979年，从漳州南山寺重修开始。

陈 当时是谁带队去修漳州南山寺呢？是修的还是重建的？里面的大殿也是修的？

｜**江** 是我父亲（王为尧）负责去修，我当时技术还没学到家，当他的助手。南山寺大殿也是修的，重建的只有山门。那时"文革"刚结束，不敢叫南山寺，叫南山公园。南山寺基本上全部是水泥的，水泥做的斗栱，省里拨钱下来修建的。当时南山寺的和尚都解散了，修建后的第二年和尚才开始回来接管。

陈 南山寺是"文革"后修的第一座古建筑，接下来呢？尧司有到过台湾吗？

｜**江** 我父亲没有去过台湾。南山寺之后，他被聘请去做晴霞寺，然后做青山宫，后来修了厦门集美的陈嘉庚祖厝。我们为什么会去做陈嘉庚祖厝呢？"文革"后祖厝的雕花、狮座等建筑装饰都以被斧头砍掉，再用土把它填上。当时请了十多位闽南最好的雕花师傅，基本上是惠安师傅，有些是有名的工艺大师。我们当时去做大木维修的有三四个人，我和我的父亲，还有（他的）两个徒弟。

｜**王** 闽南各地的古建筑从民国到1949年，再到"文革"基本没有维修过，开元寺、承天寺等寺庙也都破败严重，崇福寺改成工厂，玄妙观被拆光，到（20世纪）80年代后期很多地方的古建筑都需要维修或重建。尧司在八九十年代负责修建崇武青山宫、泉州承天寺等较大的寺庙，泉州东门的少林寺和东街的道教玄妙观基本是在原来的基础上重建的。

陈 "文革"后溪底的老工匠情况如何？

泉州承天寺
黄美意摄

漳州南山寺
陈志宏摄

| 王 "文革"后溪底有部分老匠师又开始修建古建筑,除了尧司之外,淑景司(王淑景,1924—1998)[8]也在晋江做祠堂古厝维修。1981年胜发司(刘胜发,1920—1993)[9]在泉州东海法石村宝觉山修建海印寺,开始用混凝土仿木结构施工,胜发司那时还修建了开元寺里的弘一法师纪念馆。幸亏当时这几位老师傅还健在,但是年纪都很大了,经历"文革"后也多年没有碰过古建筑了,身体还可以的就重新出来做大木。就这样边做、边带徒弟,溪底的大木技艺才有了传承。我也是当时跟他们学的,尧司和胜发司都是我的师傅。胜发司很懂绘图,也会落篙[10],淑景司主要是落篙,很少画图。到1985年左右,项目开始多起来。1985年修建泉州承天寺,尧司为组长,淑景司为副组长,还有成金司(王成金)[11]、德龙司(王德龙,1925—2008)[12]和我等几个人。1989—1993年修建泉州开元寺,前期组长是淑景司,负责做开元寺大雄宝殿,后来中风不能做了,成金司、德龙司、奎成司(王奎成,1924—2000)[13]和我接手做完的。我那时还去修了中山路的花桥亭。

溪底派早期大木匠师

黄 这是你们王氏大厅这房的族谱,您知道以前做大木的出名师傅吗?

| 江 我知道这个(指着王神佑[14]的名字),听父亲说泉州天后宫是他落篙施工的。神佑是我的祖公,到我是第五代,我们家族的字辈是:嘉、允、维、为、淑[15]。嘉字辈分五房,五个兄弟,神佑(王神佑,1826—1896)排行第三,那时候做大木的算他是最有本事的。

黄 当时除了他(王神佑)还有其他人也是做大木的吗?

| 王 以前整个溪底村几乎都是做大木的,拿斧头的,只是技术水平的高低差别,另外分为大木,小木。早期溪底打石的只有王神赐(1876—1932)[16],拿锤子的。

黄 您知道其他比较出名的做木的溪底师傅吗?

| 江 早期的有禄伯,名字叫王维禄。禄伯也是大厅房派的,做过晋江的吴鲁状元第[17]、东观西台[18]。有个传说叫"禄阿假少爷",他当时在做吴状元的府第,碰到农村发生不同派系的民间械斗,乡里请吴状元来解决。当时吴状元对他很器重,就让禄伯去。

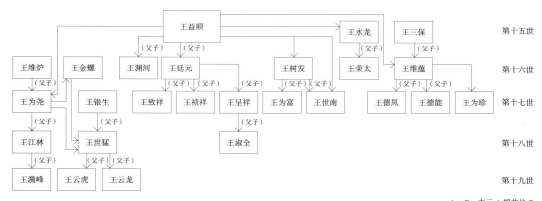

A→B 表示 A 授艺给 B

溪底部分匠师师承关系图

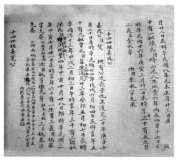
王神元族谱记载

王神佑族谱记载

王维禄族谱记载

溪底王氏四房大厅旧谱

王 "禄阿假少爷"是这样的。他本名叫"维禄",大家叫他"禄阿",也尊称"禄仙"。当时吴鲁状元本来让他的大公子去解决民间械斗,据说吴大公子比较笨,而禄仙能说会道的,就请他代替吴大公子去解决。他们到那里时候,大伙都慕名来看吴状元的大公子。益顺司恰好也在那修建一个祠堂,等轿子抬到,轿门掀开,益顺司一看原来是王维禄,一下子就笑出来"原来是禄阿,假少爷","禄阿假少爷"的传说是这样来的,两个人很有交情和渊源[19]。据说禄仙的指甲很长。

陈 工匠的指甲这么长怎么做大木呢?

江 他不用做施工。早期落篙的人是不用做大木,落篙的人落篙,持场的人持场,施工的人负责施工。

王 在古建筑营造中,主要负责人称为"头手"或"正绳",其主要责任绘制篙尺,完成大木构架的设计,类似于现在做设计的;负责构件制作和现场安装的师傅称为"副绳",也叫作"持场"或"二手";其他的人就只负责各自施工部分。落篙的人基本上是设计为主,如益顺、禄仙都是这样。当时落篙的人往往会设计也会持场,但一般会交给匠帮的其他人持场,有时落篙的人也有自己持场的。当时落篙不像现在画几天就好了,现在有图纸可以对照着画,但是当时没有,想一根篙尺都要想很久,尺寸都在脑子里构思。

陈 溪底的工匠也有专业化分工?

｜王 溪底过去师傅绝大部分是从小就开始学做大木，读书不多，但是还有少部分是读书人出身，由于家庭经济还是其他原因，不得已从读书人身份转变为学做工匠。如维禄之前是国学生，学识渊博，能言善辩，难怪有"禄阿假少爷"的轶事。在溪底读书人出身的代表就是益顺司，他精于画图设计，并善于总结大木工法与凿花装饰，但较少做大木。大木施工不是从小开始学，身体定型后大木施工就做不到最好了。

陈 读书人出身做工匠的，会设计绘画但是不擅长施工，这倒有点像工匠中的"建筑师"。溪底派还有其他重要匠师吗？

｜江 还有一个王神元，落篙过晋江安海龙山寺 [20]。他之所以被称作"神经元"，是因为脾气古怪。每次出门做工总是骑马，工匠中很少见的。但是当他看到"出殡"等不吉利的事，就马上掉头回家。有人说他架子很大，"约好初一见面，十五都还出不了门"。

王神元落篙安海龙山寺后，想要跟别人对场，较量技术，自己挂出一个招牌"南方无敌手"。他在安海龙山寺落的篙尺就放在旁边的小山头供人参观提意见，甚至说如果有人能改动那根篙尺就拜他为师，结果一直没有人敢去改他的篙尺。工匠中相传说王益顺去台湾前才有这个能力去修改他的篙尺。听我父亲说他画的篙尺部分是用飞篙 [21]。

陈 飞篙是故意把它画错，画得让其他人看不懂吗？

｜王 是的，他故意把中路图放在四路 [22] 上。另外，篙尺上尺寸逢七就写成八，叫作"见七进八"。早期工匠比较保守，怕别人偷师学艺，篙尺内容故意少画、移动位置，这也要求落篙师傅心里清楚，否则自己就会弄混，一般在对场时才用。

｜江 我听到的就是王神元和溪底禄。王神元应该在比较高的辈分，在嘉字辈，和我的祖公同辈。小时候，有听到我父亲说，禄仙落篙围头塘东的祠堂，禄仙有缺点，就是爱打麻将，每晚都到塘东去打麻将。

陈 晋江塘东村的蔡氏祠堂？

｜江 是的，落篙前晚买来的木材很长，有十几米。他落篙后，在做的时候有根柱子被锯短了，村里的老大们误会他，说他故意把大柱锯短，要把他赶走。快建好时发现有问题，在车栋 [23] 后又把他请回来。禄仙说："你们既然喜欢高一点，我有办法。"他就交代副手按原篙尺做，叠斗 [24] 加到五重，祠堂外观和内部都显得非常高大雄伟。

陈 听说塘东祠堂还有"禄仙"的名字？过去这种现象多吗？

｜王 闽南这边工匠留名的比较少。名字是写在祠堂的中脊上，不然我也不知道是他做的。去年（2017年）我的朋友去修塘东祠堂，拆建的时候，他打电话问我，你们溪底有个叫"维禄"的师傅吗？我说有的，问怎么回事，他说塘东祠堂维修拆下来的时候看到中脊上有他的名字。

陈 还有一个问题，王益顺去台湾的时候年纪有多大？他在是在闽南这边出名后才被请到台湾那边吗？

｜王 益顺司到台湾大概 60 多岁，回来的时候刚好 70 出头。去的时候在闽南这边做完厦门黄培松武状元的家族祠堂，黄氏的江夏堂 [25]，做完后他就被请到台湾做庙宇。等到（20 世纪）30 年代回厦门后才做厦门南普陀的大悲殿，但他没做完就去世了。

江 南普陀大悲殿是由益顺司的徒弟们继续修建完成的，听说是水龙（王水龙，1901—1974）[26]、廷元（王廷元，1886—1939）[27]，还有维蕴（王维蕴，1893—1972）[28]去收尾，大悲殿的基座石柱上还刻有"工程师王益顺"几个字。

陈 感谢两位师傅的耐心讲解，下次再来拜访，非常感谢！

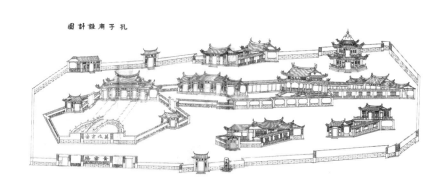

引自：《清末民初福建大木匠师王益顺所持营造资料重刊及研究》

引自：《清末民初福建大木匠师王益顺所持营造资料重刊及研究》

1 国家自然科学基金资助项目：闽南近代华侨建筑文化东南亚传播交流的跨境比较研究（编号：51578251）。

2 司即是司傅，也称司父、师傅或师父，古时候闽南对怀有特殊技艺者的尊称。
　　尧司即王为尧（1917—2002），溪底王氏大厅十七世为字辈大木匠师。1929年追随王益顺学艺一年余，完成金门木楼港的五开间大厝，1935年执篙作车库王氏祠堂，1944—1945年修建陈长区厝。1979—1980年主持修建漳州南山寺大殿及修建诗山凤山寺，1982年于惠安崇武修建晴霞寺，1983年修建集美陈氏宗祠，1983—1988年修建青山宫、石狮港塘陈氏宗祠等。1985年修建泉州承天寺，1995年修建泉州少林寺，1998年修建泉州道教元妙观。

3 崇武镇的泥水匠师多集中在官住村，传统建筑施工以木匠为主，泥水部分作为重要工种相互配合。传统泥水工艺主要有：填基、垒壁、铺坪、屋顶造型和板棚构造。20世纪后，由于钢筋混凝土结构的推广，泥水匠多转行做新结构技术。（崇武镇地方志编纂委员会编《崇武镇志》，第4稿，127-128页）

4 崇武镇峰前村的著名匠师有蒋馨、蒋银墙、蒋细来等，代表性作品有南京中山陵、台北艋舺龙山寺、南鲲鯓代天府等。（李乾朗《台湾古建筑图解事典》，台北：远流出版社，2003年，165页）

5 南管通常指的是中国福建南音，即中国古代一个音乐种类。别称南音、弦管、南曲、南乐。传入闽南后流行于福建泉州与台湾。

6 闽台传统建筑营造过程中将一幢建筑承包给两个不同的匠师（队）施工，二者在竞争与合作中共同完成该建筑的建造。这种建造方式俗称"对场作"或"拼场作"。（赖世贤、陈志宏、何苗《闽台"对场作"研究》，《河南大学学报》，2014年，第3期，44页）

7 益顺司即王益顺（1861—1931），溪底王氏前落后刊十五世允字辈大木匠师。1878年修建惠安青山宫，1888年修建惠安峰尾镇东岳庙和中宪大夫刘世来宅，1904年修建金门后浦金城王氏宗祠及陈氏宗祠，1916年修建厦门黄培松武状元府，1919—1923年修建台北艋舺龙山寺，1920年修建台北艋舺德宫、黄府将军祠，1923—1926年修建南鲲鯓代天府，1924年修建新竹城隍庙和彰化南瑶宫，1925年修建台北孔庙，1927年修建鹿港天后宫，1931年修建厦门南普陀大悲殿。

8 淑景司即王淑景（1924—1998），溪底王氏大厅十八世淑字辈大木匠师。1985年修建承天寺，1989—1993年修建开元寺。

9 胜发司即刘胜发（1920—1993），溪底刘氏第二十五世大木匠师。1954年参加修建泉州开元寺，1964—1970年在三明清流山区军工厂工作。1981—1983年修建泉州东海法石村宝觉山海印寺、弘一法师纪念馆。1987年修建惠安崇武妈祖宫，晋江陈埭镇涵口村祠堂。1992年修建厦门白鹿洞寺。

10 篙尺是闽南传统建筑营造过程中，传统大木匠师代替图纸进行设计及辅助准确施工的重要工具，主要是用足尺的方式和特定的符号记载大木构尺寸。落篙即制作篙尺，传统大木匠师会使用竹篾沾墨汁，使用曲尺绘制篙尺符号于宽二寸、厚一寸左右的长形木材上。（吴小婷《泉州溪底派大木匠师王世猛落篙技艺研究》，华侨大学，2016年，73页）

11 成金司即王成金，为溪底王氏祖厝下厅大木匠师，1985年参与修建泉州承天寺，1989—1993年参与修建泉州开元寺。

12 德龙司即王德龙（1925—2008），为溪底王氏后落二房十七为字辈大木匠师。20世纪60年代参与修建泉州开元寺和百源八角亭，1985年参与修建泉州承天寺，1989—1993年参与修建泉州开元寺。

13 奎成司即王奎成（1924—2000），为溪底王氏后落三房十七世为字辈大木匠师，1942年参加了抗日远征军，1985年参与修建泉州承天寺，1989—1993年参与修建泉州开元寺。

14 王神佑（1826—1896），为溪底王氏大厅十四世嘉字辈大木匠师，清嘉庆年间落篙修建泉州天后宫等。

15 王氏家族字辈是"伯在学太克服明宗任启弘熙邦迪嘉允维为淑吉定"。王神佑为嘉字辈，王江林为淑字辈。

16 王神赐（1876—1932），为清末民初溪底石雕名匠，现存代表作品有泉州杨阿苗故居和仙游保和堂等。

17 吴鲁（1845—1912），字肃堂，号且园。清末政治人物、教育家、诗人，福建晋江池店钱头村人，也是泉州历史上最后一位状元。

18 东观西台坐落于泉州市鲤城区涂门街西段，原是明代进士吴龙征的府第，因其官至东观侍读、西台御史，故称为东观西台，后作为吴氏大宗祠。

19 溪底村流传有："益顺不算，禄仙算起"的说法，意思为王益顺大木作技艺居首，王维禄第二。

20 龙山寺位于泉州晋江市安海镇，始建于隋越王杨侗皇泰年间（618—619），历代几经重修，为台湾及东南亚各地龙山寺祖庙，寺内以千手观音闻名遐迩。

21 飞篙是指为保密篙尺技艺内容，故意少画、移动符号位置。溪底派绘制飞篙主要三种方式：一是中路移至四路；二是见七（寸）进八（寸）；三是构件移位。（吴小婷《泉州溪底派大木匠师王世猛落篙技艺研究》，华侨大学，2016年，40页）

22 中路是指古建筑的明间，四路是指次间。

23 车栋即将编号的构件运送至基地现场安装的过程，又可称为立架。（梁志豪《泉州溪底派大木作施工技艺研究》，华侨大学，2018年，17页）

24 叠斗是在闽、粤、台寺庙、祠堂、大宅的木构架中，常以层层叠置的斗代替瓜筒（蜀柱），斗上直接承托檩枋。叠斗之中，最下面的斗称一云斗，依次而上，称二云斗、三云斗、四云斗等。（曹春平《闽南传统建筑》，厦门：厦门大学出版社，2016年，45-47页）

25 江夏堂位于厦门市思明区钱炉灰埕，为黄氏大宗祠的祭祖堂。黄氏大宗祠由清末南安武状元黄培松倡建，建于清宣统二年（1910），1918年竣工，今仅存祭祖堂和宗亲会馆两建筑。

26 王水龙（1901—1974），溪底王氏前落后刊十五世允字辈大木匠师。1931年和王益顺师傅等人从台湾回来修建厦门南普陀寺，修建厦门集美学村的楼台亭阁。

27 王廷元（1886—1939），溪底王氏前落后刊十六世维字辈大木匠师，王益顺长子，随匠帮到台湾参加营建，后定居金门，修建了水头六落大厝、欧厝，东沙、湖下等地的大厝，以及西浦头宫、官澳宫和洋山家庙、金门模范街等。1931年参与修建厦门南普陀寺。

28 王维蕴（1893—1972），溪底王氏后落二房十六世维字辈大木匠师。20世纪20年代到台北修建将军庙，20世纪30年代在台南建造南鲲鯓代天府，1931年参与修建厦门南普陀寺，1960年建造泉州开元寺拜亭、公德堂和百源八角亭。

闽南溪底派王世猛匠师水卦图技艺 [1]

**受访者
简介**

王世猛

男，出生于 1947 年。1962 年随父亲王银生学习小木作雕刻，1963 年
随师王金螺学习大木制作，1965 年在泉州木器厂制作家具，1971 年
在永安造桥，1973 年随刘胜发学习古建筑制图，1973—1985 年在漳
州空军部队建造营房，1986 年随王为尧担任泉州承天寺重修工程助手。
1986—2009 年，在中国闽台地区、马来西亚、韩国、印尼等地从事古
建筑营建工作。2009 年，被评为国家非物质文化遗产"闽南传统民居
营造技艺"代表性传承人。2009 年至今，主要工作以古建设计为主，
兼施工顾问。

采访者： 吴小婷（华侨大学建筑学院）、黄美意（华侨大学建筑学院）

访谈时间： 2014 年 9 月 12 日—13 日

访谈地点： 福建省泉州市惠安县崇武镇溪底村王世猛匠师家

整理情况： 吴小婷初整理于 2014 年 9 月 17 日，黄美意于 2019 年 1 月重新整理。访谈用闽南话，整理时
略有调整

审阅情况： 未经王世猛审阅

访谈背景： 闽南传统建筑中的大木构架为整体设计中的基础，匠师不但考虑建筑的结构安全，还涉及吉凶
尺寸、营建禁忌、美学观念及空间观念，这些三维的空间建筑思维呈现于"水卦图"的设计上。
一张"水卦图"便传递了闽南传统建筑中大木构造的重要信息。水卦图这一独特的营造技艺同
许多传统的营造技艺一般，只掌握在大木匠师手中，并且随老一代匠人的凋零以及整体社会的
变迁而面临失传的危机。

王世猛师傅在工厂传授大木技艺
林丹娇摄

王世猛　以下简称王
吴小婷　以下简称吴

水卦图的现场示范

吴　王师傅，您好，我们是华侨大学建筑系的学生，想向您了解水卦图技艺。

　｜王　好。

吴　王师傅，这个您叫水卦图吗?

　｜王　是的。水卦图表达屋架檩元仔[2]的高度。绘制水卦图时，受到吉凶禁忌、材料及观念等的约束，逐渐形成一些固定的设计方法，然后归纳为设计口诀。

吴　您的这个水卦图是自己学的还是您的师傅教您的?

　｜王　一般是民间师傅在做，跟师傅学，不懂的地方再问。

吴　王师傅，您画水卦图时一般有几个步骤呢?

　｜王　水卦图的设计绘制大致可分为六个步骤：定造型[3]、分架数[4]、定高度（加水）[5]、运水[6]、报水[7]和调整尺寸[8]等。

吴　您画的这个图中，檩条间距是怎么定出来的?

丨王 假设是5.4米，6孔（缝），5.4米除以6（就是檩条间距）。上下檐之间的上檐檐檩和半脊檩的垂直距离一般不少于6尺左右（1.79米）[9]，最好不少于6尺。如果规格大一些的庙，那么就高一些。假如这边有补间铺作，那我们就要考虑抬高一些。像大一些的庙，如开元寺有8尺多（约2.38米）。假设这边是5.3尺（约1.58米），如果下檐加4水，上檐要加0.45水，陡一点，下檐正常情况不要大于加4水。

吴 下檐小于0.4水，上檐大于0.45水吗？这个5.3尺，一般是这样做吗？

丨王 对，上檐加0.45水。为了好算，我们将0.45水先设为0.4水，5.3尺×0.4=2.12尺，约等于2.2尺（约0.66米，即上檐檐檩上皮到上檐檐口板椽下皮的高度）。一般这个是5.3尺我也做过2.6米、2.7米和2.8米。官式建筑要2.6米以上，因为官式建筑有飞檐，闽南建筑没有，闽南建筑的椽枝[10]比较短。官式建筑的板椽比较长，所以不小于80公分。厦门南普陀那里大概是1.85米，大雄宝殿我去目测过，即6.2尺（约1.85米），1.85米加0.8米等于2.5米左右，所以官式建筑要多挑一点出来。

17.2尺（5.13米，半脊檩上皮的高度）+6尺（上檐檐檩上皮和半脊檩上皮的垂直距离）-2.2尺（0.67米，上檐檐檩上皮到上檐檐口板椽下皮的高度）约等于21.2尺（6.32米，上檐檐口板椽下皮的高度），30寸+30寸+30寸+28寸+25寸=142寸（各檩条水平间距相加所得），就是14.2尺（4.23米，中脊檩到上檐檐口板椽的水平距离），14.2尺×0.45约等于7尺（约2.09米），21.2尺+7尺=28.2尺，即中脊元[11]上皮高度是2.82丈（约8.40米）。中脊元上皮和二檐滴水尾拉起来是直线。接下来看这条直线是多长，2.7丈（约8.05米）、1.7丈（约5.07米）、1丈5尺多（约4.47米多），这里是12公分（落运）[12]，等于是4寸（约0.12米）。

吴 落运线是垂直曲线还是竖直下来？落运点是在中间？

丨王 都可以。大体是这样，落运点是在中间。电脑比较好操作[13]，不然要拿一根尺子这样"搵"，把它弄弯。正常来说，对应的椽仔长3米以上。流水的这条流水线，越长才能搵越多，短的话就很难弯了[14]。这支如果是在3米左右，只能是1公分多，差不多是5分（1.67厘米）。如果是落运4寸，椽仔至少要长6.2米以上。落运不能超过4寸（约0.12米）。椽仔正常的宽度是4寸（约0.12米），厚2寸（约0.06米）。我们跟官式建筑的板椽不同，官式建筑的板椽是一段一段往上折，这枝和这枝这样钉住重复，而我们是整枝的。

吴 为什么官式建筑的板椽是一段一段，我们是一整条的呢？

丨王 这是我们闽南的建筑方式。我们的椽仔如果太长的话，8米以上也可以分段接起来。但是我们的接法跟它不一样，十几米、八米、九米才接。官式建筑的板椽因为有保温层所以要弯那么多。它的保温层有土、小麦等，而南方没有这层。官式建筑屋顶从外面看跟我们闽南建筑是一样的，但是椽仔钉的方式不同。

吴 您从斜线的中点这样下来，然后就结束了？

丨王 接下来你要去比，檩条上皮到斜线这点多长，知道上面点的高度，减下来。假设上面是2丈（约5.96米），这段是2寸（约0.06米），减掉剩下1.98丈（约5.90米），这点就把它标上。檩条上皮的高度就是报水，水卦图要的就是这些数字。

水卦图的加水值

吴 王师傅您是说加 4 水还是加 0.4 水？您最少有加几水？

| **王** 我们的闽南话是说加 4 水是 40%，40% 就是 0.4，这是 4 公分，这是 10 公分，就是 10 分 4。看实际情况，正常的是加 3.5 左右水，古早（早期）的房子是这样的。

吴 庙也是这样的吗？

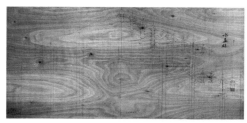

水卦板
陈志宏摄

| **王** 庙也是一样的。一般一层的是 3.5 水。二层陡一点。假设第一层的是加 4 水，二层的是加 4.5 水，第三檐是加 5 水。3.5 水是以前的民居，以前的民居没有二层，最高正常的是加 5 水。南普陀超过加 6 水。那最低的能加 3.5 水，3.2 水都有。榉头的就不一定了，榉头比较少，不超过加 3 水，正常是 2.5 水，再低的话，做土的技术要高。

吴 为什么正常是加 2.5 水呢？

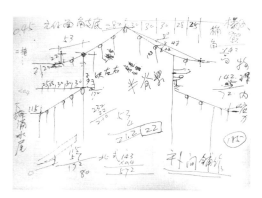

王世猛师傅的水卦图计算草稿
王世猛提供

| **王** 因为加 2.5 水，它的瓦是这样（手绘示意绘制一层一层瓦），假设这是加几水的平面（即画了瓦下面的一条斜线），不要让底下这块瓦的后面这一点比前面这一点低，低的话水就流回去了。所以一般少于加 2 水或者 2.5 水就难做。因为加 2 水的话，假设这条是 10 公分，这条是 2 公分（手绘了一个三角形，长直角边为 10 厘米，短直角边为 2 厘米），这个（三角形的斜线）算是桷枝，檐口是这块桷枝的前端部位，这边有一块压檐板（在桷枝往上第一层），起到连接桷枝的作用，在压檐板上面是运路砖（在桷枝往上第二层），运路砖使得檐口变缓，然后瓦再一块一块往上叠。

吴 您刚刚说的加几水，大厝和寺庙是一样的吗？

| **王** 加水是一样的，没有什么差别。如果房子比较大就加水多一点，因为它流水量比较大。如果加水没有大一点，它流水就比较快。大厝的话，为什么加水比较少，因为水就是财，水在房顶就是财在房顶，不然"嗖"一下就流走了。缓一点，财才不会被冲走。

水卦图的吉凶尺寸

吴 您这个算的是脊元的上端？

| **王** 元仔面桷支底。

吴 脊元高度会考虑到天父寸白吗？

| **王** 对！有！

纳甲法的口诀
乾纳甲，坤纳乙，艮纳丙，巽纳辛，坎纳癸申子辰， 离纳壬寅午戌，兑纳丁巳酉丑，震纳庚亥卯未。

天父地母尺白的口诀
天父尺白　乾弼离破军，兑贪震巨门，巽廉艮武曲，坎文坤禄存。
地母尺白　巽弼乾巨门，离廉兑禄存，坎武艮文曲，震辅坤破军。

天父地母寸白的口诀
天父寸白　乾起四禄，艮起六白，离起八白，兑起九紫， 　　　　　坎起二黑，震起七赤，坤起三碧，巽起五黄。
地母寸白　乾一白，离二黑，震三碧，兑四绿，坎五黄，坤六白，巽七赤，艮八白。

寸白簿部分内容
王世猛提供

吴 您的天父地母尺寸是怎样的？

　| 王 按照二十四山八卦去起卦 [15]。

吴 您有天父寸白的表吗？能借我拍一下吗？

　| 王 可以！天父寸白书一般是分开，没有连套。这个是八卦。我们二十四宿的方向。

吴 这些都是您自己整理的吗？

　| 王 对，自己整理的。这边是甲子，这个就是寸白。一白二黑三碧四绿五黄六白七赤八白九紫。这个是九星的寸白。

吴 脊元高度就是和这个合？如何合？

丨王 你现在再看天父。乾弼离破军，兑贪震巨门，巽廉艮武曲，坎文坤禄存。这个地母卦。这个是寸白。乾起四禄，三五七。这个是尺白，也是这样算的。坎卦，癸申子辰。天父，是文，文星，文曲星。地母，是武曲星。比如说是"子"，它是坎卦，起二黑就是五七九。比如乾卦，甲，两座山，天父是弼星，地母是巨门星，用巨门算一尺（约29.78厘米），用弼星算一尺起。照数，这边分开说明，你要自己套。

吴 这是您自己算，还是厝主？

丨王 我们自己算的，厝主也不懂。这边只写了寸白，尺白没有写，尺白你要知道找这个卦，再来找这个尺白。这些是尺白，一般没有写在一起，需要翻页找。比如文曲星起，一尺，二尺，三尺，四尺，五尺，六尺，七尺，八尺，九尺，到这边十尺，十一，十二……一直循环数下去。寸白是在这里，一白，二黑，三碧，四绿，五黄，六白，……如果是起二黑，二黑就是一二三四五，五寸（约0.15米），六不行，七，七寸，八，八不行，九，这个就叫五七九。这边是起二黑五七九，刚好五七九，一般是这样套的。当时的老师傅害怕被偷走，所以一部分写在这里，一部分写在那里，要知道套用。不然这边给你写寸白就没有写尺白，它给你写坎卦，你就要去找坎卦。坎，是文坤禄存。坎卦是癸申子辰，癸、申、子、辰是坐同卦的。

传统水卦图的绘制

吴 王师傅，可以给我们看看您画的水卦图吗？

丨王 可以。这个是我画的。水卦图只有报水和尺寸，你看这个栋架图有这些栋架。这是它们的区别。

吴 这个水卦图还要合天父寸白书？

丨王 对，合在吉祥的地方。[16] 天父地母的寸白是最关键的，最重要的首先是定点。

吴 别人叫报水，您呢？您写这个的高度，那您会写降下来多少吗？我看有的师傅有写。

丨王 也是报水，比一下报一下这边是多少，你就把它写在那边。不用写下降多少，那个写了也没有用。

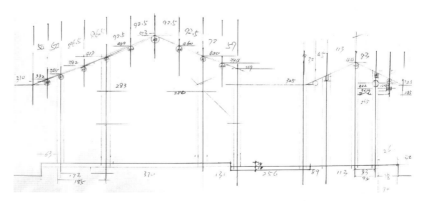

王世猛手绘的漳州市平和县光明宫水卦图
王世猛提供

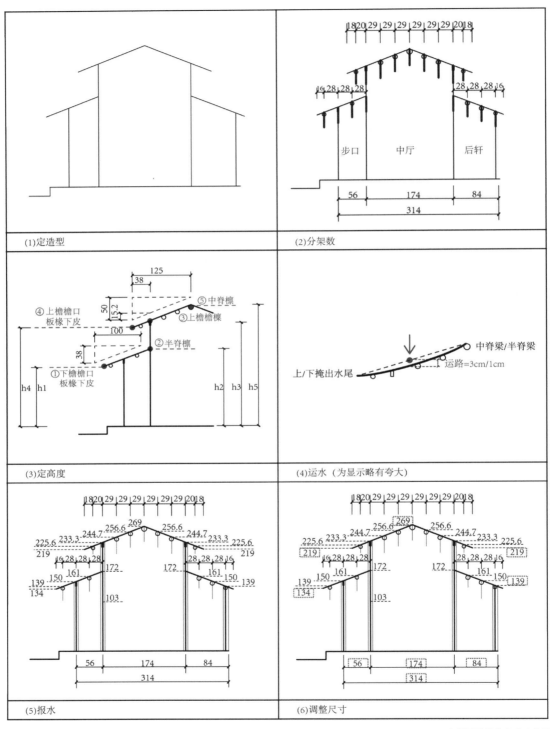

水卦图的设计步骤示意图

吴 您水卦图画完会做一下模子，做一支来看这个曲度合适吗？

│**王** 有一支水卦尺，那支篙尺大概长度是两尺多半长，相当于两丈多。有的人像我经常要落篙的，不喜欢去搵，做一支平常慢慢去对照，就像现在电脑拉的抛物线，那个抛物线就是尺。

吴 那您自己也有一根这个尺子？

│**王** 那个尺子我现在都没有用了，弄丢了，用电脑之后就没有用那支了。以前画水卦图的时候，起点、终点、中点（斜线）这样点一下，假设搵到这里，那个尺子把它弯下来，再画一下，比较方便。

吴 我们做桷支也是这样做的吗？

│**王** 桷支不用，桷支就钉在那里了。桷支踩下去（从中间），钉下去。

吴 您画这个曲线和做瓦有关系吗？

│**王** 有啊！尺寸没有弄好，做土的没有办法做的，如果他要做得比较平，要填土。所以这个曲线不能太陡也不能太不陡，刚刚好，眼睛看上去很顺。抛物线中间浮上来叫作浮背。

吴： 非常感谢师傅的耐心讲解！

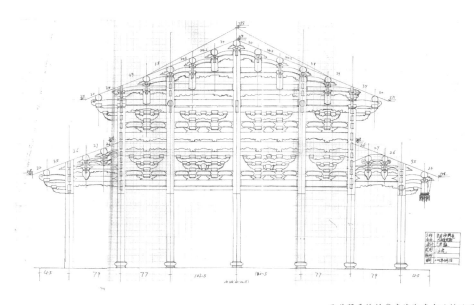

王世猛手绘的崇武海潮庵中路栋路图
王世猛提供

1　国家自然科学基金资助项目：闽南近代华侨建筑文化东南亚传播交流的跨境比较研究（编号：51578251）。

2　元仔，即檩条，架于柱上之檩条，上承桷枝及屋瓦，一般为圆形。

3　定造型，画水卦图之前首先要根据屋主的盖房要求、房屋的规模类型、使用功能等因素来确定房屋的屋顶形式。

4　分架数主要是确定水平方向上檩条与柱的数目与间距。

5　定高度（加水）指从下檐檐口板椽下皮开始算起向上逐步推算至中脊檩，采用的方法是加水法，即定斜率。比如"加4水"是指若脊檩与上檐檐口板椽下皮的水平距离是10尺，加高4尺即为中脊檩的举高，那么连接中脊檩与上檐檐口板椽下皮的斜线的斜率是0.4，即40%。

6　溪底派匠师将屋面斜线中点向下凹产生曲线的方式称为"运水"，下凹的数值称为"运路"。

7　在运水后的曲线找到垂直方向调整后各个檩条的位置，然后在各个檩条上皮分别标出其距离室内地面的高度，标注檩条的高度叫"报水"。（林文为口述，杨思局等整理《闽南古建筑做法》，香港：闽南人出版有限公司，1998年，15页）

8　调整尺寸指将得出的部分关键尺寸，如水平方向上的总面阔、总进深、柱距等和垂直方向上的檐口高度、中脊高度等，与吉凶尺寸、营建禁忌进行核对，如不符再进行调整。

9　闽南营造尺1尺约为29.78厘米。

10　闽南称椽为桷、桷仔、桷枝。"桷"是椽子的古称。

11　中脊元即中脊檩，是屋架中央最高最大的檩条，通常绘有镇宅之太极八卦可压煞镇邪，安放时候要举行上梁仪式。

12　王世猛是根据板椽的长短和厚度来确定运路的大小，一般板椽每一丈运水一寸至一寸半。在之前定高度（加水）的步骤中，画出了上檐和下檐的屋面斜线，然后分别将其运水，上檐运路3厘米，下檐运路1厘米，即分别从这两条斜线的中点向下运水3厘米和1厘米，然后分别将这两条斜线的起点（上/下檐檐口板椽下皮）、终点（中脊檩/半脊檩）和运水后的点用一根平缓的曲线连接。

13　传统匠师会将水卦图以1:10左右的比例尺规绘制在一块木板上，即水卦板，这是因为水卦图需要准确表达屋架檩条的高度，木板相比于图纸不易变形，在建筑工地易于保存，尺寸测量推算比较方便。在计算机制图普及后，由于计算机制图比手绘水卦板更加准确，王世猛现在会指导徒弟利用计算机绘制水卦图，将水卦图合并在传统建筑剖面设计上，作为绘制篙尺时构架形式尺寸的重要参考。

14　若板椽在3米以下无法下折，也就无法运水，屋顶曲线是直线；在3～3.5米，板椽能稍微下折，屋顶曲线几乎是直线。

15　二十四山向位法指风水师会以二十四个方位去判断吉凶，每个方位占15°，风水上称为二十四山。它们是甲、卯、乙；辰、巽、巳；丙、午、丁；未、坤、申；庚、酉、辛；戌、乾、亥；壬、子、癸；丑、艮、寅。罗盘以"卯"代表东方，以"午"代表南方，以"酉"代表西方，以"子"代表北方，以"坤"代表正西南，以"巽"代表正东南，以"乾"代表正西北，以"艮"代表正东北。

16　王世猛绘制篙尺之前，在绘制水卦图的同时，需要对部分关键尺寸进行吉利推算，即"尺白寸白法"，尺白寸白又分为天父尺白、地母尺白与天父寸白、地母寸白两套系统。天父指垂直方向如中脊、檐口等吉利尺寸；地母指水平方向如柱间距、面阔等吉利尺寸。中脊高度、面阔尺寸需要兼顾尺白和寸白，檐口高度、柱间距等可以只考虑寸白。

陈忠日木匠谈马来西亚槟城华人木屋的营建 [1]

受访者简介

陈忠日

男，67 岁，祖籍福建南安，从曾祖父移民到槟城算起，已是第四代华人。现居住在马来西亚槟榔屿大路后"相公园"，属于南安三十一都潮塘乡（现名莲塘乡）陈氏移民为主所建立的同姓村，亦是传统木屋区。曾任相公园陈氏潮塘社信理员兼理事 42 年，目前经营小贩生意；曾从事建筑行业，是泥水匠，也是木匠司，在 20 世纪 60 年代建了许多木屋。

采访者： 陈耀威（陈耀威文史建筑研究室）
访谈时间： 2018 年 11 月 23 日、2019 年 1 月 10 日、2019 年 1 月 24 日
访谈地点： 马来西亚槟城日落洞相公园
整理情况： 录像资料整理于 2019 年 1 月 5 日—1 月 25 日
审阅情况： 未经陈忠日先生审阅
访谈背景： 除了砖瓦的街屋（店屋、排屋）与别墅之外，木屋（板屋、亚答屋）是东南亚华侨华人最广泛的居住形式。就马来西亚而言，华人运用当地较容易取得的木材，建造适应华人生活起居的屋宇或商铺，可远溯数世纪前。虽然至今尚有许多人延续居住在木屋，不过 20 世纪 70 年代末，因营建业和经济的改变等原因，木屋已停止建造，如今处在快速消失的状态。

对于华人木屋的研究，向来缺乏文献记录。除了实物调查，有必要采访建筑工匠，不过老一辈曾建过木屋的很多已过逝。采访者在陈氏潮塘社庆祝武安尊王圣诞，采访相公园民间信仰与村落社会课题时无意中获知陈忠日曾是建过木屋的木匠，于是做了口述历史采集。不过当时有些匆忙，讲述呈跳跃状且不够清楚，因此又安排两次补充和确认采访。口述内容主要是木屋的营建工法和使用习俗，代表 20 世纪 50—70 年代槟城木屋的情况，同时也涉及一点马来木屋的建造差异。

访谈以槟城福建话进行。槟城福建话是以漳州海澄三都腔，受马来语、英语、潮州话、粤语以及少量泰语的影响演变成的，是闽南语的一个域外变体，通行于马来西亚半岛北部，印尼苏门答腊棉兰以及泰南普吉岛。

华人木屋区
陈耀威摄

陈忠日　以下简称陈
陈耀威　以下简称威

　|陈 我叫陈忠日，日本的日。我的曾祖父葬这边，我的爷爷葬这边，我的父亲葬这边，到我，我的儿子，我的孙子已有六代了。

威 您几岁做木工的工作？是兴趣吗？

　|陈 这个不是兴趣，是我毕业出来后，我的姐夫做泥水，我跟他去吉打[2]那边学做泥水。做泥水一段时间后出珠（出水痘），回来修养后做了七年的杂货店，（因为）薪水太低又再跑出来做建筑。

威 哪一年做建屋的工作？你有做过哪一间？

　|陈 1960多年。我做过的是鲁班公庙后面石头公园[3]非法的屋子[4]。那时候林苍佑[5]第一届选举上任时，他没管那些非法的屋子，连山顶[6]的屋子也一样，全部都赶着去建屋。海墘的屋子也一样，非法的海底屋[7]人家抢着做，当时很缺建筑工人。我的朋友要价高一点，所以我们这样做起。那一年一直赶工做到夜晚，工钱很好。

威 你也做过海上的屋吗？

　|陈 那个海边的木屋，柱子插下水底滩泥的我们也有做过。用铁链绑起来，用根横梁，两个人坐下，一二三，用我们身体的力量一下下捶，捶到人力不能下去的话就用大锤。它下到2尺（约0.61米）也好，然后再接木柱下去。

威 请问建木屋使用的是什么木材？

┃陈 如果价钱没问题，要保留较久，我会用 chengal（珍爱木），或者是 batu（峇都柳桉）、kerbau /merbau（菠萝木/太平洋铁木）来做柱子。如果要屋顶木材全部用好的，至少可保持100年，如果用普通木材，要是屋顶漏水，30年很快就坏掉了。我有做过一间全部都用 chengal 和 batu，屋主都不要用杂材，那个价钱差不多是普通的三倍。这间屋子建起来十五千（一万五）的话，我是拿他三十千（三万）。工匠的价钱都是一样，只是木材价钱不同，如要比较好，付出木材的价钱比较高。

威 Merbau 是不是会流汁？

┃陈 如果木材湿的话，锯下去会流出红汁，马来人会认为是鬼血。马来屋很特别，（柱子）中间要打洞，木材（樑）要穿过去，所以中间打洞的话流出来的汁很明显。

威 您有建过马来屋？

┃陈 对，马来屋没有铁钉，它们的柱子中间打一个洞，让木材穿过去，用竹钉或木钉钉后，每个星期敲一次，因为新的木材很潮湿，要干的时候会收缩，所以就要不时敲打木钉一次。

威 立柱有什么仪式吗？

┃陈 他们需要拜的，Tiang Sri（中柱）立起好来的时候要拜 Nasi Kuning（黄姜饭），我们要等拜祭好才能继续做工。印度人则是拜冬瓜和放朱砂，他们拜祭完毕后隔天再来工作。印度人会把金片放在神像底下，有钱人会放较厚的，普通人家就放薄的。如果是有钱人家，会放半公斤的金片在神像底下。

威 什么叫做 Tiang Sri?

┃陈 Tiang Sri 是中间那个主干柱。马来人要升上那个 Tiang Sri，祭拜他们的主（真主 Allah）。要住得平安的话入住前一定要拜神，印度人也是一样，只有华人没有。

威 Tiang Sri 通常多高？

┃陈 根据屋子高度，屋子高就不需要做太高。柱子一定要坐在金子上面就对了。

威 印度人的也要放金子在 Tiang Sri 吗？

┃陈 是，就算是比较没钱的印度人，也得买一条几十块钱的金线放下去。

威 马来人高脚屋的空间名称，您了解吗？

┃陈 他们的做法我们会做，我们接下来（工作）有得饭吃而已，那时候年轻没想到要问这种文化的事物。我的师傅上了年纪，当我知道那个文化的时候，师父已去世了。

威 您的师傅叫什么名字？

┃陈 我的师傅叫"海陆丰"，姓邱的，另一个是郭阿扁（福建人），还有阿顺（客家人）。海陆丰是住在红土山[8]，他的爸爸是华人，妈妈是暹罗人。

威 他不是不是很出名？我好像听过他的名字。

┃陈 他没有很出名，只是工程比较多，日落洞开山王那一带十间屋八间是他做的。

关于木屋的设计

威 木屋的长宽有一些规格的吗?

　　陈 如果地是自己的,屋主喜欢做多长多阔(就按)他自己喜欢;有的是跟人租地的,他的屋子是有一个固定尺寸,所以范围不能说肯定一个尺寸;有的是地主是别人,屋前和屋后只有那么长,所以屋子就只能做那么长。有的人说要房间大间点,客厅小一点没关系;有些人又要客厅大房间小也不要紧,多数都是屋主自己喜欢。

威 木屋的木结构是怎样设计的?

　　陈 铁钉不能钉四只钉子[9],不然这个屋子就不能住。屋子如果是先起平屋顶的话,我们就做"马担"(梁架)翻上去。如果是九支有长短柱的又不一样,九支柱的话,前面跟后面六支平高,中间三支较高,斜下去的位置我们就放落马材(斜梁)。

威 屋子的高度怎么定?

　　陈 前排柱至少要 8 英尺半(约 2.59 米)或 9 英尺(约 2.74 米),天花板的高度至少要 9 英尺(约 2.74 米),如果太低安装风扇时会撞到头,12 英尺(约 3.66 米)也会有。

威 请问主梁下另一根梁叫什么名字?那个是什么用途?

　　陈 Miao Cu Kiuo(老鼠桥)。第一是做工用,亚答屋会漏水,所以我们爬上老鼠桥来收拾漏水的地方。我们做工要上下的时候是用老鼠桥上下,爬上去做屋子(换亚答)可以踩在那里拿刀子割亚答的藤,挖一个洞爬上去做。不是从(屋檐)下面爬上去,因为这时候亚答已经枯了,爬踏上去会断。所以我们在上面开一个洞,坐在中樑上,然后顺着马材收拾下来,这样做工才不会危险。第二是亚答屋如被风吹四个角会跑(歪闪),所以加老鼠桥可以增加平稳不容易倒。

威 屋梁的高度,厅的深度有没有看吉祥的尺寸而定的?

　　陈 如果是有风水头脑(风水观念)的屋主,我们要拿风水尺跟他量,他说要 13 英尺(约 3.96 米)或 15 英尺(约 4.57 米)以内,我们就找风水尺配吉利的尺寸给他。如果屋顶柱子用风水尺的话,门窗全部都得用风水尺,不能说屋顶用风水,门窗不用的话也没作用。如果走风水的话价钱又是不一样了,因为工作慢了。全部都要另外规划,测量门窗要多高,又要时间去量风水的尺度。先回家画一张图,多长多高……

威 那门的高度呢?有没忌讳前门不可对后门?

　　陈 如果不信邪的话,顶多窗跟门平高。师傅说过窗口不能高过门,最多是能相同高度,最好还是门高过窗口。大门和后门不能一次通过,因为前进后出不吉利,就像钱财前进后出流失。这个是我们必须跟屋主说的事情,如果屋主有意见我们可以叫他改。

威 木屋除了正门和后门,什么情况下要设旁门?

　　陈 讲难听点,有些做偏门收千字(彩票)的要开一个旁边门,准备用来逃跑以防政府人员找上门,这个是做偏门的人做的。以前收千字和鸦片,所以人说"偏门偏门做旁边门"。偏门的人才有边门,做

正经事业的只做前面门和后面门而已，因为不怕政府人员捉，不需要跑。我们华语"偏门"怎么来，就是旁边门开了准备有一天政府来捉时要跑的。

威 客厅的尺寸怎么定？

陈 140 方尺（约 15.56 平方米）比较好用，现在 100 方尺（约 11.11 平方米）来说如果客人来五六个已经不够位置了，沙发也放不了。除非主人家只是一对夫妻就不需要那么大的空间。

威 屏后房 [10] 那个是给父母住的吗？

陈 这个不一定的。我们现在的排屋 [11] 里小间的房间就是工人房，他没说一定要放哪里。多数是新婚人不要住屏后房，因为他们有时候床靠神屏，以前屏是木板的，如果撞到屏对神不好。如果房间有孩子的话，（孩子）每次玩撞到屏弄到神主或金身跌倒都不好。所以多数都是给老人住，没有孩子，不会有太激烈的运动，不会撞到墙，为了保护神台，只是这样的理由而已。

威 房间里那个做高起来地板叫什么？

陈 那个就叫做楼板，有的人是说老人怕风湿有湿气，所以起高 1 英尺（约 0.30 米），2 英尺（约 0.61 米）也有。有些下面要收东西（储存东西），2 英尺到 2 英尺多也有。这里的地方会淹水或者他要收东西的话会做得比较高。

威 五脚基 [12] 的宽度怎样订？从哪里算起？从柱的心算起吗？

陈 应该是 5 英尺（约 1.52 米），不然为何要叫五脚基？大门算起 5 英尺。

威 到柱的中间吗？

陈 不是，是大门把柄的直线出来五脚基 5 英尺。

威 为什么要设五脚基？

陈 没有五脚基就不能分辨这个是朋友还是敌人。五脚基是家的范围，不欢迎的人不能站在五脚基。如果有人找我不在，我老婆在，关着门，你得在五脚基等。

威 为什么许多木屋都不做天井？

陈 我们这里常常下雨，所以有天井的话，水会喷到木材加快（它的）损坏。以前刚从中国来的人他们有三合院的概念，他是风水的概念就有做，接下来的如果是为了起居生活来说，下雨时我怎么走过？旁边留一个巷仔（廊）罢了，就像我们的庙有巷仔那些小孩和顽皮的人下雨天经常跑去天井淋雨而生病，所以他们一直改进，入乡随俗跟着马来人的屋子（没天井）。

威 厨房的位置有规定在哪一边吗？

陈 依屋子的方向，东南西北不一定的。为了方便，煮东西的烟可飞出去，吃饭的地方不会被油烟弄到就可以了。

威 天公牌 [13] 和灶君公牌 [14] 都要放在屋子左边？

原本铺亚答的木屋叫"亚答厝"

主屋加"拔舍"的木屋

直板的木屋门面

横的壁板——雨淋板

室内三角梁架和"老鼠桥"

亚答叶片

陈耀威摄

|陈 外面的天公牌要高过后面的灶君公牌,灶君公的牌不能高过天公。因为地位天公高过灶君公,(所以)如果灶君公的牌高过天公就是越权。

威 福建人的天公牌方位是?

|陈 挂在左手边的柱,左手边比较大。其他广东人我就不清楚了,他们应该都是一样的。多数他们的天公牌放在屋子的左手边。不管他是不是向东南西北,他的大门出来左手边就是了。

威 灶脚（厨房）大小有什么尺寸设定吗？

  陈 灶脚不一定的，人口多饭桌大，灶脚的空间更大。如果说两夫妻两人桌子比较小的，灶头（灶口）也不需那么大。以前的人要娶媳妇就多做灶头。从前中国文化是如果要娶媳妇一定要加房间，在灶脚多做一个灶口。

威 你会做灶吗？还是由泥水的人做？

  陈 找泥水的人做，我也有做过泥水。

威 灶的高度有一个忌讳的是吗？以前也有一定的尺寸是吗？

  陈 早前做灶应该是有。如果做太高，炒菜吊手也辛苦。如果太低背后骨会弯得很辛苦，（所以）要依照我们身体的高度（来定）。如果没有风水仙看，我们是照身体适合的高度，多数是标准的。

威 灶君牌是否要靠近有灶的那一边？

  陈 最好是有火的地方，灶君牌放在有火烘的上面，像以前烧火柴和火炭，给灶君坐在上面。给火烧他会比较爽。

威 比较旺吗？

  陈 没有啦，因为风俗文化是这么说。

威 木屋往往有主屋旁边再搭出较矮小的建屋，居民都叫 Pi Sei[15]，你知道是什么吗？

  陈 早时是养鸡鸭猪的，后来政府为了防治禽流感，不让人民养猪养鸡，剩下的地方就是披榭。盖起来，租给人家或者存货物。

威 为什么叫 Pi Sei？

  陈 我们叫 Pi Sei，但是我不知道这个字怎么来。以前的人有分别大老婆和小姨（妾），大老婆先来的时候已经进了大厅。要（再）娶的话可以娶，可是不能进大门，不是这家的媳妇，得睡披榭，有这种讲法。对老人家阿嬷来说，不是明媒正娶（的老婆）生的孙子，就不承认，得去睡鸡寮。

威 以前浴室和厕所是在屋外的？

  陈 以前如果没发生事情，灶脚、洗澡间和厕所都放外面的。这样家里比较卫生，因为以前大便用马桶，要倒屎时会有味道。最好是洗澡间马桶在外面。以前户外的马桶满了，厕所就扛去旁边再立，挖一个新洞。后来才有人来倒屎的。现在不一样了，现在是冲水的。这是为了时代而一直有改变。

威 以前的木屋的厕所都设在屋外，是不是因为"5·13"事件[16]，才将厕所搬到屋子里面？

  陈 不是"5·13"事件，1976年我们的钱下价（贬值），这里发生罢市。华人和马来人打得很危险，我们怕危险所以将厕所搬到屋子里。

威 屋顶的斜度怎么定？

  陈 应该是以走水来决定。有钱人的亚答[17]接缝比较小，亚答的片，（做）10英尺（约3.05米）来说，用五六十张比较密，比较耐久不会漏水。如果没钱人的亚答片较松很快就漏水了。

威 怎样铺亚答叶?

> **陈** 一片一片折,由下往上铺到尖顶,从边铺起,两边绑,绑到最后的折掉,有的较短的边,需要用到才绑。

威 下面开始绑起吗?

> **陈** 对,头一叶由第二叶叠上,再叠第三叶,没理由你去开来塞的,都是从下面绑起。叶片重叠(超出的部分)我们是用小指尾节来量。我的 Kepala(工头)教我这样稍量一下,再绑一绑,那些老教(老手)习惯了不用量,我们新手得量。

威 亚答叶搭接部分多大?左右重叠可调整尺寸多大?

> **陈** 叠剩最少半寸。亚答搭接的位置,洞缝比较多,所以越密越不会漏雨。加也 2 寸,减也 2 寸罢了。

威 亚答叶片的骨是用什么做的?

> **陈** 是亚答树的老叶,亚答片的骨是用亚答树来做的,就像香蕉树杆,砍 4 尺半(约 1.37 米),再剖一支来做亚答片的骨。蛇喜欢藏在叶子里面,割叶子的时候蛇会跑出来。

威 那穿亚答片的线呢,用藤子吗?白蚁会吃亚答吗?

> **陈** 用香蕉杆晒干后做绳子,用尖木锉后,稍微绑一下。通常是每片绑一下,不走样就可以了,绑紧就没法调整。白蚁不吃的。

威 绑亚答时需要几个人?

> **陈** 一张四叶的亚答要三人来绑藤,绑好了再移过去,也是三个人。

威 跟斜梁垂直横摆的木条叫什么名?

> **陈** 那个叫做脚踏材,因为无论要铺锌板或搭亚答,我们的脚要踏要上的,那个叫脚踏。

威 不是叫桷仔?

> **陈** 就是桷仔,我们的叫法是脚踏。我们钉 2 英尺(约 0.61 米),最多 2 英尺半(约 0.76 米)。我们好走(不用走太多步),如果 3 英尺(约 0.91 米)或 3 英尺半(约 1.06 米)的话,如果走那么大步,一不小心不平衡会跌到。所以通常最多是在 2 英尺半以内。

威 木屋铺亚答屋顶的保留到哪个年代?亚答是不是随时都有得买的?

> **陈** 我结婚那些年,差不多四十年前(约 20 世纪 70 年代),还有一些保留亚答,如果家里有老人的话比较喜欢亚答,屋子会比较凉。假如五月要换亚答,正月或二月就要去亚答店跟他订说要多少叶了。

威 两月之前啦?那时大概一九多少年?

> **陈** 日子一到,有的就会办给你,没的话他就会跟你道歉,我 order(订)了那个货没来,你需要延迟你的工作。延迟了一次两次,屋子漏水了,屋主受不了就换锌板。因为那个时候亚答已经很难买了。1978、1979 年,亚答叶开始少了。

威 为什么亚答越来越少？那时卖亚答的是哪一间店？

陈 红树林不能砍，亚答叶也是在红树林里面长出来的。去砍亚答政府（可能会）以为是去砍红树。很多间都有卖，现在老店都倒完了。是川公司、南泉。

威 这些全部在日落洞吗？

陈 对，因为大路后和日落洞的亚答屋比较多，亚答的销路较大，也就比较集中。所以坡底（市区）和海墘人要做亚答屋顶就会到大路后和日落洞购买。

威 做亚答的都是马来人？华人跟他们办过来而已？

陈 那个不一定呢，他们哪里拿货的我们是不知道。大多数是在十八丁、角头 [18]，那个有亚答芭的地方。他们也不是一户专做亚答，好像他们 kampung（村）里的马来人太闲空了，他们自己绑绑，叠叠。你一间一间去慢慢收，三捆五捆收。会有一个头人专门去那边收了后才批发出来。亚答片是一绑一绑。

威 一绑大概几块？

陈 不知是三十张，忘记了。

关于建屋的程序

威 建屋的程序是什么？

陈 起初要做柱，华人屋的话柱就要凿洞后用 Lao Kong（楼杠）来搭，马来屋就要穿孔了穿过。

威 "楼杠"是什么意思？它的梁吗？

陈 楼上要放楼板的梁。

威 好像楼板梁？

陈 对。

威 你们是先做地基，还是直接做台基？

陈 地基是做土的（泥水匠）人先做好，地水平先打好，做材的（木匠）人才去立柱。

威 柱子有埋入地下吗，还是立在台基上？

陈 有两种，有的是落在地里，有的像是做一个地基，弄个四角的模后，柱子水平弄好了我们在柱底用钻子弄一个洞，插在有铁枝的墩上。

威 柱子入地多深？

陈 依它的长度来说，可以多深就多深，它的柱子没有过长一说。总之不要给它跑罢了。

威 地台做好了再来放柱珠？

陈 放柱珠，做土水的人分配好了，做材的人的柱子中间挖打一个小铁枝，柱珠有洞了这样放下去就不会跑了。

威 台基要做多高？至少也要起一点？

　陈 那地方如果会淹水屋主就要求做高一些，如果那地方不会淹水，将他的五脚基按照平地来做也可以。这个不一定，最少要起 4、5 英寸（约 0.1 ~ 0.13 米），外面路上的水才不会进来屋内。

威 柱子立了要有支撑暂时固定吗？

　陈 前面、后面、中间三支柱先要放，屋子才不会跑，钉死的话就不会跑了。建屋子是这样的，柱下面有"牵"，牵他的柱子就不能跑。

威 这斜撑的木叫什么名？是木材顶着的还是什么？

　陈 用这个就叫做牵，牵两支。用木材一支钉在地上，有斜度顶柱子垂直之后，这边又再钉一支，两边牵着就不会倒。

威 木屋的哪根柱子是先立？

　陈 Tiang Sri（中心柱）先起，印度人也是，华人的没有。

威 随便哪个先起也没关系？通常你们是怎么做？

　陈 如果他有听风水师说 Tiang Sri 先要起的话就先起，如果没有的话就是工人自己喜欢。我们看哪里方便就哪里先开始，有的地方有沼泽脚要落地，就会迟做，干的地方先做。

威 柱子立了就架楼梁一圈？

　陈 楼杠先打给它四角不能跑时，才来做屋顶。因为有楼上的屋子的柱会更长，柱子长的话如果中间没有打稳固，直角会跑，给它（打）稳固了，爬屋顶时才不会摇。最重要楼杠要先下，我们的楼板还没钉，我们从楼板上去要做"脚路"[19]，要做屋顶时比较方便，楼板先拿上去铺好。

威 楼杠通常多长？尺寸呢？

　陈 屋子如果 40 英尺（约 12.19 米）长，（就要）买 20 英尺（约 6.10 米）两支来接。中间的柱子一半一半，凿洞了一半一半进去了再锁螺丝钉。40 英尺长的话来说，最多是 2 英寸 ×5 英寸（约 0.05 米 ×0.13 米）或 2 英寸 ×6 英寸（约 0.05 米 ×0.15 米），才能耐到那个重量。

威 楼板梁是 2 寸 ×4 寸，这个距离有多密呢？一尺一尺吗？

　陈 没有，依照天花板而定比较多，有的是 2 英尺 ×2 英尺（约 0.61 米 ×0.61 米），有的是 4 英尺 ×4 英尺（约 1.22×1.22 米）。4 英尺 ×4 英尺的话楼杠可以放更大支为 2 寸 ×5 寸。如果 2 英尺就放 2 寸 ×4 寸，有的 1 尺半的用 2 寸 ×4 寸也可以。它最多是做 2 英尺，他的下面楼下要钉天花板来说，2 英尺不用下那么多支材。这木材两个用处，楼上是给楼板，楼下是给天花板。天花板多数是 2 尺 ×4 尺或者 4 尺 ×4 尺，而 2 尺 ×4 尺在 4 尺 ×4 尺的天花板也是可以用。

威 天花板是用什么材料？

　陈 三夹板做，有的人用"线分板"，线分板钉也很漂亮。有的钉斜的也很漂亮，不过价钱不一样，用料不一样。

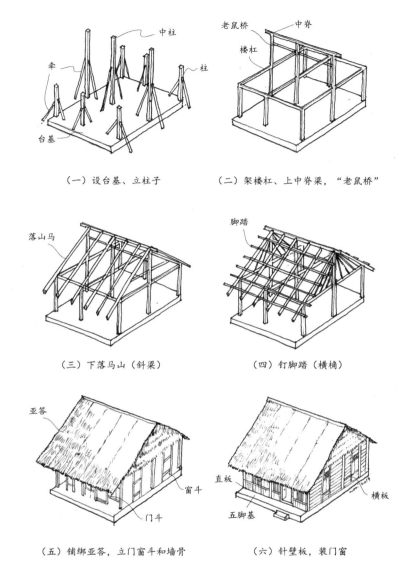

（一）设台基、立柱子　　　　　（二）架楼杠、上中脊梁，"老鼠桥"

（三）下落马山（斜梁）　　　　（四）钉脚踏（横桷）

（五）铺绑亚答，立门窗斗和墙骨　（六）针壁板，装门窗

木屋建造工序
陈耀威绘

威　但是很多亚答屋都没有天花板的吧？

　陈　因为亚答屋如果钉天花板，它的亚答屎（污垢）掉在天花板顶两年就会很厚，起风时飞到整间屋子会很难看。多数人不要做钉天花板，换了锌板或屋瓦以后才来做天花板。

威　据我所知，屋顶是用"路"来算多少行亚答的，一"路"用几片呢？

　陈　四路厝来说，它的屋是 18 英尺（约 5.49 米），四路就是 4 尺半 ×4 就是 18 英尺了。如果他的屋子有 18 尺来说，应该也没有 18 尺之说，它屋子旁边要凸一点，不是平的，20 英尺（约 6.10 米）来说就用五片就对了，多数 20 英尺的算是五路厝。

威 七路半可以吗？

　陈 是，亚答厝也要有半叶片的。

威 上中脊梁时有什么仪式的吗？

　陈 神庙还是人看日子才有一些拜神的仪式。如果是普通建屋就没有，多数人没有。如果是看日子拜神，（那么）建屋就要谢神，很多工作要做。如果说不看风水、神的东西、时间等等，全部都不用看，工作直接做下去，就很好做工。如果要用神的或看日子的话，有说法是早上 11 点开工，（但）这样就浪费了工钱了。有的迷信（的人）甘愿浪费那个工钱，（也要按照）师父（法师）说的时间才来开工。

威 墙骨几时要起的？

　陈 多数人先做屋顶。因为封了屋顶，下面做工不会那么热。如果有些人屋顶的木材和屋瓦还没来，楼下的材先来，就先做楼下的工。屋顶钉了，门窗才来慢慢一个进，壁板才来慢慢钉。两边墙壁，东边日照的时候我们做西边不用晒太阳。下午时我们做东边不用晒太阳，这个是工人自己计划，不会那么辛苦被太阳晒，（所以）没有说一定要怎么走。

威 先钉大门还是旁边的窗口？

　陈 没有啦，全部进了。窗口、窗门斗也要一起进，立了门窗斗墙壁就比较坚固。

威 有些木屋会做约 3 尺高的砖墙，上面才钉木板对吗？

　陈 墙壁的下面和外面，可以砌砖来防水。依屋主喜不喜欢看木材来说，个人做法又不一样，有些人喜欢灰墙更高，墙的木板就减少。

威 外墙为什么有横板和直板之分？哪个比较好？

　陈 （横铺的）的我们叫做鱼鳞板（雨淋板），相叠就不能进水。前面有五脚基不怕风吹雨淋就铺直板，以美观来说，直的板比横的好看。

威 以前木屋只油"红油"而已？红油是不是桐油？

　陈 对，只油这个而已，那时候没有说有 ICI[20] 红黄青白各种颜色，不过新娘房一定要油红色。红油，红色的油。它可以用来防虫防白蚁，有一些药性，还有一些油，中（淋）雨水不会那么容易坏。

威 那么油漆的工作呢？

　陈 油漆的工作不一定的。我们多数没买油漆的，屋主会自己买油自己来漆。以前人涂墙是用红油的，买那个刷子涂。屋主自己买红油拿楼梯来自己涂也会做了。

威 油起来是什么颜色呢？

　陈 是红红的带点黑色。后期他们去买摩托用过的润滑油掺进去，可以防水，掺了有些黑有些红。有些生意头脑快的商人，见红油比较贵，他掺一桶变两桶来卖可以赚更多钱。那些是商业者骗你说油起来不吸水会耐久。其实是他们要多赚钱没跟你说。

威 建一栋木屋一般上需要几个工人？

　陈 泥水工的最少要四个，做木工四个比较理想。因为两两一组，一个钉一个拿材。如果说要钉房间来说，那个材和骨是固定几尺了。一个做骨钉好了，一个钉房就对了。他的手会比较快。一个人的话比较难做工，有时还要人家（帮忙）来拿（材料）。好像进木材来说，进楼杠来说，要两人抓着一个柱，你一人又怎么进呢？所以两个一组，四个人较理想。

威 建好的屋子要举行谢土礼吗？

　陈 北海 [21] 不管哪个籍贯的人都会有谢土，槟城人则没有。只是如果有新厦落成，我要进屋要紧，叫我的亲戚来个吃，重要的是入住前找算命师来算八字，看看我的神何日何时适合进屋，买尫公桌（供桌），举行跨过火炉进屋这样的仪式，晚上请亲戚兄弟来吃饭。没有说拜什么神，就只是人入住前要请神进屋。

威 （农历）七月和三月不建屋，七月是中元节我明白，为什么是三月不可以呢？

　陈 因为是清明月，三月清明和七月动土较不吉利，以前多数选择 2，4，6，8 月动工。

威 三号屋 [22] 全部没有设计师设计的？

　陈 没有的，除非是一个建筑商，有一个规模要建三十间、五十间的话就要画图。如果是建一两间的绝对没有画图。橡胶园主来说，他要起宿舍来给工人住，那时就要申请图来安排宿舍。他要多少个房间他要有图。其他一两间的都是用嘴巴说了，我们画一个草图给他看，是要怎么样？要多少房间？灶头放哪里？厕所放哪里？相互同意就动工了。

威 你没收图起来？

　陈 没有啦，现画那个屋主拿去了说可以就按照这样走，他拿去就没还了。

1 国家自然科学基金资助项目：闽南近代华侨建筑文化东南亚传播交流的跨境比较研究（编号：51578251）。

2 吉打（Kedah）是马来西亚，西马北部的一个州，与槟城州相连。

3 槟岛偏东北的沿海聚落。

4 非法的屋子指当时没申请建造的建屋。

5 槟州第二任首席部长。

6 老一辈槟城华人指乔治市为"坡底"，市区以外内陆（包含山区）统称"山顶"，东北海港沿海一带叫"海墘"，槟岛的东区海域叫"海底"。

7 海底屋是建在海上的高脚屋。

8 红土山是槟城的一个地名。

9 "四"在闽南语音同"死"，所以是一种忌讳。

10 屏后房是正厅之屏后面的房间。

11 排屋（Terrace House）是毗连而建的房屋。

12 五脚基是屋子的前廊，原本是英殖民地规定市内店屋得留设定公共走廊。英文叫 Five-footway，马来话称 Kaki lima，5 英尺地方的意思。星马华人转译成 Go Kha Ki，五脚基。

13 新马一带华人房屋门外左边通常会摆设红色，刻文"天官赐福"的神牌，祭拜三官大帝之中的天官。

14 拜灶君的神位。

15 Pi Sei 汉字尚无得知，暂时可写成"拔舍"或"披榭"。

16 "5·13"事件是马来西亚的一场种族冲突事件，爆发于 1969 年 5 月 13 日，并延续数个月。

17 亚答是以棕榈科叶子编成的屋顶铺盖物，星马印，多数采用 Nipah（亚答树）或 Rumbia（硕莪树）树叶制成。

18 十八丁（Kuala Sepetang）、角头（Tanjung Piandang）皆是马来西亚霹雳州的渔港。

19 工作时可以行走的板面或路径。

20 现代化学漆的一个厂牌。

21 北海（Butterworth），马来西亚槟城州威省主要市镇，与槟岛东北部相望。

22 三号屋是指木板屋或半砖木的民房。

闽南吕氏堆剪匠艺 [1]

受访者简介

吕文金（1971—）、吕文波（1973—）

兄弟二人出生于福建泉州惠安县洛阳镇吕内村堆剪世家，是传统匠作技艺家族传承的代表。兄弟二人不仅掌握了精湛的设计、造型和施工技术，主持完成大量古建筑的堆剪修缮与兴建，积累了丰富的专业知识和经验，还在培养匠师、传授技艺等方面作出了重要的贡献，并热心与华侨大学建筑学院合作，向在校研究生展示、传授堆剪工艺，协助华侨大学建筑历史专业完成若干堆剪作研究课题，共同推进了闽南传统建筑营造技艺的传承和发展。

近30年来，吕氏兄弟专注于古建筑堆剪作工艺，作品分布于福建、广东和台湾等地。2012年，吕文金申报的"闽南传统建筑（文金堆剪）营造技艺"入选泉州台商投资区非物质文化遗产名录；2013年获得泉州第五批市级非物质文化遗产项目"闽南传统民居营造技艺（惠安）"代表性传承人的称号；吕文波在2017年获得"泉州第七批市级非物质文化遗产项目"惠安传统建筑营造技艺（堆剪）"代表性传承人的称号 [2]。

采访者： 成丽（华侨大学建筑学院）、马晶鑫（华侨大学建筑学院）

访谈时间： 2015年6月26日、2016年5月10日

访谈地点： 福建省泉州市台商投资区洛阳镇吕内村吕文金师傅家中

整理情况： 成丽、马晶鑫、宋佳霖根据录音整理与完善

审阅情况： 已经受访者审阅

访谈背景： 为完成国家自然科学基金资助项目"基于匠作体系的闽南传统建筑营造技艺研究"和华侨大学2014级硕士研究生马晶鑫的学位论文《闽南沿海地区传统建筑堆剪作研究》[3]，对吕文金、吕文波两位匠师进行访谈。

吕氏兄弟吕文金（左）与吕文波（右）在堆剪施工现场
马晶鑫摄

成 丽 以下简称成
马晶鑫 以下简称马
吕文金 以下简称金
吕文波 以下简称波

关于技艺传承

成 文金师傅，您的堆剪作[4]技艺是跟谁学的？

｜金 主要是跟我祖父吕富源（1915—1988）学的。我们家族几代人基本都是从事堆剪作，算是堆剪世家。

成 您祖父吕富源是跟谁学的？

｜金 他是跟我曾祖父吕春成（1891—1947）学的。曾祖父四十多岁在马来西亚的槟城做堆剪，后来因热天中暑去世了。因家里的族谱已毁，从祖父吕春成再往上就无法追溯了。

成 文金师傅，您多大的时候就对堆剪技艺有兴趣了？

｜金 我们吕内村以前有很多做堆剪的，也有木工、泥水工。[5]我自幼受父亲吕振忠的影响，对堆剪作产生浓厚兴趣。小时候村里也有个师傅在做堆剪，我十多岁的时候经常去他工地看，还帮着做一些简单的事情，比如搅灰之类的。从那时起就有点想做这行。15岁开始利用学校假期时间，跟随祖父吕富源学习堆剪技艺。刚开始的时候主要学绘画基础，我画好了，就拿给祖父看，他指点一下哪里不好，然后再自己去练。从最基本的花鸟简笔画开始，逐渐接触到美术知识，慢慢地就越画越好。

成 您学绘画，大概画了多久？

｜金 这个是断断续续地边学边画，一边画一边学剪瓷片。现在有的时候还要画。

成 对，其实传统的堆剪匠师都需具备较高的艺术素养，才能把握物体的准确形象，做出优秀的堆剪作品。堆剪粗坯塑形是后面学的吗？

家族技艺传承情况表

亲缘关系[6]	姓 名	生卒年	从业经历
曾祖父	吕春成	1891—1947	长期在马来西亚等地承作闽南风格传统建筑的堆剪工艺
祖父	吕富源	1915—1988	师从其父吕春成，学成后长年在家乡周边县市从事堆剪工作。其技艺高超，是附近闻名的堆剪匠师[7]
父亲	吕振忠	1938—	师从其父吕富源，后因"文化大革命"期间宫庙、祠堂等古建筑遭到破坏，大量匠师改行，吕振忠转而就读师范院校，现为退休教师
	吕文金	1971—	师从其祖父吕春成，从事堆剪、灰塑工作已近三十年
兄弟	吕文波	1973—	师从其兄吕文金，从事堆剪、灰塑工作已有二十多年

来源：成丽、马晶鑫整理

‖金　对。学徒的时候，骨架一般都是我爷爷或师傅亲自做，怕徒弟们把握不好。因为骨架决定了堆剪作品最终的形状，很重要。

成　您是一直跟着祖父学吗？

‖金　我跟随祖父学习了两三年，祖父就过世了。那时候我已经会了一些基本功，就开始跟别人外出实践。又跟着一些手艺较好的堆剪匠师，如林明芳师傅（1962—，泉州洛阳镇后埔村）边学边做大概三到四年，积累了一定的专业知识和经验。

成　文波师傅，您是从什么时候开始学习堆剪技艺的？

‖波　我在1986—1989年曾学习了三年的泥水工；16岁开始随我哥吕文金学习堆剪技艺，用了七年的时间，学会了堆剪的整套技艺和制作流程，包括画稿、雕样、塑坯、碎碗、剪样、粘贴、化色等。

成　学成出徒后，就自己可以做了吗？

‖金　对，1991年底，我就开始在周边省、市、县独立承接宫庙、祠堂等建筑的堆剪工程。后来随着作品的增多，就有人来请我去做。2006年，我和文波应邀到台湾承作马祖牛峰境南竿五灵宫的堆剪项目，得到当地的好评。后来又承接了大量闽南和广东等周边地区的屋面堆剪和修缮工程，2013年还承接了北京世博园岭南馆屋脊堆塑等项目。到现在也做了大大小小几百个项目了。

‖波　我出徒后，一直从事堆剪行业。除了跟我哥一起做，也独立承接工程。

成　您二位有带徒弟吗？

‖金　我从1994年就开始授徒传艺，除了弟弟文波外，先后收徒二十多人。我们还在业余时间为子女，如我的女儿吕茜彤（1998—），文波的子女吕馥君（2001—）、吕俊贤（2009—）讲解美术基本知识和堆剪技艺等，想培养他们的兴趣爱好，希望将这门很有特色的家族技艺传承下去。

‖波　我独立从业后也相继传授了一二十个徒弟。

成　现在愿意学这门技术的年轻人多吗?

　　｜金　堆剪这个技术大部分是在屋顶上完成的,要忍受严寒酷暑等恶劣的工作环境,非常辛苦,现在很少有年轻人肯做,学徒寥寥无几。

成　面对这些现状,感觉有什么好的方法能够让更多的人认识到这个问题? 怎么把堆剪作技艺传承下去?

　　｜金　我们多年来坚持收徒授艺,不断总结经验,探索创新的方法,完善堆剪技艺。对承作的部分古建筑堆剪作品进行拍照采集、编印成册,保存堆剪成果。2014 年,我还为福建省园林古建筑特色工种技术工人(堆剪工)培训教材和讲义的编写做现场操作演示。2015 年 1 月,我们兄弟二人成立了自己的公司和堆剪技艺工作室,想为保护、传承和推广闽南传统营造技艺贡献力量。我们创办的泉州曦业古建筑工程有限公司成为首批泉州市级非物质文化遗产生产性保护示范基地之一。我还积极参加政府举办的"东亚文化之都、活力新区"等公益活动,向社会民众宣传讲解这门独特的技艺。

吕文波次子吕俊贤观看吕氏兄弟堆剪操作
杨安东摄

　　我们兄弟俩从事堆剪作工艺前后也快 30 年了,逐渐体会到祖辈传承下来的这项技艺的博大精深。虽然工作环境艰苦,又危险,但我们一直坚守在堆剪施工的第一线。对于堆剪技艺的传承,我还有一些想法:第一,可以建立技艺传承基地,加强与高校和中小学的联系,为相关学生提供实践场所,使堆剪技艺为人所知,传承和发扬下去;第二,用图片、视频、文本等形式,记录堆剪作营造技艺,制作堆剪作品置于传承基地,供百姓参观、游览、扩大社会认知度;第三,利用模具机械设

吕文金向华侨大学师生演示堆剪工艺
杨安东摄

备制作可复制作品,进一步改进技艺,减少人工在烈日严寒和高空危险作业的时间,降低体力消耗,吸引更多的年青人学习。

关于堆剪技艺

成　堆剪工艺主要包括什么内容?

　　｜金　堆剪工艺由灰塑(即"堆")与剪粘(即"剪")两道主要工序组成,包括内部的坯体材料与表面的剪粘材料。一般以铜丝、铁丝或钢丝等扎成骨架,再以灰泥塑成坯体,在坯体表面粘上各色瓷片、玻璃片或贝壳等。

马　堆剪常用的工具有哪些,都叫什么?

　　｜金　我们的工具可分为坯体制作、剪裁和彩绘上色三种。

　　坯体制作工具包括灰匙、泥塑刀、铁锤(或钉锤)、灰板等。用于完成堆剪工艺中"堆"的工序,

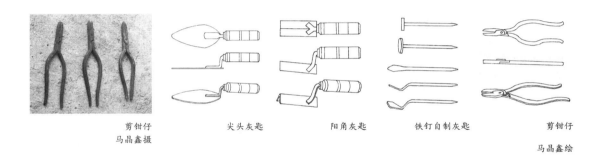

剪钳仔
马晶鑫摄

尖头灰匙　　　　阳角灰匙　　　　铁钉自制灰匙　　　　剪钳仔
马晶鑫绘

即制作坯体或灰塑。灰匙的大小不一，主要用于搅拌和堆塑坯体材料[8]。泥塑刀一般为竹制，用于塑造细节，如面部、五官等。铁锤的用途是在坯体上墙之前，将钉子锤入墙体，并将墙面打砸粗糙，增大摩擦力，使坯体材料不易滑脱。遇到墙体有石渣、凸出的土块、不直的铁线和钢筋等，也需用铁锤处理。灰板又称"土捧"，是盛放、搅拌坯体材料的用具。过去用的土捧多为木制，较重，长时间作业比较累；现在使用的土捧多为塑料制品，较轻，且在把手处有折边，可防止土捧倾斜时坯体材料流到手上。

　　裁剪工具包括剪钳仔、剪仔和钢丝钳，用于完成"剪"的工序和其他准备工作，如裁剪瓷碗、玻璃或铜丝铁线。剪钳仔是剪瓷的主要工具，用于敲碎瓷碗，修剪瓷片；剪仔用于剪断、凹折较细或较软的铜丝、钢丝、铁线；钢丝钳用于剪断或者凹折较粗、较硬的材料。

　　彩绘上色工具包括画笔、刷子等，主要是为坯体、堆剪成品和背景图上色、勾线、绘画或提字等。画笔就是各类毛笔和排笔，刷子用在大范围背景上色，也有刷水润坯的作用。

马　堆剪常用的材料主要有哪些？

　│金　常用的有坯体材料、剪瓷材料和上色材料三种。

　　坯体由骨架和灰泥组成。骨架材料一般为不同直径的铁丝、铜丝和钢筋等，有时也用切成条状的瓦片作为填充物或者固定支架。青铜线、红铜线和红铜丝主要用于编织坯体骨架；将青铜线编织在一起，还可以增加骨架的稳定性。灰泥材料包括壳灰、中沙、麻绳、红糖、糯米粉等。壳灰以海蛎壳烧制、研磨成灰，是坯体灰泥的主要材料[9]。麻绳做成麻丝混入灰泥，可增加坯体的张力。制作坯体灰泥时还需加入红糖、糯米浆汁等，可以增加坯体的粘稠度和硬度。

彩碗
马晶鑫摄

彩碗
马晶鑫摄

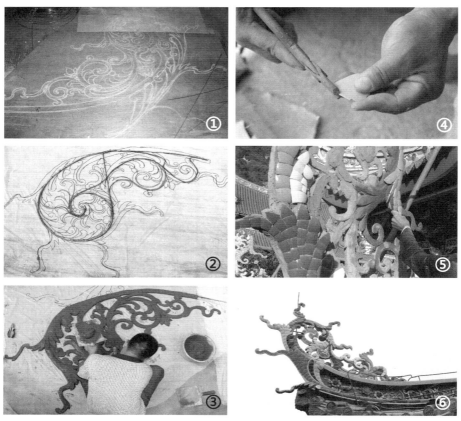

以串角草花为例堆剪施工工序 ①图案设计，②骨架制作，③坯体制作，④修剪瓷片，⑤粘贴瓷片，⑥堆剪成品
马晶鑫摄

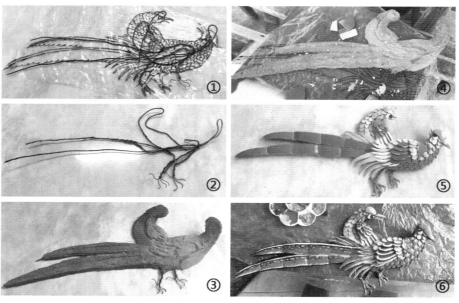

以凤鸟为例堆剪施工工序 ①图案设计，②骨架制作，③坯体制作，④修剪瓷片，⑤堆剪成型，⑥画色
吕文金提供

传统的灰泥材料有糯米红糖沙灰、麻丝糯米红糖沙灰，做法差不多，都是用壳灰与水调合，搅拌过程中加入糯米浆汁、红糖等；麻丝糯米红糖沙灰就是制作过程中加入麻丝。这两种灰泥材料的耐久性、弹性、塑性和抗压性都很好，不易因自然原因损坏，但由于制作花费的时间长，风干较慢。目前很多工程常用现代材料替代并简省工序，又发展出两种灰泥制作方式，一种是蛎壳灰泥，即将传统工序进行简化，经氧化、捶打、发酵后，按每百斤壳灰添加 6 斤红糖、120 斤细沙、15 斤水泥和适量麻丝；一种是将水泥、沙、白灰按 2∶5∶1 的比例与水搅拌制成水泥沙浆替代灰泥。有的还以水泥沙浆粗坯塑形后，再使用纸筋灰制作最外层的光滑面[10]，但纸筋灰吸水容易发霉，所以现代材料制作的坯体或灰塑都不耐久。

坯体表面贴的是用高温烧制的彩碗经敲碎、修剪、打磨而成的瓷片，这个属于剪瓷材料。

成 为什么常使用彩碗做剪瓷材料？

┃**金** 我感觉有三个方面的原因：第一，咱们闽南历来是陶瓷的产地（如德化），有很多毁弃的瓷片可以利用，而且平常生活中也会有碗碟损耗，可以将废弃碗碟收集起来用于堆剪装饰；第二，彩碗本身的弧状造型以及碗口边缘的光滑曲线利于瓷片的制作，且凹曲的瓷片较平面材料更便于粘贴和固定在坯体上，其稳定性和耐久性较好，还形成了丰富、立体的视觉效果；第三，彩碗便于堆叠，统一存放，且叠摞时上碗碗底摞在下碗内，减小了两个碗之间的接触面，对材料可以起到保护作用。

根据堆剪不同题材对表面肌理的需求，有的堆剪作品会用黑水缸、小香炉的碎片制作树干，用碟子碎片制作凤凰翅膀，用彩色花瓶碎片做花蕊等；一些堆剪材料还可以就地取材和废物利用，如用废弃的酒瓶制作动物花鸟，沿海地区还有用贝壳制作龙鳞形象等。

成 这种彩碗一般从什么地方买？是从德化吗？

┃**金** 我们一般从晋江窑厂购买。德化虽然也有烧制彩碗，但是以前我们从那里买的少，主要由于德化山路较多，不便于大批量运输；而且德化很多窑厂一般都是先烧制出白瓷碗，再按要求上色，制成堆剪专用彩碗，过程较为复杂，部分窑厂不愿接单。现在交通更为方便，德化县可生产堆剪专用彩碗的厂家逐渐增多，还负责送货，也成为我们的货源地之一。

马 您刚才说还有上色材料，主要包括什么？

┃**金** 堆剪工艺一般还会结合灰塑的装饰手法，灰塑装饰有素色和彩绘两大类。彩绘使用的上色材料主要为各类颜料，传统多为矿物质色粉[11]加入骨胶或树胶上色，现代常用水粉、水彩添加适量胶水上色，也有直接用丙烯颜料的。施工时用剪开的塑料瓶底作颜料容器，使用方便而且容量大。

成 传统的颜料主要买几种颜色就够用了？

┃**金** 只要有红、绿、蓝、黑、白五种颜色，我们就可以调出所有需要的色彩。但是现代很多工程为了省事，都是直接采购所需颜色，省去了人工调色的过程，但色彩种类较为单一。

成 灰塑上色后，色彩能保持多久？

┃**金** 大概 8 年多吧。

马 堆剪施工是按照什么工序做的，也就是先做什么，后做什么？

┃**金** 我们主要包括图案设计、骨架制作、坯体制作、修剪和粘贴瓷片五个步骤。

在制作堆剪之前，先把壳灰、糯米、红糖、麻丝磨碎泡水搅拌，用剪钳仔把彩碗剪成龙鳞、凤毛、花瓣、

枝叶等形状。然后用画笔在木板上设计所要承作项目的图样，如龙、凤、花鸟、动物等。图样设计完成后，用一大块透明塑料膜盖在上面，用水性记号笔将图案拓印出来。将拓印好的塑料膜平放于空地上，以铁丝、铜丝、钢筋弯折出样式，用钢丝钳按所需尺寸剪断。大型图案用钢筋制作主骨架，用粗丝制作副骨架，用细丝缠绕固定在主骨架上；小型图案可用铜条、铜丝直接编织骨架，关键节点用焊接加固。然后，用中沙、壳灰、红糖水搅拌形成的灰料塑出模样，再用搅拌好的糯米糖灰盖面，逐层堆于骨架上，修饰成形，制成粗坯；将红糖糯米灰与骨胶搅拌均匀，涂抹于剪好的瓷片上，粘贴或插入九分干的粗坯上。最后用壳灰压边线，用水煮沸骨胶或树胶成胶水，加入矿物质颜料搅拌，待胚体九分干时均匀上色。

成 堆剪的图案花纹都是您自己设计的吗？

丨金 也有按照旧样式做的。我还收藏了很多图样的照片作为参照。

成 堆剪作品一般能保持多长时间？

丨金 一般能保持 5 ~ 10 年吧。瓷片表面的釉经过长时间风吹日晒，就会慢慢风化、爆裂。一般红色、黄色瓷片最容易褪色，慢慢变白直到没有颜色。绿色、蓝色等比较重的颜色稍好些，但时间长了也会慢慢泛白色出来。

成 是不是因为现代的材料有差别？过去传统的工艺和材料也是这样吗？

丨金 过去也是这样，但是过去堆剪不像现在包的这么多。瓷片用量大了，爆裂、褪色就会比较明显，看起来好像容易坏。

成 其实堆剪并不是说贴的越满越好，应该是有所搭配的吧？

丨金 是的，还要讲究搭配。而且粘接瓷片的灰浆如果质量不好的话，时间久了也会老化、掉瓷，比没做堆剪的还难看。所以现在有很多用预制的一体成形的代替手工贴瓷，比如动物、花草之类的。

成 感觉预制的看起来比较生硬，没有匠师手工贴的生动、耐看。

丨金 是的，但是预制的比较便宜，施工快，一些业主喜欢用。

成 您觉得堆剪除了装饰作用，还有其他功能吗？

丨金 堆剪可以掩盖泥水收不了口或者做得不是很细的地方，顺便也做成了装饰，看着更漂亮一些。堆剪的第一个作用是保护屋脊，第二个是装饰。

成 堆剪有没有对场作 12 ？

丨金 有，以前师傅们的竞争压力比较大，场作很多。这几年有的地方还有，就是甲方要求两个师傅或工队一人做一半。做的过程中看谁做得比较好，然后依据每个人的专长安排工作，比如有的做龙，有的做正脊中间的宝珠或宝塔。

成 不同师傅做出来的也有细节上的差别吧？

丨波 对，这些差别都可以看的出来，也能体现师傅们的技术和工艺的好坏。

成 您二位有没有参加过这种对场作的？

丨金 有，我们以前在晋江陈棣村做过一个。

1 国家自然科学基金资助项目：基于匠作体系的闽南传统建筑营造技艺研究（编号：51508207）。

2 相关信息参见泉州市文化广电新闻出版局官网（http://www.qzwgxj.gov.cn，访问时间 2018 年 3 月 20 日）。

3 本文对闽南堆剪作相关内容的注释，如无特别说明，均引自华侨大学马晶鑫的硕士学位论文《闽南沿海地区传统建筑堆剪作研究》。文中所用闽南地方营造术语及其释义主要来自匠师访谈和曹春平先生的《闽南传统建筑》，参见曹春平《闽南传统建筑》，厦门：厦门大学出版社，2016 年。

4 一直以来，堆剪都是闽南传统建筑上主要的装饰形式，栩栩如生的花饰、人物、双龙戏球、双龙拜塔、凤展翅等堆剪艺术作品，造就了闽南传统建筑屋顶和墙身上的独特景致，这不仅是文化的体现，更是历史的见证。闽南堆剪技艺也因此广泛传播于泉州、厦门、漳州、台湾以及被闽南文化辐射的东南亚等地区。

5 吕文金家族世代生活的吕内村（原属惠安县，现属泉州台商投资区洛阳镇前园社区），祖辈大都从事各种传统建筑工种，人才辈出，名声在外。惠安当地有名的"三支半斧头"（当地曾流传着一个传说，即过去惠安县有四位技艺精湛的大木匠师，但因其中一人技术稍逊于其他三人，故世称"三支半斧头"），其中之一就出自该村。

6 本文所指亲缘关系均以吕文金为参照。

7 据吕文金的父亲吕振忠回忆，当年泉州市开元寺大雄宝殿屋顶大脊两只站龙倾倒，曾特地邀请吕富源与同村的吕姓细木师傅前去维修，可见吕富源在当时的名望较高。

8 使用方式主要有：①把柄较粗及匙状铁片较宽的灰匙，用于搅拌、盛舀材料；②中等大小的灰匙，用于堆塑体量较小的坯体或调整粗坯造型；③细长形的灰匙，用在基本成型的坯体表面精雕细琢或磨平磨光；④自制灰钥仔，由匠师用大铁钉打造而成，用于塑造细节；⑤阳角灰匙，与细长形灰匙配合，用于制作线条，拉直线脚。

9 古代社会一般就地取材，如沿海地区坯体灰泥多用壳灰，而山区多用矿石石灰。闽南地区常用的壳灰泥，是用柴火将蛎壳烧至碳化，冷却两三天出窑后，经马车或牛车石轮压碎，细筛、粗筛出不同规格的料。灰料泡水至少一周，长可达两三个月。根据料量多少，挖坑或用砖做灰池，亦可使用铁桶。泡水后的料会在水中分层，泡的越久，分层越细。细料为粉状，称为"灰油"，浮于水面，为上等灰泥，用作精细处，亦可抹于光滑表面；粗料沉淀于水底，可制作粗坯，泥水工均可使用。

10 纸筋灰的成分主要为石灰、白水泥和纸筋，白水泥可以提高硬度和韧性，纸筋因含有纤维，可防止坯体表面开裂。

11 矿物颜料又称无机颜料，由天然矿物质经粉碎、研磨、漂洗、提纯、胶液悬浮或水飞等一系列的加工之后制成的颜料。其化学性质稳定，色相纯美，加之多为结晶体矿石所制，结晶体的光泽增加了色彩的明度，色彩能保持长久不变，并具有良好的耐光性、耐温性、耐候性，覆盖力极强。参见王武钰主编《文物养护工作手册》，北京：文物出版社，2008 年，140 页。

12 传统建筑在建造过程中，左右两边聘请不同的施工队分别建造，合力完成一座建筑的形式叫作对场作。建筑左右相对应的构件、彩绘、装饰等尺寸相似，但形状、样式、手法各异。过去的传统工匠能否接到项目，主要靠手艺和口碑。手艺好的匠师之间也存在竞争，有时还会比拼手艺。对场作可明显看到匠师技艺的优劣和差异，能够促进匠师全力以赴做出最完美的作品。

中国现代建筑记述

陈式桐先生谈三门峡市早期建设

受访者简介

陈式桐

女，1926 年生于北京。1942—1946 年就读于北京大学工学院建筑系；毕业后至 1948 年，任天津华信工程司助理工程师，并任天津津沽大学[1] 建筑系助教；1950 年 8 月到 1954 年任中央贸易部基本建设工程处（后改组为中商部）设计室助理工程师、工程师；1954—1955 年调至国务院直属黄河规划委员会任工程师；1955—1957 年末于黄河三门峡工程局设计分局任工程师并任专业组组长；1957 年 11 月至 1994 年，在中央建设部东北工业建筑设计院（今中国建筑东北设计研究院有限公司）历任工程师、高级建筑师、教授级高级建筑师，并担任专业组组长、主任建筑师等职务。在三门峡工程局的主要工作：协助编制会兴居住区（今三门峡市）的初步规划与其中心区的详细规划；主持并设计工程局办公大楼工程；主持并完成专家招待所、300 床综合医院，以及部分高级小住宅等工程的初步设计，竹土建筑的办公区、商业及住宅宿舍等建筑设计；协助完成大安村居住区台地工人住宅区的规划设计。

采访者： 高原（中国建筑东北设计研究院）

访谈时间： 2018 年 9 月 13 日

访谈地点： 沈阳市沈河区先农坛路 23 号陈式桐先生府上

整理情况： 2018 年 12 月 20 日

审阅情况： 经受访者审阅

访谈背景： 2018 年 5 月，《建筑设计管理》期刊开设"建筑人生"栏目以及计划中的《陈式桐传》，采访者对陈式桐先生进行了 12 次访谈。此文是访谈记录中的一部分。

陈式桐近照

陈式桐　以下简称陈
高　原　以下简称高

七个人 · 大安村

高　陈先生，关于三门峡市的早期建设，坊间流传着和您相关的"七个人创城记"的故事，请您还原一下当时的情况吧。

　｜陈　（笑）创城倒谈不上，不过前期大安村居住区的规划设计确实是我们不到十个人在做的。

　　那时候国家着手治理黄河，国务院副总理邓子恢担任黄河规划委员会主任，很重视也很急迫。在这种情况下，我和我先生陈学坚 [2] 就从中商部（即中央人民政府商业部）被抽调到黄规委。那时候我们大部分人都不懂水利枢纽是怎么回事，也根本没时间让你去学习，这么多建设者带着家属住在哪儿才是头号问题，最紧迫的就是解决住处。

　　当时我们要建三个居住区，分别是坝址、大安村和会兴居住区，其中的会兴居住区就是现在三门峡市的前身。坝址居住区是为施工人员先期使用的，建筑面积大概 14 000 平方米，我们把规划设计都做完了，但由于后来没有施工，就不和你谈了。大家说的"创城"应该是指大安村居住区的规划设计。这个居住区作为工人宿舍和部分工地办公室要最先完成，建筑专业就我和我先生两个人，结构四个人，水暖一个人。大安村居住区的设计就是我们这几个人完成的。

高　大安村居住区的设计仅限于居住建筑和一部分办公建筑吗？为什么没有申请增人呢？

| 陈　增人还真没想过，最主要也是时间太紧。虽然因为场地原因，这个居住区只能建使用期限为 6～10 年的临时建筑，但上万人带着家属来，我们也得从规划的角度结合他们的生活去考虑。

大安村居住区的设计有点难度，因为要在梯形台地上盖房子，台地每阶宽七八米、有的不到十米，高差从数十厘米到一两米都有，地形极不规则，可以利用的面积只有三四十公顷。而我们就是在这种场地条件下，设计工人宿舍群，还在中心地带规划设计俱乐部、运动场、露天舞台、大食堂、小商店、浴室等建筑，还必须建一所医院。因为当时从大连迁过来一家康复医院，连人带设备，规模也比较大。大安村居住区我们只能建小医院，将来建分院。小学校和托儿所也必不可少，我们将学校一类都布置在住宅建筑群中。

我们的居住区可不是一排排房子那样呆呆板板的，儿童游戏场、晒衣场、绿化都做了。晚上周围的山都是黑的，但我们这一片是亮的，可漂亮了。我们到了大安村居住区两个月，这些设计就都做完了。

高　想想您描述的夜晚，也觉得很漂亮，可是这么大面积的临时建筑，总是会造成浪费，不知您在设计时有没有考虑过这个问题？

| 陈　就是出于这个考虑，所以我们算是突破性地选用大面积的竹土建筑作为主要建筑，采用砖石基础、土坯墙、竹屋架、瓦顶的构造方案，降低成本，也体现对当地文化传统的继承。今天看来，还挺符合生态学和可持续发展的思想。就此，我曾经和张寅江同志合写了一篇论文，发表在 1957 年的《建筑学报》上。[3]

高　您和您先生陈学坚老师的头脑一直很灵活，思维也很独特。

| 陈　学坚是很灵活。我们刚到黄规委时，其他人计算都靠用手摇计算器，只有他自创了一套比价计算曲线运距表，后来还在各组会上推广。怎么说呢，这种灵活性主要是为了让自己和身边人更便捷吧。

育人 · 创城

高　那您二位是否将这种"灵活性"延续到后来会兴居住区，也就是三门峡市的早期建设中呢？

| 陈　嗯……招生、培养、壮大队伍，就算我们在那种特殊情况下的头脑"灵活"吧。因为除了规划，还有 20 多万平方米的设计，你想我们这几个人怎么做啊？

高　向上级申请派人来？

| 陈　这部分人除了要掌握建筑设计的专业技能之外，最好还能懂一些水利相关知识，又能马上到位。等上级分配的人来，时间会长。我出了个主意，从工程局其他部门，以考试的形式招生，培养、充实队伍。当时国家给水文水工组分配来 200 多名大学生，都是同济大学、天津大学、清华大学这些名校的毕业生，他们暂时没有工作做。虽然他们大多数都不是建筑类专业毕业的，但学习能力肯定没问题。于是，我就开始写招生简章、出题，让他们自由报名。虽然这是民间行为，但我们也很严格，出题和判卷是由两拨人完成的。

（当时有）100 多人报名，最后我们建筑专业录取了 9 个人，结构收了 8 个人，水暖又招了 3 个人，电气招了 3 个人，再从房建分局借来 1 个人，一共招了 23 名学生、1 名工作人员，队伍一下就壮大了。

高　可是他们大多数都不是建筑专业出身，能立刻投入工作吗？

┃陈 肯定不能啊，我们对这些学生集中培训了一个月。从头教起，当时他们挺难的，边学边实践操作，我们也很累，因为还得一边工作一边授课。好在这些学生的学习能力真的都非常强。

高 这么看来，大安村居住区好像是为三门峡建设做的排练。

┃陈 有点那个意思，不过难度放大了很多倍。当时是这样一个情况：大安村居住区的临时建筑仅仅解决了一部分人的居住和办公问题。根据专家选址，我们选择了会兴镇以西的平川地带作为施工生产企业办公和生活居住区，就叫会兴居住区。这个居住区要安顿当时从全国各地调到这里的三万多名建设者，规划设计了工程局办公楼、工人宿舍、住宅、招待所和文化生活福利设施等不同类型的建筑。

高 那会兴居住区也是临时建筑吗？

┃陈 最早的设想是，但考虑到建筑面积大，要求质量高，使用期限也比大安村居住区长，光民用建筑就 20 多万平方米，如果建半永久房子第一会太浪费，第二是到了使用期限时会造成严重污染。你想这些垃圾往哪扔啊，那就不如将它融入永久性的三门峡市城市规划之中更合理。这样会兴居住区在施工期间归工程局管理使用，施工后交由地方负责管理和分配使用。

后来黄河三门峡工程局和河南省城市建设局共同编制会兴镇城市初步规划，为小型的工业城市，就这样国家批准建立了三门峡市。

我们当时是三门峡工程局设计分局的人，要做工程局和 11 个分局所在地的会兴居住区的规划与设计，我是建筑专业组长，学坚是这个项目的主持人。在大安村居住区时，我们就插手做会兴居住区的设计了。每次从大安村居住区到会兴去都要坐卡车，那个盘山公路又陡，一转 180°，就像转到黄河里去了，我和翻译女孩子一起坐在车斗里，真可怕呀。

高 是的，想想就觉得害怕。

┃陈 但我最怕的还不是这些，我最怕不能按时、高质量地完成任务。你算算，加上后面充实进来的 24 人，我们只有 30 多人，要完成工程局和各分局的办公用房、中小学和托幼建筑、一个 300 床的综合医院、专家招待所和一般招待所、俱乐部、职工食堂、技术培训和技工培训学校，还有各类商业建筑、不同等级的住宅建筑，这些建筑面积大约就有 20 万平方米。所以不仅要快，更要好。

高 陈先生，您之前一直以单体建筑或者建筑群设计为主，突然进入城市规划的领域，您当时除了害怕，是不是也没有十足的把握呢？

┃陈 虽然（我）从来没有做过一个城市的规划设计，但也并不是一点信心都没有。这要感谢我大四上学期学的都市规划课。当时城市的主要分区、行政区规划、街道划分……从粗到细，学校都讲过。最初我们以城市基本工人为主，加上为他们生产生活服务的人员来计算总人口，然后计算各种住宅、街道、建筑、道路的占比来规划设计。

在三门峡规划设计之初，我们是按照苏联的一本书来规划布局的。苏联的城市规划不分小区，分街坊，街坊周边都是道路。实际上当时我们就是打方格做规划了，确定了一条主干道，一侧有三个街坊，另一侧有四个街坊。

考虑到工程局办公楼要在中心位置，我们把第四个街坊规划为工程局办公楼，占了一个街坊的长度，前面是空地，做了两个绿化地带；考虑到专家招待所适宜清净又要满足到工程局办事方便的特点，在绿化带周围设置了专家招待所。第二个街坊设置为医院所在地，医院对面是一个公园，两边都是商业。商

业以饭馆为主，因为外地老乡来这里就医的也很多，要考虑便利性。不过城市中心区的后面也有一个供2 000人就餐的食堂，位于第三个街坊的一般招待所的客人和看病就医的人可以去那里用餐。

我们工作人员的住宅离单位要近，所以位于第四个街坊；八栋小住宅是专家的住宅，在第五个街坊，一栋一个样，按照西洋建筑设计，起居厅、洗衣房、保姆间一应俱全。我们把托幼场所建在住宅里面，把两所学校建在第七个街坊，把工业布置在城市最边上，通过防护林带和居住区分开，现在看也有很多地方的规划设计是这样的思路。

高 我在2017年《三门峡日报》刊登的文章上看到，参与过三门峡建设的老同志回忆"1956年4月，由陈式桐（女）夫妇为主设计的十一局办公楼基本设计图绘出；同年6月，施工绘制图绘出"。您前面提到"快和好"是当时三门峡地区人民有目共睹的。

┃ **陈** 还有这个事？

高 是的，我节选了那里面的话，读给您听："1956年9月3日，十一局办公楼开工建设，1957年1月17日竣工验收移交。虽然竣工时只有主体，毛墙毛地，没有门窗，但137天就修建起一座办公大楼，在当时，这样的速度仍算十分惊人。"

┃ **陈** 确实如此。当时施工建设单位是我们工程局房建分局，条件十分艰苦，施工人员就住在窝棚里休息。那个文章还讲到了什么？

高 "那时，三门峡最高大的建筑就是现在还保留着的中国水利水电第十一工程局办公楼，共四层。黄河路有一排平房是当时的百货楼，周边有黄河电影院、工人文化宫，市中心便在那里。我那时经常去十一局办公楼后面的操场打篮球，下班后还常去三门峡交际处（后改名为三门峡宾馆）跳交际舞。"陈先生，六十多年后当您知道自己当初的设计引导并改变了一座城市人们的生活时，您内心是怎样的感受？

┃ **陈** 现在听起来感动，但当时就想一定要设身处地、合理规划设计。那个年代对建筑还没有这么高的要求，不过我们心里总想着要建一个100分的城市，而不是及格就行了。我们把自己当作长住这里的居民，从计算城市总人口开始，确定中心区，考虑创造一个怎样的办公生活空间形态会更舒适。

由于施工辅助企业的铁路线与干线的连接受地形限制，布置成偏东南方向，所以也影响了居住区主要干道的布置。我们以街坊为单位布置，生活居住区在中心区附近的几个街坊内，西邻市中心广场的两个街坊主要布置公共福利建筑，工程局办公楼和专家招待所隔着中心广场相对，办公楼的街坊内适当布置职工食堂、单身宿舍和俱乐部、一般招待所。其余街坊全部布置住宅，街坊内有小学、幼儿园、托儿所还有小商店。小商店除了日常（用品）销售以外，还设置了公共浴室、理发室等。几个不规则地形的街坊内，布置平房和部分庭园式住宅。用林荫大道和休养地区分隔开两所技术学校，综合医院根据居民需要并结合城市医疗设施的分布考虑，建在居住区的西南角。

当时主要干道从东南向西北与南北轴形成一个大约41°的角，居住建筑如果布置成南北方向，占地就多了，干道的立面也难处理，所以我们将建筑物布置为周边式。高级住宅也就是专家住的小住宅，基本上布置为庭园式，平房住宅基本上是四合院式的。

后来我和陈学坚写了一篇相关的论文，发表在《建筑学报》上。[4]

高 是《黄河三门峡水力枢纽生活居住区规划设计》这篇文章吧？

有竹筋的平房小学校

三門峽水力樞紐簡易平房設計

陳式桐 強寶江

三門峽水力樞紐為了適度施工需要，除修建一批正規的附屬企業工廠及生活建築外，并經使用期限為6～10年的臨時房屋。1956到1957年間修建了（包括正在施工的）約10萬㎡的簡易房屋；其中大小型的工廠一般也採臨時採用，造價約18～22元/㎡（三門峽地區的建築材料價格都比較一般地區為高）。當地民居 有窰洞及土坯磚木房屋（圖1～3）。因居于居住區的地形及地工條件未採用窰洞修建，經過几個方案比較，最後決定採用塊石基础、土坯牆、竹屋架、瓦面的構造方案。

近介紹如下：

一. 建築材料及構造：

當地制作土坯，採取含水量適當的素土（含水量約14～15%），一般試驗方法系以手拿之不粘手亦不易散裂即可，置于木模中夯實，經15～20日曬干后即能使用。土坯尺寸為6×25×35mm，应力約為0～10㎏/cm²，其每塊坯重約0.006～0.008元。我們曾試驗加以其他參合材料如麥稈或石灰等打坯，其应力稍有增加，但成本是貴很多，故多數仍系利用土法。

圖3 臥式地坑(淺)田地块就是儿的民間窰洞图

圖2 平川地帶市建立之立座圈窰屋(即將平地块築成大坑、再自上而下於坑內開挖窰洞图)

1

圖 4₁ 閱勤宿舍外景 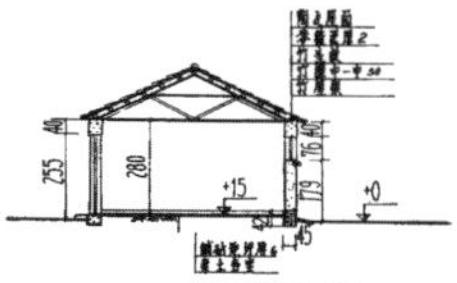
圖 4₂ 工人宿舍剖面 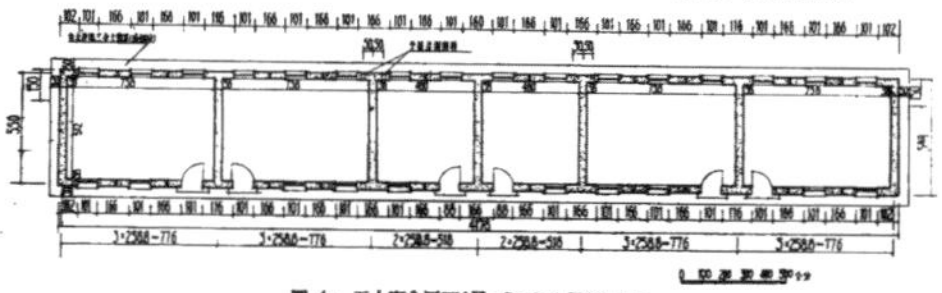
圖 4₃ 工人宿舍平面(K=71.2%，居住88人) 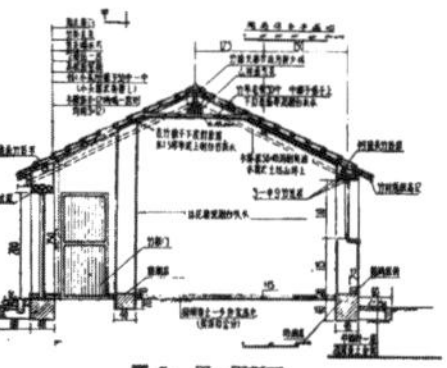
圖 5₁ 甲-平面图
圖 5₂ 圈架椽子交接詳图
圖 5₃ 閱勤宿舍平面(K=68.5%，居住33人)

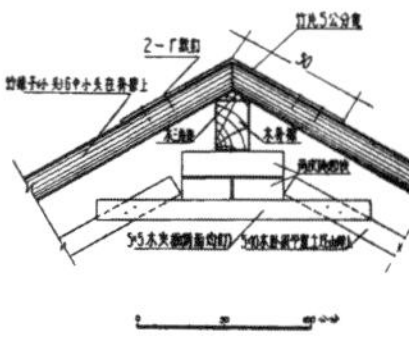

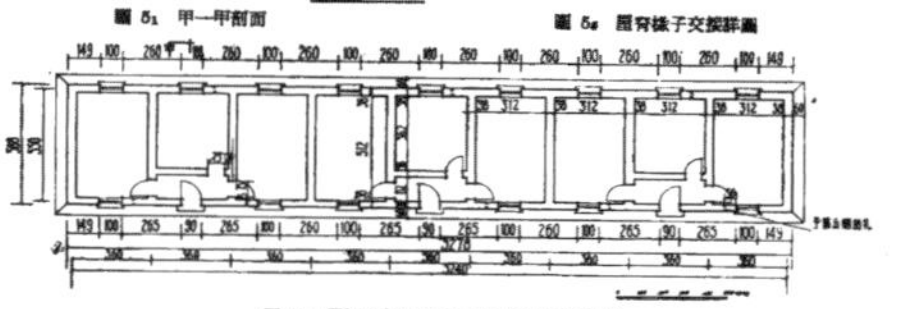

2

引自:《三門峽水力樞紐簡易平房設計》，《建築學報》，1959年，第12期

黃河三門峽水力樞紐生活居住區規划設計

陳學堅 陳式桐

（黃河三門峽工程局設計分局）

一、概述

三門峽水力樞紐為黃河流域規划的第一期工程，其目的是解決黃河下游陝西、山西、河南、山東几省广大平原上的防洪、灌溉、發电、航运等綜合性任务。是变黃河水害為水利的重點工程，根治黃河的第一步。

水力樞紐建成后将可以640億公方的庫容來調蓄黃河千年一遇的洪水，使能確保下游广大土地的安全，調節河道的水量，以灌溉下游平原約4,000万畝的土地並水力樞紐电站的容量達到110万瓩，将形成我国中心地帶水电站与火电站的巨大电力系统（包括陝西、山西、河南、河北省大都城地区及西安、太原、鄭州、开封、洛陽几个大城市。同时水库可以調節黃河下游河道使其保証有一定的流量，其程度不小于1M，以利于航運。

黃河三門峽水力樞紐的興建将對我国中心地帶国民經濟部門的开發将起著巨大的綜合性作用。

水力樞紐坝高約110M，長約1,100M，其工程之龐大由以下主体工程中几項主要工程量便可窺知一般：

挖填土石方約350万方、混凝土及鋼筋混凝土工程量約285万方、混凝土與普通混凝土約3,000万M³建築面所需的混凝土及鋼筋混凝土的工程量，安裝工程約48,000噸，灌漿工程約90,000余M。

以上的數字皆不包括施工導流的範圍，施工輔助企業、專用鐵路、公路、砂石材料基地生活居住區附屬或臨時性的工程在內。

由于施工期間有大量的運輸和機械設备，

檢修及安裝 就必須有相应的臨時 生产企业 家保証。这些生产企业中有數百台机床的中央机械修理工廠及汽車運輸企业、木材加工及木模工廠、鋼筋工廠，水工建築物安裝基地以及年产數万公方的鋼筋混凝土予制构件工廠，和各种類型的技術供应企业。

以上部列舉了水力樞紐主体工程的數量、施工机械、運輸設备与施工輔助企业的概略情况。其目的是說明工程的偉大規模及复雜和艱難，因此当然采用了高度机械化的施工方法，但仍須1万余人進行工作6～7年之久方能基本完成。

以上所列的施工人員数字皆不包括工程在進行施工高峰時协助工人的臨時工人以及对于支援工程的服務性的服务人員（例如金融性的銀行、郵局、地方政府的服务人員等）。

考慮到施工期很長，為此根据已有的資料計算有30,000左右的居民居住于工地中；需要各种生活文化福利建築的面积約30万M²。

二、建設地区的自然概貌

水力樞紐坝址位置于河南陝縣县城下游約22公里，在山西与河南交界的三門峽峽谷中，其附近的坝址是黃河的第一個自然軍站(圖1)。

具有中度影响的蘇联水利专家案門，成功的选择了对于主体工程有良好的都縣指標的三門峽坝址。其地形狹窄，临时公路即能邊, 会谷至三門的永久公路位置甚高前能支轉通至居住區。

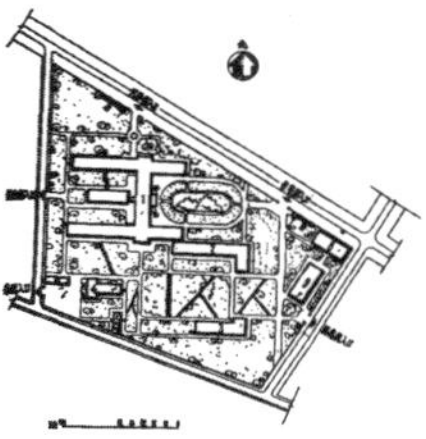

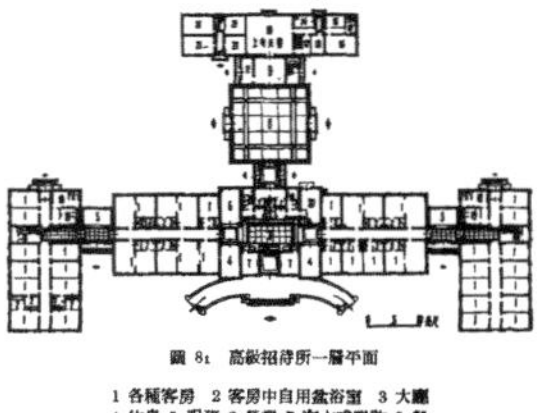

永久公路距坝高会興鄭的坝g8公里，距坝址約7～8公里，專用鐵路亦通过本居住区。

自会興鄭軍站至坝址約20公里，距會興g約8公里，被高十余探置由10余M至100余M的黄土大滿所分割。黃河兩岸在高程与面积上可望就

21

四、大安村生活居住區

（一）概況

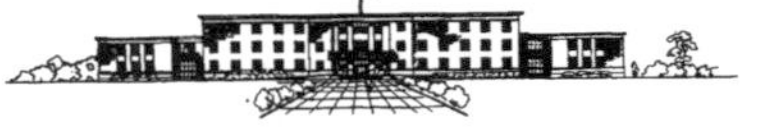

大安村為距坝址最近的地帶，距坝址約河约4公里，目前有抵达公路直达会興至三門的永久公路在此地带，水源影響度, 临时公路即能施建, 会谷至三門的永久公路位置甚高而能支轉通至居住区。

基地北临黃河，南背高山，南高北低，為梯形台地高程自360～400M。有三条支澗所分割。地形高程及臨黄河道宜作为工人居住区的最大平川地带，距坝址約河约4公里，目前有抵达公路直达会興至三門的永久公路位置甚高。地带寬度約7、8M至10余M不等，高差由数十分至1.2M不等。在建築過程即加以填平。

大安与三門峽地区范圍內其他地帶相同，全部为黃土被覆盖，厚达数m以上，地区內甚為多。

原有之大安村位于400畝地尚仅可利用之窰洞与与房，集集地的村落仅有数十戶农民居住，可利用的廢屋甚少。

28

引自:《黃河三門峽水力樞紐生活居住區規划設計》，《建築學報》，1957年，第8期

| 陈 对，就是这篇，是从技术层面进行的总结，很多心路历程没写进去。规划总体布置是学坚在做，他同时还做大俱乐部、大食堂和两所学校的设计，我负责一所医院、两所招待所和一个公园，同时改学生们的方案，其他的我分给新同志了，就是那些学生，他们做我改，对他们我很放手。

高 陈先生，那时候您才刚满 30 岁吧，怎么感觉有那么丰富的教学经验和气场呢？

| 陈 （笑）我自己不觉得啊，但学生们倒是和你有一样的感觉。我想这可能和我从北京大学毕业以后到天津津沽大学做助教和代课的经历有关，那时候学生们都比我还大呢，还都是男同学。但在学校里，在课堂上，毕竟是以学习为主，所以我很严肃。

建筑，让生活更美好

高 严师出高徒。陈先生，从您刚才的讲述中，我听出了"精益求精"的追求，我也感受到"建筑让生活更美好"，不知您觉得这句话对吗？

| 陈 我很同意。是三门峡的老乡让我更加深刻地感受到建筑改变了我们的社会和人们的生活。三门峡一部分建筑建成后，当时我们的局长刘子厚[5]发话，让我们停工三天，叫老乡随便参观，家里和办公室都留有接待人员，"老乡问什么，你们就得回答什么"，这是刘子厚的命令。

三天时间，我在家里，我先生在办公室，老乡们翻了两道山来了，新奇又有点胆怯，摸摸这儿，瞅瞅那儿，问我"房子暖和吗，不睡炕能行吗？"我这个人不太容易感动，但那一次我真感谢我们局长的这个举动，给我们这些建筑师上了生动的一课。

与之前在北京的生活、学习、工作相比，三门峡这段艰苦、特殊的经历更让我意识到"我要让城市变得更好，让人们的生活因为我们的设计变得更好"，从那以后，我总是这么想，也一直这样做下去了。

1　津沽大学，由天主教献县教区创立于 1921 年，前身是天津工商学院，是现在河北大学的前身，20 世纪上半期国内顶端的私立大学，代表着教会学校在全国，在天津的最高水平。

2　陈学坚（1922—2003），广东南海人。1944 年毕业于天津工商学院建筑系。1944—1946 年任天津铁路局工务段设计室公务员、工程师；1946—1949 年任交通银行工程科助理工程师；1949—1950 年任天津太平工程司开业建筑师；1950—1951 年任中央贸易部基本建设工程处设计室副主任、工程师；1951—1953 年任中央商业部工程公司设计室副主任、工程师；1953—1955 年任黄河规划委员会工程师；1955—1957 年任黄河三门峡工程局设计分局设计大组组长、工程师；1957—1988 年任中国建筑东北设计研究院主任工程师、副总工程师、教授级高级建筑师。

3　陈式桐、张寅江《三门峡水力枢纽简易平房设计》，《建筑学报》，1959 年，第 12 期，1-9 页。

4　陈学坚、陈式桐《黄河三门峡水力枢纽生活居住区规划设计》，《建筑学报》，1957 年，第 8 期，21-33 页。

5　刘子厚（1909—2001），1954—1958 年 3 月任三门峡工程局局长、党委书记；1957 年 7 月—1958 年 3 月兼任中共河南省三门峡市委第一书记。

戴复东院士谈杭州华侨饭店设计竞赛与四平大楼项目

受访者简介

戴复东（1928—2018）

男，1928 年 4 月生，安徽无为县人，教授，博士生导师。1948 年考入中央国立大学建筑系，1952 年毕业后分配至同济大学建筑系任教。1983 年到美国哥伦比亚大学做访问学者。1985—1986 年任同济大学建筑系主任。1986 年任新组建的同济大学建筑与城市规划学院副院长，1988—1992 年任院长。1999 年当选为中国工程院院士。2018 年 2 月 25 日病故。代表作品包括：同济大学结构试验室与动力结构试验室（1956、1979）、上海四平大楼住宅及商店（1974—1979）、同济大学建筑与城市规划学院红楼与钟庭（1987、1997）、浙江绍兴震元堂及震元大厦（1994）、中国残疾人体育艺术培训基地（2002）、浙江大学紫金校区中心岛组团建筑群（2005）等。代表专著包括：《追求·探索：戴复东的建筑创作印迹》《当代中国建筑师：戴复东、吴庐生》等。

采访者： 华霞虹（参与人：吴皎、王鑫；同济大学）

文稿整理： 华霞虹、吴皎、王宇慧、王昱菲、杨颖、刘夏、朱欣雨

访谈时间： 2017 年 7 月 12 日下午 15:00—17:00

访谈地点： 上海市新华医院 19 号楼 16 层 1 号床

整理时间： 2018 年 8 月，2019 年 1 月

审阅情况： 2018 年 1 月经戴复东先生授意补充文献资料，遗憾未经最终审核。

访谈背景： 为开展同济大学建筑设计院 60 周年院史研究，我们对戴复东院士进行了 2 小时访谈。内容主要包括四部分：① 1958 年与建筑系青年教师吴定玮[1] 搭档参与杭州华侨饭店竞赛的方案构想与设计过程；② "五七公社" 期间指导工农兵学员完成的四平大楼典型工程设计项目；③同济大学静力与动力结构试验室（姊妹楼，1956、1979）、上海革命历史纪念馆（1959）、上海市虹口区三用会堂（1959）、江西省新余市市级领导住宅（1960）、上海市南京东路外滩 "五卅运动" 纪念碑（1964）和上海市美术馆（1978）等多个设计方案和相关设计组织机制的介绍；④与吴庐生[2]老师一起接手武汉东湖梅岭工程的始末（部分内容为吴庐生老师口述补充）。本文为访谈的第一、二部分，主要介绍荣获一等奖的杭州华侨饭店竞赛方案和四平大楼两个项目的设计。

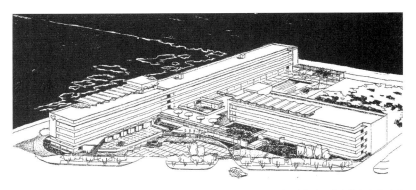

杭州华侨饭店竞赛方案鸟瞰图
戴复东提供

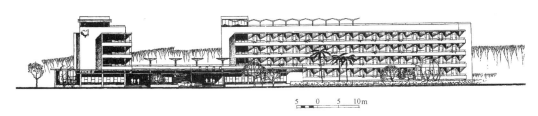

5 0 5 10m

杭州华侨饭店竞赛方案沿湖西立面
戴复东提供

华霞虹 以下简称华
戴复东 以下简称戴

华 1958 年您代表同济参加杭州华侨饭店的竞赛，与清华大学的吴良镛先生并列获得设计竞赛的第一名。您能介绍一下参与竞赛的背景、方案的设计概念和具体的设计过程吗？

戴 杭州要造一个涉外的华侨饭店是在 1957 年，当时发了一个通知。杭州是我国著名的游览与休养城市，每年有很多归国观光华侨和国内各阶层旅客到访。为了满足他们短期住宿的要求，这一年初政府决定与华侨共同投资兴建一座华侨旅馆，并举行公开的设计竞赛，大家都可以参与。当时我们比较年轻，觉得可以尝试做一下，不过真的做起来，发现要真正解决旅馆的问题，不是那么简单。

华 这是一个开放的投标吗？任务书是发给学校的吗？有没有费用？当时大概有多少人参加这个竞赛？

戴 这是一个开放的投标，只要愿意都可以参加，清华的吴良镛先生也参加了。当时有一份通知，上面附有任务书，谁要参加就发给谁，但是只有中奖才能有奖金。最后竞赛参加者有北京、天津、南京、上海、杭州 5 个城市的 15 个单位，设计方案共 90 份。

拿到竞赛通知后，刚毕业留校的青年教师吴定玮找我一起组队参加。他之前是我的学生，我就答应了。那时候我爱人吴庐生因为身体不好只参与了问题的研究，可惜在发表时没有被列为主要设计人。这个竞赛项目我是和吴定玮以个人的名义参加，不是学院和设计院的项目。这是一个中等水平的旅馆，服务对象是华侨和国内一般旅客。为了满足华侨饮食要求及提高其使用率，旅馆餐厅中西菜俱备，中菜为广东

口味，并对外营业。建筑物位于杭州西湖六公园附近，西面为西湖及湖滨路，北面为长生路，基地形状近乎曲尺形。建筑容量要求约 1 万平方米，四层，当时可以不设电梯。[3]

因为基地原因，我们在设计中考虑最多的是如何让这么多客房客人都能看到西湖，怎么使建筑和西湖很好地联系在一起。我和吴定玮拿到任务书后的第一件事就是先画一张总平面图，然后再做一些研究，讨论哪些地方要怎样处理。但在具体问题的处理方式上，我们两个的意见并不完全一样，所以后来两个人在总平面的基础上各做各的方案。

在我看来，方案要获胜，关键是：第一，旅馆造在西湖边上，每个客房都应该能看到西湖，如果看不到西湖的话设计得再好也没用；第二，要看得到西湖的话，不是在某个地方看见，而是在所有的地方都能看得见西湖。这样的方案拿出去别人很难比得过我，肯定都觉得好。

由于旅客房间数量很多并限于层数，建筑物必须南北向和东西向同时布置，所以很容易做成南北向是一条，东西向是一条，基本上定下来。但是，这样布置又产生了两个问题，一个问题是：朝南、朝北、朝东三个方向的客房将不能较方便地看见西湖，或完全看不见西湖；第二个问题是：西向的房间将受日晒，而东面客房离基地边界太近，感觉上太局促。这是比较麻烦的问题，但是我还是做了很多努力，为了解决这两个问题，将所有的客房做成锯齿形，使得南北的房间可以通过建筑物的缺口和长生路的路口看到西湖。而朝东和朝西的房间变成朝东南和朝西南，并且朝东的客房由于视线偏向东南，在感觉上与对面的房屋距离稍远一些，并且也可以看见西湖的一小部分，这样全部客房就可以都看到西湖。

然后是通风的问题。杭州夏天炎热，西湖边的旅馆应有很好的通风。我动了个脑筋，将整个建筑物设计成为断开的丁字形，丁字形的断开处可以使气流运动加速，使夏季更多的东南风吹到房间中，增强通风效果。再在断开的建筑物中用单层四合院把它们联系起来。这样，在管理联系上不因建筑物断开而关系中断，并将很多在生活上与旅客有关的部门安置在四合院周围，以利于旅馆的经营管理。

之后就是将餐厅、厨房、客房等位置都排出来。因为夏天炎热，餐厅的朝向应当朝南北，这样可以南北通风。为了便于观赏风景，餐厅南向也做成锯齿形。对厨房工作人员来说，厨房中除去用机械设备降温外，最好能争取较好的自然通风，避免强烈的日晒，因此也布置成南北向。为了解决厨房的通风和采光问题，把厨房南面的走廊压低，廊子上部能够在夏天南北通风，同时在四合院内做水池，使日光通过池水反射到厨房平顶，增加厨房采光。为了减少烟尘对旅客的影响，厨房和锅炉房布置在南北向的房屋中比较合理，这样它们的出烟不会吹到客房中去。

华 为什么竞赛的结果会出现并列第一的情况呢？之后的实施项目有按照您的方案来做吗？

｜戴 我比下来觉得自己的方案肯定比吴良镛先生的好，但因为他年纪比我大，我也没办法。争论得很厉害，最终主办方把我们两个方案都定为第一名。但定下来之后究竟给谁去做，杭州方面有自己的想法。最后他们把这个项目拿走自己去做了，我们俩的方案都没被采纳，但肯定没有我这个方案好。我觉得我的设计能让来旅游的人无论住哪个房间都能看得到湖，心里很愉快，下次还到这来。这是很重要的。

华 您之前参与了很多建筑设计竞赛，除杭州华侨饭店全国设计竞赛（1957）、武汉长江大桥桥头堡全国设计竞赛（1954）、华沙英雄纪念碑国际设计竞赛（1957）等早期的项目外，还有上海革命历史纪念馆（1959）、上海市虹口区三用会堂（1959）、江西省新余市市级领导住宅（1960）、上海市南京东路外滩"五卅运动"纪念碑（1964）和上海市美术馆（1978）等多个设计方案。1958 年同济附设土建设计院成立，以教学、生产、实践相结合为指导思想。您参加这些设计竞赛的背景大概是怎样的？与设计院教学与实践相结合的主导思想有没有什么关系？

戴 谈到教学与实践相结合这个问题，我的想法是设计院与建筑系完全结合在一起，而不要像现在这样，设计院单独一摊子，建筑系单独一摊子；或者城市规划一摊子，建筑一摊子。现在这样有好处，但是也有坏处。坏处是什么呢，就是学生始终不能深入地介入到工程当中去。为什么我希望完全合在一起呢？对于学生，不是说老师跟他讲什么，而后他就做什么，而是真正要深入到设计实践里面去，通过实际工程来学习。

华 您能介绍一下（20世纪）70年代四平大楼这个项目吗？根据介绍，这个项目当时是您带队，带着学生，联系实际，边教学边设计，建了上海当时的第一幢高层住宅。这种结合教学的设计项目比较符合您刚才说的理想教学模式，就是建筑的教学应该以实践为中心。您能不能介绍一下那段时间教师和学生具体是怎么开展设计工作的？四平大楼这个项目是谁委托学院来做的？您具体是怎么考虑这个设计项目的？

戴 对的，这是我最开心的事情。当时我带了一批工农兵学员。我这个老师比较特殊，因为一直和学生在一起。但工农兵学员的情况比较复杂，他们究竟学得怎样我不清楚，还需要补些什么我也不清楚。在方案设计中，我们老师有什么想法就和学生谈，学生有想法也和我们谈。但是在这中间，我觉得对他们来讲步子可能大了一点，因为他们基础不够。

当时学校要求工农兵学员的教学必须结合实际工程，就把任务交给了我。学校说，虽然工农兵学员的基础比较差，但是他们是可以赶上去的，我只好按要求做。学校就开始安排，去相关部门了解后得知，四平路有一座住宅大楼要建造，就把这个现成的设计任务要了过来。我们主要负责设计，有专门的施工人员负责建造。

但怎么结合实际做呢？我当然有自己的想法。我告诉学生们，首先要设计好平面。因为不管是什么样的房子，平面都是第一位的。四平大楼基地西侧是四平路，南面毗邻大连路。在安排平面布局时，靠近马路的一侧布置商店，另一侧则是住家，大概就这样布置了两排。这样的布置方式比较简单，工农兵学员也很容易理解。上面住宅的平面也依据总体布局，呈半围合状，平面形状是折线形的，不同朝向的户型用一条单边走廊连接。按照当时的规定，每家的户型面积都不大，但是每户都配备有独立的厨房、浴室、贮藏、阳台等。从剖面上看，从两边的楼梯可以一直上到大楼的顶层。人在马路这边可以看到商店里的景象，在马路对面则可以看到整栋大楼的形象。当时决定这么做的时候，学生们都认为方案很好。

华 之后您就指导这些工农兵学员将项目的图纸画出来是吗？大概有多少学生参与？有其他工种的老师和学生一起参与设计吗？

戴 具体多少人数我记不清了，大概有一个班的学生。我指导他们将全部的图纸画出来，有些具体的问题我再帮他们设计和修正一下。其他工种的老师和学生在需要的时候就参与进来，算是在设计院里大家一起完成的。平时设计院的老师有自己的课程安排，是和建筑系分开的，并不是从头到尾都参加项目。

华 当时不同专业的学生都在一栋楼里画图吗？是在哪栋楼里您还记得吗？

戴 因为时间隔得比较久了，我记不得在哪了。其他工种的学生过来，只要把具体的问题弄清楚、解决了，就可以分头去画图了。但建筑系学生工作的时间比较长，因为他们遇到的问题比较多。

华 您作为老师会在图纸上签名吗？当时学生能否在图纸上签名呢？

戴 都要签的，不然出了问题找谁去呢？这张图是哪个学生画的就由他签名，之后老师们再在图纸上签名，表示认可这张图，出了问题也要负责任。

戴复东绘制四平大楼水粉彩色效果图
引自:《建筑画选》

四平大楼施工场景(带角钢罩面的大模板,
浇筑后凹凸墙面一次成形)
戴复东提供

华 图纸完成后,学生们有参与施工吗?

│戴 因为学生们还有课程安排,所以没参与施工,就我一个人去。

华 之前看材料,详细介绍了这个项目墙体的具体做法,主要是用钢模板浇筑,所以墙面很平整,您好像还在表面加了颜色。这些都是您带着学生设计完成的吗?还是您在工地上现场设计的?

│戴 这个墙体到底要怎么做,我也想了很久。四平大楼的墙体是预制的。外墙施工工艺实际上是用金属大模板,在模板上固定角钢,使脱模后一次形成凹凸墙面,立面是混凝土材质,不采用贴各种装修材料的做法[4],基本取得了成功。学生在做这个方案的时候,我告诉学生必须要考虑具体的做法。他们有的这样想,有的那样想,最后把大家的想法综合起来。具体的施工是我和工地上的工人们一起搞的,工地上那些小朋友还不错,年纪比较轻,很赞同我提的想法,这样事情就好办了。我和施工单位结合得很好。他们认为这个施工办法是人家没有做过的,很不错。他们认为好,我当然心里也高兴。但前几年不知道什么原因,这幢房子被整个拆掉了。

华 据说是因为要在这幢楼下面建造地铁。好像在(20世纪)70年代的时候,我们设计的住宅采用这样的预制大板还蛮多的。因为四平大楼算是一幢高层建筑,而且从长度和宽度来说体量都很大,当时为什么要建造体量这么大的一幢高层?它在技术上与小型的预制大板住宅有什么不同的地方吗?

│戴 不,那时候预制大板住宅还是很少。当时正好四平路上要造这么一个房子,正好又赶上是我带着学生来做这个实际项目。我觉得这些学生能力可以,所以大家就一起朝这个方向努力。学生们要在这里读五年完成学业,像这样的工程是一年完成还是两年完成,就要根据绘图的具体情况而定了。

华 从资料上看,这个项目的实践是从1974年到1979年,前后也有五年时间了。

│戴 这个我记不清楚了。

华 四平大楼是"五七公社"时候的项目。因为这个历史时期很特殊,教学和实践结合特别紧密。除了四平大楼,戴先生您在"五七公社"的时候还带着学生做过什么其他项目吗?学校里的结构实验室和上海市美术馆这些项目有学生一起参与吗?

｜戴　结构实验室是结构的朱伯龙老师找我一起做的，那个时候我刚到建筑系。结构实验室的两幢楼是不同时间设计建造的。先建造的是静力结构试验室，后来不够用了，朱老师就找我说在这里再搞一块，就又设计了动力结构试验室。在做这个项目之前大家都是搞中国传统形式，不敢做这些新的造型。当时全国正在批判复古的时候，我就和朱伯龙说，这个一定要弄好。上海美术馆是我做的一个方案，学生没有参加。

上海革命历史纪念馆的设计也是我做的。起先大家觉得这个设计还可以，后来又有了一些意见，最后认为这不像是革命历史纪念馆，于是这个方案就被否掉了。然后就是同济大学邮电局的方案，我设计了一个薄壳顶，后来没照这个方案做。虹口区三用会堂，当时是我们学校和外面联系，他们希望我们来做这个设计。还没做完，结果项目被否定掉了，我们就不做了。

华　当时做这些方案应该是没有设计费的吧？为什么还要做这么多的方案设计呢？教学任务不忙吗？

｜戴　做这些都是没有钱的，教学也有任务，但我照样做设计。因为如果不做这些方案的话，我就没有机会做设计了。

华　这些项目基本上是您或者与吴庐生老师一起承接设计的项目，它们算是您个人的项目吗？

｜戴　设计处或设计院拉到的任务，你可以承接。这些项目也不算是个人的，有个人的也有集体的。就是说，如果你做的方案人家用了，就算是学校的，如果人家没用，那就算是个人的。

1　吴定玮，男，1935 年生，浙江杭州人。1956 年毕业于同济大学建筑学专业后留校任教，担任助教期间与戴复东搭档参与杭州华侨饭店设计竞赛，获全国一等奖。1958 年在"反右"运动中被划为右派后前往高教农场劳动，"大跃进"开始后被调回同济，在同济设计院参与劳动，期间参与同济大礼堂的初步设计并绘制了两张礼堂的效果图。1960 年被送往新疆宾团设计院，在新疆生活 20 年后于 1980 年"平反"，回到杭州，进入杭州建筑设计院工作。曾任杭州市建筑设计研究院总建筑师、规划局总工程师，浙江省人大委员、政协委员。

2　吴庐生，女，1930 年出生于江西庐山。1948 年从中大附中保送进中央大学，1952 年毕业于南京工学院建筑系。毕业后分配至同济大学建筑系任教，进入构造教研室。1972 年调入同济设计院，2001 年起担任同济大学高新建筑技术研究所担任总建筑师及高级顾问至今，2004 年获全国工程设计大师称号。

3　"华侨饭店客房要布置 300 间以上，其中双人客房（18～20 平方米）148 间，较大单人客房（14 平方米，可作双人客房用）57 间，较小单人客房（12 平方米）84 间，二间及三间套房各 3 套。餐厅厨房需满足 350 人同时用餐，冷饮单独对外营业。建筑总造价约 120 万元。"为方便读者了解杭州华侨饭店竞赛的基地情况和设计任务要求，根据戴复东先生建议加入《杭州华侨旅馆全国设计竞赛一等奖 78 号方案介绍》一文中的相关文字介绍，引自：戴复东《杭州市华侨旅馆全国设计竞赛一等奖 78 号方案介绍》，载：同济大学建筑与规划学院《戴复东论文集》，北京：中国建筑工业出版社，2012 年。

4　四平大楼外墙施工做法文字引自：戴复东《追求探索——戴复东的建筑创作印迹》，上海：同济大学出版社，1999 年。

关肇邺院士谈建筑创作与建筑文化的传承和创新

受访者
简介

关肇邺

男，1929 年生于北京，建筑学家，清华大学建筑学院教授。1995 年当选为中国工程院院士，2000 年被授予"全国工程设计大师"称号，并获得首届"梁思成建筑奖"；2005 年当选世界华人建筑师协会荣誉理事。早先受梁思成教授的指导和影响，在现代建筑和中西古典建筑的历史和理论方面有深厚基础，在设计技巧上有很高水平。近年来在探索具有时代特征、民族和地方特色的新建筑方面，取得高水平成果，撰写发表论文、译著等 40 余篇。在建筑设计方面，准确把握建筑的性格特点，在平易的外形中寓有深刻的思想内涵，极重视建筑个体与环境的结合，致力于整体的完美统一。许多作品获得国内外重大奖励，其中"清华大学图书馆"获国家优秀工程设计金奖，"北京地铁东四十条站"入选为北京 80 年代十大建筑，"埃及亚历山大图书馆"在国际设计竞赛获国际建协授予的特别奖等。

采访者： 卢永毅（同济大学）、王伟鹏（同济大学）、段建强（河南工业大学）
访谈时间： 2018 年 5 月 24 日下午
访谈地点： 北京清华大学关肇邺先生府上
审阅情况： 未经受访者审阅
访谈背景： 在中文的论述语境中，"后现代建筑"或"后现代主义建筑"在当今已经不再是诱人的字眼，甚至被认为关于它们的讨论早就结束了，建筑界的人士应该彻底忘掉这几个文字。国际建筑界的态度又是怎样的呢？2011 年 11 月 11—12 日，古典建筑与艺术协会在纽约城市大学研究生中心召集了一个研讨会，主题是"重新思考后现代主义"（Reconsidering Postmodernism），希望用新的眼光来看待建筑中最臭名昭著的"主义"，并重新审视其文化影响力。400 多位著名而广受尊敬的建筑师、学者、评论家和史学家参加了这次为期两天的会议。与会者中有后现代主义的创建者和早期提倡者，如罗伯特·斯特恩（Robert A. M. Stern）、迈克尔·格雷夫斯（Michael Graves）和查尔斯·詹克斯（Charles Jencks）。在会议中更多的是提出问题而不是给出答案。所提的主要问题有：后现代主义在今天是一种无所不在的情况吗？它是一次有着具体起止时间的历史运动吗？在郊区的入口门廊、古典复兴式的形式隐喻是后现代主义的最终遗产吗？巴里·伯格多尔（Barry Bergdoll）用一个简单的问题对这次会议做了最好的总结："我正处在一个始于 30 年前仍在继续的事件中，还是在一个回顾过去的事件中？"

由此很自然地冒出一个值得探讨的议题：后现代建筑理论进入中国以后，究竟发生了怎样的转译？

而在中国的转译过程中，关肇邺院士是举足轻重的人物之一。关先生在 1983 年设计的北京西单商场方案在当时备受瞩目，激起了围绕着"西单风与中国后现代主义"的热切讨论。关先生还翻译过一本在西方世界引起轰动的著作《从包豪斯到我们的豪斯》（*From Bauhaus to Our House*），该书的原作者汤姆·沃尔夫（Tom Wolf）以一贯尖刻而幽默的笔触，无情地嘲弄了背离自然与传统的现代建筑及建筑师们，以独特的视角参与后现代主义建筑的讨论。

关肇邺院士接受访谈。右起：关肇邺院士、卢永毅教授、段建强
2018 年 5 月 24 日，王伟鹏摄

卢永毅 以下简称卢
关肇邺 以下简称关
王伟鹏 以下简称王
段建强 以下简称段

卢 关先生，您好！非常感谢您接受我们的访谈。

| **关** 不用客气。

卢 首先是，今日带来两本书送给您。这本《罗小未文集》是我与同事钱锋老师一起为罗先生编的，是将先生以往几乎所有发表的文章、著作的摘选汇集了起来。这是一次学术回顾，我们学院还在罗先生诞辰 90 周年之际，为文集出版开了一个研讨会。在罗先生文集完成之后，李德华先生原来的学生们也为他做了一个文集。所以就做成一套。

| **关** 太客气了，谢谢，谢谢！罗先生现在身体好吗？

卢 谢谢您，还可以的。罗先生今年已经 93 岁了。

| **关** 有这么大吗？

卢 她是 1925 年出生的。李先生 94 岁，他是 1924 年出生的。二老现在都挺好。

| **关** 替我谢谢他们。

卢 谢谢您。(翻开《罗小未文集》)编文集时想起一张照片，是您和罗先生在美国的时候，在文丘里(Robert Venturi, 1925—2018) 事务所里的合影。可惜当时没有找到，没能编进去。

| **关** 我们俩站在他们俩（指文丘里夫妇）后边。文丘里好像那天是 60 岁生日。

卢 文丘里是 1925 年生的，和罗先生是同岁，那就是 1985 年的时候？

　关 那就不是整生日了，我印象中正好是文丘里的生日。

卢 是（20 世纪）80 年代中期吗？

　关 不是，我们是 1981 年。

王 您是 1981、1982 年在麻省理工学院访问，对吧？

　关 对。

卢 好像那天事务所里还做了个特别的蛋糕？[1]

　关 是的，样子像一个建筑。1981 年，就照了一张相，我们都没有在他那里工作过。闻名而去的。

卢 这已经过了几十年了！目前伟鹏在做这方面的课题，就是想再回溯（20 世纪）80 年代中国建筑思潮的那些变化。我们觉得，好像有一段（时间）距离以后，需要去做这个事情了。

　关 呵呵，现在的思潮变化太快了。

卢 现在的确太多了，我们也捕捉不住了。但那个时候，对中国建筑界来说，真的是非常重要的一个阶段。伟鹏这一辈太小了，我那个时候也才刚进大学。我有对（20 世纪）80 年代的记忆，现代、后现代及其不少理论讨论，还有以您为代表的、颇有影响的设计探索，都是非常重要的历史。所以这就想再来请教您。因为现在回去看，还是可以问，为什么当时大家会对这些西方思潮有那样的热情要去了解。

　关 罗先生（是）专门研究这些问题的，我是搞建筑设计的。但是我对建筑的历史理论也是有兴趣的。

卢 您当时还翻译了《从包豪斯到我们的豪斯》。

　关 我最近看到《文汇报》报道，作者汤姆·沃尔夫刚去世，就是前两天。

王 那我们就从您翻译汤姆·沃尔夫的那本书开始，可以吗？

　关 我那时候英文也不是很好。当时的情况你们肯定也知道，我们很穷，我出国（做公派访问学者），国家一个月给 400 美元。还好碰见一位爱国人士，给我们（租金）很便宜的房子住。

　可是我们搞建筑的还必须到各处转，也没有那个钱。后来我想各种办法，像是到外语系给他们讲学什么的，这样旅费就有人出了。我不知道罗先生她靠什么过日子，反正当时我们都很困难的。

　到了暑假的时候，他们 MIT（麻省理工学院）的人都去海滨等各处度假，我一个人在那儿。正好那个时候汤姆·沃尔夫的《从包豪斯到我们的豪斯》在 *Harper's Magazine*（《哈泼斯杂志》）上发表，每一个礼拜发一篇（连载），最后就变成这本书。后来我认识的、还留在学校的人说他又出了一篇。因为这个人写书很快，而且有点滑稽。

王 非常幽默、辛辣的文笔。

　关 后来我说，我在这儿没事干，也没钱出去度假，我就把它翻译出来，就这样了解到文丘里。那时候我们其实已经见过文丘里了，汤姆·沃尔夫还没见过。

卢 汤姆·沃尔夫写了很多东西，但当时国内是不了解的。

| 关　知道他是一个记者，文笔与众不同，喜欢讽刺。他也不是专门搞建筑的，什么都写。看报纸上得知，我翻译的那本书，在他的著述里还是重要的。

王　您在出国之前，知道后现代主义思潮的这些代表人物吗？

| 关　我记得那个时候还没有一个很普遍的认识，但是我们已经看到了一些苗头，如看到菲利普·约翰逊（Philip Johnson）在AT&T（电报电话公司大楼）上加了一个断山花顶。所以就很奇怪的，就觉得当时在美国的建筑领域，这是一个信号：社会可能对于modern（现代的）已经烦了。

现代建筑，比较方便使用，比较经济，比较符合结构的原理。现代建筑一战以后就开始了，这个我不用跟你们说了。所以它已经走过二十几年的路程，这样的建筑多了以后，人们一定会有反感的。而且岁数大的人一定会有怀旧的思想，这是很自然的。前不久，我想你们已经知道，就是我们这儿发表了一张照片，就是一个很高的摩天楼，是Gothic（哥特风格）的。

卢　是新的方案？是美国要造的一个摩天楼？

| 关　它现在只是一个方案，但是有一幅很大的照片……

就是去年。我想也说明了我刚才的想法。但这个东西不一定能实现，因为它就是一个不变样的Gothic（哥特风格）。你们都没注意到这个，什么报我现在忘了，也许是（登在）《光明日报》，也许是你们那边常看的《文汇报》。我没想到你们会来，其实我觉得看一看，也是一个事儿。

有时候我跟学生说这是个规律，这个事情的变化是必然的。人们回忆以前的东西，这也是一个必然。但是它能够回到怎么样的一个程度，怎么能和现代的东西结合，这是另外一个问题。当然这是一种，在postmodern（后现代）中，这是一种。但是现在又到了一个新的阶段。

现在一些东西，我觉得脱离历史太远了。我们不说建筑，就说整个的社会，整个的文化，是不能够割断的，它（历史）总会有不同的方式表现出来。你看现在的习近平书记，他的思想现在宣传得很多，他很重视中国的传统文化，他这也是跟这个有关系。现在什么东西都讲中国以前怎么样、现在应该怎么样、怎么保存，有这种思想。这个我想西方也一样。当然不能说完全一样，但是我觉得这个要建设起来，还是蛮有意思的。

在报纸上登的这方面的东西很多，但是针对建筑的并不太多。我想因为建筑有它的特点。像文丘里，他是一个开拓者。我去看了（他设计的）伦敦国家美术馆扩建。

先前做的几个（指其他建筑师做的竞赛方案）都是现代的，有些架子。后来查尔斯王子（Prince Charles）就非常反对。我觉得查尔斯王子讲得有道理，他是深入人民群众的。可是他后来失败了，这是由于他出身富贵，没有经济的头脑。后来那个建筑师跟他对着干，说他没有经济头脑。

他（查尔斯王子）再怎么现代，他从娘胎里出来就是一个贵族的头儿，所以他就老是觉得哪个景观又被破坏了。他在老的天文台……叫什么？

王　格林威治。

| 关　他从格林威治小山坡上往回看伦敦，他说（原来）太美了，现在完全被破坏了。小山坡后头都是楼，而且它也不是"一战"以后的现代，也不是"二战"初期以后的那个摩天楼，是这样的、这样的（用手势比划）。

你要是从现代的建筑师的角度来讲，他们觉得要讲经济。

所以我觉得我们这个年龄的人，尤其是中国的人，并不太接受这个。我暴露我的这个思想。

卢 您就是主张一种渐进的变化，不是一种切断的。

关 渐进的变化。我觉得自己做的东西没什么好的东西，但是我在清华园里做的东西比较多。

后来在外头，文化教育界的人找我去做的比较多一点。

以中国文化为代表的东方文化与西方文化的一个大不同的地方，就是不拿建筑来说事，而是拿思想文化，现在报纸什么的都很宣传这个。像是我们是集体主义精神，重视家庭观念。石家庄、张家界，原来都是一个家族，现在变成一个很大的城市，就是从家族发展出来的。所以我们对家族的观点比较认同。

拿马克思主义来说，就是集体主义精神，而西方是个人主义，所以它做的一定要跟别人不一样。我们就没有这个观念，至少我没有，我觉得还是和谐一点比较好。当然你也应该有变化、有进步，但是总的来讲，harmonious（和谐）是很重要的。我不知道你们来过清华没有，我做的一些东西，第一就是要跟原来的历史有关。

卢 这个我们非常明显地体会到了，要非常精深地去跟历史对话，但又是有区别的，这是很需要功力的事。

关 现代的科技不可能逆向发展。而且你不能够不学现代科技的东西，因为它有优势，而且它对于我们社会的进步有决定性作用。但是你还是要尽可能地把我们自己的文化与它连接起来。

卢 对的，您那几个作品都是很经典的。我觉得这不是简单恭维，因为那种连接不仅要有历史意识，还要有一种设计功夫在里头，否则是做不好的。你想的和讲的，最后是要能做出来，达到一种高度。您那个图书馆（指清华图书馆新馆）是一个典范。

关 不敢当。我们这个图书馆由四期建成，包括三个主要的设计师。

卢 包括杨廷宝先生。每一段都是历史性的。

关 杨先生那个非常好，所以我觉得绝对不要破坏他这个东西。

那个时候我自个儿也做过一个，是清华的主楼。

那是1956年开始做的。（当时）蒋南翔是我们的校长，他也是一位中央的领导，他曾经到莫斯科去过。那时候莫斯科大学刚开办，斯大林要求做八个建筑围着克里姆林宫。他看了以后觉得太好了，就跟我说："你们现在要盖一个主楼，你看能不能按照莫斯科大学那个来做？"我说："我们哪有那么多钱。"哈哈。

当时（莫斯科大学）都是由他们国家主要的大建筑师合作设计的。我后来去看，也觉得很漂亮，确实是很好看。不过很不合理，中间的塔把所有需要的东西都在上面摆满了，都十几层、二十层的，都是学生宿舍。后来它旁边加了一个一个的腿（指壁柱），不然你怎么能填得了这么大的一个体量呢？我们没有学生证不让进（当时未能进入参观）。你看那个小窗户一个一个很多，衬托着中间，一看就是斯大林主义。

卢 我们过去讲，这有点形式主义了，走得有点远了？

关 不过实在是很漂亮。另外他们还有几座也都建好了，本来要建八座。现在我们经常在电视上看见的是它的外交部，那个也挺漂亮。当然我们眼光不一样，反正我觉得看起来还是不错。赫鲁晓夫批判

它了以后，就开始盖新的、现代的建筑。不过我觉得他们的老百姓也跟我们的老百姓差不多，对原来老的东西、好的东西还是恋恋不舍。所以现在做的还没有那样的东西（新的、现代的建筑），都是带有古典但又是比较平矮一点的房子，不那样夸张。

卢　所以当时蒋南翔校长有这样的愿望，在清华校园也要造类似风格的楼？

　关　但是他不懂建筑，他也知道不可能做成那样，他说你就参考一下。后来我说我就尽可能地让它像那个。后来我就发现清华这个主楼做好了以后，有不少的学校学我们的主楼，基本上都是对称、中间高，两边矮一点。

卢　那个时候像北京十大建筑等，还需要更有民族性的形式。咱们清华这个主楼比较起来还是很简洁、现代的。

　关　因为当时没有钱呐。我当然不会做大屋顶的。但我在北大做了一个大屋顶。（那要）晚一些了。那已经是建筑界非常反感这种复古建筑，批判大屋顶的时候。那时候北京有一个市长，叫陈希同。[2]

卢　那是（20世纪）90年代了。您指的就是您设计的北大图书馆吧！

　关　北大图书馆的扩建。

　当时也是全国招标，有几个建筑师来做。总的来说，他们还是不愿意做大屋顶，不愿意做太古老的东西。可是我看那个情况，因为北大在燕园，旁边都是（20世纪）50年代初盖的真正的大屋顶。后来我想我就不要管当时的建筑界是何等的反对大屋顶了，并且陈希同已经撤职了，也没有这个问题了。我觉得和谐很重要，所以我就做了一个大屋顶，因为它是主体，比别的建筑稍微再大一点、再高一点，在尺度感上会显得很和谐。

　另外就是做的建筑本身比较现代一些，玻璃窗户大一点。后来我那个（方案）就被选中了。总的来说，我觉得中国的东西不能完全从形上来决定，还要从它真正深刻的意义里来找我们的精神究竟是什么。所以和谐是很重要的，和而不同。

　比如有时候外国人来参观，我们带他们去故宫看，他们就问这上面写的什么字？我就说这是太和殿，这是中和殿，这是保和殿。

卢　都是"和"。

　关　意思就是"Super Harmony"（太和殿，或译为Hall of Supreme Harmony），"Middle Harmony"（中和殿，或译为Hall of Complete Harmony），这样他们就可以理解。我们那时候开那个班，挣的是美元。所以开班都是什么人来呢？都是退休以后的老家伙带着夫人，大家来逛。我们名义上是一个学习班，早上给他们讲一点中国建筑，下午就去参观。这样一来，我发现他们也能理解中国文化。

　他们就意会到，中国不是很肤浅，而是很深刻。比方说美国白宫，就因为是白的，所以叫"White House"，不像太和殿这样。还有椭圆形办公室，因为它是椭圆形的，所以这样叫。还有"Blue Room"，都太肤浅了。欧洲教堂都是"St. Peter"什么，也太直白了。

王　还有直接以献给某个神的名字命名。

　关　还有什么颜色的，也太简单了。我们当然也有自己的道理，因为是国家的最高的建筑，所以是太和殿。所以我这样讲，他们也挺有兴趣的。

卢 我理解您的意思，就是不赞成一种很激进的对历史、对过去的抛弃，而是要连接。

｜**关** 连接也不能够太过头，还要注意到当下的环境，你不能够说我自己就做一个什么东西。

王 关先生，您当年在麻省理工学院做访问学者的时候，当时美国的建筑界有没有比较于热衷讨论后现代主义建筑？

｜**关** 我觉得我作为一个搞设计的人，不像罗先生，她是搞历史理论的，所以她总希望跟人谈一谈，尽量多看一看。而我就是尽最大的可能到处跑。麻省理工不是我所喜欢的那种学校。

卢 为什么？

｜**关** 因为它太科技，技术方面比较多。哈佛就不一样，两个学校离得也近，我情愿到那儿去多转一转。麻省理工校方只是给我一个小房间，实际上我去不去他们都不知道，也没有任何的关系。最后我因为想多跑一些地方（跟他们商量），他们答应给我联系一下，做个讲演旅行，那样的话我就可以不用花钱，所以后来我就做这个事。总的来说，我跟麻省理工的关系并不是很深。

王 您当时看的有哪些作品给您留下深刻印象呢？

｜**关** 说老实话，我觉得在美国当时看到的东西，除了弗兰克·劳埃德·赖特（Frank Lloyd Wright）很好以外，我觉得没什么太好的，还是古典的东西我觉得比较好。

卢 还是喜欢古典的。

｜**关** 我想没有人不喜欢。当然你如果脑子被非常现代的东西灌过，可能会不喜欢。我反正没有转过来。它（非常现代的东西）那个确实就是形式，反正你们都知道，我也看了不少。其他的像密斯也在那儿做过建筑。格罗皮乌斯不太做建筑，他只是一个教育家，在哈佛做了一个学生中心，也很一般。但是他开了现代的头，功劳很大。

卢 密斯的建筑您觉得如何呢？

｜**关** 密斯的建筑，我觉得他也是给这个玻璃盒子开了一个头。他的细部处理得很好，可是我觉得也没什么。当然你要是细看的话，可能比我们这个要强，作为建筑师不一定非要这么干。当然我这个思想也不一定对。

卢 文丘里他就对密斯批判得最多了。

｜**关** boring（乏味）。

卢 像赖特似乎就没有什么好这么批判的。

｜**关** 可是一开始菲利普·约翰逊是批他的，也不算批，他说（赖特）已经过时了，后来做了 Falling Water（流水别墅）以后才又起来了。

卢 您那时候有没有见过菲利普·约翰逊？

｜**关** 没有。

王 您在美国的时候，有没有去看过迈克尔·格雷夫斯的作品呢？

关 我现在记忆力衰退，我反应不过来，迈克尔·格雷夫斯是谁？

卢 迈克尔·格雷夫斯做过波特兰的市政厅，做的像个大蛋糕一样的。

王 后现代主义的一个代表性建筑师。

关 我在的时候是不是还没有建？

卢 刚刚建好。

关 哪个州？

王 奥勒冈州的波特兰。

关 那可能我没去过。

王 关先生，您从美国回来之后就开了一个建筑评论课。开这个课，跟您在美国这段经历有关系吗？

关 那当然有关系。

王 您能具体谈一谈吗？

关 因为罗先生在上海，可能大家就能马上关注她。我在这儿也是这样，北京好像没有建筑界的人在那儿花那么多时间。所以很自然，大家对我有兴趣。还有一个，我在那儿非常省吃俭用，后来因为又有机会出去挣一点钱，所以我拍那个 color film（彩色胶片）很多，现在一点用都没有了。我有一次带学生去遵义，给他们讲课，他们整个城市没有幻灯机，但已经有投影仪什么的了。

卢 现在没有。但在（20世纪）80年代，我们看这些（幻灯片）都是眼睛一亮啊！

关 那个可是真花钱。一卷相当我好几天的饭费。

我（在清华）给他们讲课。一开始的时候还是比较受欢迎的，有不选这个课的人也来旁听。我因为本职是教设计的，所以我花了比较多的时间在设计上。

主要就是作品分析。赖特的东西相对来说算是讲得比较多的。我在芝加哥待了几天，看到了 Robie House（罗比之屋）和 Oak Park（橡树公园）。因为那儿有一位教授，他后来又陪我去看 Johnson Wax（庄臣公司行政楼），那里离芝加哥不太远。那个很不错。我一看它，就引起我关于设计的一些想法。因为刚一进去是平房，有车库什么的。然后有一个廊子，那个廊子里头有水。然后有柱子。那个廊子也就跟这个房间这么高，那个柱子已经做那样的（蘑菇形）柱子了，给你一点暗示。然后进去以后，先有一个小的厅，有一层 balcony（阳台），这么一个长条的，很多人在那儿看。那个看着底下细、上面粗之后再打开的柱子，就觉得是 music（音乐）。

王 起承转合。

关 先是半开敞的，现在到了一个门厅。然后再进去以后，才到那个大厅。所以它这个建筑跟这个音乐的关系，我觉得很有体会。而且一个比一个（尺度）大一点。

卢 当时一定感觉很震撼。

关 我们学校的汪坦先生是赖特的学生，但去 Taliesin West（西塔里埃森），我比他还早。你们大概也去看过了。

卢 没去过。但我很早就听汪先生讲过 Taliesin West（西塔里埃森）和 Taliesin East（东塔里埃森）。

关 可是他没有去过流水别墅。因为那个地方太难去了，没有公交车。它在山里头，那个是私人的一个山，很窄的路。没有公交车，你还不能够用出租车。你必须得自个儿有车。

我去看了，就是因为有机会讲课。我在 Pittsburgh（匹兹堡）讲，后来他们说给我选择，你要看什么，我当时看流水别墅比较近。那个山里头还有好几个别墅。后来在 Phoenix（凤凰城），西塔里埃森在那儿，也是一个教授问，你愿意去看什么？他建议我去看 Grand Canyon（大峡谷），当时有人来都去看的。我说我不去，我要看……（建筑）。而且我在美国一般建筑看的并不多，我就找这个比较有名的，然后拼命地照相。当然不是像现在照起来，啪啪啪没完。那时候可不舍得随便……一卷（胶片）里头有 36 张，想方设法能够挤出 37 张。

王 关先生，能不能请您谈一下当年您的西单商场这个方案，关于后现代主义，您这个方案在当时是个热点话题。

关 那个时候我刚做完以后，画了一张 rendering（效果图）。马上就被《现代时刻》[3] 做了封面。台湾有的建筑师也比较肯定，（那是一位）很尖刻的台湾建筑师，他有一本书把中国建筑，包括台湾的、大陆的都收录了很多，一般都是贬低，但是（说我）这个很有研究价值。因为我去过拉萨，那时候就是我们所谓的开门办学，当时去待了 8 个月。就是在 1976 年，那一年周总理、朱德、毛主席三位伟人相继去世。我主要是在林芝，气候比较好。

王 这个方案当时是全国招标是吗？

关 对。

王 您这个是优胜奖？

关 有两个优胜奖，另外一个就是刘力的。他做的是一个玻璃盒子，一根圆柱子。当时的中国人觉得那个玻璃盒子非常好。

卢 您西单商场这个探索性方案，当时让大家觉得耳目一新，代表了一种新的方向。然后您说确实从拉萨的建筑中得到一些启示。但我们理解，当时是因为后现代的理念，使我们要回溯历史，再去做现代建筑。那么拉萨的建筑对您来说是一种什么样的形式上启示呢？

关 应该说不仅仅是拉萨。可能这个不是北京人不知道。我是北京生的，我住在天安门附近，所以对于牌楼这些很熟悉，也很喜欢。那么，后来这个楼，一个拉萨藏族的东西，它最高的窗户最大，然后小一点、再小一点，然后就是一个小洞，就不是窗户，但是还有一个印，好像是变化的，在它那儿是从山上长起来的。

这个给我一个印象。另外一个印象，可能你们也不会想到的，就是这个位置现在叫做西单，本来是西单牌楼。因为东单、西单这两个地方是有一个牌楼，所谓单就是单个的牌楼。西四、东四，就是四个牌楼。我家是住在天安门附近，所以这些牌楼我都见过。后来我把这个牌楼就放在屋顶上，因为不是简单的一

个牌楼，是四个牌楼，给它连起来变成一个亭子。变成三个亭子，作为屋顶咖啡吧的一个想法。这个想法跟我去过拉萨是有关系的……但是你要把它组合得比较巧妙、合适。

卢 明白了，商场在西单这个位置，有那个牌楼的意象，等于您将小时候的记忆、历史从设计中体现出来。

关 现在能够理解这个的人基本上没有了，因为现在看见过那个牌楼的人没几个。

北京当时街上的牌楼并不只是东单、西单，有很多。现在陈希同被打倒，复古主义也没人骂了，就把中轴线上原来前门前的那个牌楼恢复了。然后再往前，一直走到头儿上，城墙拆光了，但是又把那个永定门恢复了。那真是拆真古董建假古董。不过看起来，我觉得作为这个城市的历史文化纪念的话，没有第一个门，怎么能让人理解呢？做一个假的也无妨，申报世界遗产了。

王 当时在学术杂志上的文章，还是把您这个西单方案跟后现代主义联系起来。您当时创作的时候有没有考虑这两者之间的联系？或者后现代主义对您创作有没有影响呢？

关 你问得这么具体，很难说。你要是说我的哪根筋想到那个，当时我是这么画了，还是把我熟悉的东西内化到我（的设计）里头去了，这个很难分别。

卢 其实您还是想做一个包含着文化内涵的作品，不是要贴标签的东西？

关 当然，还有一些故宫那儿的理由。我可以简单说一下，就是那个建筑（西单商场），大概比例上就是这么一个比例，大街在这边。它的后头不太远就是中南海，中南海是不能让人看得见的。所以它规定好了，前头怎么样不管，后头必须要高起来。这样一来的话，就给你提出一个条件。所以我就按照它要求的，把这两边做台阶，这儿上去，后头就给包起来了。在它所要求的高度上，进来买东西的人，你可以到屋顶上喝咖啡，但是你没法看到东边的东西。这样一来，它三面都是这样的，前面就是三个牌楼，这样比较自然。

卢 就是把形式和环境条件都综合起来了。那么，当时的那些讨论里，包括对您方案的讨论，或者说关于后现代的一些讨论里，您觉得哪些您是比较赞同的？或者好像我们现在要找一些新的方向，或者带来推动发展方面，有没有这些记忆呢？

关 这个很难说了。总的来说，后来西方的东西多了。当然你知道，北京大概比上海要晚一步吧。跑得最快的是深圳，北京还是老一套的东西比较多，也就是说对称啊什么的。我觉得不能很好地回答你的问题。

不过我很重视另外一个概念，就是得体。就是说建筑应该有它一定的身份。现在有一种倾向，就是喜欢超越它应该有的身份。比如说我记得有一次在南京，东南大学新的校址在城的南边郊区，我从那儿进城。看到有一个建筑很像华盛顿国会大厦。后来一问，原来是一个区政府大楼。像这种，不得体。

王 全国各地还有不少这样的例子。

关 尤其这种，它们是有级别的，哪个法院是最高的，它应该好一点，它这个应中等一点，它这个更简单一点，你不能越的。这看起来就像一个封建的阶级，其实这恰恰是我们治国的一个重要的因素。所以现在很提倡保留中国文化里合理的部分，甚至精华的部分，我想多少是有点关系。

卢 其实在西方，得体这个问题也一直是他们的理论议题。

关 我还不知道这个词的英文是什么。我说得体，我刚才说是一个级别，但是它也不仅仅是级别。它还有自己的性质。你看有的学校比如说它商业化，感觉不像一个文化机构，是一个商业机构。

王 关先生，您以前专门就写过这方面的文章，叫《重要的是得体，不是豪华与新奇》[4]。

关 应该懂这个。现在恰恰就是因为不得体的建筑太多了，动不动就是大台阶，非常不方便。我做那个人民大会堂，当时有特别的要求，其实是很不方便。国家元首来了，来检阅仪仗队……就在那个前头，检阅完了以后上去，要上一整层楼的露天台阶。我要是某国元首的话，我都走不动了。

当然你说得体不得体，它作为一个人民大会堂，这样的建筑，比如华盛顿的 Capitol（国会大厦），还不也是大台阶？

王 您当年还写了一篇文章，叫《建筑慎言"创新"》[5]，是呼应张良皋先生的《建筑慎言"个性"》[6]。

关 是不是看起来太保守了？我现在记不清楚什么东西刺激我写了这篇东西。

王 张良皋先生在之前写了一篇《建筑慎言"个性"》。您的意思就是说，创新好像变得很容易了，想一个招，然后夸张一点，就叫做创新了。然后您还是觉得应该从传统。您的创作，包括清华的图书馆设计，还有您提到北大的图书馆设计，在大家都不要大屋顶的时候，您反而建一个大屋顶，都是在您这个创作思想范畴里面的，是一以贯之的。

关 你让我回忆当时是什么思想，你说的肯定是类似的这种想法。你刚才不说，我都忘了我写过这篇东西了，我这人比较稀里糊涂，自个儿写过的话，我都没有什么记忆了。

卢 我能体会，您对建筑作品或者设计当中的得体，应该还包含着建筑师的一种设计品质和能力。其实您是把控得很好。您可不可以再告诉我们有哪些关键的点？

关 我觉得无非就是建筑设计方面的一些重要的技巧。比如说 scale（尺度），比如国家大剧院，现在大家觉得好得不得了了。你要是觉得不好的话，太说不过去了。

卢 您说现在大家都觉得挺好，但当时是争议很大的。

关 当时全国都在竞赛，可能保守的思想比较多。这个设计的人叫什么我忘了。

卢 保罗·安德鲁（Paul Andreu）。

关 据说他就会盖机场，他是专门做大跨度的。他那次是一鸣惊人。但现在全面来看，他是非常浪费的。跟他旁边的人民大会堂完全没有关系，而且有点故意来压倒你的那种感觉。我自己没有参加这个竞赛，但是当时我所看到的（其他方案），还是老一套的比较多，有柱廊啊，或者是材料比较接近啊，或者是玻璃会多一点、大一点。但是不会像他这个，整个都是玻璃，也不会想到是做一个蛋形的，而且里头有几千辆车的车库泡在水里头，那是很贵很贵的。房间里头那个空间之大，它有四个剧场，都包在里头了，而且还空空荡荡，这个太浪费了。虽说现在有钱了，但也不应该这样做。

卢 所以您刚才提到这个 scale（尺度），您觉得这个剧院是尺度失控了。

关 我所认识的 scale（尺度），应该跟它的环境有很密切的关系。它整个空间的比例和它的细节的处理，都应该有一定的关系。我想今天来也很巧，我刚出了一本书，我送给你们……这个就是讲天安门广场改造的思想。

卢　您自己的设计探讨！

　关　因为（天安门广场）太大、太空、太不舒服。

　　这书前面是讲广场的历史，后来就讲它现在使用起来的缺点。

　　欧洲的也是国家的广场，可是它非常精致。然后这里面就讲它现在的情况，非常不人性化。你看夏天，热得老头儿都坐在这个棍上……都在这个灯的影子里。还有，这也是劳民伤财的事，每到节日，（搭）好几层楼高。

　　最后中间那部分是我的建议。

　　这两幅画比较能够体现我的想法。我想恢复那个千步廊子。现在的情况是这样，但这两个必须是不一样。这儿（我设计了）有四个小的廊子、四个小的院子……留着中间这个，还比原来老的千步廊还要宽。

　　就是我一个人做。当然最后画图有人帮着。这个（设计）用了 60 年。不到 60 年，57 年差不多。那时候梁思成和林徽因他们两个设计这个纪念碑的时候，一个是病号，病得很厉害，一个是忙得不得了，把我调去帮着画图。那时候画完以后，就请了我们最能画的一个教授。这个相片可以看得清楚。

卢　对，这是英雄纪念碑，这是毛主席纪念堂。在这个大尺度里再有一个尺度。

　关　就像这个封面表现的。然后我想广场地下空间都可以开发利用。我做完这本书以后，刚才来的电话，就是出版界要开会讨论这本书。这是现在的样子……这就是所谓千步廊，那么窄，天安门这么大。你们回去再看吧！我给你们签一个名。

卢　太荣幸了。您刚才讲到梁先生、林先生做那个纪念碑的时候，您参与他们的工作了。那您是直接受他们的影响？

　关　是，确实是受他们的影响。我感觉清华历史也比较短，你们同济的源头是不是 St. John's（圣约翰大学）？

卢　还有其他一些来源，圣约翰大学是比较重要的。

　关　我哥哥是圣约翰大学的，当然现在早就过世了。他本来是在燕京大学，后来美国跟日本一打仗，燕京关门了。他还差一年多，他不愿意上日本人领导的学校，那时候只有圣约翰大学还比较好。

　　后来我就到清华来了。其实是梁先生了解我的情况，家里的情况，当然他也不是明说。任弼时当时是五个最大的领导人之一，他们延安的人来了，一定要请梁先生设计一个碑，设计一个墓。梁先生那个时候一个是忙，一个是他并不是很喜欢老画画，所以把我找去了，就是这个事。我说我画不好。他就说没关系，主要多凑几个给他挑，并不见得是用你的方案。他是一笔一划的画，那时候也没有这些工具，他说我不会像杨廷宝先生画得那么帅。

　　他们是同学，在 Pennsylvania（宾夕法尼亚大学）。他说我只能用笨办法，就是画很多的直线，让它变成一个阴影，后来我看，还挺好。所以我也学他的办法画，一个是轮廓要很准确，一个是不要那种很帅的。这是第一次。

　　后来就是人民英雄纪念碑。纪念碑本来没有我的事，后来要赶工了，就说让我去帮忙。林先生她病得很重，不能起床，她只能说。所以梁先生让我去帮忙。可是这时候正好他又要到苏联去参加学术研讨会。结果到那儿去的当天晚上，斯大林死了。

那是 1953 年 3 月 5 日。所以这样一来的话，他就打电报回来说我们要推迟一个月才能回来，因为他们非常重视斯大林的死，所以全国要做很多很多的事情。就请中国的科学代表来，希望你们要是可能的话，跟我们一块来做这个哀悼的事。所以那时候当时答应了。

卢 记得我父亲说，那个时候在中国大家也都戴黑纱。

关 天安门广场，在天安门上摆一个很大的斯大林像。他（梁思成）回来晚，我们这儿的工作就慢了。我在他家，那时候虽然回国，还是跟在美国一样的穷。哦，不是，那时候我还没去美国。学生食堂也没什么好吃的，他那儿有做得很精致的小吃，让我每天早上一早上来吃早饭，中午再吃一顿，所以我也挺积极的。

他（梁思成）有一儿一女。儿子在北大念书，一念书就不回家了；女儿在南下工作团。他家里你也知道，原来是"太太的客厅"……都是文化名人，现在没有人了，连家里人都离开了。所以她（林徽因）把我给抓住了，每天不让我画多少东西，画一点说一点。

主要去了就跟她聊天。她也挺高兴的，我也受益匪浅。去年我到西班牙去，还有别人，说去哪儿好？我就因为听了林徽因一次讲他们度蜜月去了西班牙，去了 Granada Alhambra Palace（格拉纳达阿尔罕布拉宫）。她一讲起来，简直生动极了，因为她不是诗人吗？

所以我就跟他们还是比较接近的。可惜这时间不长，因为我在林先生这儿帮她画图以后一年，她就过世了。梁先生也忙，他又受到批判。

卢 那是批大屋顶的时候吧。

关 当时他提倡得太厉害了。这主要是受苏联的影响，各方面的原因吧。他自个儿的家里头，梁启超是非常有才学的，所以可以理解。后来他跟赖特也见过面。柯布有没有见过我不知道。

王 1947 年，一起参与联合国大厦设计讨论的时候。还有照片。

关 对，我们办公室贴的照片。不过柯布是躲在后头，他在前头。

他跟赖特是见过面的，但没有看到过他们的照片。所以我觉得他当时思想很复杂，可是他研究中国古建筑研究得非常深。

后来 1958 年"大跃进"的时候，为了 1959 年建国十周年大庆祝，所以就把天安门给改了，由原来那么小的一个空间变成一个大广场。那个时候梁思成基本上是没有发言权的，但是他名义上还是碑建会（指的是 1952 年 5 月 10 日成立的"人民英雄纪念碑兴建委员会"）的副主任。碑本身还是他做的主要的决定，但是整个规划不是他的想法。所以基本上是这么一个情况。后来我也大了，也留校做老师了，就跟他没太多的接触了。因为他主要是研究古建筑，他带的也都是历史理论方面的学生。当然见面还是见面的，就是没有很直接的交流。

卢 但其实他还是对您有一种影响。

关 有影响。他影响了我们整个系。虽然过了这么些年，还是有一定影响。那个时候，比如说同济，人民大会堂什么，同济都有方案的。那一看就太不一样了，你们做的方案……

卢 我们有一个大玻璃幕墙（的方案）。

|关 玻璃盒子，我们觉得太不像样了。所以那时候我们逐渐就有一种观念，就好像我们是比较正统的，东南大学那时候叫南工，也是比较正统的。同济是非常洋的。你们吸收西方比较快。

所以后来像我这样的，跟我差不多的，在北方、北京，甚至特别是在清华这种环境做的东西，和你们在同济校园里，一看就不一样。我们逐渐地接触多了以后，觉得也是比较合理的，确实不能够偏废。

卢 您觉得梁先生对清华的那种影响，不光是历史研究，就是整个的影响，怎么样来描述呢？我感觉您好像有一种持续的东西在内心。

|关 我觉得梁先生在设计方面，实际上可以说影响不是很大，因为他自己不做设计。但是在北京来说，我们的学生，比我高（年级）、比我低（年级）的学生，受他的间接，或者间接再间接的影响还是有的。可是我们设计的总的成果，和南方几个大院比是比不上的，我是这样觉得。

为什么这样呢？因为第一，北京有几个大院，我们还是学校附属的设计单位，我们的人一般都是去北京院或者去中国院，或者就出国了，或者怎么样。比如我们觉得现在来说，同济我也不是很清楚，现在来说，何镜堂、陈泰宁，他们这个年龄也正是大战的时候，他的团队也很强。他们又没有和他们差不多的院与他们拼。但是在北京来看就不是这样，我们没法和北京院来拼，因为首都嘛。还有就是中国院，就崔愷，他们人多得多。

我们就没那么强的团队。我刚一毕业的时候做了一些东西，以后我就没有机会，就在学校里头缺一个什么补一下。外头一般到海南、兰州这种地方。在海南我做过校园。在北京很少有，我就是在北大、清华做过一些。所以总的影响来说，我觉得是比南方要差。

卢 这个也不一定，像我教建筑史的，我们就不会去比说这个做的多还是大，而是这个作品的意义。

|关 从这个角度，当然……我说话，总是要从设计的角度，别的说不出什么东西来。

而且我们这个最不利的方面，就是我们在北京跟这两个大院，很难抢到项目。但是他们有的时候也找我们，可是最后定案，你要是完全不受他们影响，不太可能。我们受外地的委托，或者是受外地邀请去做，这个倒是不少。可是因为路远，我们主要以教学为主，不可能派人到工地去。所以等到盖完一看，全变样了。你做多好的设计，不在现场盯着，没有办法。所以这也是很亏的一点。反正我自己感觉，我们现在在设计方面，可能要欠缺一点。

卢 这个不在于做得多。那您觉得梁先生有一种传统，在学院落里，您觉得一直还……

|关 还是有，还是有关系。不过本人不在了，特别是林先生老早就去世了，要是两个人健康的话，我估计要比现在强一大块。

她在抗战的时候，在没有吃、没有穿的地方抗战……几次都不行了。他们跟费正清（John King Fairbank, 1907—1991）很熟。我到美国去，因为他也是麻省理工的，我跟他在后来比较熟。梁先生的书他们帮着出版。有时候他看不懂，就让我帮着去看，这是什么东西，那是什么东西，都是讲中国斗栱什么的。

卢 《图像中国建筑史》那部书。

|关 也是去蹭饭，都是有蹭饭的嫌疑。所以林先生和梁先生跟他们家非常熟，那时候费正清夫妇，他们两对简直是好得不得了。所以我去的时候，他们也觉得很亲切……我听说你们要来跟我谈，我想我没有什么东西，可能就是一点花絮的事跟你们说一说。

段　其实我和关先生也是有一些交集，大概 20 年前了。20 年前在北京开 UIA（国际建筑师协会，International Union of Architects）大会，当时我是学生代表参加这个会。游览的时候，我还跟关先生一起在一个亭子里躲雨。关先生正好在清华校园里头，关先生给我讲那个图书馆，对我个人有点影响。那个时候图书馆建好了，然后关先生就在亭子里，指着那个图书馆给我讲了讲。

卢　那个时候是刚建完，我们当经典作品阅读的。

段　等于是那个建协大会，请大家来参观几个点，清华校园是一个点，亚运村是一个点。我们就选了清华校园，正好跟关先生在一个亭子里避雨，他就给我们讲了讲那个图书馆。所以今天一说要来采访关先生，我就跟过来了，再看看关先生。

卢　真的很荣幸。我最早是在罗先生那张照片上（看到您的），（就是）文丘里和丹妮斯·斯考特布朗（Denise Scott Brown）坐在那里，您跟罗先生站在后面那个照片。后来我还去看过文丘里和他的太太。我说我代罗先生去看看他们，因为罗先生跟他们很要好。但是年岁大了，后来他们就住在费城，我就到他们家去拜访了一下。

　关　我也去过他们家。前几年文丘里他们两口子到清华来了。我也跟他合影了。

卢　这是一段在中国 20 世纪后期的历史上很重要的。因为那时候其实像您、罗先生，没有几个人能够出去把最新的东西带回来。那个时候我们什么都看不到的，印刷品上的小照片看都看不清。

　关　那时候对西方的东西是排斥的。你要说美国什么好的话，那……现在（的人去了）都不想回来。

卢　现在学生的视野是广了，看各种东西。

　关　赛特（Sculpture in the Environment，SITE）也是怪里怪气的。所以我对后现代，没兴趣。
　我觉得还是想出名，想表现，这是主要的。何必呢？赛特他是商业建筑，像 CCTV，非要挑出这么一个大楼，得花多少钱，好看吗？可是他出名了。
　这个不太符合中国的文化。

关肇邺院士签名赠书给访谈者。左起：卢永毅教授，关肇邺院士 2018 年
5 月 24 日，段建强摄

卢 我有个问题，就是汤姆·沃尔夫那本书您翻译了以后，现在回想有哪些观点，或者后现代，哪一些观点对推动这个建筑是印象比较深的，您觉得比较好的？

| **关** 汤姆·沃尔夫好像对现代的东西很不感冒。

卢 他其实不反对现代的东西？

| **关** 不是，我说他很不赞赏现代的东西。

至少是有这种，很明显的。我当时很赞赏查尔斯王子，他提了 10 条规律、意见，我觉得每条都很有道理。就是因为他出身不好，所以他是片面的，不能跟着潮流走。比如说他很赞赏和谐，很赞成跟老百姓讨论问题，建筑师应该做这些事。他也挺损的，说美术馆（指的是英国国家美术馆的塞恩斯伯里侧翼）旁边，后来加了一个（建筑），慢慢变成去抢票的（地方），他觉得加得挺好。之前中标的那个方案查尔斯去看了，一个铁架子。他说我这个最美的朋友，怎么长了一个大包。他很损人的。

| **关** 泰晤士河对面就是国家剧场。查尔斯王子说这个像是一个原子能反应堆，还真有点像。

卢 那是一个典型的（20 世纪）六七十年代的作品，所谓粗野主义的时候。

关先生，我们就不再打扰您了，已经很晚了。谢谢您！

| **关** 没有，没有，不客气。

---

1 根据卢永毅的回忆，20 世纪 80 年代中期在同济攻读硕士研究生时，曾在罗小未先生的西方建筑历史与理论课程上见到类似场景的一张照片，照片里有文丘里先生捧着一个定制的生日蛋糕，造型是一幢色彩丰富的卡通小屋。

2 陈希同（1930—2013），1983 年 4 月至 1995 年 4 月历任北京市市长，市委书记。任职期间倡导北京市的新建筑要用大屋顶，体现民族形式，"夺回古都风貌"。

3 访谈者没有查找到《现代时刻》这本杂志，但是《建筑学报》1985 年第 7 期的封面用的是关先生西单商场方案的效果图。

4 《建筑学报》，1992 年，第 1 期，8-11 页。

5 《建筑师》，第 67 期，1995 年 12 月，43-47 页。

6 《建筑师》，第 62 期，1995 年 2 月，38-43 页。

刘佐鸿：长江轮舾装设计、"五七钢铁连"、同济设计院几项制度改革

受访者
简介

刘佐鸿

男，1930年4月生，广东潮阳人，教授，国家一级注册建筑师。1949年入圣约翰大学英文系，次年转专业至建筑系。1951年调至长宁区共青团团委。1956年作为调干生进入同济大学建筑系学习，1962年毕业后留校任教。1981年赴也门援建萨那技校两年。1985年担任建筑系副系主任，1986年2月调往同济大学建筑设计院任副院长，1989—1990年任同济大学建筑设计院院长，主持改革包括：建立根据个人产值实施的奖金分配制度、配合全面质量管理改革提高设计质量。2008年同济大学建筑设计研究院建院50周年荣获"突出贡献奖"。主持设计院、建筑系、建材系与日本积水房屋株式会社合作的"低层装配式商品住宅"科研课题（合作者：刘仲）。退休后曾任美国恒隆威（HLW）国际建筑工程公司上海代表，负责上海南京西路仙乐斯广场工程（从扩初到建成）。

采访者： 华霞虹（参与人：周伟民、范舍金、王鑫、吴皎、李玮玉；同济大学）
文稿整理： 华霞虹、梁金、吴皎、杨颖、盛嫣茹
访谈时间： 2017年5月17日下午14:00—16:30
访谈地点： 上海天山路1855号刘佐鸿先生寓所
整理时间： 2017年5月，2018年3月
审阅情况： "长江轮的舾装设计和五七钢铁连"部分文字，经受访者审阅修改，于2018年3月24日定稿；
　　　　　　 "成立院务委员会和打破大锅饭"部分文字，经受访者审阅修改，于2018年3月13日定稿
访谈背景： 为开展同济大学建筑设计院60周年院史研究，我们对刘佐鸿先生进行了2个半小时的访谈。内容主要包括六部分：① 1956年为响应国家号召，作为调干生进入同济建筑系学习，在设计院实习期间参与长江轮的舾装工程；② 毕业留校任教后逐渐接手建筑系越南留学生的教学工作，"四清"运动后组建以工宣队为领导的"五七钢铁连"，先后前往梅山和高桥化工厂，以"三结合"思想为主导带领学生参与实际工程，后返回同济在"五七公社"老工人班教学；③ 1981年前往也门援建萨那技校两年；④ 1978年恢复高考后与其他教师一同重组同济建筑教学课程体系，1983年担任建筑系副系主任，管理教学事务；⑤ 1986年由学校安排被调入同济建筑设计院担任副院长和院长期间所作的几项改革，包括成立院务委员会、打破大锅饭建立奖金制度、配合全面质量管理（Total Quality Control，TQC）改革提高设计质量；⑥ 同济建筑设计院深圳分院的建立和白沙岭住宅区等几个重要的项目介绍。本文为访谈的第一、二、五部分。

1990年同济设计院全面质量管理验收，左一为刘佐鸿院长
引自：《累土集——同济大学建筑设计研究院五十周年纪念文集》

华霞虹 以下简称华
刘佐鸿 以下简称刘
周伟民 以下简称周
范舍金 以下简称范

华 刘老师，您在建筑系求学期间在设计院实习，参与的是什么项目？

刘 我对同济的感情非常深，因为从大学开始一直到退休都在同济。我对设计院并不陌生。因为做学生时，第一次跟设计院接触，是上三年级。那时设计院可以让学生参加勤工俭学，我就在那里干描图的活，5毛钱一张图。

华 您三年级时，那是哪一年？

刘 1958年，"大跃进"的时候。

华 那时候设计院正好刚刚成立。

刘 是的。我第一次接触设计院就是勤工俭学。后来到了四年级，就被安排进设计院实习。当时我们班的同学分成两部分。大部分人进了"上海3000人歌剧院"项目组。我因为一开始参加过一条叫"伊里奇"的苏联商船的内装修设计，所以仍旧进了船舶室内设计组。"伊里奇"号这条船是从苏联到中国来检修，检修就要把内部东西全部拆光，然后重新装修，主要由江南造船厂负责改装。不知道同济设计院从哪里接到这个任务，反正我们学生就帮忙画图和做一些小活。

华 谁在负责这个项目？

刘 我记得好像是史祝堂[1]，或者还有郑肖成[2]，具体是谁我忘掉了[3]。四年级时，因为我参与过这条苏联商船的室内设计，所以没有参加 3000 人歌剧院的设计，而是被调去做一条名为"60 型"的给中央首长用的长江轮。

华 这个项目是在同济设计院做吗？

刘 对，这是我们设计院接到的任务。当时上海市这些船舶工程是由市委书记柯庆施负责的。不过我们的设计任务是在船体基本完成时由船舶院委托给同济设计院的。"长江轮"主要由史祝堂负责指导我们这些学生。他说最初的设计方案是王吉螽[4]和王宗瑗[5]做的。当时调出来的学生有三人，一个是高年级贾瑞云[6]他们班的，叫杨卓群；还有一个是我后面一届的沈福煦[7]，他后来也当了老师。我们三个人在外滩的船舶院做设计。做了一段时间以后，他俩就回学校了，我继续留在那里干。因为船在沪东造船厂造，我就到造船厂去搞现场设计。在原方案基础上，从平面开始设计，一直到装修施工图，到灯具、沙发、家具、地毯的实物设计。平时还参加劳动，了解施工工艺过程，给家具的表面上蜡，这些劳动我都做。

船体不由我们设计，我们做的只是客舱装修。当时他们不叫室内装修，叫舾装，是船舶舾装的一部分，既做设计，也做家具。我设计做了一年，包括灯具、沙发、地毯。设计出来后，还要到家具厂、灯具厂去跟老师傅商量，放大样，再按照大样来加工制作，所以我也学了木工。

华 您的实习工作很特殊。别人做建筑，您去做船的室内设计了。

刘 因为那时说是给中央首长用的，所以是个保密工程。实际上这条船是很好的，当时号称要做成"海上的人民大会堂"。

华 那条船很大吗？

刘 很大。一个甲板上面有接见厅、会议厅，有主席的卧房，还有总理的卧房，以及各个省委书记的房间。所有这些室内都要做，一直做到这个项目全部结束，参加完试航，然后回学校。

华 一共做了多长时间？

刘 前后有一年。我一年里没有上课。我跟赵秀恒是同学，很多他们上过的课我都没有上。我被抽出来做这个项目，可能是一年多一点点。为了做好这个项目，当时还去参观毛主席住的地方，了解主席的生活方式，他的坐高，还有喜欢的颜色。这些都是有规定的，所以你就得去看、去体验。我们参观了他在上海的两个住处，装饰也比较朴实，只是面积大而已。

总的设计要求是民族传统结合现代。比如屏风、挂屏等的主题要采用松柏、江湖、旭日、梅兰竹菊等民族传统且带有称颂内容的装饰，制作设计则要与现代结合。记得船上的接见厅里有一个大屏风，屏风有正反两面。做这个屏风，我们采用中国传统的形式，由史祝堂先生请上海当时的名画家唐云[8]先生作画，上面画有一棵很大的松树，还有山水，以及旭日，像人民大会堂"江山如此多娇"壁画上的那样，其中一面还用玉石镶嵌，旭日用的是一块很红很红的玉。厅的两侧还有上海工艺美术厂制作的四幅挂屏，上面是梅、兰、竹、菊四君子，采用阴刻，然后填嵌石绿。又如沙发座椅等要按照明式家具又参考北欧家具进行简介风格设计，枝形吊灯的灯头采用了玉兰造型，沙发面料制定要绿色，不要红色。后来我选出两种绿色与史老师商量后确定一种。设计的中后期的尺度、精神等方面内容都由史老师根据上级要求掌控，我也不便深问。

这个工作作为生产实践相结合，反映了高校设计院作为学生实习基地的一大特色。

华 这个机会很难得。有其他老师带着做吗？

| 刘 没有，就是我。史祝堂老师是主要负责人，他曾在船院老总的带领下去北京中南海听取指示并进行调研，对个别家具的座高、宽度和色彩提出要求。我天天在沪东造船厂里，一个人在那里画图。设计方案由史老师审定，再由我做施工图交付施工，他一个星期来一次。当时那个厂除了做民用项目外，还要造潜水艇。

周 这个厂是部队的？

| 刘 这份工作对于我的一生来讲很幸运。这里面可以学得很细，因为室内设计得很细，包括所有家具的节点、大样都要搞。那些灯具是我设计的。我为什么喜欢这个灯（指家里客厅的顶灯），因为我当时设计的一个灯和这个差不多，是先这样分叉出去6个，然后每个又分叉出去两个，就是12个。

这个灯到"文化大革命"还有一个故事。不知道是谁，开始是去查史祝堂，看到我们的设计图纸，说怎么是12个角，下面还有个圆，像是国民党的党徽。当然我的设计没有这个意图，是6个分叉在上面一层，另外6个在下面一层，平面图上看是12个。但我很紧张，虽然不是查我，但毕竟是我设计的。后来这件事没有查到底。我的背景也比较清白，又不算是权威走资派，所以很庆幸。

华 那当时的图纸您有签名吗？

| 刘 我签的。主要是史祝堂老师签。

华 那还是查得出来的。

| 刘 所以这件事就是个故事。但我去沪东造船厂做这个"60型"工作还有一个遗憾，就是我现在没有任何有关的材料。因为这是一个保密工程，任何资料都不能带出来。

华 这事真的十分特别。没想到同济院当时还承担过这样的项目。

| 刘 你说同济院也好，同济大学也好，那时候是不分的。因为任务都是国家投资，上面市委或者市政府下达任务。建筑方面的任务基本上都由建筑系承担，设计院负责，所以建筑系和设计院是分不开的。

毕业以前的情况大概就是这样。我在大学时期做过一些勤工俭学的工作，我记得在三年级到四年级那段期间流行勤工俭学。这其实是很好的。有的人到图书馆，我开始是到设计院画图，后来又到公交公司当售票员。这些其实都是很好的工作，是社会实践。

华 现在这条船还在吗？

| 刘 估计已经报废了，因为现在造船的技术越来越好，而且已经过了近60年。

周 我感觉，刘老师跟设计院的渊源其实从学生时代就开始了，后来也没有断过。

华 我们换一个话题。在"五七公社"期间，您还在系里当老师带着学生参与真实项目实践吗？

| 刘 我正要说"文化大革命"。其实1962年毕业后我参加教学的时间不长，我只在1963、1964年带过二年级学生，还兼任资料室的秘书，后来帮傅信祁[9]老师一起带越南留学生。1965年我跟许芸生[10]（61届建筑学）去崇明搞"四清"活动；1966年被突然调回学校，因为"文化大革命"开始了。"文革"刚开始的两年基本没有事情干，一天到晚写大字报、讨论、批判。后来1968—1969年这段时间要搞教育革命。

修复后的"伊里奇"号客轮
引自:《自强之路:从江南造船厂看中国造船业百年历程》

修复后的"伊里奇"号客轮餐厅
引自:《自强之路:从江南造船厂看中国造船业百年历程》

我就趁这个机会,拉了一批人,出去搞教育革命。那时"五七公社"还没有成立小分队,我们就拉了一批人到梅山,是上海管辖的一个地方。我们这个队叫"五七钢铁连"。

华 都有哪些人参与呢?

| 刘 里面有陈寿宜(61届建筑学)、董彬君(53届建筑学)、俞载道、许哲明,还有十几名学生。董彬君是在我们设计院。

华 老师主要就是这5个人?

| 刘 老师里面,我、陈寿宜、董彬君三个人是搞建筑的,俞载道、许哲明两个搞结构。其中有一个学生潘云鹤[11](65级70届同济建筑学)很好,学习很钻研,自学能力很强,后来当了浙大的校长。讲起来也算是老师带着学生去搞设计实践。

这批学生是1965年上大学,已经学过一年多课程,但"文革"开始后就停课了,没有经过系统的训练,一天到晚搞运动。之后我们就把他们拉出去了。

上钢一厂的工宣队(队长)叫王连生,带着我们跑去那里做设计。实际上在那边没有具体上课,就是边做设计边学习,而不是边学习边做设计。设计中间遇到不懂的就问老师,有时遇到问题也会上一点课。在我看来这种教学方式在当时那种情况下还是很好的,师生关系也很好,天天住在一起。那时候还自己编手册。在设计的时候,比如说门窗里面,窗的型号、尺寸,过去我们是要画详图的;还有材料,比如水泥的配合比,我们把这类东西编成手册,叫《建筑设计手册》,挺厚的一本,大概一寸左右,很实用。自己刻钢板,自己印刷,自己装订成册,同学一人一本,作为教材。

我们一组在南京"9424"工程(梅山工程的代号)[12]做了精苯工段,是化工工艺的一个工段。当时是新建厂,现场为一片空地,因此要求从规划开始,几幢厂房和附属设施一起设计。那时候从总图到建筑到结构我们都做。俞载道、许哲明两位结构老师指导。我学建筑,也做结构,同学们也做结构。那时候叫"一竿子到底",建筑和结构不分。

华 "五七钢铁连"是你们自己拉出来的,那它的组织机构算是哪个单位的?算是同济大学的组织吗?

| 刘 当然了,因为我们是同济大学的老师和学生。

华 那它应该不属于设计院下属的任何设计室的吧？

> **刘** 我不知道俞载道是不是设计院的。

周 他以前是设计院的结构室主任。[13]

> **刘** 那时候学校都停课了，没有人上课。开批判会时大家才坐在一起。可能你们对那时候的一些情况不太了解。那时候很乱的，也分不清楚是建筑系的还是设计院的。因为设计院已经没有大的工程了，整个社会上建设和生产基本上都停了。

华 您在"五七钢铁连"做了多长时间？

> **刘** 我们在梅山待了有一年吧。因为精苯工段设计已完成，然后我们就搬到上海高桥化工厂去了。

范 刘老师，我很好奇，当时怎么会拿到这样的项目，为什么跑到梅山去了呢？

> **刘** 因为当时梅山刚好要建设。不知道谁想起来了，就说我们去那个地方，也不知道是怎么联系到的。我说我拉了一批人出去，是自己找过去的。还有一个组是何义芳（64届建筑学，5年制工农班）、陆凤翔[14]（52级56届建筑学）、邓述平[15]和建工系的十几位师生，他们主要负责炼焦厂部分的设计。他们也是去梅山，是另外一个组，有另外一个工宣队带着他们。我们两批人以两个排的方式分散在"9424"工程的两个片区开展教学和设计，直到1971年返回上海高桥化工厂时才合并起来。

范 那学校还是有组织的？

> **刘** 学校没有组织。工宣队同意了，我们就自己联系，对方同意后就自己去做。"五七公社"是学校组织领导的，后来还有传说批评我们"五七钢铁连"在和"五七公社"唱对台戏。

范 桌子、上课的地方、画图的地方有人提供吗？

> **刘** 这个简单。图板都是学校里"偷"了带走的，那时候没有人管。丁字尺、图板都是自己带去的，很容易解决。那时候我们不光去那里做设计，还在那里参加劳动，使我对一些事情有了深刻体会。比如设计基础，要挖的坑很深。待我们自己去砌砖基础，发现劳动半天，累得要死，还没有砌到正负零零基础平面。当时都是手工砌筑，这时就体会到工程设计时要注意节约，要知道工人的辛苦和施工的辛苦。当时就有这样的想法，觉得下去劳动没什么不好。那时候的教学有一部分是应该肯定的，当然也有很多东西做得过分了。

华 刚才您已经讲到1968、1969年了。1969年之后就成立"五七公社"，您有参与到其中吗？

> **刘** 我去"五七钢铁连"以后，到一半多的时间，还没有结束，就把我从高桥现场强行调回来，改派朱亚新[16]去。调出来以后，我只好去"五七公社"。那时"五七公社"有一个老工人班，我和沈祖炎[17]老师一起。沈祖炎就是丁洁民[18]院长的导师，也是我南洋模范中学的同学，比我低一级，我1949年毕业，他1950年毕业。还有一个老师叫何林（56届城市建设与经营专业）是搞规划的。我们三个就教老工人班。老工人班学员的素质其实是很好的。刘长合、王宗福（70级，74届建筑学），还有好几个都是老工人班的。刘长合是班长，是全国的劳动模范，砌墙是一把好手，速度很快，他对老师很尊敬，也很和善。
> 教学很困难。那时候沈祖炎是我们三个人的头儿。我们不光要教他们专业课，还要从很多基础的课程，像从数学开始教。最让我头疼的是一次讲代数。有一个学生，我叫他把数字代进去，他问怎么代，我就

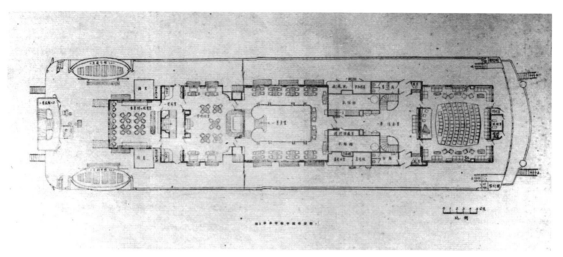

远洋客轮散步甲板平面布置图
引自：《吴景祥纪念文集》

没办法了（笑）。所以说很困难，不过他们很用功。到最后，我们就去三钢铁厂去做一个工程，做一个住宅。他们可以做简单的计算了。做这个工程，老师的水分还是比较大的，因为要让他们去完成设计。

华 这些人的年龄大概有多大，要学几年呢？

　刘 大概上学的时候就有 30 来岁，全是建筑工人。他们来学，也不叫建筑学，也不叫工民建，好像是叫土建班还是什么班。反正我们调去负责辅导。他们上几年我不知道，我反正带了一年多，就又调去"五七干校"，在那里我养了一年猪。

华 刘老师是哪一年进入设计院担任副院长的？当时是怎样的机缘背景？

　刘 我是 1986 年到设计院的。开始我不愿意去，两个原因：一是我更愿意做设计，不愿意当副院长，我很怕做这个；二是我和建筑系的人很熟，（从）做学生一直到做副系主任，对每个人的情况我都比较了解。当时朱伯龙老师是教学秘书，我和他搭档排课。"文革"遗留下来很多人事上的问题，我们都很清楚，哪个老师擅长什么也都知道，这些情况我都很熟，所以不愿意另换一个地方到不熟悉的设计院。那里很多人都不是建筑专业的，有给排水的、电气的、暖通的、结构的，我都不熟悉，而且设计院的管理工作怎么做我也不知道。虽然我之前和设计院很有缘分，但过去做的都是设计，并没有做过管理，所以我开始不愿意去。后来江景波校长找我，给我压了个帽子，说："你是老干部，老同志，应该服从需要嘛。"而且，他把我的党组织关系调到了设计院，行政组织关系上也把我调了过来，我就没有退路了。

　　我第一天到设计院去上班，就遇到许木钦副院长、姚大镒[19]总支书记和一批人集中在校门口，为了兰生大酒店的项目正准备坐车去（虹桥）机场到香港去。当时黄鼎业[20]院长已调任学校副校长，院里没有了头。江校长明确要我到那边上班，作为共产党员我还得要服从。送完去港人员之后，我就跟范舍金成了搭档，他是副书记。

华 您跟范老师一直是搭档，亲密的战友。

范　我跟刘老师很谈得来。

　　｜刘　进到设计院第三天，市里叫我去开会。去了以后，领导在上面点名，给同济设计院定了三条罪名，"管理混乱、图纸粗糙、作风不正"。这指的什么事情呢，就是地下系的勘查工作。后来我看了一下，那个勘察报告确实做得不好，是图纸的问题。"作风不正"是指当时地下系有个勘探工程，在外面招散兵游勇，在工地做了工以后当场在那里发钱，这样市场管理当然就有意见了。再加上其他设计院对我们有意见，因为我们压低价格，跟正规做法不一样，成本就低。其他人说这个勘测任务要两万块，他说一万五，这就是低价竞争，扰乱了市场。当时参加会的还有好几家设计院的领导，他就点名批评同济。我很尴尬，因为刚到，又不清楚这些情况。他后来说："你是同济设计院来的，要回去汇报。"他不认识我，不知道我是副院长，不然也会客气一点。当时他很严肃地说："你要回学校说一下，不能这样。"当着很多设计院领导的面这样讲，让我很难为情，所以我那时候就觉得，质量和管理问题可能是个问题了。这件事给我当头一棒。

　　一个月以后，许木钦他们从香港回来了。（他们）回来以后，我先是建立领导班子，成立院务委员会。院务委员会包括常务副院长我、副院长姚大锰、总支书记许木钦、副书记范舍金，还有办公室主任何金余列席做记录。学校里面，江校长跟我说不是这么回事，他希望这个院务委员会能广泛吸收各个系的人，比如结构、地下系等的头儿。但我不愿意，因为我希望建立一个工作效率比较高、不受牵制的领导班子，人少议事决断才能快，其他系里的很多人来了以后牵制就会很大。至于和其他系的关系问题，可以以后再想办法。所以我们院务委员会就这五个人。我这个人比较讲民主，若有的事大家有不同意见，定不下来，那就搁一搁。我还要求大家讲团结，就是我们决定的问题，不要到外面去说"这个我是同意的，某某人不同意"，类似的事我是不可以接受的。所以当时我就说，大家要团结一致，有事放在院务委员会上讨论。我们定下来每个星期一早上一定要开院务会，雷打不动，大大小小的事情一起商量，这是第一件事情。因此我们这个班子一直很团结，合作很好，也很愉快，大家很尊重我，我也敢于负责。

　　我们做的第二件事就是通过奖金打破大锅饭。我想很迫切地做这件事有一个原因。当时有个工程，叫漳州女排训练基地。那时中国女排在世界比赛中实现了"五连冠"，所以很热，基地是要马上建起来投入训练用的。关天瑞[21]先生主管这个项目，已经拖期了，但施工图依然迟迟出不来。现场也已经去了好几个工种，建筑的、结构的、还有水、电、风的，但那边还是拖着。后来甲方就告到院里来了，没办法，我自己去看。老关慢腾腾的，缺决断，他就是这样性格的人，说有很多问题还要改。我就说现在不是改的时候了，人家施工队都在后面盯着呢，定下来就不要改了。但之后还是拖了很久，我又派了几个人帮忙，最后才解决。我很不好意思，这件事情让我意识到院里工作效率不高。实际上那几个人在那里都很闲、都不急，主要是因为整个院里做多做少一个样，没有刺激的机制，所以这件事让我觉得要改。

　　原本做多做少都是发一样的（奖金）。那时候正值改革开放初期，我决定要改革，就和大家一起商量怎么改。记得第一次我们是把发奖金改成发红包，哪些人好的，我们就多加一个红包，多加点钱。这样一来，有点奖励作用，但到底哪个人多发哪个人少发，我们是找下面的室主任一起来商量的。发完以后，我就听到有人说这完全是资本主义的做法。我听了之后也有点压力，同时感到依据还是有点不足。我觉得多做多得、少做少得、不做不得，这个思想在我脑中很顽固。第一次有这些反映以后，我就跟许木钦、姚大锰他们一起商量应该怎么办，后来就改成按工日制计算。一个任务，国家建委是有一个定额的（指工时定额），根据工日来定额，那么做多做少就有一点依据了。后来我们发现又不行，因为太复杂了，依据也不太准确，有的工程难度大一点，有的工程难度小一点，很难计算。我就说这样不行，太复杂，而且下面反映还是蛮多的。

所以后来就改成按照产值（计算）。按照产值（计算）了以后，情况一片大好。本来有很多工程布置给他，他会拿家里小孩子放不开、家里有老人身体不好需要照顾等这样的借口来推脱，不肯接任务。因为（之前）都一样嘛，多做也是拿这些奖金，不做也是拿这些，大家就会提出很多困难问题告诉院里说没有办法做这件事。按照产值（计算）之后就好了。比如这个工程一共100万元（设计费），建筑的30万，结构的30万，其他工种的40万。建筑的30万由两个人做，那由两个人自己商量怎么分配。这是有依据的，收进来100万，你该是多少就是多少，简化得多。我记得1989年起就没有人到院里来吵关于奖金多少的事情。这就改变大锅饭的局面，变成多劳多得。

但这样还是不行，碰到了什么问题呢？有一年何德铭[22]生病。他这个人很勤恳，一直很认真做工作，得了心脏病，没有上班，那怎么办？一分钱不给他，这不行。后来，我们商量以后决定给何德铭0.8（系数的平均奖）。我们是这样算的，院长、总支书记算平均奖1.1，我们拿的是很少。平均奖金有的是1，有的是0.9，有的是0.8，有的是0.7，最少的是0.7。

范 刘先生刚才讲的是二线员工，最高的是1.1，然后是1.0，一线设计师都是按照产值来算。

刘 一线的工程技术人员都是按照产值来算的，二线怎么算呢？院长、总工，还有办公室这一批人、做模型的、晒图纸的都是算二线的，这些人发奖金就是按照平均奖金比例多少来算。

那一年，我还得罪了两个人，一个是资料室的管理员。她当时管理图书室的，经常去找她的时候，门关着没人在，别人就反映说要去借资料的时候没人在。后来那一年，我就给她打了一个0.5，（本来）0.7是最低的，又扣了她0.2。还有一个总工，他在宝山那边的分院上班，也是经常不见人，按理他应该打1到1.1，我那一年给他打了0.7还是0.8。

华 那他们生气来找您理论了吗？

刘 没有人找我，那位管理员和总工都没有找我。咱们是有道理的，（通过）这件事我觉得我们从大锅饭改到按产值来计算，在那个时候还是改得好，体现了公平、公正、公开。

范 这是可以算的，每个人都可以算到几元几角。

刘 比如这个任务收入100万元，合同定下来100万，你应该拿多少自己是有数的。

范 会有一个清单，今年发奖金是接到哪几个项目，我参加过哪几个项目，设计费是全部公开的。

华 我记得我们当时也是这样算的，但怎么分配，比例是大家协调的。

刘 这样做其实也有一个新矛盾，就是有的人拿到任务后不放手，项目做不完也不肯放。还有一个问题就是跟系里的矛盾。我们的奖金大概是按产值的20%，系里的是40%，还有的不止40%，系里提成高。那就有个别人跑去那边做项目，但我们也没办法，都是兄弟单位就算了。

华 学校里老师设计的提成比例高，设计院的比例低一些对吗？

刘 这后来就形成"院外吃得开"，这又是另外一回事了。从大锅饭到按产值计算奖金，我觉得这是做得比较好的。

结合这个改革，我们搞制度建设，因为什么事情都得要有依据。一个是经济上的，要定一个制度，有文本，条条都有；还有质量问题，因为我挨批评了，所以质量要拉上来。至于审图怎么审，当时还搞

了一个工序管理，审图也好，校对也好，都要写意见。写意见交上来，根据这个意见来评质量。有校审制度，还有回访制度，大约定了有十几项，还包括考核制度、评优秀奖制度等，想方设法把质量搞上去。

华 这些都是您带着院务委员会一起做的吗？

刘 对，这些都是我们院务委员会一起商量的，还形成文字。评奖也好，评优也好，成立评优小组、质量评定小组，还包括评职称升等的问题，另外对二线行政人员也订了质量校核制度。一系列的问题都制定正规的文件，有十几个。那时也正好 TQC 上来了，T 就是 total，Q 是 quality，C 就是 control，就是 Total Quality Control（全面质量管理）。

华 全面质量管理。

刘 TQC 和过去我们传统的质量管理不同，是全面质量管理，因此我们便积极组织全院学习。这之前还有一件事就是关于各个系参加工程设计实践问题。那时有一些教师都自称同济大学的，在外面私人承接工程项目，有的因人手不够或工种不配套而到其他单位拉人参加，处于无人管理状态，也就是我初到设计院时市里批评我们"管理混乱、图纸粗糙、作风不正"的问题。为了加强领导，保证工程质量和维护学校名誉，经与学校汇报商量，在黄鼎业副校长的支持下，学校委派了谈得宏担任我院副院长，专营各系承接工程的事，纳入我们统一领导，但经济上他们独立核算，同时还制定了一些规章制度，这样这部分的工作便管了起来，逐步走上正轨。在 TQC 推行时期，这些教师也全员参加 TQC 学习和考试。TQC 报告我好像还有，因为是我亲手写的。

范 我那里有一大堆照片，TQC 教育上课，还有国家教委过来验收的文件。

刘 现在我们院里面搞简讯和内刊都做得很好。那时候我们是很艰难的，我们出的第一本广告本，照片有时候都要我自己去拍的。

周 现在我们终于有了品牌策划部。

刘 现在非常好啊！你们寄来的简讯和内刊我每期都看，让我知道大家的工作和生活情况、项目设计及得奖情况，还包括范舍金过去指挥唱歌，邢洪英打羽毛球得了奖，我都知道，我还是很怀念设计院的。

---

1 史祝堂，男。1953 年毕业于同济大学建筑专业，后留校任教。

2 郑肖成，男。1955 年毕业于同济大学建筑专业，后留校任教。

3 《吴景祥纪念文集》（同济大学建筑与城市规划学院，北京：中国建筑工业出版社，2012 年）中的《一艘大型客轮的室内设计》一文提及此事。设计组名为：同济大学建筑设计院船舶室内设计组，文后指导教师为吴景祥、王吉螽、郑肖成；参与的同学来自建五和建四，建五：杨卓群、王曦民、张丽生、朱文珍、罗鸿强、周仁平、陈佩琛、王良振、沈锦霞、刘良瑞、张兰香，建四：刘佐鸿、罗文正、刘志筠、袁丽慈、朱龙君。

4 王吉螽，男，1924 年生。1945 年进入圣约翰大学建筑系，1952 年毕业后至同济大学建筑系任教，1981—1984 年担任同济大学建筑设计研究院院长一职。

5 王宗瑗，男。1955 年毕业于同济大学建筑学专业，后留校任教。

6 贾瑞云，女，1938 年生于山东宁阳。1961 年毕业于同济大学建筑学专业，后留校任教。

7　沈福煦（1936—2012），男。1963年毕业于同济大学建筑学专业，后留校任教。著有《建筑艺术文化经纬录》（1989），《建筑方案设计》（1999）、《建筑概论》（2006）等。

8　唐云（1910—1993），男，字侠尘，生于1910年，浙江杭州人。19岁时于杭州冯氏女子中学担任国画老师，1938—1942年先后在新华艺术专科学校、上海美术专科学校教授国画。后专注于绘画事业。1949年后历任上海市美术家协会副秘书长、展览部部长。

9　傅信祁（1919—2019），男，生于浙江镇海。1943年进入同济大学工学院土木系学习，1947年毕业后留校任教，1986年退休。

10　许芸生，男，1936年生，福建福州人。1961年毕业于同济大学建筑学专业后进入同济大学设计院工作，先后担任设计院三室室主任、同济大学建筑设计研究院厦门分院院长职务。

11　潘云鹤，男，1946年生。1970年毕业于同济大学建筑学专业后，在湖北省南漳钢铁厂做技术员，1972年担任湖北襄樊自动化研究所技术员、所长、市科委副主任。1978年进入浙江大学计算机系计算机应用专业攻读硕士学位，1981年毕业后留校任教。1997年当选中国工程院院士，1995—2006年担任浙江大学校长。

12　梅山也是上海的"小三线"，梅山炼钢厂当时被称为"9424"工程（1969—1971年），珍宝岛事件之后为了与"苏联修正主义"抗衡，因地处长江边，水运价廉，梅山被作为上海十个钢厂的原料生铁来源地。"9424"工程由多家设计单位参与，其中生活区第一任设计总负责是华东工业建筑设计院华东院的倪天增。

13　"1953年春，学校成立了基建设计处，要抽调包括我在内的一些同志去展开新的工作。……我就从结构力学教研组来到了基建设计处，进入第一设计室。哈雄文是建筑主任，我是结构主任，负责这个室的结构设计。……1958年春，同济大学建筑设计研究院成立，学校又调我到设计院专做工程设计。……刚到设计院时，我还兼顾了一段时间的钢结构教研组工作。大约是等到暑假结束后，我就完全脱离了教研组。……"。引自载道，黄艾桥《结构人生俞载道访谈录》，上海：同济大学出版社，2007年。

14　陆凤翔，男，1934年生，江苏常熟人。1956年毕业于同济大学建筑学专业后留校，后进入同济大学建筑设计院工作。

15　邓述平（1929—2017），男。1951年毕业于同济大学土木工程系，后留校任教，1952年加入同济大学建筑系城市规划教研组，1957年参与创办《城乡建设资料汇编》（《城市规划学刊》前身）。1986年获得教授职称，并担任建筑系城市设计教研室主任。主编《居住区规划资料集》，著有《方圆匠心：邓述平城市规划作品集》（2003）。

16　朱亚新，女，1932年3月出生于浙江宁波。1950年圣玛利亚女中毕业，保送圣约翰大学。1952年随圣约翰大学转入同济大学。1953年毕业留校，分配在建筑系建筑构造教研室兼建筑设计教研室任教。1955年（可能更早）随傅信祁先生在校舍修建处工作。1958年起在建筑系设计教研室及同济设计院兼职。1962年在吴景祥先生指导下获副博士学位。1982年后，应邀在澳大利亚、美国进行有关中国建筑及园林的讲学、著书和设计。在美国先后任：内布拉斯加州、林肯市联合学院校园建筑师，内布拉斯加州立大学客座教授，西北密苏里大学校园规划建筑师。

17　沈祖炎（1935—2017），男，浙江杭州人，钢结构专家。1951年进入交通大学土木工程系，后因1952年院系调整转至同济大学工业与民用建筑结构专业学习，1955年毕业后留校任教。1962—1966年攻读并获取同济大学结构理论硕士学位。2005年当选中国工程院院士。

18　丁洁民，男，1957年生，上海人，研究员，博士生导师。1987年获同济大学结构工程专业硕士学位，1990年获工学博士学位。1998年起任同济大学建筑设计研究院院长，2001—2017年任同济大学建筑设计研究院（集团）有限公司总裁，上海同济科技实业股份有限公司（上市公司）董事长。2016年被授予"全国工程勘察设计大师"称号。

19　姚大锰，男，1935年2月生，安徽黄山人，教授。1954年考入同济大学暖通专业。1960年毕业留校担任电机系教师。1969年参加同济大学"五七公社"三线建设，奉命被抽调到五角场205工程队报到。1971年，三线厂基本建成，从此由教师转变成工程技术人员。1978年进入同济设计院。后担任副院长，常务副院长和总工程师。

20　黄鼎业，男，1935年9月生，浙江江山人，教授，博士生导师。1952年入同济大学结构系，1956年工业与民用建筑结构专业本科毕业，后留校任教。1963年同济大学固体力学专业研究生毕业。1981年美国访学归来后担任同济设计院常务副院长。1984年起任院长，1985—1993年任同济大学副校长兼设计院院长。

21　关天瑞，男，1934年生，福建莆田人。1956年毕业于同济大学建筑学专业。

22　何德铭，男，1931年生，上海人。1953年毕业于同济大学城市建设与经营专业。

童勤华先生谈同济大学早期建筑设计教学 [1]

受访者简介

童勤华

男，1931 年 10 月生，浙江鄞县人。1951 年入之江大学建筑系，1952 年院系调整后进入同济大学建筑系。1955 年毕业，曾任同济大学助教、讲师、副教授、教授。1974—1978 年去也门共和国萨那技校任教。长期从事建筑学专业教学与研究，研究方向为室内环境设计。主要研究成果：华沙人民英雄纪念碑（参与），获 1956 年波兰国际设计竞赛二等奖；杭州华侨饭店，获 1957 年全国设计竞赛优秀奖；南京雨花台革命烈士纪念碑，获 1981 年全国设计竞赛一等奖；上海解放人民英雄纪念塔，获 1988 年设计竞赛二等奖；主持编制上海地区《住宅厨房、卫生间设施功能与尺度标准》及配套图集，获 1990 年上海市科技进步三等奖。参与重大工程设计：武昌东湖宾馆、上海西郊为中央首长使用的工程、北京钓鱼台新建国宾馆上海组方案、上海新亚大酒店、上海地铁一号线、新闸路车站土建与内部设计、人民广场内部设计等。出版著作：《建筑局部设计丛书》（主编）、《土木建筑工程词典》（参编）。

采访者： 钱锋（同济大学）

访谈时间： 2004 年 6 月 8 日

访谈地点： 同济大学建筑与城市规划学院办公室

整理时间： 2019 年 1 月 2 日

审阅情况： 经受访者审阅修改。2019 年 2 月 21 日定稿

访谈背景： 采访者为了撰写博士学位论文《现代建筑教育在中国（1920s—1980s）》，采访了国内各高校建筑学科的一些老师，以了解各校建筑教育发展的历史情况。在同济大学访谈了童勤华先生。童勤华先生早年在之江大学建筑系求学，全国高等学校院系调整后转入同济大学建筑系，毕业后留系担任设计教师，负责二年级的设计教学工作。他在学习和工作经历中，接触到来源于不同学校的老师的教学思想和方法，也参与了"空间原理"的教学改革，对同济建筑系的设计教学有深入的认识。笔者请他回忆自己的经历，介绍同济建筑系当时丰富多元的教学情况，以了解同济建筑系教学思想发展的脉络。

1987 年同济建筑系教师们参观甪直保圣寺古物馆
左起：赵秀恒、李德华、童勤华、俞敏飞

钱　锋　以下简称钱
童勤华　以下简称童

钱　同济大学建筑系是在 1952 年全国高等院系调整的时候，由之江大学建筑系、圣约翰大学建筑系、同济大学土木系（先期已并入大同、大夏及光华大学土木系）部分教师，交大、复旦、上海工专等校部分教师及浙江美术专科学校建筑组学生组成。这些学校各自有不同的教学特点。之江大学建筑系受美国宾夕法尼亚大学建筑系学院派思想的影响，圣约翰大学建筑系受格罗皮乌斯和包豪斯思想的影响，同济土木系的建筑和规划学科老师受德国和奥地利现代建筑思想的影响，他们组成的同济建筑系的设计教学思想和方法十分多元和丰富。您早期在之江大学求学，后期转入同济大学建筑系，毕业后又留校担任设计老师，接触到不同的教学方法，可否请您谈一谈自己的经历，以及对于这些教学方法的看法？

　童　我 1951 年考进之江大学，学校位置在杭州六和塔那里。之江整个学校主要在杭州，但建筑系的大本营在上海，在南京路慈淑大楼 [2] 里。当时学生们一年级在杭州，二至四年级在上海。我们刚去时都在杭州之江大学，教我们建筑初步、素描和小设计的是之江前几届的毕业生张圣承 [3]。一年级时只有他一名建筑教师。后来他调到上海民用建筑设计院做建筑师了。

　　之江我们那个班大概只有 13 名学生。统考时我们招收了 11 名，后来从浙江美术专科学校 [4] 的建筑系转来 2 名。原来他们是专科生，转过来就是本科生了。学生的人数不多，基础课例如数学、物理、体育等都是和其他系一起上的。

一年级下学期，1952 年 2 月后已经在酝酿全国院系调整了。可能当时调整方案还没有出来，我们没有回上海，到浙江大学借读了一学期，上课的不是张圣承老师了，大都是上海过来的老师们，有吴一清[5]、吴景祥[6]、黄毓麟[7]，另外还有系主任陈植[8]。来的老师不太多，因为一些上海的老师不太想到杭州去，主要就是这四位老师给我们上课。那时他们主要上设计课，测量、数学、力学、结构等课程则和浙大的其他系一块儿上。

之后院系调整，之江大学给拆散了，我们并入同济大学建系。给我们上课的除了原来之江的老师，还有汪定曾[9]，教构造课的是王季卿[10]、杨公侠[11]。王老师当时还是助教，还没开始搞声学研究。画法几何老师是巢庆临[12]，他是暖通系的一名教授。力学课程有三门课，包括材料和结构等。结构力学里有木结构，老师是冯计春，还有欧阳可庆[13]。钢筋混凝土老师是张问清[14]。设计课除了之江的老师，还有圣约翰转来的老师：黄作燊[15]、王吉螽[16]、罗小未[17]。李德华[18] 也是圣约翰过来的，院系调整后他主要教规划，给我们上课不多。其他老师还有南京大学工学院毕业过来的戴复东[19]、陈宗晖[20]。规划方面的老师有 1953 年刚毕业的何德铭[21]、臧庆生[22] 等，另外还有一位外面转来的规划师钟耀华[23]。

钱　您当时初步课程的作业做了些什么？

　童　一年级上学期主要是素描，到外面去写生，一年级下学期好像有渲染。我记得当时买的墨有两种，一种是黑的，一种是有点发黄的。买了墨研磨后，要用棉线过滤，用一个碟子化开后渲染。一年级下学期那些老师来了以后开始做一些设计，先是小住宅，然后是邮局。

之江的设计教学和圣约翰的不一样，圣约翰的题目容易让学生有所发挥，出一个题目并不具体规定多少平方米，只规定一个功能，学生可以有各种各样的想法。之江的题目非常具体，有多少房间，每间多少面积都规定好。我二、三年级到同济大学之后接触到圣约翰的老师，了解了他们的设计训练方法。

之江的教学和国内当时其他一些院校比较接近，主要是受学院派的影响，设计讲究轴线，主轴和次轴，还关注 Lobby（门厅），主 Lobby（门厅）和次 Lobby（门厅），强调门厅作为节点。一般建筑都讲究对称，即使不对称，也有主次轴线，所以设计出来的建筑大多是四平八稳的。另外他们的做法比较直接，觉得学生做得不对，就帮学生改，然后将修改的图纸给学生，让他们按照样子来做。圣约翰老师的教学比较强调启发性，老师会帮学生分析具体的功能，比较灵活，不会直接给学生一个方案。

钱　黄毓麟是之江毕业的，他设计的文远楼是不对称的，比较自由。

　童　他是在院系调整以后设计的这个方案，和他一起做的还有哈雄文[24]，他好像是基建处的一位负责人。黄毓麟当时比较年轻，已经吸取了包豪斯的一些思想。

钱　有关设计理论方面的课程是怎样的？

　童　之江当时没有专门讲理论的，老师只是在改图的时候顺便讲一讲。

钱　老师们怎样指导设计课？

　童　圣约翰的老师比较注意听学生讲他设计的道理，强调要学生分析为什么要这样。那时候给我们改图的是王吉螽，还没有轮到我时，我就跟着看他评图，看前面一个个同学分别是怎么做的，这给我很大启发。

当然，之江的教学对我也有很大帮助，但还是觉得比较程式化，结合具体情况会弱一些，好像思路不是特别开阔。圣约翰的教学结合地形、环境等都是很好的。不过这只是我个人的观点。

讲评设计的时候，王吉螽老师会帮我们改一些图，有些其他老师也会改一些，但黄作燊老师完全不改，他会讲很多。冯纪忠先生[25]讲得也多，但他有时会帮学生改图。他的观点是对于低年级的学生，老师要帮着改图，完全不改他们不容易理解，无法吸收。他说看一个学生的设计不是看他最终的成果，而是看他是如何改出来的，这个过程非常重要。

所以两所学校来的老师在教学方法上是不同的：之江的老师帮学生改图很多，不管是高年级还是低年级，老师有时会直接绘制草图交给学生，让他们继续发展；圣约翰的老师动口比较多，动手比较少。我觉得对于低年级学生来说，如果完全动口，他脑子里基本没有建筑空间的各种组合方式，讲了半天也不会理解。而冯（纪忠）先生结合了两个学校的特点，对低年级动手改，对高年级则以启发为主，主要是帮他们进行分析。我觉得他的方式还是不错的，符合对事物认识的规律，也符合学生的学习规律。

钱 冯先生的方法是刚开始就这样的，还是慢慢形成的？

｜童 冯先生在院系调整初期是教规划的，我们二、三年级时他都没有教我们，毕业设计才教我们。他带一个小组，好像是旅馆或医院。他给我们讲过几次课，有一次讲园林，我印象很深的是他讲山上亭子的位置。他说亭子不大有在山脚下的，大多是在游客走得最累、想找地方休息的时候，突然看到一个亭子，这是亭子最理想的位置。

同济的原理课原来是按照功能类型的方法来讲，做什么设计就讲什么功能类型的原理，比如火车站、剧场，讲解它们的功能关系、流线等，然后举些例子，放些幻灯片，都是些个性的原理。冯先生后来开始讲一些共性的原理，不是按照功能的类型，而是按照空间关系的类型，也就是他的"空间原理"的方法。我当时参加了空间原理系列教学的第一部分，关注怎么着手进行一个设计，主要针对二年级学生。三年级之后安排大空间设计，之后是流线型空间设计，最后是综合性的空间。他把建筑空间的不同类型组合起来，讲这一类空间组合各有什么特点，用什么设计方法。

对于怎么着手做一个设计，我们当时是用邮局和书店来展开教学的。这两类建筑的一层都是沿街的。设计邮局，我们要学生考虑房间的进深如何决定：通常人在外面要有一个等候的地方，柜台有它适宜的宽度，工作人员要有工作的宽度，后面还有一些工作储藏室一类的地方。我们给学生的只有面积的大小，比如 100 平方米，但这可以是 10 米 × 10 米，也可以是 3 米 × 33 米，怎么决定呢？要根据它的功能。对于开间，有的是按结构、有的是按书架来确定的……这些都要结合功能，也稍微结合一些技术方面的知识。学生做设计时先做平面，然后做剖面，做剖面的时候要理解为什么有的是高的，有的是低的，有的是拱形的。然后再讲立面，了解立面和平面、剖面各有什么关系。掌握这个方法后，学生不仅是邮局、书店会做，碰到其他一些小设计也都能做。

钱 这套方法是什么时候成形的？

｜童 这是后来逐渐形成的，比较晚了，大约是在"文化大革命"以前，1963、1964 年左右。后来"文化大革命"中，把这个作为大毒草来批判，说我们没有以"阶级斗争"为纲，而是以"空间"为纲。

钱 1952—1958 年的教学情况是怎样的？

童 基本上都是按照功能类型来展开教学的。建筑设计也是这两种系统教学并存。一个年级我们做同一个题目，既有之江的老师，也有圣约翰的老师。题目基本上从小到大。我记得我们曾经做过法院、住宅、商店、学校、火车站，这些比较常规。我是1955年毕业的，我们那年刚刚有毕业设计。比我们高一级的1953年毕业，他们只读了三年，提前毕业了，因为那时候国家提出治淮，让他们都提前毕业，分配到建设单位去。1952年院系调整，1953年刚刚开始还不太正规，由于治淮没有毕业设计；1955年第一届有了毕业设计，规划也是一样的。

毕业设计题目分成两大类，一类是工业建筑，一类是民用建筑。工业建筑有自来水厂、水泥厂、火力发电厂；民用建筑有医院、剧院、旅馆，还有美术馆之类的题目，稍微复杂一点。那时已经有了工业建筑教研室、民用建筑教研室，还有建筑初步教研室。罗小未先生就在初步教研室。这个教研室因为教师少，所以把历史这一部分也放进去了。另外还有构造教研室，那时画法几何也属于建筑系。建筑系和建筑工程系分了合，合了分好多次[26]。当时画法几何、工程制图在建筑系也有一个教研室，此外还有规划教研室。

钱 1952年之后学习苏联对于教学有什么影响？

童 我印象比较深的是教学时制安排受到苏联的很大影响：上午上六节课，三、四节课结束后给大家发面包（我们那时大多是国家供给的），吃完点心后再上两节课，然后才吃中饭，下午完全是自修课，上课一直要到一点多钟。对于整个教学计划我不是太清楚，因为那时还是学生，没有进行教学工作。等到我当老师的时候，教学已经是一套比较成熟的模式了，不知道是苏联的，还是我们自己的。那时候还是四年制，到1954年改为五年制[27]，1955年改为六年制。当时清华大学建筑系就是六年制的，认为建筑学要像医科那样，医科要学八年。老师们觉得建筑学四年不够，但一下子要跳到六年又太快，所以要过渡一个五年制。龙永龄[28]是五年制那个班的，贾瑞云[29]是六年制那个班的。"文化大革命"之后建筑学又改为四年制，后来又改成五年。

钱 罗维东[30]来到同济建筑系后，对初步教学有什么影响？

童 罗维东是密斯·凡·德·罗（Ludwig Mies van der Rohe）的学生，带回来一些新的思想。他教的不是我辅导的那个班，是另外一个班，你可以问问赵秀恒[31]，他直接受罗维东的影响。

钱 罗维东之前的初步教学是怎样的？

童 之前好像一直是吴一清上的，我们以前也是他教的。后来卢济威老师来了，他也教过一段初步，大概在1960年前后。他有一些想法，按照他的想法来安排教学。他也知道吴一清之前是怎么教的。另外罗（小未）先生应该也知道，她是基础教研室主任，中建史、外建史原来一直都在基础教研室，直到进了明成楼[32]才分出来，文远楼时我们都在一起。我们在文远楼、南楼都待过。外建史当时一直是罗先生教的，中建史是陈从周先生教的。

钱 罗先生讲外建史是从古代一直讲到现代吗？

童 近现代好像讲得不多，我印象比较深的还是讲埃及、希腊、罗马，现代建筑讲得很少。她和蔡婉英[33]后来编了那本《外国建筑历史图说》。在蔡婉英之前还有陈琬，她是我们班的，毕业后分到历史教研室，后来和罗先生一起编教材，上外建史的课。吴光祖[34]是清华毕业后过来的，他是梁思成先生的

研究生，来得比较早，那时我们还在南楼，好像是 1957 年之后吧。历史教研组还来过一位老师梁友松[35]，也是梁思成先生的研究生，教过外建史，来过一段时间后又调出去了。

钱 当时毕业设计要做到什么程度？结构方面要做吗？

童 当时做到方案，没有做到扩初，结构是要做的。我当时做了一个钢桁架。那时毕业设计除了学校的老师外，还请外面的建筑师。例如做火力发电厂时，请了一位电力设计院的老工程师来指导我们。那时指导我们结构的是王达时[36]，他教我们钢结构，毕业设计也是他指导的。毕业设计那时要做到施工组织设计。建筑没有做到扩初，风、水、电都没有做。当时我们和土木系合在一起，他们结构的力量比较强，所以结构、施工组织我们都配上的。

钱 那时建筑系和土木系合并了吗？

童 分分合合好多次，当时我们都在一个教学楼，合并后都在建筑工程系下面，正系主任是结构方面的，副系主任是建筑方面的，行政都连在一起。

钱 （20 世纪）50 年代前期和 60 年代前期的教学比较系统正规一些，您觉得前后各有什么延续和不同？

童 我觉得不同的主要是冯先生的"空间原理"这一部分，和原来完全不同。

钱 "空间原理"都应用到教学中去了吗？

童 基本上都应用了，各个年级都在用。那时候我是二年级的教学组长；三年级的教学组长是葛如亮[37]，还有赵秀恒、来增祥[38] 等；四年级组长是陈宗晖。当时和冯先生一起编教材，搞实践的主要是这些老师。

钱 "大跃进"时整个教学情况是怎样的？

童 那时候学校抽调一些老师成立了一个组织，就是设计院的前身，学生也参加了一些实践。1958年"大跃进"时学生们被抽调过去，好像时间不长。后来因为又要强调教学了，就又回来了。我那时到七宝做人民公社规划，做些小设计。那时有部分老师是去彭浦做一个机械加工车间，完全结合实践任务。

钱 学校还上课吗？

童 我不清楚学生有没有去，我们当初是老师去的。你可以问问王吉螽，从这以后他就去设计院了。还有丁昌国，很多老师都到工地现场，有点像后来"文化大革命"时"五七公社"一样的，到现场去做（设计）。

钱 设计革命对教学有什么影响？

童 设计革命就像小型"文化大革命"一样，是"文化大革命"的前奏。对结构来说，批判深基础、肥梁胖柱，批判建筑脱离实际和浪费。设计是不是正常进行我不知道，但肯定受很大影响，第二次"火烧文远楼"嘛。这段历史董鉴泓[39] 应该比较清楚，赵秀恒可能也知道。比我高一班的学生如赵汉光[40]、朱亚新[41]、史话堂[42] 都出去了，他们可能比我更清楚一些。戴复东和陈宗晖都是 1952 年院系调整时从南京工学院过来的，他们可能也知道。陈宗晖也蛮有观点的，他吸收新思想也比较快，比较早。

像工会俱乐部[43] 那种空间，不少地方是完全流动、不封闭的，在之江的老师改的图里没有，他们的空间一个个都比较封闭，各归各的。有关流动空间我是接触了圣约翰的老师以后才知道的。

钱　当时好像分了工业和民用建筑专门化，情况怎样？

　　童　那时候是毕业设计才分的，一直到四年级上学期都不分，四年级下学期才分。学生自己提志愿，做什么题目，然后再由系里批准。工业、民用教研组是分开的，学生没有分。当然毕业设计还是有不同的方向，工业或民用。我们那时课程里还有规划设计、小区规划、详细规划，邓述平老师、何德铭、冯先生、钟耀华、金经昌先生[44]来辅导我们，课程还挺多的。

　　我是之江的关门弟子，最后一届。我当时觉得冯先生的一套教学方法比较有特点，我们后来就按照这种方法进行。

钱　之前"花瓶式"[45]教学方法是不是已经开始酝酿了？

　　童　那时已经有些苗头了，但也有些争论，特别是和其他学校一起开会时会有不同意见。当时我们的教学计划中已经按照这个方法来实施了，教学计划也修改了好多次，运用"收－放－收－放"的模式，主要通过课程设计贯彻这一方法。开始时学生不会做设计，不能乱做呀，给学生一些约束；等他们掌握了以后，就让他们放，不给太多的限制条件；然后到后面有了工程技术、经济概念、施工要求等约束，会对他们再收一下；毕业设计为了扩大学生的思路，开阔眼界，会再让他们放。

钱　那1956、1957年的教学计划已经按照这样调整过了？

　　童　是的。但具体执行收还是放的老师并不同，一名教师不需要负担收放的全过程。如我基本上就是教收的那一段，还没到放的那一段。

钱　那时是不是有全国统一的教学计划？

　　童　没有，全国不统一，清华就不同意这个做法，他们没有收和放的不同阶段。

钱　初步作业您还记得做了些什么？

　　童　一年级在杭州时做什么我记不太清楚了，平涂渲染肯定是有的，从深到浅，从浅到深，渲染什么柱式我印象已不深了。我们到同济以后，其他年级肯定是做过的，最早渲染的是文远楼南面的入口，后来南北楼造好，渲染南北楼的入口，台阶多的那一面。这个卢济威老师[46]很清楚，这是他安排的。

钱　卢济威老师教的初步课程应该是在（20世纪）60年代之后了。

　　童　之前吴一清教的可能是古建筑渲染，一个垂花门之类，我印象不深，我当时没有渲染过这些。
　　罗维东来的时候，他不强调渲染而强调抽象构图。他给学生一些材料，讲不同材料有不同的重量感，让学生们摆出一些均衡的组合，然后用素描的方式表达出来。我记得有一个作业，他给学生一个竹篮、几块竹片和几块布料，让学生摆成合适的构图，再用素描画出来。也有的构图是用水墨画的，素描和水墨都有。后来朱亚新上初步课的时候，也是按照这样的方法。
　　再之后就是卢济威接手初步教学，教法又有了一些改变，有渲染南楼的作业，还有一些平涂一类的训练。

钱　设计课里有没有做模型？

　　童　有的，一般在最后，做一个成果模型，不是工作模型。那也比较晚了，大概是1958年前后，我当老师后开始要求做模型。那时我们要学生做一个"学生俱乐部"，老师就做了一个模型，目的是给

学生看一看大概是什么样，学生做没做我就不知道了。王吉螽先生指导我们做的，我还有其他一些老师一起做的模型，包括里面的沙发、地面都做出来了。屋顶是可以掀开的。

钱　后来黄作燊先生还教设计吗？

　|童　还教，他和我一起教二年级的小设计。

钱　他的教学有什么特点？

　|童　他不像冯先生那样，会上讲台讲很多大课，他比较自由一些，对学生要求也不是很死，让学生自己发挥得多。包括出题目，他说不要规定得那么死。他对于我们一些改革的做法也是比较支持的。

　评图时，一些老师之间争论得非常厉害，有时候到了第二学期开学了，第一学期的图还没有评出来。有个设计老师，他的儿子在我们学校建筑系，评他儿子的图的时候，大家就头痛了。因为他儿子就是他指导的，他说这个学生的成绩就是我的成绩，你看这怎么评（笑），往往会拖一学期。黄作燊不会这样，他比较随和一些，虽然他也很有主见。对于指导设计，我体会他讲得比较多，而动手少，这对于高年级来说，非常有收益。有些同学的毕业设计是他指导的，他给学生举很多例子，戏曲、音乐等，从其他地方来启发学生，让他们触类旁通。但是对于低年级学生来说听起来就会有困难。我一直觉得，对于低年级学生来说，还是要动手；对于高年级来说，多讲、多分析比较好，当然也不能像之江那样，完全送一个方案，那学生就变成绘图员了，不会有太多的收益。

　学校开始时两个系统都有，到冯先生以后就合并成一个了。当然原理课还有，光这样还不能完全解决同学的问题，还是要讲一些，提供一些资料。但讲过空间原理之后，学生们就不局限于类型原理了。空间原理当时已经按年级来教，但没有装订成册，也没有出过书。

钱　空间原理的教学有没有全部完成？

　|童　在形式上没有一个这样的形式，说我这个基本完成了，还是在不断完善探讨之中。

钱　原来学院派出身的一些老师在这一体系中如何教学？

　|童　他们还是按照原来的方法指导，但题目已经受到限制了。谭垣先生后来基本上只带毕业设计，其他课程设计不大上的。吴景祥后来去了设计院。那时候说我们是"八国联军"，吴景祥是留学法国的，谭垣留学美国，黄作燊留学英国，冯纪忠留学奥地利，金经昌留学德国。另外还有留学比利时和日本的美术老师，再加上中国的就成了"八国联军"。

钱　当时学习苏联，"社会主义内容，民族形式"对教学有没有影响？

　|童　那就看各个老师自己了，有些老师会做一些大屋顶，有些老师不做。学生也因人而异，有的学生投老师所好，老师怎么说就怎么做；也有的学生有自己的观点，老师帮着改为大屋顶，但学生不接受，各种情况都有。

钱　学生自己对"大屋顶"的态度如何？

　|童　总的来说，还是跟着大气候走。一段时间大屋顶比较流行，学生做大屋顶的也就比较多。因为学生是一张白纸，认为什么好，什么正确就跟着走。

钱 是不是老师中也是学院派出身的做大屋顶的较多？

　童 是的，他们比较容易接受。戴复东吸收新鲜的东西其实是蛮快的，我听他们说，他在学生时代蛮现代的，后来设计南北楼的时候，他完全跟着吴景祥做大屋顶建筑了。其实他两种方式的建筑都能做。

钱 大屋顶的风潮什么时候开始比较弱了？

　童 反浪费运动以后就比较弱了，设计革命也曾批判过。

钱 （20世纪）50年代初北京造了很多大屋顶建筑，上海情况怎样？

　童 上海还好。西南一楼那只能算是小屋顶。当时要做大屋顶不一定是设计人的原因，主要是领导的意思，很多领导是老干部，他们对"民族形式"很有感情。

钱 当时系里对是否采用大屋顶是不是争论得很厉害？

　童 我们当时还没有毕业，老师之间完全是两派，后来官司打到周总理那里。我们都倾向不做大屋顶，感觉比较陈旧，没有时代感。冯先生他们也做了个方案，采用了马头墙的形式。

钱 学校领导是不是跟着北京的潮流走？

　童 领导是跟着潮流走的。在领导的眼里，建筑系总是让他们挺头痛。

钱 工会俱乐部建造后，系中的一些老师看法如何？

　童 大家都觉得挺好，包括学院派背景的老师，没有什么意见。我也参加了一些工作，主要设计者是王吉螽先生，李德华先生做总体，王吉螽做了单体，包括室内。我当时也帮忙做了一些室内的设计。当时有民主德国的建筑师来访问我们学校，对这座建筑的评价很好，说好像到了自己国家一样，很像他们国内的建筑。他们很惊讶，没有想到中国也有这样的建筑。在他们的意识中，中国建筑都是大屋顶和比较传统的建筑。

后来建筑学会来人对工会俱乐部的批判主要是针对入口墙面的一个抽象的标志：这是由两把泥刀组合的图形，一把是木头的，水平放置；一把是铁的，竖直放置，还有一块板。学会批判了其中的抽象美学意象。后来这个标志被拆除了。这个标志是郑肖成[47]设计的，他毕业后没有直接留校，先去了重庆，后来因为他父亲的原因（学生物学科，是沪江大学理学院的院长），把他调了回来。他很有才华，当时系主任冯先生很欣赏他，想要他回来做老师。"文化大革命"的时候他调到了轻工设计院。

1 本文由国家自然科学基金资助（项目批准号：51778425）。

2 慈淑大楼，也称大陆商场，由建筑师庄俊设计，1933 年 7 月竣工，今位于南京东路 353 号。

3 张圣承，之江大学建筑系 1950 届毕业生。

4 浙江美术专科学校，今天中国美术学院的前身，是中国第一所综合性的国立高等艺术学府，也是最早实施设计学的高等学府，建于 1928 年，时称"国立艺术院"，1929 年改为国立杭州艺术专科学校，后又称杭州美术学院、浙江美术学院。

5 吴一清，1917 年生，江苏吴县人。之江大学建筑系 1941 届（首届）毕业生，毕业后留系承担一年级设计教学。1952 年全国高等院系调整后随系进入同济大学建筑系，长期担任建筑初步方面教师。

6 吴景祥（1905—1999），1933 年获法国巴黎建筑专门学校建筑师学位，1934 年任中国海关总署建筑师，是中国建筑师学会的成员之一。1949 年任之江大学教授，1952 年任同济大学教授，1953 年任同济大学建筑系主任，1958—1981 年任同济大学土木建筑设计院院长。曾任中国建筑学会第二至六届理事（1957—1983 年）、上海建筑学会第五届理事长、第三届全国人大代表、第四至六届全国政协委员。译著有《走向新建筑》（1981）。

7 黄毓麟（1926—1954），之江大学建筑系 1949 届毕业生，毕业后留系任教。1952 年全国高等院系调整后随系进入同济大学建筑系，任设计教师，曾和哈雄文教授共同设计同济文远楼建筑。1954 年因脑瘤去世。

8 陈植（1902—2002），字直生，生于浙江杭州。1923 年毕业于清华学校后，留学美国宾夕法尼亚大学建筑系，1927 年获建筑硕士学位，求学期间得柯浦纪念设计竞赛一等奖。1927—1929 年在费城和纽约建筑事务所工作。1929 年回国后，任东北大学建筑系教授。1931—1952 年同建筑师赵深、童寯在上海合组华盖建筑师事务所，设计工程近 200 项。1938—1944 年兼任之江大学建筑系教授。在华盖建筑师事务所期间，三人合作设计了南京外交部大楼、上海浙江兴业银行大楼、大上海大戏院（今大上海电影院）等建筑。陈植的代表作是上海浙江第一商业银行大楼和大华大戏院（今新华电影院）等建筑。1949 年后历任之江大学建筑系主任、华东建筑设计公司总工程师、上海市规划建筑管理局副局长兼总建筑师、上海市基本建设委员会总建筑师、上海市民用建筑设计院院长兼总建筑师。参加了上海展览馆的设计，设计了鲁迅墓、鲁迅纪念馆，指导了闵行一条街、张庙一条街、延安饭店、锦江饭店会堂和苏丹国友谊厅等工程。曾任中国建筑学会副理事长，第三至六届全国人大代表。

9 汪定曾（1913—2014），湖南长沙人。1935 年毕业于上海交通大学土木工程系。1938 年获美国伊利诺伊大学建筑硕士学位。1939 年回国，曾任重庆大学教授、之江大学教授、中央银行工程科建筑师。1949 年后，历任上海都市计划委员会副主任，上海市城市规划管理局总建筑师、副局长，上海市民用建筑设计院副院长兼总建筑师，上海市规划建筑管理局副局长兼总建筑师、高级建筑师，中国建筑学会第五届常务理事。主持和指导了上海体育馆和上海宾馆等工程的设计。

10 王季卿，1929 年生。之江大学建筑系 1951 届毕业生，毕业后进入震旦大学任教，院系调整后并入同济大学建筑系，后专攻建筑声学方向，成为我国著名声学专家。兼任中国建筑学会建筑物理技术委员会主任，上海市建委科技委员会委员，中国《声学学报》《环境科学学报》《应用声学》、英国 Building Acoustics 等学术刊物编委以及《声学技术》主编。在国内外学术刊物上发表论文 100 余篇，1956 年起出版主编、合译专著 10 余部。

11 杨公侠，1928 年生。中国建筑照明、环境心理学和人类工效学研究的先驱者和开拓者之一，曾任中国照明学会副理事长、中国人类工效学会理事及环境与安全专业委员会主任委员、上海市照明学会理事长、中国建筑学会建筑物理委员会委员、英国 Lighting Research & Technology 杂志的海外编委，以及英国 Environmental Psychology 杂志编委、国际照明委员会第 21 届执行委员会（CIE）中国代表等职。长期从事视觉与照明、人类工效学和环境心理学的教学、科研工作。出版著作：《视觉与视觉环境》《建筑、人体、效能——建筑工效学》和《环境心理学》，译著有《建筑设计方法论》。

12 巢庆临（1913—2015），浙江嘉兴人。1936 年毕业于复旦大学土木工程系，曾任大夏大学讲师，暨南大学、复旦大学副教授。1949 年后，历任复旦大学、上海交通大学副教授，同济大学教授。1957 年至 1958 年在苏联列宁格勒建工学院进修；后任同济大学机电系主任、分校校长，上海城市建设学院教授、院长，建设部暖通教材编审委员会副主任，九三学社社员，是中国供热供煤气通风专业创办人之一。主编高校通用教材《空气调节》，编译《建筑设备》《卫生工程》等。

13 欧阳可庆，广东三水人。1943 年毕业于上海圣约翰大学土木系。曾任圣约翰大学讲师。1949 年后，历任同济大学副教授、教授、钢木结构教研室主任，全国高耸结构委员会副主任委员。中国民主同盟盟员。从事钢木结构方面的

教学和研究工作，曾主持设计上海电视塔，在大型高耸塔桅钢结构工程技术研究方面取得成果。著有《木结构》《钢结构》。

14 张问清（1910—2012），江苏苏州人。1936 年毕业于上海圣约翰大学。同年赴美留学，就读于美国伊利诺大学。1937 年毕业并获得土木工程硕士学位。1939 年回国后任教于上海圣约翰大学，担任该校结构工程教授以及圣约翰大学总务长、土木工程系主任等职。1952 年院系调整时调入同济大学，历任同济大学教授以及结构工程系圬工教研室主任、结构工程系副主任、竹材研究室主任、同济大学函授部副主任、同济大学教育工会主席等职。1958 年起历任同济大学水工系主任、勘察系主任和地下工程系主任等职。

15 黄作桑（1915—1975），建筑师和建筑教育家，中国戏剧家黄佐临之胞弟，广东番禺人（生于天津）。1938 年英国伦敦建筑协会学校（AA）学士毕业，1941 美国哈佛设计研究生院（GSD）研究生毕业，1942 年创立上海圣约翰大学建筑系，1952 年院系调整后任教于同济大学，历任副系主任。

16 王吉螽，1924 年 1 月生。1946 年 1 月圣约翰大学工学院土木工程系学士毕业。1948 年 1 月建筑系学士毕业。1949 年任圣约翰大学建筑系助教，1952 年院系调整后进入同济大学建筑系，任讲师、副教授、教授。1958 年起任同济大学建筑设计院第三室主任、副院长，1981—1990 年任同济大学建筑设计研究院院长、总建筑师。

17 罗小未，1925 年生。1948 年在圣约翰大学工学院（私立）建筑系毕业，1948—1950 年任上海德士古煤油公司助理建筑工程师。1951—1952 年任圣约翰大学院建筑系助教，1952 年起任同济大学建筑系助教、讲师、副教授、教授。中国建筑学会理事、国务院学位委员会第二届学科评议组成员、上海市建筑学会第六及第七届理事长、中国科学技术史学会第一届理事、上海市科学技术史学会第一届副理事长、全国三八红旗手、中国民主同盟盟员、国际建筑协会（UIA）建筑评论委员会（CICA）委员。著作有《外国近现代建筑史》《外国建筑历史图说》《现代建筑奠基人》《上海建筑指南》《西洋建筑史概论》《西洋建筑史与现代西方建筑史》等。

18 李德华，1924 年生。1941 年—1945 年就读于圣约翰大学（私立）土木工程系、建筑工程系，取得学士双学位。1945 年 4 月任上海市工务局、上海市都市计划委员会技士，1947—1951 年在鲍立克建筑事务所、时代室内设计公司工作。1949—1952 年任圣约翰大学建筑工程系教师，1952 年起任同济大学建筑系讲师、副教授、教授、系主任，苏南工业专科学校兼课教师。1986—1988 年任同济大学建筑与城市规划学院院长。著作有《城市规划原理》（主编）、《中国土木建筑百科辞典》（主编）、《英汉土木建筑大辞典》（副主编），作品有（上海）姚有德住宅（与鲍立克、王吉螽）、同济大学教工俱乐部（与王吉螽等）、波兰华沙英雄纪念碑国际竞赛二等奖（一等奖空缺）方案（与王吉螽）等。

19 戴复东（1928—2018），汉族，出生于广州市，安徽省无为县人，抗日名将戴安澜之子。1952 年 7 月，毕业于南京大学工学院建筑系（现东南大学建筑学院）；1952 年，入同济大学建筑系任教，历任讲师、副教授、教授；1983—1984 年，被公派至美国纽约哥伦比亚大学建筑与规划研究院作访问学者；1988 年任同济大学建筑与城市规划学院院长；1999 年当选为中国工程院院士；主持设计了近百项工程，较突出的有：武汉东湖梅岭工程（为毛主席生前工作、接待用）、北京中华民族园及园内布依寨建筑、山东省烟台市建筑工程公司大楼、河北省遵化市国际饭店、同济大学建筑与城市规划学院 B 楼、同济大学研究生院大楼、河北省北戴河中国传统建筑研究奠基人中国营造学社创办人朱启钤先生纪念亭、上海市中国残疾人体育艺术培训基地、杭州浙江大学新校区中心组团建筑群等；开展了轻钢轻板房屋体系及其产业化研究开发；多次获得国内外建筑设计竞赛奖。撰写论文 110 篇，专著 7 部：如《国外机场航站楼》《石头与人——贵州岩石建筑》等；译著有《中庭建筑》。

20 陈宗晖，1952 年 7 月毕业于南京大学工学院建筑系（现东南大学建筑学院）1952 年，入同济大学建筑系任教，历任讲师、副教授、教授，著作有《建筑设计初步》（与戴复东，1982）。

21 何德铭，同济大学建筑系城市规划专业 1953 年毕业生，毕业后留校任教。

22 臧庆生，1932 年生。同济大学建筑系城市规划专业 1953 年毕业生，毕业后留校任教。

23 钟耀华，留学美国哈佛大学，专修城市规划。1945 年后，任职于赵祖康负责的上海市工务局，同时任上海市都市计划委员会秘书处技术委员会委员，曾经在圣约翰大学建筑系、以及同济大学土木系市政兼课，1952 年进入同济大学建筑系，为城市规划专业创始人之一，后长期任职上海市城市规划管理局及城市规划设计研究院，退休后又在同济大学城市规划专业任兼职教授。发表论著：《漫谈都市计划中之设计标准》，《工程导报》，第 26 期，1947 年 7 月；《绿地研究报告》（与冯纪忠合著，上海市人民政府工务局都市计划研究委员会出版，1951 年）等。

24 哈雄文（1907—1981），籍贯湖北汉阳，生于北平。1927年清华学校毕业，1932年毕业于宾夕法尼亚大学建筑系，获得建筑科及美术科学士学位。1932年入董大酉建筑师事务所，1935—1937年任沪江大学商学院建筑系主任。1937—1943年任内政部正，1942—1949年任内政部营建司司长。1948年于沪江大学执教，后于复旦大学土木系工程系任教。1950年入交通大学，1952年入同济大学建筑系，任建筑设计教研室主任，1958年在哈尔滨工业大学任教授、建筑系主任。著作有 *Essay on western art*（1937）、*Elements of city planning*（1940）、《沪江大学商学院建筑科概况》《论我国城镇的重建》《建筑十年》《美国城市规划史》等。

25 冯纪忠（1915—2009），籍贯河南开封。圣约翰大学土木工程系肄业，1941年维亚纳工业大学建筑系毕业，获建筑师文凭。1947—1952年任同济大学土木工程系教授，1949—1955年任上海市工务局都市计划委员会委员，上海市市政建设委员会顾问。1952年以来任同济大学建筑系教授、系主任，国务院学位委员会第一届学科评议组成员，中国建筑学会理事等，是美国建筑师协会荣誉资深会员（1987）。论著有《武汉医院》《建筑空间组合设计原理述要》《组景刍议》《横看成岭侧成峰》《上海城市发展纵横谈》《屈原·楚辞·自然》《方塔园规划》《城市旧区与旧住宅改建刍议》《人与自然——从比较园林史看建筑发展趋势》《"何陋轩"答客问》等。

26 1958年同济大学建筑系并入建筑工程系，王达时任系主任，冯纪忠、黄作燊任副系主任；城市规划专业并入城市建设系，系主任为谢光华，翌年李德华任副主任。1962年建筑系由建筑工程系分出，冯纪忠任系主任，黄作燊任副系主任，唐云祥任中共党总支书记。

27 1959年第一批五年制学生毕业，1961年第一批六年制学生毕业。

28 龙永龄（1936—2015），1959年同济大学建筑系毕业，后留校任教，曾和葛如良教授共同设计"习习山庄"。

29 贾瑞云，1961年同济大学建筑系毕业，后留校任教。

30 罗维东（1924—2014），籍贯广东三水。1945年重庆中央大学建筑系毕业，获学士学位。1952年毕业于美国芝加哥伊利诺伊理工大学（IIT），获建筑科学硕士学位。1945—1952年在上海中国银行建筑科、中国海关总署建筑科从事工作。1952—1953年就业于导师密斯·凡·德·罗的建筑师事务所。1953年回到上海，至1957年2月任同济大学建筑系副教授。1957年6月在香港创立"香港建业工程设计公司"；1976年以来，在台湾创立"台湾罗维东建筑师事务所"。作品有：北京瑞士酒店（又名"港澳中心"）、上海维多利亚广场、青岛世界贸易中心、香港九龙尖沙咀新世界中心、香港九龙美丽华大饭店、香港华都酒店（现更名为"柏宁饭店"）、香港中环新世界大厦、高雄汉来大饭店、台北市来来喜来登大饭店、台北市来来百货公司大楼等。

31 赵秀恒，1938年12月生，天津人。1956年考入同济大学建筑系，1962年毕业后留校任教，同济大学建筑系教授。1993年获国务院政府特殊津贴专家证书，1995—1998年任同济大学建筑系主任。主要研究包括建筑设计基础新体系、中日两国建筑教育比较和城市景观控制理论等。主要作品有：上海中兴剧场改建、无锡市商业幼儿园、曲阜孔庙文物档案馆、泰兴国际大酒店、浦东新区行政文化中心总体实施规划、清华大学大石桥学生公寓等。

32 明成楼即今天建筑与城市规划学院B楼，1987年建成。

33 蔡婉英，1959年入同济建筑系，曾和罗小未合编《外国建筑历史图说》。

34 吴光祖，1932年生，江苏兴化人。1959年清华大学建筑系本科毕业，1963年清华大学建筑系研究生毕业，师从梁思成先生，论文研究课题为"中国现代建筑（1949—1959）"，1964年入同济大学建筑系，任教师，教授"中国建筑史"，曾为《弗莱彻建筑史》（20版）编写中国近现代部分，著作还有《中国现代美术全集：建筑艺术1》等。

35 梁友松，1930年2月生，长沙人。1952年毕业于清华大学建筑系。1952—1953年任清华、北大、燕京三校建委会技术员，1953—1956年为清华大学建筑系研究生，1956—1958年任同济大学建筑系助教，1979—1990年历任上海园林设计院建筑师、总建筑师。1990年起任上海园林设计院顾问，享受政府特殊津贴。译作有《在全苏建筑工作大会上的报告》（布尔加宁）；论文有《上海的园林绿化》（意大利杂志《反空间》）、《我看徽州民居》（全国民居学术会议幡港壮的报告、香港建筑署召开的学术会议上的报告）等。

36 王达时（1912—1996），江苏宜兴人。1934年毕业于交通大学土木工程系，1938年获美国密歇根大学土木工程硕士学位。回国后，曾任复旦大学教授、交通大学教授、工学院院长。1949年后，历任同济大学教授、副校长、高等工业学校建筑结构类专业教材审编委员会主任；中国民主同盟盟员，1956年加入中国共产党。专于钢结构及结构力学，对薄壁结构与构件的非线性有限元解析有较深研究，著有《高等结构学》。

37 葛如亮（1926—1989），浙江省宁波市西坞泰桥村人。上海交通大学毕业后，1952年转入同济大学，1953年由组织推荐到清华大学建筑设计系研究生院深造，师从梁思成、林徽因等教授。学成后开始了对体育、大跨度公共性建筑的设计研究。与冯纪忠教授等应邀参加建国十周年庆典人民大会堂的工程设计。后任福建泉州大学建筑系教授、系主任、博士生导师，上海建筑学会设计委员会理事，中国建筑学会创作委员会委员。主持设计项目有：国家体育中心，上海黄浦、济南、唐山、郑州、长春、桂林等一批体育建筑，以及浙江省内的著名旅游景点，瑶琳仙境、灵栖景区、桐君山、仙都景区、天台石梁飞瀑、碧东坞风景建筑等。结合教育实践编写教材，完成66项科研成果，发表《大型公共体育设计研究》等论文30篇，曾主编《体育场馆设计论文集》，首创的《视觉质量分区图》被世界建筑同行公认为《葛氏视觉质量分区图》。

38 来增祥，1933年生。清华大学建筑系肄业，1960年毕业于原苏联列宁格勒建工学院建筑学专业，获俄罗斯国家资质建筑师。长期从事建筑设计、室内设计的教学工作以及建筑与室内设计的工程实践，为国务院特殊津贴专家。学术兼职：中国室内建筑师学会副会长、上海市建筑学会室内外环境设计学术委员会主任、中国建筑装饰协会高级顾问、上海市人民政府建设中心专家组成员等。曾获奖项：上海市重点工程个人立功奖章、上海优秀建筑装饰专业设计一等奖、北京人民大会堂国宴厅装饰设计荣誉证书、北京人民大会堂上海厅装饰设计荣誉证书等。

39 董鉴泓，1926年生于甘肃天水。同济大学教授，博士生导师。曾任城市规划教研室主任、建筑系副系主任、城市规划与建筑研究所所长、中国建筑学会城市规划学术委员会副主任委员。现任《城市规划汇刊》主编、《同济大学学报》编委、中国城市规划学会常务理事。主要著作有《中国城市建设史》《中国东部沿海城市发展规律与经济技术开发区规划》等。

40 赵汉光，1949年入圣约翰大学建筑系，1952年入同济大学建筑系，1953年毕业，后留系任教。

41 朱亚新，1950年入圣约翰大学建筑系，1952年院系调整后入同济大学建筑系，1953年毕业，后留系任教。

42 史祝堂，1950年入圣约翰大学建筑系，1952年院系调整后入同济大学建筑系，1953年毕业，后留系任教。

43 同济工会俱乐部，于1956年建成于同济新村内，设计者有李德华、王吉螽、陈琬、童勤华、赵汉光、郑肖成等教师，建筑结合江南民居的朴素形象和现代建筑中流动空间的思想。1993年中国建筑学会四十周年时授予该作品"中国建筑学会优秀建筑创作奖"。

44 金经昌（1910—2000），生于武昌，后迁居扬州。1931年9月考入同济大学土木系，1937年毕业。1938年秋去德国达姆斯塔特工业大学深造，先后就读道路及城市工程学与城市规划学，1940年春毕业。1940—1946年任德国达姆斯塔特工业大学道路及城市工程研究所工程师，1946年底回国，任职于上海市工务局都市计划委员，参与完成当时的上海市"都市计划总图一、二、三稿"。1949年后，继续担任上海市建设委员会及规划管理局的顾问等职务。1947年起于同济大学土木系任职，较早在国内开出"都市计划"课，1952年院系调整后入同济大学建筑系，成立了由其任主任的国内最早的城市规划教研室，成为中国城市规划教育事业的奠基人。主要论著有《城市规划概论》《上海大连路实验小区规划》《城市道路系统的规划问题》《城市规划的目的是为人民服务》等。

45 1956年左右，同济大学建筑系主任冯纪忠先生在当时的设计教学中提倡了"花瓶式"体系的教学方法，指六年制的设计课程系列具有"收－放－收－放"形如"花瓶"的结构模式。在低年级时，要求学生先适当了解构成建筑的基本因素，此为第一次"收"；在此基础上，学生开始发挥自由想象力，不受经济、结构等实际因素的过多约束，挖掘自身潜能，进行创造性设计，此为第一次"放"；放到一定程度后，教学中逐渐加入结构、物理、经济等课程，学生在设计时，必须受到这些因素的制约，此为第二次"收"；待学生们基本掌握了这些要求之后，毕业设计时进入第二次"放"的阶段，这时学生对限制因素已经有所掌握，便可以在更高的层次上进行自由创作。

46 卢济威，1936年11月生。1955—1960年就读于南京工学院，1960年毕业，之后入同济大学，历任助教、讲师、副教授、教授、博导。1986—1995年历任同济大学建筑系副主任、主任、主任兼建筑城规学院副院长，全国高校建筑学学科专业指导委员会委员、全国高校建筑学专业教育评估委员会委员、上海建筑学会理事、建筑规划委员会主任。早期从事山地建筑研究，1986年设计建成的无锡新疆石油职工疗养院，入选世界权威建筑史书 *A History of Architecture*（1996）。出版我国第一部全面系统研究山地建筑设计的专著《山地建筑设计》（2000）。后期从事城市设计创作与理论研究，完成30多项设计，获优秀设计奖多项。出版论著《城市设计机制与创作实践》《建筑创作中的立意与构思》等。

47 郑肖成，1955年同济大学建筑系毕业，后去重庆工作，1958年入同济大学建筑系任教，"文化大革命"时调入上海轻工设计院。

彭一刚院士谈城市景观风貌及规划建设

**受访者
简介**

彭一刚

男，1932 年 9 月生，安徽合肥人。1950—1951 年在北方交通大学唐山工学院建筑系学习；1952—1953 年随院系调整先后在北京铁道学院和天津大学土木建筑系学习；1953 年 7 月毕业后留天津大学任教；1991 年起享受国务院发放的政府特殊津贴；1995 年当选为中国科学院院士；2003 年获得梁思成建筑奖；2006 年获中国建筑教育奖；曾任国务院学位委员会第三、四届学科评议组建筑学学科召集人，第八届和第九届全国政协委员、民盟中央委员、民盟天津市委常委等。

采访者： 李浩（中国城市规划设计研究院）

访谈时间： 2017 年 7 月 29 日上午

访谈地点： 天津市南开区天津大学四季村彭一刚院士府上

整理时间： 2017 年 8 月 12 日

审阅情况： 经彭一刚先生审阅修改，于 2017 年 8 月 26 日定稿

访谈背景： 《八大重点城市规划——新中国成立初期的城市规划历史研究》一书和《城·事·人——新中国第一代城市规划工作者访谈录》第一、二、三辑正式出版后，于 2017 年 7 月呈送给彭一刚先生审阅。彭一刚先生阅读有关材料后，应采访者的邀请访谈。

彭一刚先生，拍摄于 2017 年 7 月 29 日　　　　彭一刚先生与蔡玉森女士结婚后的合影（1962 年）
引自：《往事杂记》

李　　浩　以下简称李
彭一刚　以下简称彭

　　| 彭　你做的这项研究工作挺不错，规划史研究很重要。几本书中有大量的第一手档案资料和第一手访谈，非常珍贵，看得出你下了很大功夫。

李　晚辈这次过来拜访您，很想听听您的一些指导意见。另外，还想向您请教一些具体问题。比如，对于中华人民共和国成立初期学习苏联经验和"苏联规划模式"，您有何看法？

对"苏联规划模式"的认识

　　| 彭　苏联的城市，从我们上学的时候所看到的东西来看，以莫斯科最为典型，没有西方国家的那些设计手法。莫斯科的规划也就是一圈一圈，几个大环线，再加上几条辐射的线，形成一种模式。对于城市其他方面而言，这种形式有点局限。因为城市问题很复杂，涉及社会学、心理学、美学，还有经济，等等。过去，苏联都是搞功能分区，文教区、工业区等，把工业区放到边上。西方国家的城市发展模式，我觉得比苏联的活，比较强调有机的发展，在这一点上比苏联要有些优越性。

李　苏联的政治意识比较强，这可能对城市规划与建设设计有些束缚。

　　| 彭　政治干预得比较厉害。苏联的审批机制跟我们差不多，一级一级审批。官方思想的影响也比较明显，你如果不照着这个模式做，他就不点头，不批。

　　前段时间，我在天津市的一次城市规划会议上有个发言，我说天津市是殖民城市，每个殖民地都有一摊，各自为政，互相也不干扰，结果就形成多中心。1949 年以后，看起来显得特别的散，没有形成一个有机统合的整体。其实共和国成立初期也是下过很大的力量，想把它统合成一个整体，形成一个明确的中心区，但是搞不起来。为什么搞不起来呢？这么大一个城市，又是经过了很长的殖民时期的发展，各个区都有自己的一套东西，要是把那套东西打乱了的话，整体就乱套了。我们总是想找一个机会，把它们整合在一块儿，搞一个中心广场什么的，很强烈的市中心，但始终没有搞起来。过去那些年，搞过一个主席台，搞得像天安门那样，每年一些大的节日，市领导可以集会或检阅游行什么的。

彭一刚先生在自制模型陈列架前的留影　　　　彭一刚先生人物素描画：徐中先生

（1912—1985）
引自：《建筑师笔下的人物素描》

李　1959 年国庆十周年，应该是个机会吧？

｜彭　那时也没有搞起来。那个地方从来也形不成中心。这是因为人为的搞，不符合自然规律的话，没用。这样一来，天津的城市面貌就显得特别乱，也没有像北京那样的"棋盘式"的街道。北京的街道南北东西，几纵几横，显得那么清晰。很多人到天津来，都说找不到方向——天津的不少街道尽是斜的。这一点，在过去来看是个很大的弱点。

李　现在，这反而成天津的特色了。

｜彭　从城市特色的角度看，天津市反而比别的城市显得更活泼，景观也显得更富有变化。当然，1949 年中华人民共和国成立以后做了整合工作，也不能说一点用处没有。但从大的格局看，天津就是多中心，给人的感觉是特色比较鲜明。比如英租界的五大道现在成了旅游的热点，意租界也形成一个意式风情区，法租界则成为商业区，等等。这样，反而显得比别的城市更富有变化，有点生机盎然，坏事变成好事了。

我去市里讲话以后，大家觉得我讲得比较实际。天津本来是显得乱，过去这是缺点。现在审美观念一改变，特别是后现代思潮出现以来，过分讲究统一、过分讲究秩序、过分讲究中心等，这些观念反而被否定了。结果，缺点便转变为特点了。天津的这种特点，跟上海不一样。别看上海也是一个殖民城市，但是它多中心的感觉不如天津明显，不如天津强烈。天津各个有特色的区域，都按照自己的特点来发展，没有过于明显的统一感，或者说没有过分强烈的秩序感。这完全不像北京老城的核心区，有二环、三环、四环等。

李　北京单中心的特点比较突出。

｜彭　北京的城市布局形式，有点像莫斯科的城市规划。这种形式，可能也有它的好处，但是给人的感觉，就会很容易造成各个城市千篇一律。现在，比北京小的一些中等城市，基本上也是按照这个思路在发展。比如我的老家合肥，也修了环线，修环线必然就得有辐射线，要不然环和环之间就没有办法联系。

天津市八国租界位置图
引自:《天津市城市规划志》

天津市区 1949 年现状图
引自:《天津市城市规划志》

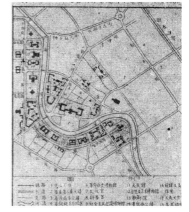

天津市初步规划图(1959 年)
引自:《天津市初步规划图》

1959—1960 年,天津市先后完成中心区详细规划的两个方案。左图为正方案,省级行政机关(当时天津为河北省省会)的主楼呈正南北向,基本上不考虑现状房屋和道路等市政设施的利用;右图为斜方案,省级行政机关的主楼向西倾斜 17°,面向海河河湾,该方案对现有道路有所利用,比较结合地形
引自:《河北省天津市规划资料辑要》

城市美学与景观风貌

李 彭先生,您长期关注和研究建筑美学,从城市美学的角度,您对现在一些城市的景观风貌有何评价?

｜彭 从建筑学和景观的角度来看,要避免"千城一面"。我觉得多中心要比单中心好一点。莫斯科红场是一个中心,有条莫斯科河,很像我们天津与海河那样,在那儿拐了一个弯,外面就是一圈一圈的。北京现在的做法,基本上是按照莫斯科这个模式走。你看北京的六环都到什么地方了? 如果再修七环的

话，恐怕连天津都圈进去了。北京市要到首都机场的 3 号航站楼，多远啊！绕啊绕。去一次机场，提前一个小时都不行。现在有地铁和机场快轨，可能会好一点。现在不是要在廊坊建个机场吗？这样做的话，将来可能对打破这种单中心的格局有点好处。天津和北京基本上可以共用这个机场。当然，不光是天津和北京，河北省的一些城市，都有可能让新机场成为大家共享、共用的基础设施。我觉得这个办法比较好。

我觉得天津最大的特点就是多中心，各个中心的主次也不是特别分明。当然，有的地方好一点，有的地方差一点。但总的来讲，天津的发展不是单核的，而是多核的。它的道路系统等，虽然不整齐，但却比较灵活。由于大的骨架是这样，具体到局部区间的 block（街区），做起来变化可能会多一点。

我是建筑出身，认为现在的城市，包括人口、土地、经济发展区、技术开发区等，非常复杂，要想把它纳入某一个模式里很难。特别是对于大中城市来讲，还是顺其自然比较好。有的城市，地形还有变化，不是在平地上，就更要顺其自然。

我在欧洲考察，看到有些城市非常漂亮，比如布拉格，有山有水，高低起伏。它的城区有老城、外城和新城，总的来讲非常协调，所谓"千塔之城"，看起来非常漂亮。城市轮廓线，在大城市起不了什么作用。北京的轮廓线，从哪儿看呢？是找不到地方看的。巴黎的埃菲尔铁塔那么高，应该说成为整个巴黎城市景观的重要元素，但是，巴黎六层楼的老房子密密麻麻的，在里面根本就看不到铁塔。

对于现在的特大城市来讲，城市的轮廓线基本上没有什么意义，因为看不到，怎么设计都看不到。布拉格就不一样，在城市任何一个点，它的轮廓线都是非常漂亮的。你去过布拉格吗？

李 还没去过。

丨彭 有机会一定要去看看。（彭一刚先生找书中……）

我对布拉格非常感兴趣，过去有一本画册，叫《布拉格新城堡画册》，现在这本书找不到了。当时没有彩色胶卷，也不能复印、拍照，就只能用手画。现在如果有这本书的话，就好办了，可以复印、扫描或拍照。这本书只有 12 张图，我临摹了其中的 7 张，是用水粉画的。从这些图中可以明显看出，布拉格这个城市的轮廓线，不只在一个地方，在很多地方都可以看见。

李 您的这些水粉画，是什么时间临摹的呢？

丨彭 "文化大革命"刚结束，改革开放初期。

李 那就是 1980 年前后？

丨彭 对。布拉格的那些轮廓线非常漂亮。我认为，城市不要搞得太大，不要搞得太模式化。要用板块的思维，切割成很多小的板块，每个板块都有自己的特点。再把板块连接起来，其中可以突出一两个板块。

比如上海，徐家汇一带和浦东的陆家嘴，这两块比较突出；还有上海历史博物馆和人民公园那一带，起码可以形成几个块。上海比北京要活一点，浦东、浦西是城市整体上的两大块，两者又被切割成一些小块，功能上做得比较合理，他们有个框子在那儿框着。而北京现在已经基本定局了，不好办了。现在，中央也提出来了，北京非中央的机关往通州那边搬。

李 还有雄安新区。

丨彭 对。这就是"瘦身"。也该瘦身了，人那么多，车子那么挤，有什么好？

彭一刚先生临摹的布拉格新城堡画之一
彭一刚提供

彭一刚先生临摹的布拉格新城堡画之一
彭一刚提供

关于"梁陈方案"

李 中华人民共和国成立初期有过一个著名的"梁陈方案"——梁思成先生和陈占祥先生共同提出，在北京西郊建设一个新的行政中心，避免对旧城的破坏。对此，您有何看法？

｜彭 这个方案，思路很好，但不切实际，在当时不可能完成。那时候，我们的经济水平是什么样？经过八年抗战和三年的解放战争，穷得一塌糊涂。如果另起炉灶，搞个新城，即便搞出来了，也只能因陋就简，到现在恐怕也得拆了重建。那时候，就只能往老城里挤呗。当然，把老城破坏了，很可惜，城墙拆了也很可惜，现在想再恢复也不可能了。根据当时的现实条件，这也是没有办法的事情。

不过，西安还是保留了城墙，也实现了城市的现代化。西安现在不也现代化了嘛？！把城墙打几个豁口，就行了。南京也保留了一部分的城墙，现在成了宝贝了，舍不得拆了。天津的老城，原来也是有城墙的，有鼓楼什么的，很小一点点，当时要保留起来，作为文物，可是里面的房子太破太旧，生活条件实在太差。天津市也征求过我的意见，我去看过。说实话，这样的东西，即便保留起来，可能也没有太大价值。

就城市规划而言，我们建筑学方面关注较多的，也就是城市景观。在过去文艺复兴的时代，或者更早以前，城市规划工作主要属景观设计的范畴，也就是怎么样把房子组合得好看一点。在这个问题上，建筑师可以拿主意。后来城市规划有了很大的发展，景观设计已经降为次要的内容了，城市规划更多地涉及城市的经济、人口和交通等，就这些内容而言，建筑师已经边缘化了。

好多著名的建筑大师，比如弗兰克·劳埃德·赖特（Frank Lloyd Wright）、柯布西耶（Le Corbusier）、丹下健三等，他们都搞过理想的城市规划，结果如何呢？一个都实现不了。因为他们考虑的问题太单一，更多的只是从景观上考虑问题。柯布西耶的"现代城市"，赖特的"广亩城市"，这些想法很好，但根本做不出来，大家都觉得是乌托邦，是空想。这样的规划设计思想，在古代还可以，因为那时候根本没有什么现代工业，都是手工作坊，也没有汽车，他们完全可以更多的从城市形态来考虑。但是，现在的情况完全变了，城市的结构复杂得要命，涉及的方面太多。

比如说兰州这个城市，我去实地考察过，沿着黄河呈带形发展，那倒好，一条主干线把所有问题都解决了。问题在于，像兰州那样的城市规划模式，并不是所有的地方都适合。

李 并且在兰州，交通的成本比较高，从东到西有几十公里长。

┃**彭** 东西拉得很长，有一条主干线，就跟日本一样，一个新干线把几个大城市都连起来了。

总的来讲，我是城市规划的外行。如果让我谈很多很细、很深刻的内容，比如交通什么的，我也说不上来。城市规划涉及的很多问题，包括土地问题，人口问题等，我对这些不是很有兴趣。很多场合，人家找我去评审规划方案，我都说"你找错人了"。有老朋友还对我说，你别说你不懂规划，那么谦虚干嘛？建筑师如果不懂规划还叫建筑师吗？我说实事求是，你总不能让我不懂装懂吧！我确实不是很懂规划。

好多地方找我去评审项目，我本来以为是建筑设计，结果到那里一看，不是建筑设计，而是规划。比如广东的虎门，林则徐销烟的那个地方的一个项目，我原以为是建筑设计，结果一看是规划。请的大都是规划的专家，我还是专家组组长。这简直就是外行领导内行，实在可笑。

节日的天安门广告（1959 年）
引自：《建筑十年——中华人民共和国建国十周年纪念（1949—1959）》

对北京和天津城市景观的评论

李 彭先生，刚才谈到城市景观风貌，对于北京和天津这两个城市，您有什么具体的看法？

┃**彭** 这些年来，经过一再的改建，天津的城市景观有不少进步。如果你有时间，可以晚上到海河乘船游览，两边灯火辉煌，这比过去好多了。从景观来讲，天津的某些条件在北京是做不到的。北京的河流不在中心区，而天津海河从中心区穿过，两边的建筑都是近十几年新盖的，从风格来讲有，有一点西洋古典的味道，这是老天津文化的传承，晚上灯光效果还是挺好的。

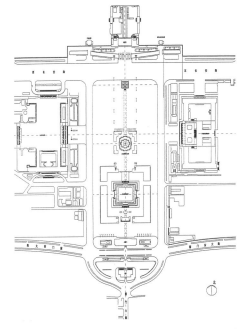

北京天安门广场平面图
引自：《城市设计概论：理念·思考·方法·实践》

北京的天安门广场，很庄严，很雄伟，很整齐，一边是人民大会堂，另一边是历史博物馆。但是，人民大会堂跟历史博物馆的距离有 500 多米[1]，天安门广场全是硬地面，夏天热得要死，冬天冷得要死，树也不多。再说，那种大型集会是很少有的，即使阅兵也就是在有纪念意义的年份举行，比如国庆几十周年或者每逢十年，平常也不阅兵。莫斯科的红场，比我们的天安门广场面积小多了，而且是个窄条，也不规则。尽管如此，苏联照样在里面搞阅兵，坦克、大型火箭都能走。我们的天安门广场的尺度，给人的感觉还不如红场。因为红场面积小，围合感就很好，一边是克里姆林宫，一边有一个五六层的商场，另外两头是两个大教堂，地面铺的是砖和石块，给人的感觉比天安门广场要亲切。天安门广场给人感觉不亲切，太呆板，没有变化，而且特别缺少绿化。

莫斯科红场旧貌及平面图（1957 年前后）
引自：Москва: планировка и застройка города（1945—1957）

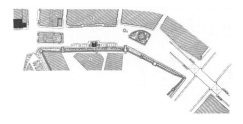

李 不太人性化。

｜彭 太缺少人性化了。有专家做了天安门广场的改建方案，我看过，也不是太成功，当然也并没有被采纳。

李 中华人民共和国成立初期，曾对长安街进行改建，您对长安街有什么看法？

｜彭 长安街也不太精彩。它就是一条交通大道，两旁没有商业，连一个饭馆都找不到，人气不旺。

李 您的观点跟齐康先生很接近，他也说"长安街是条交通大道，不是长安大街"[2]。

｜彭 上海的南京路就不一样，南京路的街道尺度比较小，买东西的时候，这边看看，再跑到对面看看，现在也基本上没有车行道了，很安全。从黄浦江那边往静安寺方向，一直过到西藏路，很长一段距离基本上是人行道。西藏路也蛮热闹的。

莫斯科的城市空间结构（20 世纪 50 年代）

李 上海的城市街道尺度，比较好地延续了过去的历史状况，空间感觉比较亲切。

彭 北京还不行。只有王府井一带还不错，虽然拓宽了，但是没有拓得太宽，那一段很短，也不是很吸引人的。就北京而言，真正吸引人的，还是颐和园、故宫、北海等，还是老的比新的更有趣一点，新的不是太成功。如果把北京跟华盛顿比较的话，我觉得华盛顿的政治中心设计得真好，真是有大国首都的风度。政府的各个部门，大的博物馆什么的，都在那条中轴线上，那条中轴线也不短呢，好几百米。

苏联专家在天津

李 20世纪50年代，中国来了很多苏联专家，有没有苏联专家到天津来指导城市规划建设？

彭 他们也来指导过，到天津的百货大楼一带考察过。

李 比较有名的几个苏联专家，譬如穆欣，他是莫斯科建筑科学院的通信院士，还有巴拉金、克拉夫秋克以及经济学家什基别里曼等，您还有印象吗？

彭 穆欣来过天津。这些苏联专家过来，都是天津规划局的同志陪同他们去考察的，我在天津大学，跟他们接触不多。当时，我们天大连城市规划专业都还没有正式成立，只是在酝酿成立之中，还只是"城市规划专门化"，或者说是毕业设计中划分的一个组而已。

那时候，城市规划专业的毕业设计，现在看来都是在十字路口的地方有一个中心，工业区放在哪，文教区放在哪，商业区放在哪，等等，类似现在所讲的城市设计。当时都是按照苏联模式做的，也就是我们的一些传统再加上苏联专家的指导思想。这种模式，现在基本上都没用了，没有什么参考价值，我也不喜欢。

李 说到穆欣，您好像还有点印象？

彭 穆欣名气大呀！但我也没有见过他本人。

李 当年，有的学校专门有苏联专家前去指导教学，参与教学，像清华大学。有没有苏联专家专门来天津大学指导教学的？

彭 没有。我们当初也没有城市规划这个专业。建筑学方面，倒有苏联专家来讲过学，但没有常驻的。说实在话，我本人对城市规划的兴趣不是太大，我的兴趣全部集中在建筑设计上。

李 建筑美学和建筑创作。

彭 对，整体上也就是属建筑学的范畴。

李 建筑学方面来过天津大学指导教学的苏联专家，具体是谁？

彭 主要就是阿谢甫可夫和勃列霍契克，他们是建筑学方面的苏联专家，这两人我接触的相对比较多。另外，我们天津大学建筑系的系主任是徐中先生，他对苏联不怎么看好。来天大的第一个苏联专家阿谢甫可夫还不错，为人也比较谦虚。第二次来的是勃列霍契克，简直是趾高气扬，有一股大国沙文主义的味道，其实他本身是工民建的，兼一点建筑学而已。他指导的毕业设计，徐先生说只能给3分——在一个大穹屋顶上放一个中国的小亭子，尺度根本不对。所以，徐中先生对学习苏联也没有兴趣。

有一次，我问过徐先生："哈尔滨不是有很多俄式的建筑吗，您怎么看？"他说，不怎么样。我又问："苏联建筑呢？"他说，也就是蹩脚的西方古典建筑，意思就是差劲的西方古典建筑。我再问："那俄国传统的建筑呢？"他说，他们的传统就不够精彩。一个教堂，蒜头顶，大大小小的，颜色、图案什么的都不一样。这种情况，说实在的，如果要按照多元统一的原则来讲，连这条基本原则都没有做到，杂七杂八的。现在人们看惯了，觉得很热闹，其实就审美的趣味而言，并不高雅。

李　您刚才说到阿谢甫可夫和勃列霍契克这两个苏联专家，他们在天大这边大概待了多长时间，一两个礼拜吗？

　彭　待了很短时间。阿谢甫可夫是来讲学的，也看了我们的设计图，也提了一些意见，表扬一些，批评一些。勃列霍契克过来，是参加五年制教学计划的修订讨论。在那次会议上，中国的很多专家，如杨廷宝等都来了，但勃列霍契克就是目中无人。徐先生说，他知道不知道杨老还是国际建协的副主席呢？他算老几？总的讲，勃列霍契克自己设计的东西和指导学生的作业，真不怎么样。不要说徐先生，就连我都看不上。再加上作风又那么恶劣，趾高气扬的，把中国的学生作业说得一无是处。

李　徐中先生应该是天津大学建筑系早期比较灵魂性的人物，可以这么讲吧？

　彭　徐中先生是天津大学建筑系的创始人。徐先生的基本功非常好，修养也高。过去东长安街有个贸易部大楼，是徐先生设计的，现在已经拆掉了，做得真不错。某些知名的建筑大师所做的仿古建筑与它相比，根本不在一个水平上。这座建筑很有创意，用的材料也非常便宜，但做出来很有味道。可惜后来长安街要拓宽，刚开始时只是拆掉了一部分，再后来由于要阅兵，也就是国庆60年那次阅兵，又要拓宽，结果它（贸易部大楼）便被全部拆光，非常可惜。徐先生其他的设计作品不是很多，主要是因为过去的教学不像现在这样，一方面搞教学，一方面还可以搞生产——设计房子。那时候没有这种情况，我们在教书的时候，就是一门心思教书，做示范图，出题后还要试作，成天忙于备课。

所以，我们天津大学的学生基本功都非常好，比如说崔恺、周恺，还有李兴刚。每次大学生设计竞赛，我们学校拿的奖都是很多的。

清华大学教师陪同苏联专家阿谢甫可夫在明十三陵考察时野餐
左起：杨秋华、赵炳时、阿谢甫可夫、吴良镛（1953 年前后）
引自：《匠人营国：清华大学建筑学院 60 年》

贸易部办公楼：徐中先生设计的代表作（1954 年）
引自：《德以立教，严以治学——记天津大学建筑系
创始人徐中先生》

建筑师的形象思维与逻辑思维

李 众所周知，您的钢笔画非常棒，您这样的绘画能力，是在上大学之前就有美术的爱好和训练吗？

彭 不是，是在上大学以后。上大学时，学校里有好多图书，比如钟训正先生编了好几本图集，那些原书我们都有。一看那些书，就很吸引人，所以我就照着临摹。大学毕业以后，有时需要发表文章或者出书什么的，但当时的印刷质量不行，纸也不行，如果用照片的话呢，就会黑乎乎的一片，在这样的情况下，我就全部用徒手画。比如说《建筑空间组合论》那本书中的图，都是我画的。还有《中国古典园林分析》那本书，其中的插图也全部是用手画的。手画的效果比照片要好多了。

另外，在我画图的时候，还可以根据我的意图，想突出什么就突出什么，不想突出的地方就淡化一下。

李 也就是说，在画图的过程中，有思想性在里面。您小的时候学过美术吧？这是受家庭影响吗？

彭 小的时候就很喜欢美术和绘画。完全是自己的兴趣，没有家庭的影响。

李 那么，您在大学时选择学建筑，又是什么原因呢？

彭 其实，在中学时，我的数理成绩是相当好的，美术也相当好。考大学时，我觉得两个东西都舍不得丢掉。最后一看，如果学建筑学的话，这两个东西都有用。换句话说，我的形象思维和逻辑思维都可以派上用场了。有的人，光会画画，逻辑思维能力不太强，做设计也做不大好。建筑设计这个工作，就是两方面的要求都不可缺少，做出来的东西要条理清晰，主次分明，功能合理，结构简明。总之，一切都要合乎逻辑。

李 20 世纪 50—60 年代，您在天津大学教书的时候，主要教哪些课呢？

彭 主要教设计课。那时候，我们对学生的基本功要求非常严格，学生画图的时候，我们都是去现场盯着的，如果画坏了，就要重来。有的时候，我们还替学生改图。

彭一刚先生设计作品之天津大学建筑学院
李浩摄于 2017 年 7 月 29 日

彭一刚先生设计作品之天津大学（北洋大学）百年校庆纪念碑亭
引自《感悟与探寻：建筑创作·绘画·论文集》

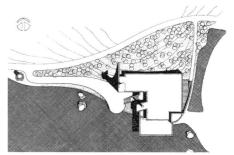

彭一刚先生设计作品之甲午海战馆

甲午海战馆（总平面图）

引自：《感悟与探寻：建筑创作·绘画·论文集》

从《建筑绘画基本知识》《建筑空间组合论》到《中国古典园林分析》和《传统村镇聚落景观分析》的创作历程

李 您的《建筑空间组合论》这本书非常著名，学建筑学和城市规划的学生几乎人手一本，您大概是从什么时间开始酝酿编著的？

｜彭 酝酿的时间很早。说实在的，"文革"以前就开始酝酿了。因为在教学中感受到，学生苦于得不到建筑构图方面的知识，可是，在课堂上，由于时间的局限，又不可能很系统地给学生讲清楚这些道理。如果改图呢，改一个又换一个。再加上构图原理本身又多少有一点抽象，有点靠感觉，难以捉摸，久而久之，师生之间就会由于缺少共同语言而有所隔阂。所以，我很早就想系统地编一本书，帮助学生入门。

李 您的这个想法，应该是在（20世纪）50年代末前后就开始有的吧？

｜彭 对，差不多就是（20世纪）50年代末期，那时候就开始酝酿。但是，1958年前后，全国搞教学大辩论，极左思潮开始泛滥，搞建筑构图研究很容易被批判为"搞形式主义"，甚至是"有违党的建筑方针"。在这种情况下，写书的念头很难实现。到"文革"开始后，就彻底搁下来了。

彭一刚部分著作（封面）

"文革"结束了之后，这件事又重新拾起来。1978 年 6 月，由我执笔，以天津大学建筑系的名义，出版了《建筑绘画基本知识》一书。此后，又用 3 年多的时间，写成《建筑空间组合论》，1983 年 9 月正式出版。这本书重印好多次 [3]。2005 年 8 月和 2008 年 6 月，又分别出版了第二版和第三版。

李 您在编著《建筑绘画基本知识》和《建筑空间组合论》的过程中，经历过挫折吗？

┃**彭** 我写这本书，既没有人支持，也没有人反对。这种情况，不像冯纪忠先生。同济大学批判冯先生的建筑设计理论是西方资产阶级的学术思想，结果冯先生很是恼火，备受挫折，他的很多想法都没有实现。我在天津大学做这件事，基本上没有人管。我自己画图，再写文章，一气呵成。

李 我读过您的一些文章，包括您在获得"梁思成建筑奖"之后的创作感言 [4]，其中谈到，您做好多事情都是凭着兴趣。

┃**彭** 对，都是兴趣。兴趣对一个人的为人处世和工作态度有很大的影响，我是兴趣驱动型的，不感兴趣的东西我不会花时间。凡是有兴趣的事，我都乐于去干，有时甚至达到痴迷的程度。

李 《建筑空间组合论》出版之后，您又开始把兴趣转向了古典园林的研究？

┃**彭** 研究古典园林，不是在《建筑空间组合论》完成后才开始的，而是在（20 世纪）50 年代中期一开始就开始研究。但因为有给学生提供教材的实际需求所驱使，把《建筑空间组合论》这本书放在前面进行。《建筑空间组合论》出版之后，马上就投入古典园林的研究，1986 年 12 月出版了《中国古典园林分析》。

在这本书的研究过程中，我们到苏州去调研的时候，根本就没有什么现成的资料，没有图纸，《中国古典园林分析》中的好多图都是我们在现场凭感觉画出来的。我的这本《中国古典园林分析》出版以后，陈从周他们才去搞测绘，结果一对照，他们根据测绘画的图跟我们凭感觉画的图在比例上几乎没有什么出入。陈从周先生对古典园林也做了很多研究，但他跟我的研究思路不一样。他主要是用文字描绘，很有诗情画意。陈先生的书是先有文字后配图。我的这本《中国古典园林分析》，是先把图做完了以后才写文字，文字是后配的。我是从设计的角度，其实也是从构图的角度来分析，讲得比较具体，而且我用图把它表达得比较清楚。

李 您后来又在 1992 年出版了《传统村镇聚落景观分析》，为什么又转到村落的研究了呢？

┃**彭** 因为园林和村落，我是把它们看成姐妹篇。园林等于是"阳春白雪"，出自文人画家的品位；村落是老百姓自己盖房子，比较大众化，即所谓"下里巴人"。我觉得《传统村镇聚落景观分析》这本书里也有很丰富的美学价值，但因为园林是阳春白雪，喜欢的人就比较多，所以《中国古典园林分析》这本书和《建筑空间组合论》一样，重印的次数比较多，而《传统村镇聚落景观分析》的发行量就差多了。最近，有好多人给我写信，说买不到《传统村镇聚落景观分析》，他们给中国建筑工业出版社也写了很多信，有一个人说他给建工出版社打了 6 次电话，建议他们重印。我就给建工出版社打电话，问他们：既然大家都有这个需求，为什么不重印？他们说这本书的版坏了，问我还愿不愿意重新画一遍，我说那怎么可能！那一本书我得画多长时间？再说现在年纪大了，精力也不够，眼睛也不行了。

后来，我又翻找我的资料，发现原来的稿子还留了一本复印件，基本上跟原稿一样，照片也都留着，一大本。于是出版社就把这个复印件拿去了，估计过不了多长时间，这本《传统村镇聚落景观分析》就会再版。

对城市设计的看法

李 彭先生，关于城市设计的话题最近两年非常热门，它与您的研究方向也很密切，您对城市设计问题有何看法？

彭 城市设计也很重要，它是从城市规划到单体设计的过渡。我们的很多城市和房屋建设，不能光有规划，必须要经过中间环节，如果城市设计跟不上，规划就会落空。外国人在这方面做得很好，一个板块一个板块的，根据城市规划的总体构思来做城市设计。城市设计的成果，给建筑设计提供了很有用的指导，所以建筑设计基本上就得按照城市设计来考虑。

我们现在也重视城市设计了，我参加过好多次城市设计方面的方案评审。但是，中国有个问题：地方领导干预得太厉害。一旦换一个领导，就把前一个领导批准的设计给否掉了，自己再另外单弄一套。

李 城市领导的喜好不一样。

彭 思路也不一样，都要搞自己的政绩工程，各有各的政绩，前人搞的东西算不到自己的头上。所以说，他们在城市设计工作中起了很多破坏性的消极作用。但是，有城市设计总比没有城市设计好。在城市设计方面，同济大学的卢济威教授，东南大学的王建国教授和段进教授，他们都做了不少工作。

李 关于城市设计还有几个细节问题，首先是在国家的城市规划和建筑体系里面怎么定位的问题，比如说，城市设计与以前常说的城市详细规划是什么关系？

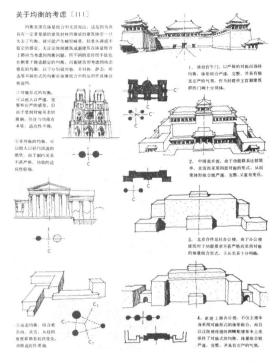

《建筑空间组合论》内文（关于均衡的插图）

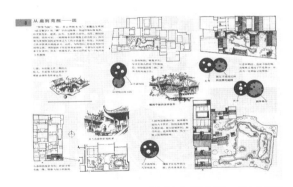

《中国古典园林分析》一书中的插图

彭 城市设计当然是从属于规划，城市设计跟城市规划的总体思想不能矛盾。但是，城市设计得把城市规划进一步细化。城市设计跟建筑设计也有密切联系。所以，好多城市设计都不是规划师做的，而是建筑师做的。城市设计对两头都得要起衔接作用和过渡作用。在这方面，我们的研究还不够。

李 现在，住房和城乡建设部已经成立城市设计的主管机构，还在开展城市设计管理办法的立法研究，您觉得城市设计的哪些方面比较重要或者说需要形成法律制度？

彭一刚先生的钢笔画
引自：《彭一刚建筑表现图选集》

| 彭 成立机构当然是好事，过去城市设计没人管，规划也不管，建筑也管不了，有这样的机构还是好的。至于怎么搞，我没有什么具体的想法。既然有了机构，就有人在抓，有了人，他们就会自己去思考和摸索，我相信慢慢就会发展起来的。

李 对于建筑学和城市规划事业的未来发展或改革，您有何期望？

| 彭 这个问题我没有想过。城市设计项目，我倒愿意参与评审，因为跟建筑的关系很密切，从规划到设计的过渡。如果没有一个好的城市设计，城市规划就要落空了。我们天津大学新校区的规划做完了以后，没有委托给任何一个设计单位，因为我们天津大学已经毕业的校友中，有那么多的优秀建筑师，就让校友回来做，比如崔愷、周恺等，都找回来。应该说，天津大学的新校区，在国内的高校中还是比较有特色的。

我只能讲这些。如果谈别的内容，我就是外行了。

李 您过谦了。谢谢您的指导！

1 1958 年，为庆祝 1959 年中华人民共和国成立 10 周年，国家对天安门广场进行改建，最终确定天安门广场的尺度为东西宽 500 米、南北长 860 米。参见：北京建设史书编辑委员会《建国以来的北京城市建设》，1985 年，49 页；董光器《古都北京五十年演变录》，南京：东南大学出版社，2006 年，166 页。

2 2016 年 11 月 9 日齐康先生与李的谈话。

3 截至 2010 年 3 月，《建筑空间组合论》已重印 35 次，累计出版达 21 万余册。资料来源：彭一刚《往事杂忆》，北京：中国建筑工业出版社，2012 年。

4 彭一刚《立足本土，谋求创新——我的创作历程》，《中国建筑学会 2003 年学术年会论文集》，2003 年。

陈伯超教授谈改革开放体会及对地域性建筑的思考

受访者
简介

陈伯超

男，1948 年生，沈阳建筑大学教授，博士生导师，教授级高级建筑师，国家一级注册建筑师，辽宁省首批建筑设计大师。兼任辽宁省土木建筑学会理事长、中国建筑学会常务理事、中国寒地建筑委员会副主任、中国工业建筑遗产委员会副主任、沈阳市委市政府决策咨询委员会城市功能组组长，以及西安建筑科技大学兼职教授、中国科学院沈阳应用生态研究所兼职（双聘）研究员等职。荣获全国优秀教师（1989）、建设部有突出贡献的中青年科学技术管理专家（1992）、建设部优秀领导干部（1995）、辽宁省优秀科技工作者（1989、2008）、辽宁省首批工程设计大师（2008）、辽宁省高等学校优秀共产党员（2006）、沈阳市劳动模范（2008）、沈阳市十大科技英才（2008）等荣誉称号、国务院政府特殊津贴（1992），以及沈阳五一劳动奖章（2007）。出版学术著作 39 部，发表论文 174 篇，其中获省自然科学学术成果一等奖 5 篇（部）、二等奖 6 篇（部）。主持完成科研项目 75 项。获省部级科学技术奖一等奖 2 项、二等奖 3 项、三等奖 8 项。主持工程设计项目 96 项，获省部级优秀设计奖一等奖 4 项、二等奖 2 项、三等奖 2 项。主持完成教学研究课题 7 项。获国家优秀教学成果奖 1 项、省优秀教学成果二等以上奖励 2 项。获中国建筑学会建筑教育奖、国家精品视频公开课主讲教师，多年从事教学工作，培养出硕士、博士研究生百余名。

采访者： 刘思铎（沈阳建筑大学）、孙鑫姝（沈阳建筑大学）
访谈时间： 2019 年 1 月 3 日、1 月 4 日、1 月 7 日下午
访谈地点： 沈阳建筑大学建筑研究所
整理情况： 孙鑫姝整理录音，刘思铎复核
审阅情况： 经受访者审阅
访谈背景： 2018 年是我国迎来改革开放的 40 周年纪念，陈伯超教授亦从事建筑教育与建筑设计 40 年，采访者通过陈伯超教授的口述，探索改革开放对其人生经历的影响以及他对地域性建筑理论的思考与实践。

刘思铎 以下简称刘
陈伯超 以下简称陈

刘 陈老师，您是"文革"后恢复高考的第一届大学生，亲历了中国改革开放的历史过程，从个人的经历来看，您如何看待改革开放？

｜陈 今年正值改革开放40周年，我是改革开放的亲历者和见证者，同时又是"既得利益者"。如果没有改革开放，我可能现在还在农村务农，也不会是今天的我。

我之所以能回城，得益于改革开放。当时我作为知青上山下乡"扎根农村干革命"，后期调到公社，那时候叫"公社革委会"，现在叫"乡政府"，在那里当干部，这在当时被称为"结合"。按当时的说法，作为知青，"结合"就没有抽调回城的指望了。到后来，关于抽调知青回城的文件一个一个的往下发，知青一波一波地往回走，唯独我没有回城的资格。直到最后，一下子下来两个文件，一是要照顾岁数大的知青，我应该是岁数最大的；另外一个要照顾已经"结合"了的知青，这恰恰是针对我这种人的。所以我说如果没有邓小平，没有改革开放，没准现在我还在农村待着呢。

没有改革开放我就更不能上大学了。现在上大学不限年龄，但那时上大学规定最大不超过25周岁，而我已经30岁了，早就没指望了，所以1977年恢复高考，刚开始时我根本没有把这事和自己联系起来。直到后来专门为这些"老青年"敞开了高考大门，我才得以挤上了这班车。没有改革开放，我哪能上大学，更不要说还是学我最喜欢的专业，这之前做梦都想不到啊！

大学刚毕业那会儿，建设的规模还没那么大，但是设计环境已经开始活跃了，各种设计竞赛成为促进学术探索与交流的一种应时方式。于是我从上大学到毕业以后，将参加各种建筑设计竞赛作为对专业热爱与追求的一种重要手段锻炼和激励自己。比如1986年的全国村镇建筑设计竞赛使我对建筑设计如何创新等问题有所体会。人们往往认为农村住宅做来做去就是那个样子，大同小异，很难有所突破。"村镇建筑"这个题目肯定不属于"高大上"的范畴，但难点在于如何在深刻了解农村生活的基础上，注入一种有深度、有创见又有现实意义的设计思想与方法。于是我结合自己在农村生活的切身体验和我国对农宅需求的实际问题，以及东北传统民居的特点，立足于利用计算机辅助设计的思路，用尽可能少的建筑构件和空间模块形式，巧妙而有规律的拼叠组合，创造出丰富的空间形态和建筑造型，设计出"北方农宅1616系列设计方案"。尽管当时尚无能力真正实现用计算机的组合设计，只能以人脑模拟的方式提出16种可行性的组合方案，但已为日后计算机辅助设计的成功介入提供了思路与铺垫，并引发对"如何独辟蹊径将建筑设计纳入现代技术的轨道""如何将地域条件和传统文化融入到现代建筑设计之中"等问题的思考。该设计获得竞赛的最高奖。1989年3月我与其他同志合作，参加了由美国和苏联联合举办的一次国际建筑设计竞赛——戴欧米德建筑设计竞赛（Competition Diomede）。我们的方案主要从设计的立意与构思入手，重在非物质的处理手法，达到竞赛所要求的"后冷战时代"的"联合"目标，同时对建筑创作应以使用要求和技术条件作为前提，探寻有创新意义及实现其艺术内涵的创作之路。该设计获得当时为数不多的国际奖，并在美国举行了颁奖仪式和在欧美的十大城市进行了巡展。在参加各类

建筑设计竞赛的过程中，不仅极大地锻炼了自己的设计能力，提升了信心，同时也启发了我对建筑设计理论方面的思考。

随着国家大规模建设的铺开，我们有机会参与到更多的实际工程之中，创作环境越来越开放，建筑师大展身手的机会空前广阔！这些条件是随着改革开放才有的。与此同时，也才有了学校创办建筑系的目标和我们为之奋斗的机会，我校的建筑教育伴随着全国一道出现了大发展的局面。

中国跟世界接轨，中国建筑才能快速前行。

缘于我的亲身经历和感受，无论作为一个建筑师还是作为一个教师，我是坚决拥护改革开放的，没有改革开放就没有我的今天。

刘 陈老师，作为学者，您是如何选择和确定学术研究方向的?

｜陈 我曾说过，我的专业经历实际上就在改革开放这40年里。这40年恰恰赶上了整个中国发展速度迅速以及全球化的高潮期。与此同时，它所带来的负面效果则是文化的单一性。全球化的过程使建筑、使城市失去了地域性。我对地域性建筑的关注，就是由此而引发的。我认为，我们不应该站在全球化的对面去阻止文明的发展，而是应该顺应它；与此同时，又应使建筑与城市依据它们各自的客观环境与条件，体现出它们的个性。

建筑在较长一段时间中的发展脉络对新建筑的影响——即时间的延续，以及该地区特定的自然地理条件和建筑现状对新建筑风格的渗透力——即空间的延续，这种建筑在时空领域的连续性，才能形成不同地区城市与建筑的特色。比如沈阳这座文明古城，既有清朝前期极具民族气息的传统建筑，又有深深打有半殖民地半封建社会烙印的西洋古典式建筑和日本式建筑，还有社会主义新中国建设期间苏联设计思想影响下的建筑，更有大量优秀的现代建筑，这些因素使沈阳建筑风格变得多元。同时，沈阳寒冷的自然地理环境、东北人粗犷朴实的性格特点、辽宁强大的工业基础条件，又为建筑设计的独特性提供了依据和条件。因此在（20世纪）80年代，我将自己的关注点和发展定位于"地域性建筑"。当然，地域性建筑并非仅仅局限于"本地区的建筑"，而是从对本地区的研究出发，去思考和探寻设计的本源，进而扩展到世界不同地域，创造符合当地环境条件与文化特色的丰富多彩的建筑作品。随后于1993年组建了沈阳建筑大学地域性建筑研究中心，旨在以地域性建筑为学科特色，以创造最具人性的生活模式为目标，推进建筑创作与设计的科学发展。虽然当时已经有"地域建筑"这个提法，但并没有形成普遍的认识和被提高到应有的位置，后来在（20世纪）90年代末，地域性建筑的思想被纳入到国际建协《北京宪章》中，它才正式得以确认并成为共识。

刘 陈老师，您将"地域性建筑"作为您主要的研究方向，并成立了自己的研究团队，那么您具体开展了哪些研究工作呢?

｜陈 地域性建筑研究中心（沈阳建筑大学建筑研究所）的成立，集中了一群志同道合的学术同仁，随着日积月累，大家相协互补，使课题越做越深，也使研究所的研究特色越来越明显。多年来，对沈阳古代、近代与现代建筑的研究，对小城镇的建设，对寒冷地区建筑理论与设计的探索，对传统民居的研究、对文化遗产的保护与利用……围绕着地域性建筑的主题，积累了大量的资料，形成体系性的成果。又将它们成功地应用到当代城市建设中，一个个有特色、有深度的设计作品受到社会的认可和赞赏，在理论上和实践上都取得令人欣慰的收获。

因为我们地处辽宁沈阳，沈阳是清王朝的"龙兴之地"，所以我们在地域性建筑研究之初，先从本地着手，以沈阳故宫为代表的清初皇家建筑群作为开端，先后完成《盛京宫殿建筑》《沈阳故宫》《沈阳故宫木作营造技术》《沈阳故宫装饰艺术》等专著的撰写与出版，同时以"一宫三陵"（沈阳故宫、清永陵、清福陵、清昭陵）为研究对象，培养了多名硕士研究生和博士研究生。我和朴玉顺老师主讲的《盛京宫殿建筑》视频课程有幸被评为国家精品视频公开课程，并作为中方专家组成员，在"一宫三陵"申报世界文化遗产的过程中，以平日积累的研究成果为基础，发挥了应有的作用，并获得成功。

由于时代和思想认识方面的局限，中国对近代建筑的研究起步较晚，直到（20世纪）80年代全国性的系统研究才全面展开，在众多学者的共同努力下，中国近代建筑史学科逐步成熟和完善。沈阳近代建筑研究也是从那个时候起步，并进入到全国第一批16个城市的体系之中。从基础性研究入手，到系统研究、专题研究，直到编史研究，先后出版了《中国近代建筑总览（沈阳篇）》《沈阳城市建筑图说》《沈阳都市中的历史建筑汇录》《沈阳历史建筑印迹》《沈阳近代建筑史》等专著。以沈阳近代建筑为研究对象，培养了一批硕士和博士研究生，选题从金融、学校、住宅、影剧院、医疗、宗教、公园等建筑分类型研究到建筑师、建筑机构专题研究；从风格与样式到建筑技术专题研究；从建筑到城市空间与片区街巷专题研究；从史料研究到保护利用专题研究……同时，也为其他城市和地区近代建筑的研究提供了不同程度的成果和支持。科研与教学紧密结合，取得丰硕成果。

科研工作只有脚踏实地，才能得到扎扎实实的研究成果。我们的团队非常注意科研课题、工程设计、课程教学内容与研究生培养过程的有机结合，注重培养具有真才实学的研究生，并将地域性建筑研究的成果融入现代城市和现代建筑的设计与开发建设之中。比如我们参加的1999年中国昆明世界园艺博览会辽宁园，将满族传统文化融入现代园林设计之中，也因此被评为世界博览会设计金奖。2004年设计的坐落在大连风景区的"渔人码头"方案，借用长江岸畔代表中国传统文化精华的"石宝寨"随陡坡叠层展开的建造手法，经过再创造应用到具有类似地形条件的海滨岗坡上，以一种完全现代风格并体现着海滨风情的建筑形态展现出来，在北京举办的国际建筑双年展上受到好评。辽宁工业大学教学楼设计中巧妙地利用废弃的鱼塘旧址，结合地形的高差，运用"骑坡布局、水上浮楼、贯通空间"等设计手法，创造景观式教学空间，不仅解决了该建筑与校门之间空间局促、建设投资不足等实际困难，同时为师生提供了集景观、集会、集散、休憩等功能于一体的校园中心广场。该设计获得辽宁省优秀设计一等奖和国家鲁班奖。

也正是以这些研究成果为依托，地域性建筑团队还承担了沈阳站广场改造与站房保护修缮设计、中共满洲省委旧址保护与陈列馆设计、二战盟军战俘营保护设计、抗美援朝烈士陵园规划与烈士纪念碑设计、周恩来读书旧址沈阳东关模范小学保护设计、沈阳新乐遗址文物保护规划、崇寿寺文物保护规划、沈阳北市地区保护性开发规划、老龙口酒厂保护开发设计、沈阳工业文化廊道设计等多项历史建筑保护与再利用的实际工程。

2012年，沈阳盛京都城保护规划与城市设计项目顺利完成。项目中关键性的问题，如保护与发展的定位、传统城市格局的确定、历史城区的现代性需求、历史街区的建筑风貌以及重要历史建筑的改造与再利用的方式等问题的解决，都是以我们多年积累的对沈阳地域性建筑研究的成果为基础，在保护与经济建设中找到恰当的平衡点。同时，在项目的实践过程中，我们对"如何在传统聚落保护过程中提取与传承文化价值""如何利用现代景观设计方式表达历史印迹""如何解决传统聚落的适应性保护"等问题都取得可喜的成果，并受到社会认可。此项目也成功申请并完成"国家十二五科技支撑项目"子课题，

获住建部华夏科技一等奖，也据此培养研究生多名。目前该成果作为几届沈阳市委与市政府的重点项目，仍在落地建设的实施过程中。

我们的工作是通过教学、科研与工程的有机结合，努力实现一份精力，三份结果，形成理论与实践互为支撑的体系，将工程实践体现在学生的学位论文和科研项目之中。坚持地域性建筑的探索，有客观依据、有现代科技承托、有优秀文化内涵的创造，才有可能设计出"从这块土地中生长出来的"建筑，也才是有特色、有依据、有生命力的建筑。

刘　您对地域性建筑已有近30年的研究和思考，那么您是如何理解建筑"地域性"的？

　｜陈　什么是建筑的地域性？讲起来会很长，但可归纳成几句话。①建筑的地域性是建筑的一个基本属性。它不是一种流派也不是一种风格，其实，地域性建筑可以体现为不同的风格。②建筑的地域性是始终存在的，只不过有时候更突出，有时候被忽略。建筑发展的过程里大概有两个大时段对建筑的地域性有所忽略，一个是现代主义盛行时期，热衷于国际化。另一个时段就是现在，由于全球化大潮的影响所致。但即使在这两个特殊的社会发展时期，依然有人在关注着建筑的地域性问题，建筑的地域性存在于建筑发展的全过程。③建筑的地域性是对当地的自然条件（包括气候和地理环境）、地方资源和人文条件的反映。④建筑的地域性特征既有其相对的稳定性，又不是一成不变，体现为动态的发展过程。它既要维持和延续原有的地域传统，又要通过现代文明和技术对传统建筑重新诠释，揭示出当代和未来社会与人们作用于建筑的文化内在。不应将它与现代化的品质相对立。⑤对本地条件给予充分强调和尊重的同时，又对域外先进技术和文化的积极引进，再紧密结合本地条件完成空间转译。但是，需要特别注意避免对建筑地域性特征的凭空臆造，以及对外域文化与成果引进时的盲目克隆与滥用。

刘　陈老师，您在辽宁成长和工作，又担任辽宁省土木建筑学会理事长和沈阳市委市政府决策咨询委员会城市功能组组长，您认为从建筑的地域性角度看沈阳城市建设现状的问题是什么？对未来建筑设计发展有哪些建议？

　｜陈　我们的建筑往往做得缺少特点，在很大程度上是缺少对本地条件的反映。实际上我们本地的地域性条件是非常突出的。且不说历史上满族文化传统的影响、近代以来俄国与日本等外来建筑的影响，以及新中国发达的工业影响，单说我们的气候条件，就和别的地方不一样。这里属严寒地区，冬天温度特别低，仅这一条，就决定了我们和别处的建筑会有很多方面都不一样。但是坦率地说，我们在建筑地域性的表现方面做得并不够充分。

为什么会出现地域特点不足的问题？分析一下，大概有三大原因。

首先是模仿。这又源于两点：一是懒惰，总是想走捷径，看到别人的就想直接搬来，而不是去发挥自己的创造力，这是主观的方面。还有一个方面就是缺乏文化自信。对整个中国我们要强调文化自信，对地方也一样。比如，连对沈阳故宫的保护都非要模仿北京故宫的模式，好像沈阳故宫只有与北京故宫一样才够档次，而恰恰看不到沈阳故宫的特色与优势：竟然在沈阳故宫南边无中生有地制造出中轴线，甚至仿造金水桥，这是歪曲历史。我们的故宫和北京的故宫是两个不同的形制，为什么非得按照北京故宫改造沈阳故宫？虽然沈阳故宫和北京故宫从大体系上都属于中国殿式的建筑体系，但又是完全不同的类型。像沈阳故宫的东路，有点像西方的广场，中国有哪一个地方是这样的？沈阳故宫中路大内呈"宫高殿低"的空间格局，和北京故宫完全相反，这种做法来源于什么？来源于我们这个地方的历史，它的

民族特点，宏观上都属于木结构建筑体系，但又存在很多相异之处。沈阳有自己的条件，这些都可能成为城市与建筑的特色和优势。只跟别人跑，永远落在别人的后面。

第二个原因是过于看重市场，缺乏深层和独立的思考。应对市场需要不错，但是在这个基础上，作为管理者也好，作为设计者也好，是否能有更深层的思考？我们作为设计师不能在专业上仅仅听从业主的指挥，站在业主的位置上思考问题，还得对我们的事业负责，"业主为大"的说法造成了很多错误。我们做建筑设计就是要能够处理各种矛盾，有些相互对立的矛盾，怎么把它们协调好，取得最大的综合性效益，是建筑师的本事。设计师要看到更多的矛盾，站点要更高，看得要更远，而不是仅仅着眼于市场目前的需求。

第三个原因就是重形式轻文化。地域性的东西不仅是形式，还有文化。最多整点符号进来，以为这就是地域特点，很肤浅，形式只是美观的一个表象。

正是这些原因造成了我们对地域性建筑的性质体现的一些不足。

我认为辽沈地区在建筑地域性的表述上，成功的作品都能结合对地域文化的理解，超越符号层面的表达。比如原新乐遗址博物馆就很好。它体现了古新乐文明，同时又很有时代感，那是（20世纪）70年代、80年代做的东西，很简化，而且花钱很少。用的材料也是当时那个时代的，而不是远古的，但是一看它就和远古文化有关联。

又如沈阳的T1航站楼，它体现了沈阳的工业文化。作为一个城市的大门和窗口，把我们这个城市的性质和基本特点都表现出来了。

再比如沈阳建筑大学的校园，它的设计不仅实用经济美观，更体现了一种新的教育理念，体现学科的发展趋势，学科之间的交互影响，创造出一种有利于学科发展的环境和反映出学校教育特点的空间形态。建筑设计要达到的目标是创造一个更美好的社会，具体到学校，就是要创造更完善的教育条件和更美好的教育环境。这就是一种探索，体现了对事业发展的一种责任感。这就是一个很具有地域性思想的表达。

作为建筑教师和设计师，我们需要沉下心来，认真的研究社会的需求、研究我们自己的条件，然后努力地去创造有地域性特点的建筑、城市和乡村。

建筑遗产保护与中国建筑史研究记述

郑孝燮先生忆文物与名城保护

受访者
简介

郑孝燮（1916—2017）

男，1916 年生于沈阳，1935—1937 年就读于交通大学唐山工程学院；1938—1942 年就读于重庆中央大学建筑系，获中国营造学社颁发的"桂辛奖学金"；1942—1945 年在重庆、兰州从事建筑设计工作；1945—1949 年在武汉的建筑事务所任建筑师并任职于武汉区域规划委员会。

1949 年 8 月受梁思成之邀任教于清华大学营建学系，1951 年 7 月任清华大学营建学系副主任，参与中南海怀仁堂会场的改建设计与工程监督，以及为保护北京西直门城楼、瓮城而于城楼两侧开辟门洞的设计与监修工作；1952—1957 年先后在重工业部基建局设计处和二机部设计处任副处长、建筑师；1957—1965 年，历任城市建设部城市规划局、建筑工程部城市规划局、国家建委城市规划局、国家计委城市规划局、国家经委城市规划局建筑师；1959 年参加并协助主持上海市改建的总体规划工作；1964 年 12 月当选第三届全国人民代表大会代表；1965—1966 年任《建筑学报》主编；1971—1980 年任中国建筑科学研究院建筑师、城市建设研究所顾问；1980 年之后任国家城市建设总局城市规划局、城乡建设环境保护部城市规划局、建设部城市规划司顾问、高级城市规划师。

1978—1993 年任全国政协委员，先后兼全国政协城市建设组副组长、经济建设组副组长、提案委员会副主任。曾任中国城市规划学会理事长、国家历史文化名城保护专家委员会副主任。1979 年 2 月，上书中共中央副主席陈云，使北京德胜门箭楼免遭拆毁。1982 年国务院公布第一批国家历史文化名城的主要倡议者之一，1985 年中国加入《保护世界文化和自然遗产公约》的提案人之一。

采访者： 王军（故宫博物院）
访谈时间： 1995 年 11 月 25 日
访谈地点： 北京阜城门外郑孝燮先生府上
整理时间： 2019 年 2 月 4 日
审阅情况： 未经受访者审阅
访谈背景： 采访者时为新华社记者，就历史文化名城与文物保护问题作专题调研。

郑孝燮先生 1981 年在山西大同云冈石窟
引自:《留住我国建筑文化的记忆》

王　军　以下简称王
郑孝燮　以下简称郑

参与文物保护领域的拨乱反正

王　请介绍一下您在"文革"结束后任全国政协委员期间从事文物保护工作的情况。

　　｜郑　全国政协是 1978 年恢复的,五届政协在 1979 年,即政协恢复的第二年,开始贯彻中央提出来的拨乱反正的问题,这是政协委员要做的工作。其中,拨乱反正有一个关于文物的保护、破坏的问题。因为在"文化大革命"期间,全国的文物破坏是触目惊心的。"文化大革命"是一次大灾难,风景、文物被破坏得很厉害。

　　当时全国政协城建组组长是韩光,我是副组长;全国政协文化组组长是丁玲。城建组和文化组针对中央提出来的拨乱反正,就提到文物保护的问题,包括风景保护这些问题,要下去调查。调查之前,先找三位委员把所掌握、所知道的情况写成书面的东西,大家交流,开过几次会。其中,赵朴初主要谈的是寺庙遭到破坏的情况,特别是西藏有二百多处寺庙遭到破坏,他谈的都是很实在的东西,不是泛泛地弄点材料,因为他掌握情况。还有委员谈了文物遭到破坏,包括馆藏文物、地下文物遭到破坏的情况;第三位委员是我,我准备的材料是关于古建筑和一些城市遭到破坏的情况。

　　在"文化大革命"期间及结束之后,我们到过一些地方,看到一些破坏。比如,西安的秦始皇陵区里面,"文化大革命"期间就建了一个陕西缝纫机厂。这是个名牌企业,从上海搬过去的,原来是上海缝纫机厂,搬到了陕西,就选址在秦始皇陵园里。我们觉得这是一个破坏性建设,但"文化大革命"时我们不敢说啊!"文化大革命"之后,我们就把这个问题揭露出来了。

还有洛阳的文物遭到破坏。洛阳邙山这一带，是历代的古墓埋葬区，古墓之多，年代之久，就说明它的价值了。邙山在洛阳城的北边、黄河南岸，从春秋战国时起，就是一个重要的墓地。那里，墓多到什么程度呢？老百姓说，在邙山古墓区"无卧牛之地"，就是牛躺下都没有地方了，到处是坟。邙山的墓葬是一层一层的，越早期的坟越在下面，考古文化层也是这样。这个墓葬区一直延续到明清。为保护这块重要的古墓葬区，在"一五"计划期间，我们就把邙山作为保护地区了，不在这里搞建设，城市建设都躲开了，在洛阳涧河西边建设新城，后来机场等也躲开了。在"一五"时期，洛阳是八大重点城市之一，城市布局是"一长条"，就是要躲过古墓葬区，因为它下面有了不起的重要文物。

在中原地带，河南、陕西、山西这些地方，地下文物埋藏区太多了，许多无价之宝是从这里发现的。可是，"文革"否定这些东西，对整个历史都是否定的，还什么古墓不古墓？于是，在这里建工厂、建学校，等等。当时就建了一个邮票厂，还有解放军的外语学校。这些建了之后，就损伤了文物。

还有，在五台山，拆掉多少寺庙？在政协开始座谈的时候，我们三个委员，把自己亲自看到的、了解到的情况向大家作了汇报，大家都感到问题的严重性。

调查承德避暑山庄和外八庙

┃郑　接下来，我们在1980年就开始调查。第一次调查是在承德，是调查承德的文物保护。这个地点是我提出来的，带队的团长是全国政协副主席王首道，团员有赵朴初、沈其震、萨空了、魏传统、钱伟长、单士元、我、程思远、缪云台。缪云台刚从美国回来就参加了这次调查。我们重点调查承德的避暑山庄和外八庙。现在，避暑山庄和外八庙不但是全国重点文物保护单位[1]，而且还是联合国教科文组织列入的世界文化遗产，是去年（1994）由联合国确定的。[2]

当时承德的文物被破坏到什么程度呢？避暑山庄被好多单位瓜分。里面有部队的结核病医院，它是接管日本人侵略承德的时候在避暑山庄建的医院，这是日本"鬼子"搞的一个军事医院，也是治传染病的。北京军区接收了这家医院，扩建很多。承德地区还在避暑山庄里面建了招待所，把藏四库全书的文津阁当作招待所，还把很多地方作为办公室、家属住的地方使用。承德的外事部门把避暑山庄的烟雨楼占了，作为苏联专家招待所。这么多单位都占着避暑山庄。由于城市用水不够，就把避暑山庄的热河泉作为一个水源，从这里取水，结果热河泉遭到很大的破坏。

外八庙呢？有的寺庙周围的环境被破坏得很糟，普宁寺大佛殿那座大木佛的内部，很多都糟朽了，需要重修。我钻到大佛里面去看了，木头都是酥的。承德很多庙是中国重要的历史见证，像乾隆时期，蒙古族土尔扈特部回归祖国，乾隆皇帝写了"土尔扈特全部归顺记"，这个碑现在还在承德，这就是历史见证，这就是真凭实据。这些庙，在历史上非常重要，而且反映了清朝的民族政策。

承德这个城市啊，最重要的是反映了清朝的民族政策。我们知道，清朝在康熙、乾隆时期，在少数民族的问题上、在统一多民族国家的建设方面贡献很大，这段历史极其重要。当时，清朝采取什么样的少数民族政策呢？主要是两手，一是怀柔，二是武攻。怀柔就是强调统战政策，主要是把少数民族的上层人物团结过来，通过上层人物来安抚其民族，不要背叛祖国，不要被外国人挑唆，要团结。这是在承德修庙的目的。乾隆时期，有历史书这样记载："修一庙胜用十万兵。"就这样把民族矛盾和平解决了，这个政策很高明啊！用现在的话来说，用和平手段把你团结过来了，这就是统一战线嘛！

还有就是尊重少数民族自己的文化风俗习惯。清朝提出："因其教，不易其俗。""因其教"，就是喇嘛教就是喇嘛教，伊斯兰教就是伊斯兰教，不要改变他们的信仰，不要改变他们的习俗，采取的是

1980 年全国政协文物考察团在承德普宁寺 前排右起：赵朴初
（右一）、缪云台（右三）、王首道（右四）、沈其震（右六）；二
排右起：程思远（右二）、单士元（右三）；二排左起：魏传统
（左五）、萨空了（左六）；三排左起：郑孝燮（左六）
引自：《留住我国建筑文化的记忆》

1980 年郑孝燮（左二）与程思远（右二）等在承德普宁寺
引自：《留住我国建筑文化的记忆》

教化的政策。这样，清朝的少数民族问题就解决得比较好，特别是对西北、西藏地区的少数民族问题解决得比较好。

你到承德外八庙去看，绝大部分是喇嘛庙，喇嘛庙当时主要面向藏族地区和蒙古族地区的人民。外八庙实际上不是 8 座庙，是 12 座庙。[3] 这里也有汉族的庙，在避暑山庄北边，狮子沟往西，有一个殊像寺，这就是汉族的庙，供的是五台山的文殊。文殊、普贤，再加上一个观音，就是"三大士"嘛。五台山是文殊菩萨的道场，普贤菩萨的道场在峨眉山，观音的道场在浙江普陀山。

承德外八庙年代最早的是康熙时期建的两个庙，一个叫溥仁寺，一个叫溥善寺，这两座庙建在避暑山庄东边、武烈河的东岸。当时我们去看这两座庙，它们都变成工厂了，是自行车厂。溥仁寺给砸掉了，现在又重新修复了。[4]

避暑山庄是康熙时期建的。知道为什么开辟承德吗？这是清朝的第二行政中心啊。当时，北京是政治中心，是清朝的首都。开辟承德名义上是为了避暑，但它实际上是清王朝处理少数民族问题，处理一些外事问题的地方。避暑山庄不仅仅是一个皇家园林，它实际上是一个宫殿。英国那个特使在乾隆时期递国书，就是在避暑山庄。[5] 避暑山庄的澹泊敬诚殿，是皇帝处理政务的地方，类似故宫前三殿的性质。所以，承德像陪都似的。因为在这里处理少数民族问题，少数民族的头头得来啊，所以，建庙。

承德最著名的两座喇嘛庙，一是普陀宗乘之庙，现在大家叫它"小布达拉宫"，还有一座"小日喀则"，就是须弥福寿之庙，它们是藏式的，又有一些汉族风格，有金色的屋顶。[6] 普陀宗乘之庙那个方方的金顶建筑，在 20 世纪 30 年代到美国做过展览，当时做了模型，叫热河金亭，很有名的。[7]

承德这个城，当时在政治上，在外事方面，在处理国内少数民族的统一战线问题上，都有历史功绩。康熙皇帝为什么选定这里？当初是为了练兵，还不是为了解决民族问题。清朝有一个制度，就是秋天要到塞外打猎，练八旗兵，这叫秋狝。康熙是清军入关到北京后的第二代皇帝，局势刚刚稳定，还有三藩之乱。在这个情况下，康熙就注意练兵，秋天就到塞外围场训练八旗兵。就是说，不要在和平时期没有了战争意识，他是很有眼光的，康熙了不起！

秋狝，皇帝要去，就要给他建一个行宫。行宫在哪里建呢？后来就选择在承德建了热河行宫，这就是避暑山庄。后来再发展，这里又变成处理民族问题和对外事务的地方，就是这么一个来龙去脉。所以，这个地方很有意思，它都牵扯关系国家命运的大事。

还有就是咸丰死在承德。咸丰是一个很糟糕的皇帝，火烧圆明园的时候，他在避暑山庄的后宫——烟波致爽殿，躺在床上，他已经有病了，就死在避暑山庄。之后慈禧搞了政变。在承德发生的历史事件，与国家的命运有着深刻联系，这些事件就发生在避暑山庄跟外八庙。所以说，城市是一部历史书。

第一批国家历史文化名城的公布

┃郑　政协第一次调查去了承德；后来，又调查河南、山西、陕西。这一次带队的是萨空了，他当时是政协的副秘书长，政协的秘书长是刘澜涛，主席是邓小平。第五届政协主席是邓小平，第六届政协主席是邓大姐邓颖超，第七届政协主席是李先念，第八届政协主席是李瑞环。我是五、六、七届政协委员，是政协无党派组的。我先是政协城建组的副组长，后来是政协经济建设组的副组长、提案委员会的副主任。第八届政协的时候，我这么大岁数了，就不担任政协委员了。

调查了承德之后，政协又组织了第二次文物调查，参加的有塞先任塞大姐，还有王朝闻，他是美学家。单士元也有参加。我们是1981年做的这次调查，还写了报告。我们去了西安、洛阳、太原、大同等地，一出去就是一两个月，看到好多触目惊心的情况。

刚才我讲到的西安的那些破坏性建设，我们都去看了[8]。我们还到洛阳的博物馆去看了被炸毁的地下文物。为什么有被炸毁的地下文物呢？因为在洛阳古墓区盖房子，采取的是爆破桩新技术。基础用爆破桩，就是往地下钻个窟窿，然后把炸药放进去，引信点火，然后一炸，就把基础面积扩大了。这个办法原来是大庆炼油厂的先进技术，却被用于邙山古墓地区的建筑施工，炸毁了很多了不起的文物。[9]

我们到文物库房去看了，去检查嘛。这次调查之后，我们给政协主席做了汇报，专门写了报告，报胡耀邦总书记。胡耀邦总书记看了认为很重要，就交给国务院副总理谷牧，谷牧就请国家建委研究总书记批复的政协的报告，全国政协和国家建委综合局研究此事的时候，把国家文物局的罗哲文和我都找去了，最后提出文物保护必须加强，而且强调要整体保护。所以，在政协调查的基础上，提出历史文化名城这个概念。中央根据国家建委研究的这个意见，明确了整体保护，强调了历史文化名城的保护。所以，在1982年公布了第一批24个历史文化名城，历史文化名城保护就这样确定下来了。[10]

在第一批历史文化名城公布之后，政协又继续进行调查，调查了浙江、上海、江苏、山东，还是萨空了带队，他是民盟的中央副主席。我们去了杭州、绍兴、上海、苏州、南京、扬州、曲阜，除调查文物保护，还调查知识分子政策问题，特别是中年知识分子的政策问题。因为当时中年知识分子在华东很多单位"夭折"了，死了好几位，他们是很好的学者，但是生活条件、工作条件很差。我们都去看了，像杭州大学啊，上海的研究所啊，这些学者都住得很差很差的！挤成一块儿，筒子房当中是大过道，过道里放着炉灶，很危险。家里小孩子先做功课，等孩子睡觉了，夫妇两个再在那里备课。我们看的时候都落泪了！

这些热心教学、培育人才的人，就住在这种环境里。知识分子不是"老九"吗？在"文化大革命"时不都是"老九"吗？真是看着难受！[11] 当时我们还有这么一个调查任务，我们着重在上海、杭州、南京调查。

王　这是在哪一年？

|郑　1982年。一次调查，两个任务。我们每次调查都要给中央写报告。除此以外呢，在第六届政协时，我们又出去调查了很多地方，规模小了。我们都是跟当地政协结合，一起调查，最后，以全国政协的名义给中央写报告。后来调查广东、湖北，参加的人数少了，是我带队的。还有一次是去内蒙古，也是我带队的。后来又去新疆调查，到贵州、云南调查，是别人带队的。调查的规模小了，但调查是不间断的。当时，除了东北，对其他地方的文物几乎都做了调查。

我们一是请当地政协委员参加调查，二是根据调查的题目，请当地知名专家参加调查，政协的工作是可以扩大的嘛。比如，我们到内蒙古调查，就请了中国社会科学院考古研究所的专家参加，因为在呼和浩特发现了一个旧石器时代重要的遗址，这是调查内容之一，所以一起去。我们到山西去，还请了不是搞文物的丁聪参加，他是漫画家，也参与我们的调查。文物调查一直没有停。

福建我们调查过，发现了一些问题。当时是单士元、罗哲文、我，三个人去。在调查泉州的时候，发现粮食局的一个仓库占用的古建筑是文庙。罗哲文爬到作仓库用的大殿顶上去看，发现是宋朝的斗栱，因此建议把这个仓库迁出去，把文庙作为重点文物保护单位，后来都落实了[12]，得到福建省的同意，报上也登了消息，认定这是南宋时期的重要建筑。当时我们是作为专家调查，也作一些鉴定。这是在政协做的工作。

从清华大学调入重工业部之后

|郑　我是学建筑的，又是搞城市规划的，比较喜欢历史，喜欢民族的、文化的东西。到政协之后，把自己的精力和时间都放在古建筑和古城的保护方面。政协让我在这方面多做些事情，我自己就把时间和精力投入到这方面，去学习去研究。我到现在为止，都投入在名城跟文物方面，学到老吧。

我是1942年从中央大学建筑系毕业，吴良镛比我班次低，我们是同学，抗战的时候在重庆毕业。我喜欢传统文化，这跟家庭有关系。我小时候跟祖父生活，他是清末的举人，喜欢诗词、戏曲这些东西，我在这方面也有一些爱好。我尤其是戏迷，丁聪也是戏迷，我跟他不是太熟，考察文物时接触过，我们在一起谈起戏曲就没完。我是1916年2月生人，生在沈阳，祖籍是山东诸城，我讲话南腔北调，因为中学是在上海，我可以讲一口上海话。你是哪里人？

王　我是贵州人。

|郑　今年9月份我还在贵州呢，去的是遵义。贵州我去的次数不多。这次在遵义开历史文化名城的会，是学术会议，然后我又到云南去了。我就是宁夏还没去过，台湾都去过了。去年，古建筑园林技术的研讨会在台湾开，请我们去，我们准备好论文去了，罗哲文是团长。还有澳门没去。西藏我去过三次，布达拉宫修缮，我是验收委员之一。我喜欢跑，这跟我身体好有关，我照了很多相，活动多啊，生命在于运动！一个是体力，一个是脑力。现在我研究的问题比较专一，就是古建筑跟历史名城，其他的事情我早就放了。

王　您现在还担任哪些职务？

| 郑　我现在是历史文化名城保护专家委员会副主任。20世纪50年代初，我到重工业部工作，当时重工业部成立得最早，部里有几位顾问，一位是建筑顾问杨廷宝，他是我读中央大学建筑系时的老师；结构顾问是蔡方荫 [13]。杨廷宝老师住在南京，又担任重工业部的顾问，不方便来回跑，他就到清华大学去跟梁思成商量，说他不太能兼顾这项工作，能不能在清华找哪位帮助他一下？或者替代他一下？这样，就把我从清华借过去了，这是在1952年，我到了重工业部的基本建设局工作。那时候，城建部还没有成立呢。

1981年全国政协文物考察团在西安大雁塔。程思远（左二）、萨空了（左三）、蹇先任（左五）、郑孝燮（左八）
引自：《留住我国建筑文化的记忆》

重工业部基本建设局的任务以重工工厂的建设为主，还包括厂外居住区的规划建设。当时调我去当副处长，处长是一位老干部。没多久，我辞掉了副处长，因为我这个人不适合做行政工作，也做不了，就辞掉了。后来，城建部成立，就把我调了过去，城建部主要是从事城市规划、建筑规划，万里是部长。我现在住的这个房子就是城建部的，城建部是搞房子的，这个房子是万里当部长的时候建的。

在城建部时期，我做过太原的详细规划，做的是太原的一部分——河西的详细规划。后来，这个部变来变去的，变成建工部。在建工部时期，刘秀峰当部长的时候，上海当时的书记柯庆施找到刘秀峰，希望建工部派个专家组到上海去，协助他们把上海的总体规划做一下。刘部长答应了这件事情，就组织了一个专家组，由规划局的副局长王文克为组长带队，去了几位专家，我是其中之一，还有周干峙。这是1959年，整一年我们都在上海，搞上海的总体规划。

上海被列入第二批国家历史文化名城的经过

| 郑　这里，还有一个问题要提一下。就是1982年第一批历史文化名城公布之后，又讨论第二批历史文化名城。当时建设部的储传亨副部长主持讨论这个问题，我在讨论的时候提出应该有以近代历史为主的历史文化名城。比如，上海就是反映半殖民地半封建这样一个历史阶段，以这一段历史为主要内容的历史文化名城，跟北京、西安不一样，应该有一些反映这段历史的历史文化名城。

我一再提出这个问题，但始终没有得到他们的完全同意。最后在决定时，把上海从第二批历史文化名城的名单里拿掉了。当时我和罗哲文、单士元正在安徽合肥考察文物，知道这个消息之后，我赶紧在合肥给万里副总理写信。我们认为上海一定要列入，因为上海反映我们的近代历史是最典型的。对这封信，万里同志表示同意。

给万里的信是三天之内通过安徽省委送去的。当时建设部党组已经定了不报上海，这样我们就给中央领导写信。以政协委员的身份我们可以直接上报中央，上报万里同志。同时，我自己以个人名义给上海市统战部部长、上海市政协副主席张承宗写信。我说上海在中国近代史上是重要的城市，我们已经给

万里写了信，建议把上海列进去。现在第二批历史文化名城的名单已经到中央了，是不是可以考虑跟上海的政协委员、人大代表一起给陈云同志写封信呼吁一下？因为上海是应该列入的。这事就办成了。[14]

上海为什么要列入？我在上海总体规划的会议上说，上海的总体规划还要反映一个问题，就是上海在近代史上的价值和意义，规划上要体现这个。上海在近代史上有哪些意义呢？一个是"五口通商"之后，上海是最能标志帝国主义入侵的口岸，是半殖民地半封建的这么一个典型，它是这么一个历史面貌。另外，上海还是一个革命城市、英雄城市。往近了说，"一·二八""八一三"抗日战争，在上海土地上流血牺牲多大啊？往早了说，明朝就在上海的金山卫抗倭。现代革命、孙中山先生革命、辛亥革命，上海的支援、配合起了多大作用啊！中国共产党的诞生地就在上海！这个城市还不够作历史文化名城吗？！我讲了很多，在锦江饭店的大会上，我讲了这个问题。后来，上海的《文汇报》摘要登出了我的意见，上海的《世界经济导报》也登了。[15]

1　承德避暑山庄及其外围的普宁寺、普乐寺、普陀宗乘之庙、须弥福寿之庙于 1961 年被公布为第一批全国重点文物保护单位，殊像寺、安远庙于 1988 年被公布为第三批全国重点文物保护单位，溥仁寺于 2001 年被公布为第五批全国重点文物保护单位，普佑寺于 2006 年被公布为第六批全国重点文物保护单位。

2　1994 年 12 月，承德避暑山庄和外八庙被联合国教科文组织列入世界文化遗产名录。

3　康熙至乾隆时期，清朝在承德避暑山庄外围先后修建了 12 座寺庙，包括溥仁寺、溥善寺、普宁寺、普佑寺、安远庙、普乐寺、普陀宗乘之庙、广安寺、殊像寺、罗汉堂、须弥福寿之庙、广缘寺。其中，溥仁寺、溥善寺、普宁寺（含普佑寺）、安远庙、普陀宗乘之庙、殊像寺、须弥福寿之庙、广缘寺由朝廷派驻喇嘛，理藩院提供饷银，有"外八庙"之谓。如今，"外八庙"已成为避暑山庄外围寺庙的泛称。

4　康熙时期建设的溥仁寺、溥善寺，今仅残存溥仁寺。《承德古建筑》载："溥仁寺建于康熙五十二年（1713），在外八庙中建成最早，是现存唯一康熙时期的寺庙"，"溥仁寺正殿毁坏严重，后殿于 1978 年修复，其余大小殿宇均已损坏无存"。（天津大学建筑系、承德市文物局《承德古建筑》，北京：中国建筑工业出版社，1982 年，158 页）

5　1793 年，英国国王乔治三世（George III）的特使马戛尔尼勋爵（George Macartney）率领庞大使团，抵达热河参加乾隆皇帝 83 岁生日典礼。彼时，中国的茶叶已是英国人生活的必需品。已在工业革命中驯服了蒸汽的大英帝国，欲与中国改善贸易，建立外交关系。大英帝国当时虽是西方第一强国，但在乾隆皇帝看来，它仍不过是"化外蛮夷"，其使臣必行三跪九叩之礼。东西方的这次相遇，终因礼仪问题不欢而散。此后，罪恶的鸦片贩卖，成为英国东印度公司发明的解决西方对中国贸易严重入超的阴险手法。1840 年第一次鸦片战争便由此引发，大英帝国索性用大炮轰开了中华帝国的大门。

6　普陀宗乘之庙仿西藏拉萨布达拉宫形式，建于乾隆三十二年（1767）至乾隆三十六年（1771）；须弥福寿之庙仿西藏日喀则扎什伦布寺形式，建于乾隆四十五年（1780）。

7　1933 年美国芝加哥世界博览会展出了普陀宗乘之庙万法归一殿 1：1 仿制建筑，引发世人关注。该仿制建筑由瑞典探险家斯文·赫定（Sven Hedin）委托中国工程师梁卫华承造，后者对万法归一殿作了测绘拍摄，仿工则依例程式，编定工程作法，按项说明，并用新法逐件绘晒蓝图，据此制作 1：10 模型，再运往芝加哥作为仿建依据。1931 年《中国营造学社汇刊》第二卷第二册刊登王世瑂撰写的《仿建热河普陀宗乘寺诵经亭记》详述此事，有谓："民国十九年六月，瑞典国地质学博士赫定氏 Dr. Sven Hedin 有于美国芝加哥博物院仿建热河普陀宗乘寺诵经亭之议，嘱梁君卫华承造。卫华，籍南海，早岁毕业于唐山路矿学校，于土木建筑，最有心得，曾任汉粤川铁路湘鄂线工程司，最近监造北平北海国立图书馆，及生物研究所，成绩斐然，赫氏伟之，爰有是举。"（第 1 页）斯文·赫定（Sven Hedin）撰写的《皇帝之城热河》（*Jehol: City of Emperors*）亦记此事，国家清史编纂委员会编译丛刊收入的此书译本（2011 年出版）将梁卫华（W. H. Liang）译成了梁思成，当是翻译之误。

8　郑孝燮在 1981 年 6 月起草的《对中原三省文物保护的意见》中指出："举世闻名的临潼秦始皇陵，是奴役 72 万刑徒用了 31 年时间建造的，陵园范围广，地下文物多。1970 年竟在陵园范围内建了缝纫机厂，全厂约有 2700 多名职工，10 多万平方米建筑及大量用地；接着又在附近建了鼓风机厂。在被称为'民族骄傲，人类奇迹'的秦陵遗址建厂，

不可能不大量压毁地下两千多年前的珍贵文物，同时也必然破坏文物古迹的地上环境面貌。这些破坏，十个百个缝纫机厂的价值也抵偿不了。此外西安在丰镐遗址中心建了铁路中学。这些都是对全国重点文物的严重破坏。"（郑孝燮《留住我国建筑文化的记忆》，北京：中国建筑工业出版社，2007，9页）

9　郑孝燮在《对中原三省文物保护的意见》中指出："洛阳是'九朝古都'，古墓葬遍地皆是，其中更以城北邙山为最多。唐诗说'北邙山头少闲土，尽是洛阳人旧墓'。老百姓形容那里的古墓多到了'无卧牛之地'。古墓葬是文物的宝藏，但是邮电部537厂、国防工办5408厂和黎明化工研究院（所）等却选址建在那里，不惜大量毁坏地下的无价之宝。"洛阳城市规划将这些项目迁建于邙山，"原因是邙山的庄稼差，不占好田，而对地下文物则不予考虑。水电部电厂最近也选址在洛阳地区的西晋皇陵区，还要把铁路专用线横穿洛阳'汉魏故城'遗址"，"基建用地选址和城市规划，应受地下有无文物的制约。'一五'期是这样做的，即不在古墓地区选址或对地下古墓探明、发掘、清理、取出文物后才确定选址及规划。建议国务院今后明令禁止基建选址占用文物遗址的错误做法。"

　　郑孝燮还揭露了在洛阳地下文物埋藏区用地下爆破方法搞基本建设造成的巨大破坏："在基本建设中，仅洛阳一市近些年就连续炸毁了周、战国、汉、唐、宋等地下古墓葬360多处。这是对古代文物骇人听闻的毁灭性的大破坏。尤其严重的是这种破坏现象至今仍未完全制止。破坏的方法是在基础钻孔，每孔放入3斤炸药，炸后再灌注混凝土。据初步统计：①1975年邮电部537厂炸毁汉墓20座、唐墓19座、宋墓25座。②1980年8月国防工办5408厂和洛阳市二轻局炸毁战国墓64座。③1981年1月洛阳市食品公司蛋库工程炸毁战国墓9座。④1981年4月龙门煤矿在改建啤酒厂中爆破取土，炸毁唐墓（唐定远将军安菩夫妇墓，有重要文物）1座。⑤其他建设单位雇佣农民零星爆炸古墓还很多。"

　　郑孝燮呼吁："建议国务院将洛阳大爆破古墓事件通报全国并严禁继续爆破，否则爆破者应负刑事责任。"（郑孝燮《留住我国建筑文化的记忆》，北京：中国建筑工业出版社，2007年，9-10页）

10　1982年2月8日，国务院下发《国务院批转国家基本建设委员会等部门关于保护我国历史文化名城的请示的通知》（国发〔1982〕26号），将北京等24座城市公布为第一批国家历史文化名城，标志着历史文化名城保护被纳入国家行政管理范畴。《国家基本建设委员会、国家文物事业管理局、国家城市建设总局关于保护我国历史文化名城的请示》（以下简称《请示》）指出，随着经济建设的发展，城市规模一再扩大，在城市规划和建设过程中又不注意保护历史文化古迹，致使一些古建筑、遗址、墓葬、碑碣、名胜遭到了不同程度的破坏。近几年来，在基本建设和发展旅游事业的过程中，又出现了一些新情况和新问题。有的城市，新建了一些与城市原有格局很不协调的建筑，特别是大工厂和高楼大厦，使城市和文物古迹的环境风貌进一步受到损害。如听任这种状况继续发展下去，这些城市长期积累起来的宝贵的历史文化遗产，不久就会被断送，其后果是不堪设想的。

　　《请示》援引国际经验指出，世界上许多国家都十分注意保护历史名城。意大利的威尼斯完全保了原来的风貌。法国巴黎旧城区基本保存了原有的布局。美国按照独立战争前的样子，恢复和保护了威廉斯堡18世纪风光的古城镇。日本在1971年专门发布了《关于古都历史风土保存的特别措施法》。苏联在1949年公布了历史名城名单，把这些城市置于建筑纪念物管理总局的特殊监督之下。

　　《请示》提出，今后的建设，既要考虑如何有利于逐步实现城市的现代化，又必须充分考虑如何保存和发扬其固有的历史文化特点，力求把两者有机结合起来。搞现代化，并不等于所有的城市都要建设很多工厂、大马路和高层建筑。特别是对集中反映历史文化的老城区、古城遗址、文物古迹、名人故居、古建筑、风景名胜、古树名木等，更要采取有效措施，严加保护，绝不能因进行新的建设使其受到损害或任意迁动位置。要在这些历史遗迹周围划出一定的保护地带。对这个范围内的新建、扩建、改建工程应采取必要的限制措施。

　　此次公布的第一批国家历史文化名城包括：北京、承德、大同、南京、苏州、扬州、杭州、绍兴、泉州、景德镇、曲阜、洛阳、开封、江陵、长沙、广州、桂林、成都、遵义、昆明、大理、拉萨、西安、延安。（《国务院批转国家基本建设委员会等部门关于保护我国历史文化名城的请示的通知》，1982年2月8日，国发〔1982〕26号，载于《中华人民共和国公报》，1982年，第4期）

11　"文革"时期知识分子被贬为"臭老九"之事，可参阅《邓小平文选》第二卷注释："'文化大革命'期间，'四人帮'把知识分子排在地、富、反、坏、右、叛徒、特务、'走资派'之后，诬蔑为'臭老九'。一九七五年五月三日，毛泽东召集在北京的中共中央政治局委员谈话时借用了京剧《智取威虎山》中的一句台词'老九不能走'，以此批评'四人帮'对知识分子的诬蔑，说明革命和建设事业是需要知识分子的。"（邓小平《邓小平文选：第二卷》，北京：人民出版社，1994年，419页）

12　2001年泉州府文庙被公布为第五批全国重点文物保护单位。

13　蔡方荫，字孟劬，著名土木建筑结构专家，江西南昌人，生于1901年，逝于1963年。1925年毕业于北京清华学校，后赴美国留学，获麻省理工学院建筑工程学士（1927年）、土木工程硕士（1928年）。曾任美国土木工程师学会通讯会员、Hoy Foundry E. Iron Works制图员（1929年）、纽约Purdy and Henderson Co. 设计工程师（1930年）。

回国后，先后任东北大学建筑工程系结构、画法几何、阴影学教授（1930—1931 年），"梁（思成）陈（植）童（寯）蔡（方荫）营造事务所"总工程师（1931 年），清华大学教授（1931—1939 年），西南联合大学任教授、土木系主任（1938—1940 年），国立中正大学工学院院长兼土木系主任（1940—1949 年）。中华人民共和国成立后，先后任江西省人民政府委员兼文教委员会委员、南昌大学工学院院长（1949—1951 年），重工业部兵工局总工程师（1951—1953 年），《土木工程学报》编委会主任、主编（1953 年），建筑工程部建筑科学研究院副院长兼总工程师（1956—1963 年）。1955 年当选中国科学院技术科学部学部委员，著有《普通结构学》（上、中、下三册，上海：国立编译馆，1946—1947 年）、《变截面刚构分析》（上海：中国科学图书仪器公司，1954 年）、《变截面刚构分析续篇》（北京：科学出版社，1956 年）、《装配式楔形绞接刚架》（北京：科学出版社，1961 年）等。

14 1986 年 12 月 8 日，国务院下发《国务院批转建设部、文化部关于请公布第二批国家历史文化名城名单报告的通知》（国发〔1986〕104 号），公布了第二批共 38 个国家历史文化名城，上海在名单中排列第一。该通知所附《第二批国家历史文化名城简介》称："上海是我国近代科技、文化的中心和国际港口城市。古代这里为海滨村镇，唐天宝十年（751）设华亭县，宋设上海镇，元置上海县。上海具有光荣的革命历史，是中国共产党的诞生地，近、现代许多重要历史事件和历史人物的活动都发生在这里，如小刀会起义、五卅运动、上海工人三次武装起义、淞沪抗战等。现存革命遗迹有中共一大会址、孙中山故居、鲁迅墓、宋庆龄墓、龙华革命烈士纪念地等。文物古迹有龙华塔、松江方塔、豫园、秋霞浦、唐经幢等。上海近代的各式外国风格建筑在建筑史上也具有重要价值。"（《国务院批转建设部、文化部关于请公布第二批国家历史文化名城名单报告的通知》，1986 年 12 月 8 日，国发〔1986〕104 号，载于《中华人民共和国国务院公报》1986 年第 35 号）

15 1982 年 12 月，上海市政府在锦江饭店召开上海城市总体规划专家评议会，郑孝燮应邀出席并发表意见，提出上海城市总体规划关于上海城市性质的表述，应该增加一条，即上海是"具有重要历史文化意义的城市"。

1982 年 12 月 20 日，上海《文汇报》刊登题为《怎样把上海城市建设得更美好，各地专家对本市总体规划认真评议竞献良策》的报道，对郑孝燮的意见介绍如下："全国政协委员、城乡建设与环境保护部规划局高级建筑师郑孝燮说：规划定上海城市性质为'全国的经济中心之一'和'重要的国际港口城市'，完全符合实际，但应该再加上一条，这就是'具有重要历史文化意义的城市'。他指出，上海是中国共产党的诞生地，新文化运动的发源地，也是过去帝国主义侵略中国的一个基地，许多革命遗址和历史文物要予以保护。在文化建设方面，上海需要继续加强，把物质文明建设和精神文明建设更好地结合起来。"《怎样把上海城市建设得更美好，各地专家对本市总体规划认真评议竞献良策》，《文汇报》，1982-12-20：2）

1982 年 12 月 27 日，上海《世界经济导报》刊登题为《城乡建设环境保护部高级建筑师郑孝燮：保护文物古迹需纳入规划，懂得昨天才能更爱今天》的报道如下："全国政协委员、城乡建设与环境保护部规划局高级建筑师郑孝燮说：《上海市城市总体规划纲要》明确了'上海是我国的经济中心之一，是重要的国际港口城市'，非常简明、正确。我认为还应加上一条，即上海也是具有重要历史文化意义的城市。历史和文化在建设社会主义精神文明中的作用是十分重要的。城市规划作为城市建设的综合性蓝图，要使人们懂得昨天的上海，更好地热爱今天的上海。它有宋、元以前开发的漫长岁月，有过鸦片战争后五口通商、开辟租界的苦难深重的历史，也有抗击外来侵略、扬眉吐气的历史，更有着中国共产党在这里诞生而成为革命摇篮的光荣历史。上海曾经是党中央的所在地，工人武装起义的所在地，是许许多多革命烈士牺牲的所在地；上海还是'一·二八''八一三'抗日战争的重要战场。现在全国文物，古代的和近代革命的，毁坏十分严重。上海有些遗址，现在也已看不出原貌，我认为都要加以修复。不论是正面的还是反面的，都要树立标志或立像。这不需要花多少钱，却能够用来教育后代。

上海也是中国的橱窗。诸如反映古老城镇历史的以金山神庙（今城隍庙）为中心的方浜路老街，反映鸦片战争的吴淞炮台，反映洋务运动的江南造船厂，反映太平天国时期小刀会起义的文物古迹，反映日本侵略的四川北路日本海军司令部以及金山的万人坑等，以及许多名胜和名人故居，都应保存下来。建议规划部门会同文化部门，对这方面作调查研究，纳入城市建设规划的内容。

他建议，尽快恢复苏嘉铁路，把有些过境客货运引导出去，以缓和上海铁路运力严重不足的矛盾。"（《城乡建设环境保护部高级建筑师郑孝燮：保护文物古迹需纳入规划，懂得昨天才能更爱今天》，《世界经济导报》，1982-12-27：12）

周维权先生谈中国园林研究

受访者简介

周维权（1927—2007）

男，云南大理人，1951 年毕业于清华大学建筑系，后留校任教。曾担任中国风景园林学会常务理事，北京园林学会常务理事，建设部风景名胜专家顾问。20 世纪五六十年代，参与颐和园古建筑测绘教学指导工作，并开始研究中国古典园林，先后发表《略谈避暑山庄和圆明园的建筑艺术》（1957）、《避暑山庄的园林艺术》(1966)、《北京西北郊的园林》（1969）等论文。20 世纪 70 年代主持颐和园专题研究，发表了一系列颐和园研究相关的论文，如《颐和园的排云殿佛香阁》（1980）、《颐和园的前山前湖》(1981)、《颐和园的园林艺术》（1981）、《以画入园、因画成景——中国园林浅谈》（1981）、《清漪园史略》（1984）等。1982 年参与汪菊渊主持的中国古代园林史研究课题组，该课题结束后独立完成相关研究工作，发表了《魏晋南北朝园林概述》（1984）、《魏晋南北朝的私家园林》（1989）等论文。1988 年完成专著《中国古典园林史》，1990 年由清华大学出版社出版。该书在中国古典园林研究领域影响广泛，为目前中国古典园林研究领域被引率最高的书籍。

采访者： 温玉清（中国文化遗产研究院）、陈芬芳（华侨大学建筑学院）

访谈时间： 2005 年 1 月 11 日

访谈地点： 北京海淀区清华大学校内周维权先生府上

整理情况： 2015 年 12 月陈芬芳根据录音整理

审阅情况： 未经受访者审阅

访谈背景： 2005 年 1 月，天津大学博士研究生温玉清为完成博士论文《二十世纪中国建筑史学研究的历史、观念与方法》，天津大学研究生陈芬芳为完成硕士论文《中国古典园林研究文献分析：中国古典园林研究史初探》采访了周维权先生。2015 年，陈芬芳为完成博士论文《二十世纪的中国古典园林学术史基础研究》，根据当时的录音资料整理完成本篇口述实录。

周维权教授（右一）与同事考察安徽黄山，1979 年
引自：《匠人营国——清华大学建筑学院 60 周年》

温玉清　以下简称温
周维权　以下简称周
陈芬芳　以下简称陈

五十年代的园林研究工作

温　周先生您好！我的博士论文题目是《1949 年以来的中国建筑史学史》，已经做了一段时间，访问了很多老先生。关于园林史的研究情况特别想向您请教。园林研究基本是 1949 年以后才开始的，营造学社当时没有关注这个问题，当时清华、东南大学等校都开展了园林研究。1956 年以后，清华大学开始研究颐和园，天津大学开始研究承德避暑山庄和内廷宫苑，南京的刘敦桢先生和上海的陈从周先生研究苏州古典园林，能否请您先介绍一下（20 世纪）50 年代的研究背景？

　｜周　1949 年以前，中国园林可以说没有专门研究。营造学社倒是写过一些这方面的文章 [1]，刘致平先生自己测绘过北海静心斋 [2]，不过他们的重点不在园林，而在古建筑。园林研究真正开始应该还是在 1949 年以后，（20 世纪）50 年代以后突然就兴起来，这个我想就是和当时的环境有关系。因为那时刚刚"解放"，文化事业发展较大，中国古代文化受到重视，因此建筑史研究得到了国家的支持。园林跟中国古代建筑史关系密切，所以也得到重视。

　　另外一方面跟学习苏联有关，那个时候请来大批苏联专家。苏联建筑界比较重视传统，强调古典，他们比较反对现代主义，认为现代主义就是资本主义。因此他们的建筑教学也比较重视古代建筑，学生必须要学习建筑史，要做建筑测绘。中国大学的古建筑测绘是从苏联那学来的 [3]，建筑院校都开建筑测绘的课，南工（南京工学院，今东南大学）[4] 测绘苏州园林，你们那儿卢绳 [5] 先生测绘避暑山庄，我们清华测绘颐和园。那些书出的比较晚，拖了十几年，但工作在那个时代都完成得差不多了。另外华南（华南工学院，今华南理工大学）那边也测绘古建筑和园林。四川的重庆大学 [6] 和西安建筑科技大学 [7] 也都测绘。中国古建筑很多，测不完的，那时掀起了一个测绘的高潮，成果不少，收集了很多的资料。

表 1 1952—1976 年间建筑类院校内开展的园林相关测绘工作 [8]

学校名称	项目名称	年份
清华大学	北京颐和园测绘	1953—1965
天津大学	北京北海测绘	1953
	河北承德避暑山庄及外八庙测绘	1954
	北京故宫御花园、宁寿宫花园、慈宁宫花园测绘	1955
	北京颐和园测绘	1956—1957
	河北承德避暑山庄及外八庙测绘	1962
	北京故宫御花园、宁寿宫花园、慈宁宫花园测绘	1962
	河北承德避暑山庄及外八庙测绘	1963
南京工学院	苏州、无锡、扬州、南通、杭州等地的园林测绘	1963
同济大学	苏州地区拙政园、留园等园林测绘	1954—1956
	苏州传统住宅建筑测绘	1957—1958
	杭州、无锡、扬州的园林及古建筑测绘	1959—1963
华南工学院	广东顺德清晖园	1952

有了这个基础资料，园林的研究就逐步开展起来。从（20 世纪）50 年代就开始做的这几本著作，如天大的《承德古建筑》[9]、南工的《苏州古典园林》[10]、清华的《颐和园》[11] 等，现在看起来是比较好的。园林是中国古代文化的组成部分，要研究古代文化，不能忽略园林。它和古建筑的关系也很密切。有些中国古代园林很难说是宫苑还是园林，比如说北海，本身是宫苑也是园林，还有避暑山庄，本身也是宫苑。因为这个关系，古建筑一开展，也把园林带了进来。

我认为 50 年代是一个创作高潮，出了很多成果。除了这些著作之外，文章也不少。有些高校还特别研究了地方的园林，岭南园林就是那个时候搞起来的，这个在之前也没有人研究过。华南工学院夏昌世最先研究园林，后来带着莫伯治一起研究，岭南派古典园林的研究也热起来。[12]

60 年代以后就逐渐不行了，这个与我们建筑学术界的政治氛围有关系。园林受到批判，"封资修"的东西谁也不敢动了。除了个别地方还有人利用这种空隙，比如广东，广东的领导在这方面比较开明。其他地方比如北京，政治气氛浓，没人研究。一直到 80 年代"文革"结束以后才恢复。园林研究到现在是第三个高潮了，第一个高潮是 50 年代，第二个高潮是 90 年代。

中国园林研究的文章很多，感兴趣的人也很多。高校研究生以园林为题做论文的也很多。你们天津大学就很多，论文一本一本地出，质量还挺好的。[13] 为什么会有这么兴旺的局面呢？根本原因是中国古典园林确实是一笔宝贵的精神财富，这点外国人都会承认。中国古典园林在世界上内容这么丰富，延绵时间那么长，三千多年从不间断，这是其他文化所没有的。其他文化有的死掉了，有的很浅。你看欧洲文化从罗马到现在一直变来变去，它没有中国这么持续。时间越长，积累就越深厚。所以我们说中国园林博大精深，源远流长。这个确实是，古代希腊罗马文化一直在变，埃及的早就没有了。

现在世界三大园林系统，中国的是最持久的。就像（一座）宝山，你怎么挖掘，也只是冰山一角，很值得研究。世界其他国家，如美国，有一个中心，专门研究东方园林，有一个组专门研究中国古典园林。

很多国家都非常重视。随着我们整个园林事业的发展，社会上也开始重视。80 年代以后，风景园林协会正式成立。1949 年以前，也有园林学会，但那个园林学会偏重 Gardening（园艺），造园，花花草草的那些。

温　林学院？

　周　那时还没有林学院，是农科的。真正的 Landscape Architecture（景观）80 年代以后才出现。因为形势要求，要新的园林环境提出来的。目前的风景园林学会也逐渐从 Gardening 走出来了。

园林概念的界定

陈　请问您对园林是怎么定义的？园林、风景园林和风景区这是一个概念吗？

　周　古典园林就是 garden（园林），风景区不能叫园林。园林是一种艺术创作，就像画画和写作一样，风景区是一种自然的东西，人工只是做一些点缀，没有人说我做一个风景区，就是已经有这些东西，我来整理整理。比如说天坛，现在有人管天坛叫园林，这是现在的事情，以前坛庙人都是不能进去的。

陈　杭州西湖算什么？

　周　过去可以算是一个公共园林，现在包括在广义的 Landscape Architecture 之内，是景观，人可以观赏的，有一些要素，包括树木、花草、水。

温　是不是更多的是一个园林化的概念？

　周　凡是大自然的东西，跟人接触以后，人的一种东西反映到上面就是一种 Landscape Architecture。风景区不开发的时候无所谓了。一开发之后，人的东西就在里头了。这两个概念不同，看是用狭义的还是用广义的。我们现在所谓的风景园林，Landscape，都是广义的，其中包括 Gardening。像张家界，那是 70 年代以后才发现的。你没有发现，远在深闺人未知，它无所谓风景园林不风景园林。人进去之后，修路，修景点，它就变成广义的园林了。你不能说它是 Garden，古典园林不包括这些东西。Landscape Architecture 是人工的创造同大自然结合的一些东西。风景园林的范围很广泛，无所不包，最重要的一项是园林。古典园林没有这个问题，它是关起来的，它是一种艺术创造。

不同学科领域的园林研究工作

温　早期园林研究是不是由实物调查开始？还有很多文科方面学者研究园林，有的是从美学方面研究园林，有的是从文化角度来研究园林。而现在是不是学者的研究更加关注园林意匠，园林设计的过程？比如说我们王其亨老师这边，现在在整理样式雷图，发现很多三海和颐和园的图。通过分析这些图来整理当时的设计方法、设计意匠。

陈　文科研究的必要性是什么？

温　就是文科现在也做园林，工科也做，现在包括您刚才说的农学院或者林学院的也在做园林。这是第一点，涉及园林的定义问题。您刚才所说的广义的园林，您是如何看待这么多领域同时在做园林研究？

｜周　这恐怕和时代的发展有关。拿中国来讲，在当代，园林包含经济效益、社会效益、环境效益、美学效益。在古代，园林主要是一种美学上的享受，它没什么环境问题。在古代，它的环境就是挺好的，人也比较少，科学不发达，大规模的破坏比较少，而且破坏得比较慢，它不像现在一下子就能把树砍光。所以园林主要就是一种享受，精神上的享受，主要追求就是造园追求。我们中国人讲文人造园，因为文人见多识广，读万卷书，行万里路。书读得多，艺术修养高，绘画修养高，再和工匠结合起来，这两者结合起来。中国的"匠"纯粹是工匠，它和西方园林不一样。西方最早的造园完全是工匠、园丁。中国的最早的造园是文人，后来是和工匠结合起来，工匠也有学问了，艺术修养提高了。文人也懂得一点技术，计成[14]就是一个典型。进入资本主义社会以后，科学技术、社会的先进性，对园林要求就高了，一直到现在，园林是个环境问题，赏心悦目。现在还讲究管理问题，园林不是看着好看就行了，对城市的生态环境还要起到一定的作用。现在发达国家，像欧洲德国，整个国家就是个大园林，整个城市山清水秀，这在中国见不到了。

温　原来北京的造园，也是追求一个大城市。好像乾隆讲过："平地起浮云，城市而林壑"，他讲的也是这样一个大的环境。

｜周　他追求这个东西，是无意识的。一个人不能脱离大自然。人的一生老在钢筋混凝土的空间里，就像做一辈子的牢，很难受。所以人都有回归大自然的要求。回归大自然其实是人的一个本能，总有一天人要返回过去。人本来是和大自然是一回事，在原始社会，进入文明社会以前，是混为一体的。那时候也不会有园林。为什么会有园林呢，就是因为脱离大自然了，才有这个要求。可是要回到大自然去，又有一些条件限制，于是就造园林。再往下发展，又有别墅建筑，因为有钱的人不愿意住在城里。像在美国，稍有一点钱的人都住在郊外。这是一种天性，人的本能。科学进步具有两面性，一个是破坏自然，但另一方面，又为人回归大自然创造了条件。高速公路一修，从北京到天津一个小时就到了，过去的话，坐火车要坐半天，坐一天。所以园林的概念一直在变化，现在的园林跟古代古典园林也不一样。用现代园林概念去理解古典园林不对，用古典园林概念去理解现代园林也不对。它是一个时代的要求，所以从园林之父奥姆斯塔德（Frederick Law Olmsted，1822—1903）[15] 开始，就换了一个名词，不叫 Garden，它叫 Landscape Architecture。所以我们现在翻译过来就叫作景观，有的叫园林。其实是一回事，叫法无所谓。你要和国外接轨，翻译成英文都是 Landscape Architecture。

陈　那您觉得学建筑学的研究园林应该侧重哪一方面，比如彭一刚先生的《中国古典园林分析》[16] 是从建筑学的设计角度，但是"七分主人"，那个主人，文科那方面就会侧重从文人那方面去研究，那建筑学研究是不是也需要加进那方面的研究呢？

｜周　不是，它的侧重面不一样，进入50年代以后，有一些学科一方面是综合，一方面是边缘化，它不像古典文理学那样。在这种情况下，研究园林学也是多方面的。

　　1949 年以前，包括 50 年代，文化学方面，包括文科学者，研究园林的很少，50 年代以前，关于文化学的书，很少讲园林的，主要讲文学、绘画和雕刻等。50 年代以后他们逐渐发现园林是文化的一种，叫作园林文化，所以好多文科学者也搞起来了，还出了几本书，他们都是从文艺、美学角度研究。凡是文化涉及的东西，园林美学，现在都有，但他们的出发点和角度与我们不一样。他们可以不懂园林怎么设计、怎么规划，可是可以研究它。他们出的成果也有所不同，他们从文化的角度，从审美的角度，如

和哲学思想结合起来研究，比较深刻。这些不是我们学理工的人的强项。我们讲哲学只能一般说说，很难讲深，那是他们的强项。

　　建筑和林学院的园林研究也有所不同，各有各的强项。你看北林（北京林业大学），他们园艺出身的，植物这一块很强。植物管理栽培等是他们的强项。但 Landscape Architecture 不光是植物的问题。过去有一个看法，认为园林一定要由搞植物的来领导，你不会栽树就不能做园林。这是不对的，我认为比较狭隘，园林有很多方面，各有侧重。比如建筑的可以做园林设计，也可以做园林规划。建筑设计学四年、五年，主要学的是空间。学建筑者如果不了解空间，就没有入门，甚至没有开窍。

　　绕了半天，建筑最核心的东西就是空间的组织。这一点很重要，谈形式和空间的关系、形式美，不能回避空间，它有一定的规律。建筑的空间是用水泥、瓦、沙石来组织。园林也有空间，是用植物造景来组织，或者用山水和植物结合起来组织空间。这一点也很重要。建筑空间有尺度、比例问题。园林里面也有，不懂就做不好。

　　所以，现在我们无所谓专业背景，建筑学出身的可以做园林，园林学出身的也可以做，不过都要学，共同的东西都要学。现在农林学院的园林专业很重视建筑设计，这是对的，因为它最核心。不是懂得种树，就能做园林。我不懂种树，但我可以做园林，因为我懂它最核心、最根本的东西。土木专业的人会计算结构，可以盖好一栋房子，但不懂空间设计。这跟做园林，能栽花种树，而且能做得很好，但不能搞空间一样。土木专业的人的建筑设计，建筑专业的人一看就知道。

　　尽管我强调建筑设计对于园林设计的重要性，但园林研究还是要允许不一样的角度，历史、哲学、美学都需要。北大现在好多搞美学的，如叶朗[17]、杨辛[18]都谈园林，这是海纳百川。有的作家也谈建筑，谈园林，谈得也很好。如陈从周先生本来是文人，但在园林方面的造诣很好。现在园林包涵很广，不能搞门户之见，从不同的角度发展都还可以。

温　周先生，现在的园林研究，实地调查是一方面，另一方面，如我们王老师这边，更多关注是设计意匠，包括它的营建过程，或者说是设计过程、设计方法、设计理念。彭先生做的《中国古典园林分析》更多的是从设计的角度。现在的园林研究是不是更多地去关注这些问题。此外还包括您做的通史性的园林研究，应该更加侧重哪些方面？也就是说，现在的园林研究应该走向何方？

1991 年 3 月周维权先生考察武当山与管理处姜先生合影
赖德霖摄

丨周 彭一刚先生的《中国古典园林分析》写得挺好的。他其实就是从空间的角度来分析，利用建筑空间理论来分析园林空间。我觉得他在这方面独树一帜，很有意思。王（其亨）老师主要是研究古代园林的历史，研究它的历史源流。历史关系弄清楚了，也有利于现在新园林的发展。历史很重要，一个人有他的历史，一个家有他的家史，不研究历史，就是数典忘祖，数典忘祖的人是成不了大气候的。所以历史非常重要，那么王老师这个方面做了很多工作，做测绘还有文献。历史材料主要无非两个方面，实物和文献，实测对于记录实物非常重要，必须重视。

温 搞建筑的，要特别重视。

丨周 若不实测，很多东西就学不到的，光看还不行。如有些东西是匠人的创造，我们要兼顾道与器，不谈道不行，不注意技术也不行。一个是文献，文献在过去比较注重历史文献，就是历史书，一个是正史，一个是笔记，诗词歌赋；另外就是一些杂书，都要去浏览。

样式雷图档研究

温 今年天大举办的样式雷展览您看了吗? 那个是我们两个研究生跟着王其亨老师做的，忙了两三个月。

丨周 样式雷图纸是中国古建筑界一个很大的发现，在中国古代研究史方面起到了很大的作用。

温 在样式雷图档里面有很多园林的，包括北海、颐和园、圆明园、西苑。现在王老师这边几个研究生根据样式雷图档，把皇家园林又理了一遍，特别是圆明园，同治重修圆明园的图还是不少的，北海也有，最早的畅春园的图也有。

丨周 这就是很好的一手资料，50 年代研究时没有。

温 但是我看《颐和园》已经用了很多。

丨周 那是后来加进去的。50 年代开始研究时没有用，那是 70 年代以后，因为正式出书是后来的事情。70 年代以后觉得应该再找一些档案。所以我们那时候花了好几个月的功夫，到故宫（第一历史档案馆）查。

温 天大这次展览里，颐和园有一个专版，很多图，如佛香阁的立面图，我们也是从图书馆里找出来做的展览。

丨周 我那时候找很费劲。

温 因为当时归档不规范。

丨周 一包一包的，那些档案里面都乱了，而且是满文，也看不懂，比较困难。我觉得你们做这个工作很有意义。

温 王老师认为样式雷是个金矿。对于中国古代建筑研究清代建筑这些材料也是一个金矿。现在他安排了几名研究生，正在整理新发现的这些样式雷材料，包括南苑。其实很长一段时间南苑没有被纳入研究的视野。王老师判断，南苑是中国早期园林的一个范本，有很多早期园林的生态功能和储备功能。他认为实际上南苑在整个北京城的规划里面承担了重要功能，包括演武和生产储备。去年（2004 年）有一名他的研究生专门做了关于南苑的论文。这次展览的样式雷图里南苑的图不少，一档里南苑的图也不少。

｜周　最早认识到样式雷图的价值的还是刘敦桢先生，他的《同治重修圆明园史料》是 1949 年以前写的。

温　营造学社时期的。

｜周　50 年代那个时候没有人利用这个东西。

古人的园林研究工作

温　很多文人也在笔记里面谈园林，笔记里的能不能算研究呢？

｜周　当然也算。你像李渔，那也是一种见解，那是文人研究。

温　小陈她研究园林学术史，就是说笔记类的文献也可以纳入园林研究这一大的范畴里面吗？

｜周　当然了，特别几部重要的著作。因为那些作者是文人，习惯中国式的横向思维，加上受到儒家道家的影响，触类旁通，所以好多文人甚至可以成为有名的医生，儒医、儒商，涵盖面很广，那边的道理可以用到这边来。所以，园林里面有很多画论里的东西。画论其实就是园论，这个当然要涉及，是很宝贵的一份遗产。

温　现在园林研究有很多东西是从这些材料里面来的。

｜周　对，如关于意境的。中国文化是触类旁通的，不研究这些材料，孤零零地看待一个园林，能研究什么啊？世界上只有中国园林把文学引进园林设计和欣赏。匾联很有讲究。皇家园林、私人园林、公共园林依据的典籍都不一样，非常值得研究。现在有人专门研究这些材料。在中国研究园林，必然要牵扯到文学艺术，它们是一回事，不能忽略了，而用西方那套东西来研究中国园林，因为西方文化和中国文化不一样，它从思维上讲就不一样。

外国学者的园林研究工作

温　我们关注学术史，主要是想看园林研究，刚才您也谈到的，两个高潮，期待着未来的一个高潮。就是说外国人研究中国园林，包括冈大路 [19]。

｜周　对，他应该是最早。

温　他们当时已经注意到园林，特别是冈大路，他还出了书，就是到现在研究中国园林一直是一个比较热的领域。

｜周　外国人研究中国园林倒是比较多，写的文章也比较多。有些文章也还可以。异质文化来看这些东西，比我们自己看往往有一些新意，很值得学习。可是外国人研究中国园林有一个最大的障碍——文化不能沟通。文字语言，有很多人他是通过翻译的，真正懂得中国文化的也有部分可以。

温　国外对中国园林的研究还是以中国国内的研究为基础。

｜周　对，应该说中国研究是基础，因为西方中国园林研究的时间还比较短。汉学的研究时间就长了，从传教士过来了的 16、17 世纪就开始了。

温 包括英中式园林的产生也是跟传教士有关?

| 周 对,但所用的中国元素都是皮毛,根本没有领会中国园林。

温 那是不是可以这样说,英中式园林是不是与当时传教士从中国过去有关?

| 周 英国园林也是自然风景园,中国园林通过传教士的见解过去影响了它。所以出现这种所谓的英中式园林,有中国式的塔、石头,但很不成气候。

清华大学的园林研究工作

温 能否请您再谈一下清华在做的研究工作,您在清华这么多年,谈一下清华包括颐和园、园林史整体的研究情况。

| 周 清华不像天津大学,没有一个专门机构研究这个东西。历史研究所它不是主要的。现在有个景观研究所,也成立景观研究系。它没有本科。过去因为各方面的原因,本来应该有。

温 当时梁先生在的时候主持系,他对园林是什么态度?

| 周 他对园林很重视,他跟农学院,就是当时的造园景观,梁先生、吴良镛,还有汪菊渊[20],他们几个搞起来的,就是现在林学院的前身,都是从我们这边过去的。若没有院系调整,不那么乱的话,发展下去,现在一定会很有规模。院系调整后,造园组并到农学院,后来又从农学院出来,成立林学院,就是现在的北京林业大学,他们好多老一点的教师都在那里面教过。

温 有一个很有意思的现象,就是说 50 年代,原来梁先生办清华建筑系的时候,特别是他 1947 年回美国讲学回来之后,建筑系办学受现代主义影响,做了很多教学改革。王其明[21] 先生回忆说教学改革以后成立了造园组、市政组、工艺美术组等。但 50 年代院系调整以后,学苏联,学院派的一套又回来了,古典教学和园林的这一块,就是您刚才讲苏联的契合在一起了。当时梁先生主要是做《营造法式》的研究和建筑史的研究,他对园林是一个什么样的态度?

| 周 梁先生是比较广泛的。营造法式的研究是他主要的课题。他涉及面很广,思想比较开拓。在美国参加了联合国大厦的设计,带回来好多新的东西。

温 包豪斯的东西?

| 周 他的核心思想是把建筑系办成一个不光有建筑,还有城市规划和园林的系。他认为大到一个城市,小到一个杯碟都需要设计,他叫作“体型环境”,实际上就是空间。一个建筑、一个住宅有它的“体型环境”,一套家具也有他的“体型环境”,一套茶具也有它的“体型环境”,我们常谈到老子的那段话……

温 “埏埴以为器,当其无,有器之用。”

| 周 对,就是那句话,所以他是想把建筑系办成包括这些东西在内的。所以他就和农学院造园的学者合作。

温 甚至还把社会学学者请来，如费孝通，他们也来讲课。

|周 那是因为建筑还是一个社会科学。清华经常请一些有名的教授来做演讲，我记得当时梁先生给清华做的一个演讲就提到这个问题，说要做一个人，不要做半个人，他是针对理工学院的人讲的。他认为学理工的人如果只懂得数理化而不懂人文就只是半个人，那不成。所以他主张把一些社会学的东西也放到建筑里，至少开一些课。他的思想是比较全面和开拓的，所以成立了造园组、工艺美术组，他们做景泰蓝，林徽因很热心这件事。他们夫妇在中国建筑教育史上的贡献非常大，他不是古典派，又不全是新派，他要适合中国现在的情况，他有思考过这个问题。但后来院系调整，造园组和工艺美术组全没了，清华变成了理工科大学。[22] 苏联那一套来了以后，和他的思想又有些吻合[23]。那个时候其实他已经不参与清华建筑系的工作了，他在社会上有很多事务。

《中国古典园林史》的写作背景

温 能请您再谈谈《中国古典园林史》这部书的写作背景吗？

|周 80年代以后，汪菊渊教授曾牵头做中国古代园林研究的课题。当时好多人在一起，不过组织得非常松散，当时全国各地都提供了一些材料。我也参加这个工作，在早前期提供了一些材料。到了后期基本上是我自己一个人来搞。汪先生并没停下来，但只写出草稿就过世了。最近风景园林学会要把他的书出出来，作为他的遗著，也是中国园林研究的一个成果。[24] 南京林业大学的陈植[25] 教授也是没搞完就过世了，南京那边也在整理，那个以后又多了两本。中国园林史的研究我觉得有不同的角度更好，可以百花齐放，不一定都要统一在一个观点里。

我写这本书的背景也是这样的。因为我刚来北京念书的时候，一到清华以后，我就去看颐和园、文物古迹。看了颐和园，感到很了不起，以前从来没有见过这么美的东西。再看看圆明园一片遗址啊，很凄凉。从那个时候起，我就对园林产生兴趣了。因为清华的地理位置比较好，去看这些园林很方便，骑个自行车就去了。以前我们在考试之前温习功课就到颐和园。有些地方没什么人去的，就在那边泡一壶茶，聊天，很舒服。作为科研我不知道去过多少次，很有感情。有兴趣有感情后就去研究。我留校后，先在建筑历史教研组待过，后来到建筑设计教研室，教建筑设计。主要是看了一些书，看了一些前辈写的书，如刘敦桢的、童寯的，还有卢绳的，还看了其他一些材料。真正搞园林史还是80年代的事情，一方面是系里面关心颐和园，同时我有一个想法，想写一本，二十多年了，就陆陆续续搞出一本来。

1 周先生大概是指《中国营造学社汇刊》第二卷第一期（1931 年 4 月）上发表的有关圆明园的史料整理，阚铎在《中国营造学社汇刊》第二卷第三期（1931 年 11 月）上发表的《园冶识语》，刘敦桢在《中国营造学社汇刊》第四卷第二期（1933 年 6 月）及第四卷第三四期（1933 年 12 月）上发表的《同治重修圆明园史料》。

2 1936 年 5 月林徽因在研究北海静心斋园林建筑时，率助理刘致平、研究生麦严曾等，测绘北海静心斋建筑，并请山石老人张蔚廷先生讲授叠山艺术。刘致平先生的文章见《北海静心斋的园林建筑：为纪念林徽因、张蔚廷先生而作》，《华中建筑》，1986 年第 2 期，31-34 页。

3 1952 年开始，教育部在"全面苏联化"的唯一方针指导下进一步推进高校课程改革，1954 年，教育部在天津大学召开全国建筑学专业五年制教学计划修订会议，后以莫斯科建筑学院建筑学专业教学计划为蓝本，向全国各建筑学院校颁发《统一教学计划》。（李婧《中国建筑遗产测绘史研究》，天津大学，2015 年）

4 东南大学建筑学院，前身为原国立中央大学建筑系，1952 年全国高校院系调整后成为南京工学院建筑系，1988 年随学校复名更名为东南大学建筑系，2003 年组建为东南大学建筑学院。

5 卢绳，1942 年毕业于中央大学工学院建筑工程系，而后加入中国营造学社，任研究助理，与林徽因、莫宗江一同协助梁思成撰写《中国建筑史》，1944—1952 年，先后执教于中央大学建筑工程系、北京大学工学院建筑系、中国交通大学唐山工学院（北方交通大学）建筑系，1952 年出任天津大学土木建筑工程系副教授，讲授中国建筑史课程，指导学生测绘了承德避暑山庄、北海、颐和园、故宫等清代宫苑，发表了《承德避暑山庄》《承德外八庙建筑》《北京故宫乾隆花园》等园林研究文章。参见：王其亨、温玉清、卢绳、杨永生、王莉慧编，《建筑史解码人》，北京：中国建筑工业出版社，2006 年,82-88 页。

6 重庆大学建筑城规学院前身为重庆建筑工程学院建筑系，1994 年更名重庆建筑大学，建筑系更名为建筑城规学院，2000 年更名为重庆大学建筑城规学院，是新中国建筑学专业的"老八校"之一。

7 西安建筑科技大学前身为西安冶金建筑工程学院，1959 年和 1963 年，先后易名为西安冶金学院、西安冶金建筑学院，1994 年后更名为西安建筑科技大学，是新中国建筑学专业的"老八校"之一。

8 整理自温玉清《二十世纪中国建筑史学研究的历史、观念与方法》，天津大学，表 3-2；李婧《中国建筑测绘史研究》，天津大学，2015 年；《上栋下宇——历史建筑测绘五校联展》，天津大学出版社，2006 年；林广思《岭南现代风景园林奠基人——夏昌世》，《中国园林》，2014 年，第 8 期，108-111 页。

9 天津大学建筑系、承德市文物局编《承德古建筑》，北京：中国建筑工业出版社，1982 年。

10 刘敦桢《苏州古典园林》，北京：中国建筑工业出版社，1979 年。

11 清华大学建筑学院《颐和园》，北京：中国建筑工业出版社，2000 年。

12 1954 年上半年，夏昌世主持粤中园林普查工作。1956—1957 年，为了给北园酒家设计准备素材，莫伯治完成了 31 家茶楼酒家的实测工作，其中 7 家带小型庭园景观。1961 年秋，华南工学院和广州城市建设委员会合作，夏昌世再次对粤中珠三角地区和粤东韩江三角洲的庭园展开普查工作。1957—1963 年，夏昌世和莫伯治发表《粤中庭园散记》（1957）、《粤中几个名园》（1958）、《潮州庭园散记》（1962）、《中国古代造园与组景》（1961）、《漫谈岭南庭园》（1963）和《粤中庭园水石景及其构图艺术》（1964）等论文。

13 结合国家自然基金资助项目"清代皇家园林综合研究"和"清代皇家园林综合研究续"，天津大学王其亨安排研究生开展了一系列皇家园林相关研究工作,2005 之前,指导学生完成清代皇家园林和园林断代史研究相关论文 30 篇。

14 计成，字无否，号否道人，生于万历十年（1582），明代著名造园家，其所著《园冶》为目前中国古典园林研究领域被引率最高的古代书籍。

15 奥姆斯特德（Frederick Law Olmsted），美国 19 世纪下半叶最著名的规划师和风景园林师。1822 年出生于美国康涅狄格州哈特福德。他的设计覆盖面极广，从公园、城市规划、土地细分到公共广场、半公共建筑、私人产业等，对美国的城市规划和风景园林具有不可磨灭的影响，被认为是美国风景园林学的奠基人，是美国最重要的公园设计者。

16 彭一刚《中国古典园林分析》，北京：中国建筑工业出版社，1986 年。

17 叶朗，男，1938 年生，浙江衢州人。北京大学哲学系教授，博士生导师。曾任北京大学哲学系主任、兼任宗教学系、艺术学系主任，同时兼任中华美学学会副会长。1963 年，将宗白华在北京大学的《中国美学史专题讲座》讲稿整理成论文《中国美学史中重要问题的初步探索》，1987 年在《中国园林艺术概观》中发表《中国古典园林的意境》。

18 杨辛，男，1922 年 5 月生，重庆人。中华美学学会顾问，中国东方文化研究会学术委员，解放前就读于国立北平艺术专科学校，师从徐悲鸿先生和董希文先生。1956 年调至北京大学哲学系，1959 年以来长期从事美学教学和研究工作。

19 在日本，冈大路（？—1962）最早从事专门的中国古典园林研究工作。1934 年，冈大路将与中国园林有关的史料进行整理归纳，汇成《支那庭园论》（彰国社）。1934—1938 年间，冈大路在《满洲建筑杂志》14-4 至 18-5 期上发表《支那宫苑园林史考》。1988 年常瀛生将冈大路《支那宫苑园林史考》翻译为中文，更名为《中国宫苑园林史考》，该书得以正式在中国出版。参见：徐苏斌《日本对中国城市与建筑的研究》，北京：中国水利水电出版社，1999 年。

20 汪菊渊（1913 —1996），安徽休宁人。花卉园艺学家、园林学家，中国园林（造园）专业创始人，是风景园林学界第一位中国工程院院士。1934 年毕业于南京金陵大学农学院，获学士学位。担任过北京大学教授、北京市园林局局长、总工程师、技术顾问等职。1951 年参与成立清华大学造园组，1962 年参加并主持了城市园林绿化 10 年科研规划。1984 年参加了《中国技术政策》城市建设部分、城市绿化公园部分的撰写工作。1995 年当选为中国工程院院士。主持编纂了《中国大百科全书：建筑·园林·城市规划》的园林部分。撰写了《中国古代园林史》（北京：中国建筑工业出版社，2006 年），该书在 2012 年荣获第一届中国出版政府奖。

21 王其明，1929 年生。北京建筑工程学院教授、北京大学文博学院教授。1947—1951 年就读于清华大学建筑系；1956 年成为梁思成先生指导的建筑理论及历史副博士研究生，但由于历史原因没有读完，被分配到建工部建研院建筑理论及历史研究室工作。后来被下放到河南、陕西等地，直至 1979 年回到北京建筑工程学院任教。王其明一直潜心民居研究，特别是对北京四合院的研究卓有成就，著有《北京四合院》一书，并担任《中国大百科全书：建筑·园林·城市规划》的编写组主编。她曾与茹竞华一合著《从建筑系说起—看梁思成先生的建筑观及教学思想》，发表于《梁思成先生百岁诞辰纪念文集》（北京：清华大学出版社，2001 年），文中介绍了梁思成先生早年在清华大学的现代建筑教育实践。

22 1951 年，在北京市都市规划委员会上，吴良镛与汪菊渊商议清华大学与北京农业大学合作创办园林专业。1951 年 9 月，园艺系三年级 10 名学生到清华大学营建系借读。1952 年根据前苏联专家的经验，造园组被正式批准为全国唯一开设的造园专业。同年北京农业大学通过教育部得到了列宁格勒林学院的城市及居民绿化系的教学计划和大纲。1953 年教育部发现前苏联绿化专业设在林业院校，召集两校领导商议，造园组转到北京农业大学园艺系。参见：林广思《回顾与展望——中国 LA 学科教育研讨（1）》，《中国园林》，2005 年，第 9 期，1-8 页和 2005 年，第 10 期，73-78 页。

23 1954 年，教育部在天津大学召开全国建筑学专业五年制教学计划修订会议，后以莫斯科建筑学院建筑学专业教学计划为蓝本，向全国各建筑学院校颁发《统一教学计划》。（参见李婧《中国建筑遗产测绘史研究》，天津大学，2015 年）

24 1982 年开始，汪菊渊承担了城乡建设环境保护部"中国古代园林史"的研究课题，成立了中国古代园林史研究课题组，组织全国各地专业人员进行调查研究。1990 年代，汪菊渊在原有《中国古代园林史纲》和课题组搜集到的原始史料的基础上，整理编写《中国古代园林史》，1994 年书稿基本成形。1996 年汪菊渊去世，去世后该书的整理编排工作由汪原平完成。2004 年，在黄晓鸾的帮助下，中国风景园林学会成立了《中国古代园林史》整理小组。包括甘伟林、周维权、刘家麟、郦芷若、梁永基、黄晓鸾、金伯苓在内的园林研究专家参与了该小组。2006 年 10 月该书正式由中国建筑工业出版社出版。参见：汪菊渊《中国古代园林史（上）》，北京：中国建筑工业出版社，2006 年，序。

25 陈植（1899—1989），字养材，上海崇明人。著名林学家，造园学家，南京林业大学教授，中国杰出的造园学家和现代造园学的奠基人，已问世的专著达 20 多部，散见在各类报刊杂志上的论文有数百篇，共 500 多万字。所著《造园学概论》是中国近代最早的一部造园学专著。

陆元鼎的华南建筑故事

受访者
简介

陆元鼎

男，1929 年出生于上海。1948 年考入广州中山大学工学院，1952 年毕业留校任教。随全国院系调整，成为华南工学院建筑系首批教师之一。20 世纪 50 年代，开始投身于我国传统民居建筑研究。在他的推动下，传统民居建筑逐渐发展为一门系统学科，研究队伍日益壮大，引发国内外专家的热切关注。1995 年被推荐载入英国剑桥 IBC 国际名人录，2009 年荣获中国民族建筑研究会终身成就奖，2018 年荣获"中国民居建筑大师"荣誉称号。

采访者： 张弯（华南理工大学建筑学院）、彭长歆（华南理工大学建筑学院）
访谈时间： 2018 年 12 月 21 日
访谈地点： 广州市天河区华南理工大学陆元鼎教授府上
整理情况： 2018 年 1 月 18 日整理完毕
审阅情况： 经受访者审阅
访谈背景： 1952 年，陆元鼎从中山大学工学院建筑工程系毕业，留校担任教学工作。此时，中央决定重建教育体系，开始调整全国高等学校的院系设置。以中山大学建筑工程学系为主体，与华南联合大学工学院建筑工程系、湖南大学建筑专修科合并为华南工学院建筑工程学系。由此，陆元鼎成为华南工学院建筑工程系首批教师。[1] 1956 年 10 月，建筑工程部建筑科学研究院成立建筑理论与历史研究室，开始强调对中国建筑历史、中国传统住宅的研究，并于 1958 年 10 月 6 日至 17 日在北京召开全国建筑理论及历史讨论会，陆元鼎作为华南工学院建筑系代表参加了本次会议。[2] 1966 年，"文化大革命"开始，陆元鼎被下放至广东韶关曲江县进行劳动锻炼。1972 年初返校。1979 年 3 月中国建筑学会建筑历史委员会恢复成立，龙庆忠任副主任委员，陆元鼎任委员。1988 年 11 月 8 日，我国第一届中国民居学术会议在陆元鼎的组织下顺利召开。[3] 2018 年 12 月 7 日，第 23 届中国民居建筑学术年会暨中国民居学术会议 30 周年纪念大会在华南理工大学召开，陆元鼎先生荣获"中国民居建筑大师"称号。1988 年至今，在陆元鼎先生的带领下，中国民居学术会议走过了 30 个年头，而陆先生也从花甲之年走入耄耋之年，在陆先生的人生历程中，不仅有民居研究的成长故事，更有华南理工大学的建筑故事。

陆元鼎
引自：华南工学院建筑学系教职工登记表

陆元鼎先生在家中接受本次采访

张　弯　以下简称张
陆元鼎　以下简称陆

陆元鼎在华南工学院求学时期

张　1948 年，您从上海考入中山大学工学院，当时授课的老师有哪些？您记忆中的老师，都有什么特点？

｜陆　我家在上海，曾报考上海交通大学，因为姐姐和姐夫在广州工作，所以也报考了中山大学。当时一共报了三个学校，最后被中山大学录取了，所以就来广州了。

广东的老师上课是用广东话讲的，外省的老师是用普通话。所以，刚来广州时，我听不懂他们在说什么，但我觉得不管怎样，一定要学好每一门课，所以我就自己做习题和练习画画。过了三个月，跟广州的同学交流多了，才慢慢听懂广东话；半年后，就会用广东话简单交流了。

一年级时，是龙庆忠[4]老师和符罗飞[5]老师教我们；二、三年级时，是夏昌世[6]老师和陈伯齐[7]老师；四年级时，才见到林克明[8]老师。

我第一次见龙庆忠老师是大学开学时，在欢迎新同学的大会上。那时他看上去很严肃，没有笑容，是一个很正派、很正经的老师，所以很怕他。但后来发现他从来不批评学生，也不讲学生好坏。他教一年级的建筑初步课，这门课让我最头痛，因为我画画是很差的。之后我留校任教也做了建筑系的老师，但跟龙庆忠老师在一起，我觉得他还是我的启蒙老师，在我心里，这是永远都不会忘的。

夏昌世老师会经常说说笑笑，跟学生距离近一点，思维很灵活，也很幽默。当时，一个教授会配一个讲师或者助教，杜汝俭[9]老师是讲师。我们第一节课是早上 8 点钟开始，杜老师会准时来教室辅导我们学习，但夏老师很少准时，一般是 10 点多钟才来。他不会一个一个学生去辅导，学生有问题，会去问他，他如果觉得是比较普遍的问题了，才会把大家都叫在一起，针对这个问题进行讲解。夏老师讲课不多，他教设计，会给我们示范怎么画。我对夏老师印象特别深刻的是，他可以用笔随手一点，就找出一条线的中点在哪里，我用尺去量，竟然分毫不差，非常厉害。因为我画画不行，夏老师教给我很多绘画方法。

符罗飞老师大概只见过两三面就没有再见，之后才知道他是地下党。林克明老师是一个非常正直和严格的人。他教城市规划课，看到学生画的图不好，就会把这图没收，也不撕掉，就攥成一团放自己口袋里。我读四年级时，他去广州工务局工作了。每年过年，我们一定会去林老师家里拜年，跟林老师关系很好。

张 您还为林克明先生编辑过一本书《中国著名建筑师林克明》（与杜汝俭合编，北京：科学普及出版社，1991 年）？

　| 陆 是的。有一次，我们去林老师家里拜访，林老师说，想把自己的作品、成果编写成一本书。我觉得很好，也很愿意帮老师完成这件事。

先是林老师口述，我记录下来，再加入老师的作品以及林老师自己写的两篇文章编辑而成。根据老师提供的线索，我开始与各个设计院联系搜集他的作品资料。不过，因为林老师自己当时已不做设计，而是画好草图后交给各设计院具体去做，有些设计院老总与他关系不太融洽，不能认可有些作品是林老师设计的，所以这本书编辑完成后就被搁置了。后来我请了杜汝俭教授出面协助，由广东省科学技术协会主任赞助经费，过了 3 年才正式出版。幸运的是，这本书在林老师生前就出版了。我送去给林老师，他很高兴，算是完成了他的一个心愿。

张 当时您哪个科目考试得分最高？求学过程中，有哪些让您印象深刻的事情？

　| 陆 我从小数学成绩好，中小学算术老师给我的帮助很大，所以我比较擅长几何和代数。实际上，我当时报考的是中山大学工学院土木系，但因我除了数学，其他科目考得都比较差，高考成绩达不到土木系的分数要求，而建筑系的分数线稍低一点，我觉得建筑与土木相关，并且国立大学不需要学费，所以就读了建筑系。

读高中时，最不喜欢学历史。但是到了大学上专业课，听不懂其他老师讲的广东话，而龙庆忠老师是江西人，上课讲普通话，我只听得懂他教的建筑史，所以才开始对历史感兴趣。

我们上课没有教材，也没有多少图书可参考。学校图书馆里土木工程的书比较多一点，建筑类的很少。通常是老师给一个设计题目，学生去各个地方做实地调查，在调查过程中发现问题，通过问题进行学习。

一年级时，我们班一共有 20 多名同学，三年级就只剩下 10 名了。因为中华人民共和国成立后很多同学直接去工作了。华（南理）工（学院）建筑系的罗宝钿[10]老师跟我同班同房间，是我最好的伙伴。当时同学们都很信任我，选我做建筑系的学生会主席。中山大学工学院只有五个系，建筑、土木、化工、机械、电机，我负责建筑系跟其他系的联系。学生会主席需要做很多工作，比如出黑板报、组织活动、做早操、表扬好人好事、要求同学按时就寝，等等。

《中国著名建筑师林克明》书籍封面
引自：彭长歆、庄少庞《华南建筑 80 年：华南理
工大学建筑学科大事记（1932—2012）》

龙庆忠

夏昌世
来源于网络

符罗飞
引自：《华南建筑80年：
华南理工大学建筑学科大事记
（1932—2012）》

林克明

陆元鼎先生在华南工学院任教时期

张　1952年，华南工学院正式成立，您毕业留校任教，成为华南工学院建筑工程系第一批教师中的一员，还记得您上的第一堂课吗？

┃陆　当时是建筑工程系，但因为要与土木工程系有比较明确的区分，所以后来改称为建筑系。当时建筑系的教师有龙庆忠、夏昌世、陈伯齐、符罗飞、丁纪凌 [11]、杜汝俭、邹爱瑜 [12]、金振声 [13]、郑鹏等。

我们毕业班一共有4名同学留校，我是年纪最小的，23岁。刚留校时，并没有正式教课，只是辅助教学。邹爱瑜老师教投影几何课，这个课是一年级课程中比较复杂的。当时很多学生是已经做了干部又来上课的。有的学生年龄比我还大，理解能力相对差一点，我会把比较难以理解的知识点拿出来在辅导课上给学生讲解。老师们讲课时，我也会随堂听课，做好笔记，学生不懂了，我再去给学生讲。

我第一次正式讲的课是"中国营造法"。开始时心里还是很胆怯的，因为之前没有学过这个科目，只能"边学边卖"，学不通的地方，再去向龙庆忠老师请教。梁思成先生写了一本《清式营造则例》，我把它翻印出来发给学生，自己备好课，再去给学生讲，如果回答不出学生的问题了，我就跟学生说，下一次我再回答你。

张　当时，您一个月工资有多少？

┃陆　刚工作时是18块5毛。之后，一年长一块钱，后来调到21块5毛。一个月吃饭用9块钱，我住在华工西区的单身教师宿舍，两个人一个房间，年老的教师住在市区文明路平山堂。

张　华南理工大学建筑设计院是在什么背景下成立的？

┃陆　1958年，全国高校建筑系都要抓生产，华南工学院建筑系也要抓生产，所以建筑系跟学校基建处共同成立建筑设计室。学校基建处一般是做校内的工程，设计院主要做校外的工程。当时大多数的学生和老师都去人民公社实习了，留下来的很少。谭天宋 [14] 老师因为年纪比较大，腿有点问题，走路不方便，所以留在系里主持设计院成立的工作。设计院做的比较大型的项目是谭天宋教授和胡荣聪教授设计的汕头公元感光材料厂 [15]，专门生产胶卷，当时广东很多胶卷都出自这个厂；比较小型的项目就由建筑系其他老师设计。因为我当时下乡了，具体的情况并不了解。

　　1963 年以后，土木工程系和建筑系合并，统称为建筑工程系。当时广东要建立很多高等学校，所以省高教局决定成立高校设计院，并委托我们管理，但我只是做挂名的书记，并不管事。省高教局派了一名设计院院长和一名办公室主任过来，办公地点就在原来的土木工程系，所有行政工作、设计人员、编制都是高教局管理。当时，建筑系的老师都不在设计院做设计了。

　　之后"文化大革命"开始了，我被下放到韶关，1972 年回校。因为还没有开始上课，学校让我重新筹备建筑设计室，当时只有四五个人，有做建筑的陈其銮，做土木的何其来，做结构的陈眼云，还有临时调来的年轻教师。我们在 6 号楼找了一个房间作办公室，开始时做校内的项目多一点，比如学校的住宅楼和电信所。

张 有资料显示，1953 年华南工学院建筑系开始实行新的学习计划，将五年教学进程分为前后两个阶段，前三年学习专业理论基础，再下放到公社进行规划设计工作，之后再转入设计院进行生产教学，您能说说当时的情况吗？

　　｜陆 不是的，下放到公社是一年级到五年级的学生集体下乡，一共去到 5 个地方。一个月后高教部通知要全部返校。因为当时下乡，所有的学生、教师不需要花钱，吃住都在公社，也没有做什么劳动，公社吃不消，所以就让回来了。在公社时没有系统上课，只是对一些知识进行补充，返校后继续在系里学习，并没有在设计院实习，并且去人民公社只去了一次，之后就没有去了。

3　陆元鼎先生与民居研究会的发展始末

张 1958 年，您作为华南工学院代表参加由梁思成[16]先生和刘敦桢[17]先生主持的建筑理论及历史讨论会，会议之后，全国部分建筑院校便开始了对民居的研究，这次会议主要讨论的内容是什么？

　　｜陆 1958 年在北京，建筑工程部建筑科学研究院召开了全国建筑理论及历史讨论会，建筑科学研究院汪之力[18]院长、梁思成先生和刘敦桢先生主持会议。参加会议的有高校建筑史教学组代表、建筑师代表和建筑史研究人员，老一辈的教授有天津大学建筑系主任徐中[19]先生、哈尔滨工业大学哈雄文[20]先生等等。因为是要讨论住宅，当时华南工学院建筑系研究住宅的是金振声老师和我，所以我们作为代表参加了会议。

　　这次会议主要是批判古建筑史，认为以往的古建筑史，总是讲才子佳人、帝王将相的故事，而中国建筑未来的发展应该更贴近普通百姓的生活，老百姓的建筑虽然简单，但相比豪华的建筑形式更适应生产生活需要，并且方便就地取材，所以要提倡研究中国老百姓的建筑。

张 将老百姓的住宅定义为民居，是由谁首次提出的？

　　｜陆 是谁首先提出将老百姓的住宅定义为民居建筑的，并没有考证，只是会议上有的提传统住宅，有的提民间住宅等，最后大家都认为用"民居建筑"或"民居"比较贴切。

刘敦桢（左）与梁思成（右）合影
引自：张永波《大师印记八十年：刘敦桢与正定古建筑》，《河北画报》，2015 年，第 7 期

张 这次会议决定要编写《中国建筑史》系列书籍，负责编辑书籍的有谁？编书工作是如何进行的？

｜陆 是的，包括《中国古代建筑史》《中国近代建筑史》《中国现代建筑史》，现代史正在进行中，从1949年到1959年，一共10年，所以是写《建国十年来的建筑成就》。因为梁思成先生政治活动较多，经常去全国各地开会，所以由刘敦桢先生负责组织编写工作。会议决议决定《中国古代建筑史》由刘敦桢教授、南京工学院郭湖生老师、同济大学喻维国老师负责，《中国近代建筑史》由哈尔滨工业大学侯幼彬[21]先生负责，《建国十年来的建筑成就》由我负责。会议结束之后，以建筑院校为主，开始了全国民居的调查工作，华南工学院建筑系负责广东一带。

1990年与家人去新疆考察，途中坐骡车留影

1959年七八月份，我们住在北京香山饭店进行编书工作。建国10年的时间很短，能搜集的资料非常有限。我主要通过两个方面，一是通过建筑设计单位，看设计院做了什么工程，当时北京做的建筑工程比较多；二是看建设部的相关

1995年第六届中国民居学术会议考察
喀什时新疆住户热情接待

文件。刘敦桢先生在南京工学院，所以我也去南京工学院的图书馆找资料，之前在广州也做了很多调查。

书编好之后，我报送到建筑工程部，但建筑工程部建议暂时不要出版，因为十年时间比较短，并不成熟，所以这个资料仍保存在建筑科学研究院资料室里，一直没有出版。由于领导干部们对这10年建筑的看法前后有所差异，所以在编写过程中，我不知道应该以肯定还是否定的态度来写。比如大屋顶，最初是否定的，之后又认为大屋顶是民族形式的一部分，应该给予肯定。比较遗憾的是自己有些想法不能按照自己的观点写，因为它的政治性太强，国家的政策经常变，所以与历史有关的书不好写。

张 您是何时将民居作为自己的研究方向的？为什么？

｜陆 1958年后，系里开会，要年轻老师都确定一个专业研究方向，我当时已经被调到建筑史教研组，所以我只能在建筑史范围内确定研究方向。其他老师有研究住宅建筑、公共建筑、建筑物理、规划等等。在之前进行的调研中，我发现广东地区的古建筑不多，比较有名的有光孝寺[22]、六榕寺[23]，佛山只有祖庙[24]，教研组另一位年轻老师已选古建筑为研究方向。1954年系里制定新的教学计划，二年级要增加测绘实习。1956年我带学生去潮州实习时发现潮州的传统住宅做得很不错，后来了解到梅州也有很多旧住宅，

刘敦桢先生带领参加编写《中国建筑史》教材的青年教师参观南京瞻园
左起：侯幼彬、乐卫忠、喻维国、刘敦桢、杜顺宝、陆元鼎、马秀之、杨道明、叶菊华

并且有各自的特点，所以我就确定了以旧住宅为研究方向。金振声老师是研究新住宅，我是研究旧住宅，当时还没有民居这个说法。

张　您带传统住宅建筑测绘实习去过哪些地方？

　陆　第一次实习在 1954 年，是龙庆忠先生带着我和学生一起去河南登封的中岳庙测绘古建筑，一个老师带几组学生，三人一小组。之前没有进行过测绘实习，没有专业仪器，靠两人拉皮尺，一人记录。要测屋顶，就用梯子爬上去，梯子爬不上去了，就靠目测。龙老师非常严格，要求测绘不能只测一次，要测两次，如果两次有误差，就取平均值。白天在现场测量，当天晚上，就要求把图画出来，因为经费不够，晚上没有电灯，只能点着煤油灯画。这次实习结束回校时，当时长江流域武汉地区发大水，郑州到广州的火车不通，我们只能坐火车经上海回广州，印象非常深刻。因为去外地实习需要的费用过高，为了节约经费，1955 年高教部发通知，建议实习就地解决，所以之后我们便去了广东佛山，1956 年去了潮州。

张　1963 年您首次试点用民居类毕业论文代替毕业设计，民居方向的第一次毕业论文研究是如何进行的？

　陆　1958 年"大跃进"时期，建筑系扩大招生，建筑学专业原本 60 名学生的规模，扩大为工业建筑、民用建筑、城市规划三个专业，共 180 名学生。到 1963 年时共有 150 位学生毕业，毕业设计指导老师人数不够，所以我尝试做一个试点，以调查研究论文代替毕业设计。我当时选了五位学生，选择的条件是：一、对传统民居有兴趣；二、广东本地人，懂方言，调查时与当地人沟通不困难；三、绘画水平好；四、自愿。五位同学（中）有 4 位潮汕人，1 位客家人，其中 3 位做潮汕民居，1 位做潮汕民居装饰调查，1 位做客家民居。当时并没有像现在写成毕业论文，而是写调查报告，后来我写了一本《广东民居》（与魏彦钧合著，北京：中国建筑工业出版社，1990 年），很多素材来源于他们当时写的调查报告。

张　1965 年 9 月您参与编写《中国建筑史》教材，编写教材的人员是如何甄选的？对您的影响是什么？

1994 年华南理工大学建筑学院教职工合影
第二排左五为陆元鼎先生

| 陆 1965 年中国建筑专业教学委员会教材编写组决定编写《中国建筑史》教材，指定刘敦桢先生负责编书工作。1958 年时，在刘敦桢先生和梁思成先生主持的全国建筑理论及历史讨论会上，曾讨论要编写"中国建筑史"系列书籍，当时决定古代建筑史部分由刘敦桢先生负责，近代建筑史部分由侯幼彬先生负责，现代建筑史部分由我负责。现代建筑史写的是 1949—1958 年的建筑史，建筑工程部认为十年的时间作为史料并不成熟，所以当时没有出版。到了 1965 年，刘敦桢先生认为中国现代建筑史应该继续写下去，也就是 1945—1965 年之间的建筑史。因为 1958 年时，我们编写建筑史书籍有了一定的基础，所以刘先生召集当时编写书籍的原班人马集中到南京工学院编写中国建筑史教材。在一次讨论结束之后，刘敦桢先生与南京工学院园林系叶菊华老师带领我们参观了由刘先生设计的瞻园。

参加教材的编写工作让我对中国建筑史有了更系统的了解，"文化大革命"结束后，我还教了几年中国建筑史，后来年轻老师多了，建筑史课程就交给年轻老师去教了，我开始做民居建筑方面的研究，对中国建筑史的关注就比较少了。

张 1988 年您组织举办了全国第一届中国民居学术会议，决定举办会议的背景是什么？您为此做了哪些工作？

| 陆 1984 年我参加完中国传统建筑园林学术会议后，在北京见到中国传统建筑园林研究会秘书长曾永年，闲谈时说起我现在在研究民居建筑，觉得传统民居建筑很丰富，各个地区的民居都有自己的特色，但是很多具有文化价值的房子得不到重视，年久失修，破坏得非常严重，所以想召开全国性的民居会议，让大家在一起讨论研究各个地区的民居文化，引起政府和学界的关注，但是如果以学校的名义召开会比较困难，因为当时华南工学院的名气还不大。曾秘书长建议在中国传统建筑园林研究会下面设民居研究部，以传统建筑园林研究会的名义召开。回校后，经过系里开会同意，第一次中国民居学术会议由华南工学院建筑学系和中国传统建筑园林研究会民居研究部联名召开，开会地点就选在华南工学院。

张 首届中国民居学术会议参会人员有哪些？

| 陆 据我之前的考察，我觉得南方各地民居实物较为丰富，所以我当时只考虑了南方各省市的高校建筑系、设计院、研究部门等。之前参加会议，跟江西工学院、南京工学院、贵州的设计单位联系比较多，所以邀请了他们。另外我曾去过香港大学讲学，香港大学建筑系龙炳颐[25]教授对中国传统民居建筑很有研究，所以我邀请了龙教授，另外又邀请了在香港的我校建筑系校友李允鉌[26]建筑师，他还帮我们邀请了一位熟悉民居建筑的台湾专家参加。

陆元鼎负责的广裕祠修复工程获得 2003 年联合国教科文组织
亚太地区文化遗产保护奖第一名"杰出项目奖"

大会宣读论文 3 天，考察开平、台山侨乡碉楼民居 4 天，并且成立了中国民居建筑研究会筹备组。会议结束后，我们将与会代表的会议论文整理成《中国传统民居与文化——中国民居学术会议论文集（第一辑）》，由中国建筑工业出版社于 1991 年出版。我比较难忘的一次是第二届民居会议，是 1990 年在云南召开的。一共 15 天，当时交通非常困难。白天赶路，晚上开学术报告会。虽然路途非常艰辛，当时还有很多年纪比较大的老同志，但是他们都很积极很热情融入考察队伍中，让我很感动。

张 1997 年民居学术会议在香港举行，当时香港并未完全回归，会议是如何成功举办的？

| 陆 1997 年之前，香港和澳门还没有回归，但 1988 年第一届民居学术会议时，我们就已经邀请到香港、台湾的专家参加会议。之后在一次会议上，我见到香港大学的许焯权教授，他对传统民居很感兴趣，我们谈到希望以后也能在香港、澳门举办民居学术会议。他认为虽然香港地区小，之前被英国长期占领，但是现在即将归还祖国，是有可能举办会议的。回到香港后，他很积极地与香港大学建筑系领导和有关单位进行沟通，当时香港政府建筑署署长陈一新先生对在香港召开民居学术会议表示非常支持，虽然即将离任，但他为了民居学术会议的成功举办，特意在署内筹了一笔款。因此，第八届中国民居学术会议才得以在 1997 年香港回归祖国前夕在香港举办。

2006 年第十四届中国民居学术会议是在澳门召开的。华南工学院建筑系校友蔡田田建筑师在澳门，她参加过往届民居学术会议，通过她，我们联系到澳门文化局管理文物建筑的官员，也是在她的帮助下，我们在澳门成功举行了会议。

张 2009 年您荣获中国民族建筑研究会终身成就奖，2018 年您被授予"中国民居建筑大师"称号，在对中国民居建筑研究的推动过程中，您认为自己做得较为重要的几件事是什么？

| 陆 一是传统民居很丰富，要动员大家来研究，要继承优秀传统和创新；二是强调年轻人的力量，鼓励他们参加学术活动，为他们解决实际问题。这是我一直坚持去做，并且认为很重要的事情，不论是民居学术会议还是在日常的教学活动中。我知道社会上有很多以学术会议的名义收取较高的会务费，但是民居学术会议的会务费并不高，学生参加会议，费用减半；如果有困难者，可以减免费用。这样做就是为了鼓励年轻人投入到学术研究中，我们召开会议也是实实在在地组织大家一起以专业研究为目的。我没有想过要写自传，因为我觉得自己除了在民居研究上做过一些事，有点作用之外，其他方面并没有太大的价值，不值得一说。

张 让您印象深刻的作品有哪些？哪些工作您自己比较满意？

ｌ陆 对设计项目印象比较深刻的是夏昌世老师设计的华南土特产展览水产馆，建筑的平面像条鱼，立面像条船，非常有意思。还有夏老师的鼎湖山教工疗养院，这两个作品，我觉得比较好。另外比较满意的是我自己做的广东从化广裕祠修复工程 27 和潮州饶宗颐学术馆 28，这是我非常投入的两个设计作品。除此之外，我觉得能和很多老一辈的专家学者一起看到民居研究会的成长，是很有意义的事情，也希望有更多的年轻人能参与进来。

张 您放心吧，在您和很多前辈的引领下已经有越来越多的年轻学者正在投身中国民居研究，今后这项研究会更加兴旺繁荣。非常感谢您接受我的采访！

ｌ陆 不客气！

1   彭长歆、庄少庞《华南建筑 80 年：华南理工大学建筑学科大事记（1932—2012）》，广州：华南理工大学出版社，2012 年，86、123 页。

2   陆琦，赵紫伶《陆元鼎先生之中国传统民居研究渊薮——基于个人访谈的研究经历及时代背景之探》，《南方建筑》2016 年，第 1 期，5 页。

3   邹齐《陆元鼎民居建筑学术历程研究》，华南理工大学建筑学院，2016 年，14、19 页。

4   龙庆忠（1903—1996），江西永新人。1931 年毕业于东京工业大学建筑科，1941—1943 年，先后任教于重庆大学和中央大学，1946 年任中山大学建筑系教授，1950 年任中山大学工学院院长，1952 年院系调整后，任华南工学院建筑系教授。

5   符罗飞（1896—1971），海南文昌人。1933 年毕业于罗马皇家美术大学研究院绘画系，1938 年归国参加抗日救亡运动，1942 年任国立中山大学建筑系教授，1951 年主持华南土特产展览美术设计，参与雕塑大型毛泽东全身雕像工作，1954 年任华南工学院建筑系教授。

6   夏昌世（1903—1996），广东新会人。1928 年毕业于德国卡尔斯鲁厄工业大学建筑与建筑历史专业，1945 年任中山大学建筑系教授，1952 年任华南工学院建筑系教授，主持设计了华南土特产展览交流大会水产馆、桂林漓江风景区规划与设计、广州宾馆等多项重大项目。

7   陈伯齐（1903—1973），广东台山人。1939 年毕业于德国柏林工业大学建筑系，1940 年任重庆大学建筑工程系教授兼系主任，1943 年任同济大学土木系教授，1946 年任中山大学建筑系教授，1952 年任华南工学院建筑系教授。

8   林克明（1900—1999），广东东莞人。1926 年毕业于法国里昂建筑工程学院，1945 年任中山大学建筑系教授，1979 年任华南工学院建筑系教授及华南工学院建筑设计研究院院长。

9   杜汝俭，广东顺德人。1939 年毕业于中山大学建筑工程学系，毕业后留校任教，1952—1986 年，担任华南工学院建筑系副教授、教授（1979 年）。

10 罗宝钿，1928 年生。1952 年毕业于中山大学建筑系，后于清华大学攻读研究生学位，师从吴良镛先生，1955 年任教于华南工学院，长期从事城市规划与城市设计的教学与研究，是国内最早开展城市规划研究的学者之一。

11 丁纪凌，1913 年 11 月生，广东东莞人。1938 年毕业于德国柏林联合美术大学建筑雕刻系，1940—1952 年，任教于中山大学建筑系，1958—1972 年任教于广东建筑专科学校，1980 年任华南工学院建筑系教授，主讲雕刻美术、绘画、建筑模型、庭院布置等课程。

12 邹爱瑜，1919 年 12 月生，江西丰城人。1943 年毕业于中山大学建筑系，1943—1952 年担任中山大学建筑系助教，1952—1986 年，任教于华南工学院建筑系，主讲画法几何、阴影及透视、房屋构造等。

13 金振声，1927年生，浙江杭州人。1948年毕业于中山大学建筑系，1950年任教于中山大学建筑工程系，后随院系调整，任教于华南工学院建筑工程系，1981年晋升为教授，主讲住宅建筑原理与设计等课程，是改革开放后华南工学院建筑系首位系主任。

14 谭天宋（1901—1971），广东台山人。1922—1923年在美国纽约设计院学习，1923—1924年，在美国北卡罗来纳州立大学土木机械纺织厂构造及建筑工程科学习，1924年至1925年在美国哈佛大学建筑学专修，后任职于任纽约麦金、米德与怀特等建筑师事务所设计师，1950年任中山大学建筑系教授，1952年任华南工学院建筑系教授，主讲工业建筑设计、建筑设计及建筑概论等课程。

15 汕头公元感光材料厂是中国感光工业的摇篮。1949年，由感光材料工业先驱者林希之在汕头市至平路太古南记大楼创办"公元实验室"开始从事感光材料的研制。1958年，"公元厂"在汕头市郊上岐大路村（护堤路）征地196.8亩，开始建设新厂。1964—1981年，汕头公元厂创下3000多万元利税，为国贡献。

16 梁思成（1901—1972），广东新会人。1927年获得美国费城宾州大学建筑硕士学位，1928年创立中国现代教育史第一个建筑学系，后创办清华大学建筑系，毕生致力于中国古代建筑的研究和保护，是著名建筑历史学家、建筑教育家和建筑师。

17 刘敦桢（1897—1968），湖南新宁人。现代建筑学、建筑史学家，中国建筑教育及中国古建筑研究的开拓者之一，中国科学院院士（学部委员）。

18 汪之力（1913—2010），辽宁人。中国科学院力学研究所原党委书记、建筑学家。

19 徐中（1912—1985），江苏常州人。1935年毕业于中央大学建筑系，1937年获美国伊利诺伊大学建筑硕士学位，1939年起任教于中央大学建筑系，1952年任天津大学建筑系教授。

20 哈雄文，（1907—1981），湖北武汉人，1927年毕业于清华学校，1932年毕业于美国宾夕法尼亚大学建筑系，历任复旦大学、交通大学、同济大学、哈尔滨工业大学教授。

21 侯幼彬，1932年生，福建福州人。我国著名建筑史研究专家，毕业于清华大学建筑系，现任哈尔滨工业大学建筑系教授，博士生导师，并任中国建筑学会建筑史学分会理事兼学术委员、中国建筑师学会建筑理论与创作学术委员会委员。

22 光孝寺，广东著名古建筑群之一，位于广东省广州市越秀区光孝路北端近净慧路处。据《光孝寺志》记载，初为公元前2世纪南越王赵建德之故宅，建筑结构严谨，殿宇雄伟壮观，文物史迹众多。

23 六榕寺位于广州市六榕路，由苏东坡题名，是历史悠久、海内外闻名的古刹，寺中宝塔巍峨，树木葱茂，文物荟萃，历史上留下大量名人足迹，与光孝、华林、海幢寺并称广州佛教四大丛林。

24 祖庙，位于广东省佛山市禅城区，北宋元丰年间（1078—1085）始建，明洪武五年（1372）重修，至清代初年逐渐成为一座体系完整、结构严谨、具有浓厚地方特色的庙宇建筑。光绪二十五年（1899），祖庙大修，形成今日的祖庙建筑群。禅城祖庙与肇庆悦城龙母庙、广州陈家祠合称为岭南古建筑三大瑰宝，现为国家级重点文物保护单位。

25 龙炳颐，1948年生，祖籍广东顺德。香港大学建筑学院教授，1974年毕业于美国俄勒冈大学建筑学专业，1978年获得该校建筑系硕士学位，是广东四大名园——清晖园主人龙氏后裔（第二十九世），长期从事乡土建筑、文物保育及世界文化遗产等领域研究。

26 李允鉌（1930—1989），广东新会人。国画大师李研山之子，香港著名建筑师、建筑学研究者，著有《华夏意匠》《李研山书画集》。

27 广裕祠位于广东省从化市（今从化区）太平镇钱岗村，是广东省重点文物保护单位。2003年，广裕祠修复工程获联合国文化遗产保护大奖，是我国第一次获得联合国文化遗产保护奖最高奖。

28 饶宗颐学术馆位于广东潮州古城区下水门城脚，始建于1993年，是第一个潮州籍名人学术馆，占地面积450多平方米，新馆于2004年进行筹备，2006年12月建成。

王其明教授谈单士元对建筑理论与历史研究室早期工作的贡献

受访者
简介

王其明

女，1929 年生。北京建筑工程学院教授、北京大学考古系（今文博学院）教授。1947—1951 年就读于清华大学营建系（建筑系）。1956 年考取梁思成先生的"建筑理论及历史"方向副博士研究生。由于历史原因没有读完，分配到建工部建研院建筑理论与历史研究室工作，并于 1958 年"全国建筑史学术年会"上宣读《北京四合院住宅调查报告》。1964 年在"北京科学讨论会"上宣读《浙江民居》论文。1979 年在北京建筑工程学院任教。1986 年任《古建园林技术》杂志副主编。1999 年在北京大学考古系任教并辅导博士研究生。一直潜心四合院研究，曾参编《浙江民居》，担任《中国大百科全书：建筑·园林·城市规划》中国建筑史编写组副主编，增补刘致平著《中国民居建筑简史——城市、住宅、园林》，著有《北京四合院》（1999）等。

采访者： 何滢洁（天津大学建筑学院）

访谈时间： 2017 年 10 月 26 日

访谈地点： 北京市王其明教授府上

整理情况： 资料整理于 2017 年 10 月 28 日

审阅情况： 未经受访者审阅

访谈背景： 采访者为 2017 年故宫博物院"古建守护者系列之单士元专题展览"和"单士元先生的学术历程及学术思想"课题收集资料，采访了诸位与单老生前共事的亲朋好友。通过故宫古建部张杰女士介绍，拜见了王其明前辈并聆听她对建筑工程部建筑科学研究院建筑理论与历史研究室的早期工作介绍及单老在其中的贡献。

单士元（1907—1998），男，生于北京。1936 年 3 月毕业于北京大学研究所国学门。1924 年底至 1949 年历任清室善后委员会书写员，故宫博物院办事员、科员、编纂。曾任中国营造学社编纂、中法大学等高校教授。1949 年后历任故宫博物院编辑员、副研究员、研究员，建筑研究室主任、古建部主任、副院长、顾问等职。1958—1962 年兼任建工部建研院建筑理论与历史研究室代主任，并于 1959 年参与编写《中国古代建筑史》（初稿）。曾任《中国大百科全书：建筑·园林·城市规划》编委会委员；1979 年担任中国建筑学会建筑史学分会会长，1984 年担任传统园林建筑委员会会长，1995 年担任中国紫禁城学会会长，还曾任第五、六届全国政协委员。著有《明代营造史料》（《中国营造学社汇刊》第 4 卷 1、2、3-4 期，1933 年；第 5 卷 1、2、3 期，1934 年）；《明代建筑大事年表》（与王璧文合编，中国营造学社，1937 年 2 月）；《清代建筑大事年表》（与王璧文合编，紫禁城出版社，2007 年）；《我在故宫七十年》学术论文集（北京师范大学出版社，1997 年）等。

单士元 20 世纪 80 年代末生活照
故宫博物院古建部提供

何滢洁 以下简称何
王其明 以下简称王

何 王教授您好！我是天津大学建筑学院王其亨教授的学生何滢洁。正在协助故宫博物院筹办单士元先生诞辰 110 周年的纪念活动。了解到 1960 年前后您曾和单老在建筑科学研究院建筑理论与历史研究室[1]（以下简称历史室）共事，想听您讲讲这段历史。

┃王 这事我知道。之前看到王其亨先生在《紫禁城学会会刊》上讲今年是单先生诞辰 110 周年，应该做些纪念活动。那时我就和晋宏逵[2]院长通了电话，聊到单先生出任历史室代主任，这也是我心里一直惦记的事。创办历史室是部里领导张罗，当时建工部部长刘秀峰很重视中国建筑史，室主任是梁思成，副主任是刘敦桢，但这两位太忙，估计也是他俩推举的单士元出任代主任，他也是营造学社成员嘛。在初创历史室时，单先生做了很多业务上的工作，起到关键作用。而且"文革"后，单老曾找历史室负责人刘祥祯[3]，提醒他把这段历史写个小册子，让后之贤者知道曾经有一些人为了中国建筑史学发展做过这样的事情。这次谈话刘祥祯带我一起去的，因为我曾在历史室做过科学秘书，和他比较熟。但可惜我当时没做正式记录，只在电话通讯本上速记了一些单先生的原话。里面有一句是说"修土马路的人，往往被人忘记。"你明白吗？建造高楼、宽阔马路的时候，大家都知道是哪个公司修的。但是最初开土马路的人，往往被人忘记。这句话最让我感动。后来刘祥祯也是想写的，还专门去查档案，要有理有据嘛。比如部里领导什么时候决定要成立这个室、决定要聘单士元出来做代主任等，但是没有查到，就不了了

之了。我也觉得应该把单先生在代主任时期如何策划经营历史室，以致当时的成员及后继者写出《中国古代建筑史》《中国古代建筑史》（五卷集）的事情记录下来。

我记得单先生多次在大会上提到他年轻的时候，北大老师讲课说：中国建筑很有成就，但是没有国人研究，研究的都是日本人、西方人。单先生是非常痛心的，在很多会议上都讲过这段，他女儿单嘉筠[4]的文章也提过。所以他本来在故宫工作，同时也在高校任教，生活不错，为什么要进入中国营造学社？因为他太热爱中国建筑。我觉得这也是他在故宫工作外，还抽时间组织历史室，做中国建筑史编写工作的一个原因。我当时是科学秘书，这段事情记得很清楚。但现在了解这些事的人很少了，也没见有人记录。总之单先生这个心思，我是很理解，很同情的。

故宫那边还邀我参加单老纪念座谈会。只是我快九十了，腿脚不便。所以就写了个稿子，把单先生那次谈话我速记的原话，抄录了一遍。你们如果需要，我愿意提供这个稿子，但请不要正式发表。因为我看历次出版的建筑史书里都没有提到历史室在香山召开会议组织写书这一段[5]，不知道什么原因。那时强调全民意识，就像全民大炼钢铁，所以也就全民搞"建筑三史"[6]，把各个有关单位，建筑高等院校、建筑设计院、文物部门等，都动员起来在全国范围内做调查、写报告。当时的编写速度也很快，"中国古代建筑史""近代建筑史"都出了打印本，但没有正式发行。"现代建筑"部分由解放军报社出版了一本大型彩色画册，叫《建筑十年》。可能后来编史的人，认为那些调查材料用处不大，学术成分较低，也就没人提了。但在当时环境下为了编写和出版，很多人都出了很大力，让你难以想象的力量。那时我是科学秘书，正好负责《建筑十年》这本书，原本叫"建国十年中国建筑成就"之类的名字，也是我去中国科学院请郭沫若先生题的字。这里还有个插曲，当时秘书直接拒绝了我，说"郭老没工夫写这个。"那时我也就三十来岁，没有任何顾虑和思想负担，回家就给郭老写了封信，大概说我们建国十年做出一些建筑，现在要出一本书，请您给我们提个字，要求是什么。没几天就收到了郭老的回信，一共写了三条，并把他看中的字画上圈，供我们选用。后来编书的人，觉得字数太多，也不能写上"郭沫若题词"，就选了"建筑十年"四个字。现在大型图书馆一定有收藏这本书。

所以说，单先生一心想有中国人自己研究中国建筑，中国人自己编写中国建筑史。我认为单士元这个愿望，在香山会议上初步实现了，有打印稿的"古代史""近代史"和正式出版的《建筑十年》了，之后由刘敦桢挂帅，八易其稿，最终在（20世纪）80年代初由建工出版社出了《中国古代建筑史》。但这本书里没有提一句单士元先生领导的历史室最初怎么组织全国大协作编写建筑史。为什么没提？不是他们不好，可能是政治层面的一些原因。所以单先生心里一定很难受，因为他是一心想让中国人争气，写一本书，但效果却不理想。不过继《中国古代建筑史》之后，又出了五卷集，我觉得这个是可以告慰单先生在天之灵的。

还有一个必须要提，单先生非常强调中国传统技艺的继承。如果按西洋建筑那样理解的话，中国建筑是很简单，但中国建筑有自己的特点。他认为要继承中国建筑，一定要从工艺上下工夫。因此非常看重瓦木石雕这些老匠人。他的能量很大，接触的老匠人很多，来到历史室后，专门找来砖雕工、细木工等，最精彩的是请到了北京专烧瓦件的"琉璃赵"后人。我记得砖雕工人有三位，都是很高级的，在我们研究室的地下室，做一套一套的模型。

另外，单先生对我个人的学术研究也是恩重如山。我在建研院做"北京四合院"专题，估计这个题目就是单先生开的，他是代主任嘛。我从小生在北京，住在全西式洋楼。十几岁的时候，在楼道窗户里看到外面的四合院，感觉不错。在清华上学时，家里住很高档的四合院，但我又住校，也没怎么体会到四合院的好。一直到历史室，我和王绍周负责四合院专题研究，单先生专门给我们讲课，包括各种门的

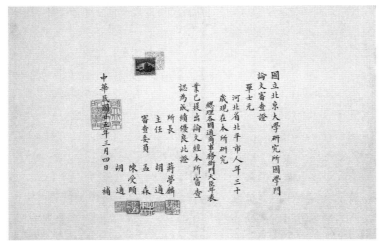

单士元一九三六年论文审查证　　　　　　单士元研究所国学门研究证

类型和区别；什么样身份配什么样的门；正房、厢房如何，什么用法；通用词汇和俗称；有什么成语，等等。根本不用调查研究，就能写一本书。当然后来我也访问老工人，他们也讲四合院怎么定中线，怎么找高低。所以我们四合院的学术根基都在单先生那儿。

何 前段时间在傅熹年[7]先生那里查到一份 1956 年宋麟徵[8]、穆登科[9]和于承续[10]写的有关彩画工作的报告材料。还想请教您是否了解 1958 年清华大学合并到建研院历史室前，建工部建研院有关建筑历史的工作？

　｜王 是有这些人。宋麟徵是营造学社的技师，他在建研院时我们都叫他工程师。他带着三位高级彩画师傅，出去测绘古建筑里的彩画，画成足尺大样。1958 年建筑理论与历史研究室正式成立前，在小黄庄的建研院[11]就有此事。所以他们那个报告的时间确实要早些。一直到我们去校场口那边上班后，宋老还带着那三人到戒台寺、潭柘寺，用沥粉贴金的真正好材料，把那些彩画都画了。但这些画现在还在不在，以及在哪里，我就不知道了。

何 您刚才提到，早先在小黄庄的研究室是哪年成立的？ 1956 年吗？

　｜王 那个研究室很早就成立了，里头有几个人，像刚才说的营造学社老技师，另外还有大学毕业生，其中就有王绍周[12]，是天津大学分配来的。清华分配来的是杨乃济[13]。

何 小黄庄的研究室叫什么名字？已经叫建筑历史研究室了吗？

　｜王 没有，我们都叫它"古老室"[14]。不清楚它到底叫什么正式名字，可能也没正式名字。因为没有正式班子，我去报道的时候，只有一个姓叶的老头在那坐着，是搞古文献的。还有一个就是苑景玉[15]，别人都没在办公室。苑景玉让我先别来，说过两天就搬到阜成门外的校场口。

何 小黄庄时期的研究室谁是负责人？这个时候单老有参与吗？

┃王 这个不清楚，那时太早了，我还没来。我记得第一次见到单老，是在小黄庄一次会议上。估计那次会议就是把清华这些人拉进来的成立大会吧。我当时只是远远地站着看单老在那里讲话，我也不喜欢记录这些事，也不爱过问。（笑）

何 之前在单士元女儿单嘉筠老师那里看到一份档案复印件，是 1957 年 10 月 17 日的建研院院长办公会议纪要。决议"以我院北京现有的中国建筑研究力量为基础，设立中国建筑研究分室，由单士元先生（兼我院研究员）负责领导；南京中国建筑研究室为总室，仍由刘敦桢教授领导。刘祥桢、胡东初 [16] 两同志在刘敦桢、单先生领导下负责具体的室务工作。今后单先生每星期二下午来院办公。"这时和清华还没有合并，但已经和刘敦桢先生的研究室有合作关系了。

┃王 这个我也不清楚（笑），但能查到这份档案真是很好。原来北郊小黄庄的古老室有几位老技师。有可能是院长想再扩，它那时候有没有建筑设计行业的研究室，我不知道。但后来我们到校场口的时候，除了建筑理论历史研究室，还有城乡建筑研究室和城市规划室，一共规划、建筑和历史三个室。而且那两个室比我们都大。后来是建研院院长汪之力 [17] 非常重视历史室，到处招人。尤其是办了建筑学习班，招了好多年轻人。

何 还有一个时间点，1958 年 6 月份，这时候清华的这批力量和单老主持的北京分室力量合并起来，成立北京总室，然后南京那个就变成分室了。[18]

┃王 对，这段我知道。而且很快重庆建筑工程学院的建筑系也成立了分室，有辜其一 [19]、白佐民 [20]、邵俊仪 [21] 等成员。这个分室和北京这边的合作程度与南京分室是一样的，到年终的时候，他们那的人，比如白佐民、邵俊仪都到北京来开会汇报。[22]

何 您就是 1958 年夏天过来的吧？

┃王 对。

何 当时的办公地点在阜成门外的校场口一带？

┃王 开始是在那。原来是个校场，在空地上盖了楼房和平房。是专门为建研院盖的，还是原本就有，我就不知道了。一出阜成门没多远有一个巷子，转进去就是。有一座大楼，是不是在转角记不清了，还有一排平房。那时候我印象最深的就是，汪之力看出来要想做学问必须有书。他就找了好几个临时工，都是有文化的女同志，来收购旧书并编目。当时包括留学生在内的好多人觉得要把藏书处理掉，所以就很便宜地收了很多书，成立了图书馆。再后来又不喜欢书了，就把书都给我们建工学院了。之后又搬到百万庄大街和展览路大街之间的郝家湾那边，有一座专门给建筑科学研究院设计的坐北朝南的大楼，历史室、城乡室和工民建三个室都在里面办公，设计人是尚廓 [23]。后来因为装修还是什么原因，又搬到德胜门去了，听说还要搬回来的。

何 1958 年历史室最初的建设工作，除了单老之外，还有胡东初、刘祥桢是主要参与人，是吧？

┃王 对。第一任科学秘书可能就是胡东初，他从南京研究室调过来的，到北京来协助刘祥祯。胡东初是上海某个建筑学校毕业的，很能读书，一天到晚写读书笔记。刘祥祯更主要些，开始我们叫他书记，后来不许叫书记，就叫他主任，后来又要叫书记。（笑）这顺序我也不太记得，因为也不了解书记和主任的区别，反正有这过程。

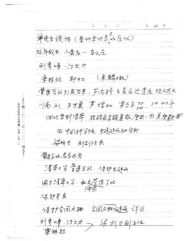

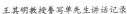
王其明教授誊写单先生讲话记录　　　　单士元自传　　　　《中国古代建筑史》（初稿）

何　您是什么时候做的科学秘书？

丨**王**　四合院专题做完后就让我做科学秘书了，也是很特殊的，因为我是基督徒。整个建研院里的 9 个研究室有 8 个研究室的科学秘书都是党员，就我一个例外。

何　四合院专题是在什么时候做的？

丨**王**　当时站稳脚跟就开始做北京四合院调查了 [24]，我和王绍周负责，时间很紧张。因为那时候拆房子嘛。人家刚搬走，我们就得赶紧测，赶紧画图，不然很快就被拆了。可能也知道我们对四合院没什么基本知识，做起有困难，是范景玉还是刘祥祯通知我们说，单老要给你们谈谈。那次是正式与单先生见面。这个专题不能说很成功，但是按时交了卷。不管挨不挨批判，内行一看是科学研究的路子，各种类型、历史、评论什么的。也没查多少文献，也没访问多少人，那时我连夜写出来这个调查报告。总的来说，后来大家都拿着这本《四合院》当蓝本。而且我们调查的内容确实有一部分是后人看不到的，1999 年我出的那本《北京四合院》（中国书店，1999 年）小书就是在每种类型里各挑了一个典型。那是一套丛书里的一本，为了纪念北京解放 50 周年出的。书稿规模原本很大，每一种类型都有好多例子，尤其是大型住宅，大园林图也很大，图也很大，但不让印。那本定价 7 元，放不了太多东西，最后就压成那么一小本。我一直觉得对不起单先生，他给我开的这个题目，对我是有期望的。后来单先生每每见到我，都会告诉一些关于四合院的信息，但是从来不问什么时候出书，觉得这个对我有压力。只把那些材料加进书里，就已经相当丰富了。比如说兴东街叶家老宅子的垂花门石刻非常精致，会让我去看看。还有一些老文人写的书，所谓的"竹枝词"，讲四合院的很多，光北京四合院的天棚就能写出很好的文章。春天天热以前，就把棚搭起来了，夏天院子里没有多晒，但不通风。它的侧面有拉绳，可以拉起来，要哪边通风哪边就通风，要哪边进阳光哪面就进阳光。顶棚坏了就用纸糊，那时最后一层刷白粉纸，笔平地刷上去。刷墙也是，叫四白落地。工人穿着干净的大褂，一点不沾染。比如办喜事要装修房子，把顶一糊，墙一刷，很漂亮。而且很快就弄完，很快就干了。不像现在装修要好多天。后来朱家溍 [25] 也给我讲过四合院，说我写的四合院掺杂着想象成分，实际不是那么回事。比如我写的一进大门，影壁前面有

荷花缸，非常雅致。他说哪能摆荷花缸啊，大门那顶多影壁上挂一个官衔牌子什么的，不能摆任何东西，因为要顺轿杆。过去那些高级女子的轿子不是在大门外落的，得在门口顺轿杆，轿子能够转过弯，到二门垂花门才下轿。所以写文章想要站住脚，不容易。不是作者有那个感觉就是那样。当然了，写的书注明了是 2000 年写的，那就代表 2000 年的认识。我觉得写一本能够对后人负责的书，真是不容易，是要很谨慎，多看些书的。没有把握的就别说得那么肯定。

何 谢谢您。还想请教您有关历史室机构设置的事情。当时设置了一些独立的研究组，是吧？

| **王** 对，后来越发展越大，从园林学院来了一些学园林的，清华、南工、重建工也都有毕业生分配来。设了古代史组、近现代史组、园林组、装饰组，好多组。我就是民居组组长。

何 这些人都是国家编制吗？

| **王** 都是国家编制，公务员，发工资的，结婚的都给房子住。待遇挺好的。

何 人员最多时大概有多少？在什么时候？

| **王** 单老那次谈话特别提到最多时到了 150 人，但我印象里人数最多也就是三四十个人的样子。为什么有 150 人呢？我想是包括中国建筑培训班的，就是招来的学中国建筑的学生，当然还包括招来的工人，都在我们那个地下室上班。是不是在别处还有工作地点，我就不知道了。除了单老那次谈话提到 150 人外，挨批判时也是这么说的，当时说我们盲目扩大，招了 150 人。

何 这个中国建筑培训班就是汪之力先生办的那个培训班？

| **王** 对。这都是挨批判的时候我才知道的，说是满街电线杆贴条，招有文化的青年来学中国建筑。

何 有哪些老师授课？那些学生后来在哪里参加工作？

| **王** 我记得主要讲课的人是王世仁 [26]，估计还有别人。有些从上海技术学校就是中专或者哪里来的学生，学习结束后，有一批去了工民建室，画图都很好的；有一批放到山东去，也成为山东古建研究的主力。这是原来有基础的，又加工一下，就成才了。

何 当时开过什么课程，使用什么教材，您了解吗？

| **王** 我估计最主要的肯定讲建筑构造和中国建筑的简单历史。因为学员基本都是社会青年，有些文化，对古建筑有兴趣，但也不是研究生、大学生级别的。你去采访过王世仁吗？

何 去过。但这段办学习班的事我之前还不了解，王老师也没提。

| **王** 王世仁不知道是不是主要负责人，反正他教的书多，跟那些学生的接触最多。像我就根本没去讲过课，也没去接触过，后来还是留下一些到工民建之类的部门，但都没都留在我们室。

《单士元与初创时期的故宫博物院》

何 当时研究室的工作是怎么运转的呢?

丨**王** 单老一个礼拜大概就来一次,除了讲四合院之外,我就没怎么见过他。一直到"文革"以后回北京,我参加《古建园林技术》编辑部的工作,才跟单老逐渐熟悉起来。在建研院时,我们和刘祥桢接触得多,都是他负责操作层面的事。后来汪季琦[27]就来了,单老那次谈话也提到汪季琦来了,他就下野了。虽然单老不直接管我们,但那次谈话,单老把历史室的成就都说了一遍。我印象里他认为还是他领导成的工作,明白吧?比如午门城上办过"伟大祖国的中国建筑"之类的展览[28],有曾经在日本展出的红楼梦大观园模型[29],那是一个很大的模型,我忘记比例了,那些小人、小房子、假山、树木,做得很细致。那时候尚廓的爱人,还来做过小窗棂什么的,挺有意思。单先生在讲历史室成就的时候,特别提到这个模型。还提到我在国际会议上做的浙江民居报告[30]。我估计也许是他向大会提出用这篇论文。但之前我一直都不了解,那次谈话我才知道。

何 1964年在北京科学讨论会做的浙江民居报告,当时建筑界只有这一个报告吗?

丨**王** 还有一个建工部的给排水研究。好像叫郭祖源吧,很有名的污水处理专家,他做的是将污水净化后灌溉农田的报告,但在会上不受欢迎。大家觉得用处理后的污水种的菜也不敢吃。(笑)我那个倒是受到热烈欢迎,不过后来批判得很厉害。做这个专题时,我是以科学秘书的身份带着一队人代表历史室与南京分室戚德耀[31]合作到浙江多处调查民居。我们先是把杭州建工厅、文物局等组织了一个班子,接着就去金华做示范调查。我记得最清楚的合作人是朱家溍的哥哥朱家源[32],也是朱家的老大,故乡在杭州萧山。但是他说他是老北京,见了我特高兴。我记得在渠县还看到南宋时在那建的一座孔庙,应该说是全国除了曲阜以外比较大而且历史比较久的一处。最初费了好大劲也做不出来,因为无论什么类型,都是成型的大住宅院子成就高,比如四水归一的那种,但弄不好就是给地主阶级唱赞歌。那时候大概是傅熹年借到一本《20世纪的建筑功能与结构》[33],讲的是美学和功能。这和我大学学的建筑学一致,就是梁思成从美国回来给我们讲的构图、韵律、比例,等等,说做建筑就是空间的艺术,建筑要符合人体尺寸,符合美学观点。这在当时是新的建筑观念,那本书上讲的就是这些。我想是不是可以找出符合这些观念的浙江民居例子,目的是给建筑设计的人找灵感、做参考。让他们在中国建筑的这种感觉里,受到熏陶。当时傅熹年和尚廓两人非常支持。另外我还有一本《日本的100幢小住宅》的册子,我说我们不用弄那么复杂的历史记录,就把平面、立面、剖面以及透视图这些重要的表现出来。让人一看就知道住宅是什么样子,看平面能了解组织方式,看断面就知道结构,这点两个人也特别支持。那时我们出去都是坐长途车,到一个地方,先找到招待所,有时就住在小店里,放下行李,所谓行李就是一个背包,装着相机和画夹,安顿好后先吃点东西。后来东西都不吃了,马上就出去探寻"于

王其明教授(右)与何滢洁(左)合影

我心有戚戚焉"的宅子。饿了就吃点宁波的条头糕，一条一条的，凉着就能吃。到了晚上大家一起看，哪个有发展前途，哪个要舍弃。对住宅的选择也很严格，见到定型的大住宅，一般都不敢去测，宁可不画。但东阳庐宅，不可以不测了，那是明朝遗留的规模很大的住宅，如果不把它测绘下来，是有罪的。还有"十三间头"最好的一个院子，我们也测绘画出来了。那时尚廓、傅熹年、陈耀东、侯国定每个人都在努力测绘，认真画。当然画的比真实的要干净，等于恢复它的青春，但是比例、质感都是真的。反正我们就是这样的要求，目标很清楚，所以"浙江民居"这个专题研究还是很成功的。

1　解放以后，1956年成立了建筑工程部建筑科学研究院（简称建研院）。为了开展对中国建筑历史的研究，1957年与南京工学院中国建筑研究室合作在北京设立建筑历史研究室，由刘敦桢教授兼任主任。同年，清华大学建筑系设立建筑历史与理论研究室，梁思成教授任主任。1958年，清华研究室撤销，人员并入建筑科学研究院建筑历史研究室，正式定名为建筑理论与历史研究室（简称历史室），以南工建筑系的中国建筑研究室为南京分室。历史室由梁思成教授任主任，刘敦桢教授任副主任（以后又增加汪季琦同志为副主任，分管业务），刘祥祯同志为书记。详见王金森主编《中国建筑设计研究院成立五十周年纪念丛书——历程篇》，北京：清华大学出版社，2002年，141页。

2　晋宏逵，1948年生。1982年毕业于北京大学历史系考古专业，先后任职于北京市文物工作队、古代建筑研究所、国家文物局和故宫博物院，曾任中国紫禁城学会会长。从事中国古代建筑历史研究和文物建筑保护工作，现为故宫博物院研究馆员、中国民族建筑研究会专家委员会委员等。主要研究成果：2002—2009年负责组织故宫整体维修工程。参加起草《中国文物古迹保护准则》，与中国建筑设计研究院历史研究所合作编制《故宫保护总体规划大纲》。主编《司马台长城》《清内府绘制乾隆京城全图》《故宫古建筑修缮工程实录——武英殿》《明代宫廷建筑大事史料长编洪武建文朝卷》等专著。

3　刘祥祯，天津人。1958年任建工部建研院建筑理论与历史研究室党委书记，1978年任中国建筑学会园林绿化专业委员会委员，1979年任中国建筑学会建筑史学分会副主任委员等。

4　单嘉筠，1949年生。单士元之女，兼单士元晚年工作文秘助理。1997年协助整理出版单士元首部学术论文集《我在故宫七十年》，由北京师范大学出版社出版。2008年8月，应文物出版社约稿著《中国文博名家画传——单士元》等。

5　中央建筑工程部建筑科学研究院对中国建筑史所做的工作应该进行总结。在有关中国建筑史研究方面成立的组织机构，所开展的工作应加以记述。例如，建研院曾发动全国各地有建筑设计的单位和有建筑系的高校参加"建筑三史"的普查工作，并召集各地代表到北京在香山黄叶村参加编写，出版了《中国古代建筑史初稿》《中国近代建筑史初稿》和《建筑十年》大型画册。详见杨永生、王莉慧《建筑史解码人》，北京：中国建筑工业出版社，2006年，154页。

6　1958年10月6日至17日，由建筑科院研究院建筑理论及历史研究室在北京主持召开全国建筑理论及历史讨论会，会议最后决定采取集体方式在最短的时间内，编写《简明中国建筑通史》《中国近代建筑史》《建国十年来的建筑成就》三部建筑史书为1959年国庆十周年献礼，此即为中国建筑史学研究历程中的著名事件——编纂"建筑三史"之肇始。详见温玉清《二十世纪中国建筑史学研究的历史、观念与方法——中国建筑史学史初探》（上），天津：天津大学建筑学院，2006年，148页。

7　傅熹年，1933年1月生于北京。1955年毕业于清华大学。中国建筑设计研究院研究员。五六十年代先后为梁思成、刘敦桢教授助手，进行中国近代和古代建筑史研究。以后重点研究中国古代城市和宫殿、坛庙等大建筑群的规划、布局手法及建筑物的设计规律，出版《傅熹年建筑史论文集》（北京：文物出版社，1998年）、《中国古代城市规划、建筑群布局和建筑设计方法研究》（北京：中国建筑工业出版社，2001年）、《傅熹年中国建筑史论》（当代中国建筑史家十书）（沈阳：辽宁美术出版社，2011年）等，1994年完成《中国古代建筑史（三国两晋南北朝隋唐五代建筑）史》的撰写（北京：中国建筑工业出版社）。1994年当选为中国工程院院士。

8　宋麟徵，早年在青岛德国建筑师事务所工作，并习建筑。后加入中国营造学社随朱启钤从事工程方面工作。对北戴河早期建设工程付出诸多精力。新中国成立后历任机械工业部、故宫、建筑科学研究院工程师。

9　穆登科，著名画师，以人物画见长。

10 于承续，著名画师。在建室之初，即与宋麟徵开始对中国历代彩画实例的整理，以及对宋《营造法式》彩画作制度的研究。先后绘制了一批北京地区官式彩画范例的图样及宋《营造法式》彩画作图样的数彩复原的图稿。"文革"前还对北京地区若干具有高深水平的寺庙彩画实例进行调查临摹测绘，绘制出缩尺的图稿。涉及的项目包括北京智化寺明代彩画、牛街清真寺仿明代彩画、瑞应寺清代彩画、八大处大悲寺药师殿彩画、隆福寺正觉殿彩画等。累计图稿达一百余幅。

11 1954 年 7 月，建筑技术研究所的职工队伍发展到 70 人。1955 年初，机构、人员不断充实，增至 170 人，开展了 14 项专题研究工作，办公地点由西郊百万庄迁到北郊安外小黄庄。参见中国建筑科学研究院网站：http://www.cabr.com.cn/sub1_5_jituangaikuang.aspx#，访问时间 2017 年 11 月 22 日。

12 王绍周（1930—2008），辽宁锦州人。1955 年 12 月于天津大学建筑系建筑学专业毕业。曾在建研院建筑理论与历史研究室工作。1981 年调入同济大学建筑系任教，历任讲师、副教授、教授。

13 杨乃济，1934 年生。著名建筑和旅游学家，1955 年毕业于清华大学建筑系，1957 年调入中国建筑科学研究院建筑历史与理论研究室建筑装饰组，1963 年参加《中国古代建筑史》的编写与绘图工作。北京旅游研究所名誉所长。除建筑外，对于家具和红学也深有研究。编著《圆明园》分获部省级科研成果一、二等奖，著有《旅游与生活文化》（北京：旅游教育出版社，1993 年）、《蔷薇地丁集》（北京：新华出版社，1998 年）、《马二红学》（北京：中国友谊出版公司，1998 年）、《吃喝玩乐——中西比较谈》（北京：中国旅游出版社，2002 年）、《随看随写》（天津：天津古籍出版社，2002 年）、《紫禁城行走漫笔》（北京：紫禁城出版社，2005 年）、《槛外论道——建筑史论杂谈》（北京：中国建筑工业出版社，2008 年）。

14 傅熹年先生接受笔者采访时，也回忆道"建研院建筑理论与历史研究室成立前还有一个研究室，大概叫作'古老建筑研究室'"。

15 苑景玉，1927 年生。1956 年由部队转业到建筑工程部，1958 年正式加入历史室负责行政事务。

16 胡东初，1942 年毕业于（上海）私立之江大学建筑工程系，1951—1952 年与陈登鳌合作设计军委北京三座门礼堂，1955 后先后任职于华东建筑设计公司与南京工院合办的中国建筑研究室和中国建筑科学研究院，1959 参与编写《中国古代建筑史》（初稿），之后任职于甘肃省基局。著有《中国文化与园林艺术》（北京：新世界出版社，1991 年）等。

17 汪之力（1913—2010），辽宁省法库县人。1936 年 7 月参加中国共产党，同时参加革命工作。曾在南京中央政治大学学习社会科学。抗战前在北平主持"东北旅平各界抗日救国会"，"七七事变"后在北平西山组织"国民抗日军"，1938 年任晋察冀二分区政治部主任。解放战争时期在南满坚持游击战争，任本溪县委书记，本溪市委书记。1950 年 4 月东北人民政府决定筹建东北工业大学，组成筹建委员会，汪之力任副主任主持筹建工作。1950 年 8 月，东北工学院成立，汪之力任第一副院长；1951 年 3 月至 1956 年 8 月任东北工学院党组副书记、党组书记。1956 年调任中国建筑科学研究院任院长兼党委书记，1980 年离休。曾任数届中国建筑学会常务理事、中国圆明园学会副会长、北京市政府圆明园遗址公园建筑委员会副主任等职。

18 有关建筑工程部建筑科学研究院理论及历史研究室南京分室的情况，可参见东南大学建筑历史与理论研究所编《中国建筑研究室口述史（1953—1965）》，南京：东南大学出版社，2013 年。

19 辜其一（1909—1966），1932 年毕业于中央大学建筑科。曾任成都蜀华公司工程师、四川艺术专科学校建筑教授。建国后，历任四川大学教授，重庆建筑工程学院教育、建筑系主任，重庆市土木建筑学会理事，四川省第二、三届政协（1959—1967 年）委员等。专于中国古代建筑艺术。并发表《四川唐代摩崖中所见的建筑形式》、撰有《窦团山云岩寺飞天藏殿调查报告》等论文。

20 白佐民（1935—？）1953—1956 年就读于东北工学院，并于 1956 年取得西安建筑工程学院学士学位证书。专于建筑创作理论及手法。1959 年重庆分室成立后，任科学秘书。发表《合理利用山地坡地建设住宅》《谈谈公共建筑的门廊设计》等论文。

21 邵俊仪（1931—），见陈伯超、刘思铎主编《中国建筑口述史文库（第一辑）：抢救记忆中的历史》，上海：同济大学出版社，2018 年，175 页。

22 有关建筑工程部建筑科学研究院建筑理论及历史研究室重庆分室的情况，可参见"邵俊仪教授关于 20 世纪 50—60 年代川康建筑调查和研究的回忆"，陈伯超、刘思铎主编《中国建筑口述史文库（第一辑）：抢救记忆中的历史》，上海：同济大学出版社，2018 年，175-189 页。

23 尚廓，生于 1927 年，建筑大师。1957 年在天津大学建筑系毕业后任中国建筑研究院建筑师，"文革"期间下放到桂林市建筑设计室，设计有芦笛岩芳莲池水榭。著有《桂林风景建筑》（北京：中国建筑工业出版社，1982 年）、《民居——新建筑创作的重要借鉴》、《建筑历史与理论（第一辑）》（1980）、《闽越民宅》（与黄为隽、南舜熏、潘家平、陈瑜合著，天津：天津科学技术出版社，2002 年）、《建筑创作与表现：风景建筑设计》（哈尔滨：黑龙江科学技术出版社，2002 年）。

24 在 1958—1964 年间，建研院历史室根据历年专题研究的需要，每年都要进行建筑实地调查考察。通过调查考察，掌握了大量的有关中国古代、近代和现代建筑历史的实物资料，这些资料既满足了研究专题工作的需要，也为今后中国建筑史学研究的进一步开展创造了条件。历年调查研究项目兹叙录如下：北京四合院调查研究（1958），新疆建筑历史资料的调查（1960），中国伊斯兰教建筑（1960），北京北海实测（1962），山西省古代建筑史料调查（1962），浙江民居调查研究（1960—1963），福建民居调查研究（1963—1964），文献中的建筑史料汇编（1958—1965）；青岛近百年建筑调研（1958），北京近代建筑调查（1958），江南民居、园林建筑装饰调查（1962—1964），天津、上海里弄住宅调研（1962—1964）等。详见温玉清《二十世纪中国建筑史学研究的历史、观念与方法——中国建筑史学史初探（上）》，天津大学建筑学院博士论文，2006 年，168 页。

25 朱家溍（1914—2003），字季黄，浙江萧山人。故宫博物院研究员、国家文物局文物鉴定委员会委员、中央文史研究馆馆员、九三学社社员，著名文物专家和历史学家。先后主编了《两朝御览图书》《明清帝后宝玺》等图书，由先生主编的《国宝》荣获法兰克福国际书展一流图书奖，他还参加了《故宫珍品全集》《中国美术全集》《中国美术分类全集》等的编写，撰写了《故宫退食录》《故宫藏善本书目》《历代著录法书目》等专著，发表数十篇重要学术论文。

26 王世仁，1934 年生，原籍山西省大同市。1955 年毕业于清华大学建筑系，从事建筑历史、建筑美学和文物建筑保护工作。曾任北京市古代建筑研究所所长，研究员，国家一级注册建筑师。主要著作有《王世仁建筑历史理论论文集》（北京：中国建筑工业出版社，2001 年）、《中国古建探微》（天津：天津古籍出版社，2004 年）、《大壮之行——王世仁说古建》（北京：北京美术摄影出版社，2011 年）、《王世仁中国建筑史论》（当代中国建筑史家十书）（沈阳：辽宁美术出版社，2011 年）。

27 汪季琦（1909—1984），江苏苏州人，字楚宝。1933 年中央大学工学院土木工程系毕业。1925 年开始从事革命活动，1931 年加入中国共产党，此后长期在公开职业掩护下，从事党的文化教育界、科技界、经济界的统战工作和党的情报工作。全国解放后，历任上海市工务局副局长，同济大学教授，科联上海分会秘书长，原建工部北京工业建筑设计院、建筑科学研究院副院长、技术情报局副局长，中国建筑学会秘书长、副理事长，《建筑学报》主编等职。

28 指 1983 年 10 月 11 日在故宫午门开幕的古建筑展览。后展品又迁至先农坛，成为中国第一个系统收藏与陈列历史建筑资料与实物的博物馆。

29 1964 年，为纪念曹雪芹逝世 200 周年，在日本举办展览，制作了一具大观园模型，该模型是由从事建筑设计的专业人员和一些著名手工艺者直接参与制作的，不仅结构精细，且工艺、材料逼真，有 4 米 ×4.5 米大，具有中国自然山水园林之美，拍出照片可以当成实景。展出后运回国内已是"文化大革命"前夕"风雨欲来风满楼"的气氛，因为怕惹祸上身，既无处收藏，也无人敢收留，还是单老出面把它收容在故宫里才得以保存下来。古建展把它加以修配，做为中国园林建筑成就的模型展出，人物故事场面以及树木花卉配植栩栩如生，为广大观众称赞。因为黄苗子先生是当时赴日展出的组织者之一，我曾去访问他，他说："幸（多）亏了单老，当时若没有单老出面收存，这个模型的命运就难说了！"详见茹竞华《回忆单士元先生》，载于故宫博物院内部刊物《故宫人》。

30 1964 年在北京召开的中国第一个国际性学术会议，建筑史领域只有一篇论文，就是由王其明教授讲的"浙江民居"，梁思成先生亲自当翻译。"北京四合院"也得到了单先生许多帮助，单先生每发现一处好的四合院，都会非常高兴的告诉课题负责人王其明，王教授说，四合院的布局、部位名称都是单先生告诉她的，此后研究中国传统民居成为建筑界一项热门的课题。详见茹竞华《回忆单士元先生》，载于故宫博物院内部刊物《故宫人》。

31 戚德耀，生于 1921 年。1952 年考入上海华东建筑工业设计公司，1953 年调入刘敦桢主持的中国建筑研究室。后曾任南京大学工学院中国建筑研究室主任、江苏省文化厅古建筑专家组组长、江苏省文物专家组组长。

32 朱家源（1910—2003），资深宋史专家。毕业于清华大学。1949 年以后任职于中国社会科学院历史研究所。

33 当是 Talbot Hamlin, *Forms and Functions of Twentieth-century Architecture: The principles of composition*（New York: Columbia University Press, 1952）

刘先觉教授谈东南大学外国建筑史教学 1

受访者简介

刘先觉

男，1930 年 10 月生于安徽无为，1953 年毕业于南京工学院（现东南大学）建筑系，1956 年清华大学建筑系研究生毕业，师从著名建筑历史学家梁思成先生。同年任教南京工学院（现东南大学），工作至今，东南大学建筑学院教授，博士生导师，长期从事建筑历史与理论研究，尤以外国近现代建筑史研究见长，是中国最早进行外国建筑史研究的专家之一。与西方建筑史相关的著作包括《外国近现代建筑史》（合著，第一版，1982）、《密斯·凡·德·罗》（1992）、《建筑美学》（翻译，1992）、《阿尔瓦·阿尔托》（1998）、《现代建筑理论：建筑结合人文科学自然科学与技术科学的新成就》（主编，第一版，2001）、《外国建筑简史》（合著，2010）、《世界室内设计史》（合著，2007）、《现代建筑》（翻译，2007）《生态建筑学》（2009）等。

采访者： 武晶（河北工程大学建筑与艺术学院）

访谈时间： 2013 年 6 月 24 日

访谈地点： 南京刘宅

整理情况： 2013 年 12 月整理

审阅情况： 经刘先觉教授审阅

访谈背景： 采访者于天津大学建筑学院求学期间，为博士学位论文《"外国建筑史"的中国研究——以中国建筑教育为例》调研时所作。访谈主要围绕东南大学"外国建筑史"教学研究及刘先觉教授的相关建筑史学思想展开。

刘先觉教授

武　晶　以下简称武
刘先觉　以下简称刘

武　刘先生您好!

　刘　你好! 你在做哪方面的研究?

武　关于外国建筑史在中国的发展情况。

　刘　我们知道在"文化大革命"以前,建筑院校有老八所,但是在中华人民共和国成立初期时可不是老八所,有一些叫作国立大学,还有一些教会大学,教授两边还可以互相兼职,互相调来调去。你看过去的历史小说还讲到燕京大学、金陵大学。我当时在那个时期有这个体会,不像现在,一本大学和民办大学有非常大的差别,(当时)不是这个概念。

武　当时和现在的教学体系不一样?

　刘　是的。(像)美国最好的大学是私立大学,并不是州立大学。这个概念,(在)不同时间是不一样的。再早的情况,我们没经历过,所以不清楚,不过我可以给你提供一个线索,就是很早有建筑系的学校,在中央大学之前,有建筑科的学校,可以看一看。

武　我查了资料,好像柳士英[2]先生在苏州工专曾讲过建筑史。

　刘　对,高介华[3]曾经给我写过信,他提到他的外建史课是柳士英上的,他上学比我还早一点。另外,天津的沈理源,外建史应该是搞得比较早的;还有广州,那时候也有建筑系,肯定也要上这门课。把这个问一下,把这三个源头抓住,这主要的是 1949 年前的情况。1949 年后的各个学校的情况我大概都可以回答你。

武　当时刘敦桢先生讲外建史的时候,是用弗莱彻(指弗莱彻父子,Banister Fletcher(1833—1899)与 Banister Flight Fletcher(1866—1953))的建筑史吗?

　刘　对。当时主要用的教材,古代的是弗莱彻建筑史;现代的部分就是吉迪恩(Sigfried Giedion,1888—1968)的 *Space, Time and Architecture*(《空间·时间·建筑》)。

武 清华和东南都用这本书吗？

| **刘** 都是。1949年后，清华是胡允敬[4]先生在教，他本身就是中央大学过去的，和吴良镛先生同班。

武 王炜钰[5]先生说汪坦[6]先生曾经到美国赖特的工作室学习一年，他回来也在讲现代建筑理论，主要就是讲赖特，一直讲了好几年。

| **刘** 那是做专题（讲座），不作为正规的建筑史课。解放初期，清华和南工（南京工学院，现东南大学）的系主任一是梁思成，一是刘敦桢，都是建筑史学家，建筑史的分量当然不会少。后来他们不当了，建筑史的分量便越来越少。

武 当时外国古代史和现代史刘敦桢先生都讲吗？

| **刘** 你们现在的人可能不能想象那时的学制和教学的组织。我就讲我们这边吧，你可以对比清华。我当时上一年级，四年级有4个学生，三年级7个学生，二年级8个学生，我们一年级算是多的，有15个学生。就这么几个学生，老师上课就拿一本书指着相关内容对学生说"你看这个""你看这个"不就行了吗？然后下了课，对学生说"我这本书放在这儿，你们都看看"，这样教学不就行了吗？就几个人呀。清华那时也不超过10个人，就像现在带博士生一样。改图我印象很深，中央大学时，建筑系有4名正教授，而且都是国外回来的名教授，杨廷宝、童寯、徐中[7]、刘光华[8]，4个教授（最少）教3个学生，（如果）教7个学生，每人2个学生还不到，哪个教授年纪大，就说"你们多教一个，我少教一个吧"，就是这样一种教学情况，比今天一位老师带的博士还少。

武 那是真正的口传心授。

| **刘** 是。当时除了教授，还有2名助教。他们不是只管设计，什么都管，既要管设计，又要管历史，又要管构造等。教授们教完后，助教们还没事干呢，学生就问他们如"杨老先生刚才讲的什么意思？"我举这个例子就是说当时就那么几个人，他也不需要去编什么教材，也不需要去印，如果要印的话至少要100本，那要用多少年？所以说，情况同现在不一样。1949年以后就不一样了，教员增加了，学生也增加了，翻了多少倍，所以拿原版书给学生看也就不行了。

| **刘** 还有一个情况，就是在1949年前，一直到共和国成立初期，所有考进来的学生第一年不上外语课，那时学生中学时的外语水平都很高，（中学）用的就是英文的教材，老师指定哪一页，他看就可以了。（因为）他的英文水平都能用原版英文书，就不需要上外语课了，所以那个时候是没有外语课的。不仅是建筑系的专业课，当时基础课很多，如物理课、数学课、化学课，用的全部是英文教材。基本上可以说就是同国外接轨的，而且用的就是哈佛的教材。当时为什么选这本教材，其实它就是哈佛近现代建筑史的教材。现在讲接轨接轨，那时候不用讲，用的就是他们的教材。另外我们上课，教师们也是中文英文混着讲的，有的课做练习也都是英文的。

刘先觉教授备课笔记（1956年）

武 先生跟随过梁思成先生、刘敦桢先生两位大家，有这样机遇的人应该很少吧？

| **刘** 对，两边都跟过的人是不多。

武 当时刘先生为什么又让您跟着梁先生读研究生呢？

| **刘** 1953 年的时候，需要高端人才，教育部试点，就选了几个学校培养研究生。有那么几所学校吧，清华是一所，它有高端人才，也有苏联专家；哈工大也是。那时从建筑角度，清华是试点，第二年（培养研究生的）学校就多了。当时有四个学校的学生可以保送到清华读研究生，这四校有清华、天大（天津大学）、同济、南工。清华再甄别测验，看哪些符合做研究生的可以留下来，或者做助教，不符合的就送到设计院。南工分了三个名额，同济好像有两个名额，天大最多，一下子好像有十个名额，清华好像有七八个。甄别测验，就是考考设计，建筑史也考（中外建筑史都考），构造也考，就是最基本的东西吧。当时也不是说刘先生要把我送去跟梁先生，是我们系有三个指标可读研究生，其他的人做助教，或者分到各个单位。我们三人去了以后，考试的时候，梁先生当时是系主任，也是权威人士，他最先挑。哟，某某人原来在南工建筑史成绩不错，这次考得也很好，他就挑了我。另外，清华的学生他也挑了一个，我们俩做他的研究生。其他的人，有些跟苏联专家学城市规划，还选了一些人主要跟苏联专家学建筑物理。清华还给每位苏联专家配了一名中国教授。天大来的人比较多，留了几个人做研究生，留了几个人当助教，还有几个到设计院；其他学校的人少，就都做了研究生。我们三个人，其中一个学城市规划，后来留在了清华。吴良镛先生当时是苏联城市规划专家的助教。还有一个同学搞建筑物理，我们三人三个方向。

武 我看资料，您当时是做中国近代建筑，另一位先生梁友松，是做西方现代建筑的。

| **刘** 我下个月会完成一本书，类似回忆录，那里面我有详细的回忆。现在建工出版社要出版一套口述史，我这本叫《建筑轶事闻录》。简单地讲，那时候硕士生是三年：一、二年级还是打基础，有很多课，到了三年级选论文题目。梁先生自己是搞中国古代建筑的，但是他有一个特点，就是善于开拓，他讲"你们不要再继续搞这个了，应该开拓新的东西""近现代的东西没有人搞，是个空白，那你做中国的吧，你做西方的吧"。这样我们两人一人分一半，我写的是《中国近百年建筑》，他就写《西方资本主义建筑概况》。毕业后我回到南工，他分到同济。

武 您回到南工就开始讲外国建筑史了吗？

| **刘** 我被要回南工，刘（敦桢）先生说外建史课他不想上了，我就开始讲外建史。

武 刘敦桢先生后来没有带外建史方向的研究生了吗？

| **刘** 没有。

| **刘** 梁友松是清华本校的，后来毕业分到同济。他很不幸，到同济没多久，约半年后遇到反右。那时左得厉害，他被打成右派，然后就下放，劳动了十几年，所以后来在建筑史方面基本上没怎么做。后来（20 世纪）80 年代了，改革开放以后，有一次我们在上海开建筑史的会议。我和吴焕加 9 在上海博物馆看古罗马雕塑的展览，一边看一边走一边议论，正好梁友松也来看（展览）。他那个时候已经"解放"了，听到觉得这两个人的议论得蛮在行的，就跟在后头听。听着听着，"奇怪，怎么很熟悉的样子，讲的都是行话。"最后一看，哎哟，我们师兄弟嘛。我们师兄弟见面了，谈起来才知道他基本上不做建筑史了，但是总算还好，给他平反了，安排到上海园林设计院，最后当了总工，他和上海园林院的院长乐

卫忠 [10] 在上海搞了一个大观园。乐卫忠是刘敦桢先生的第一届研究生，我们一届的。那个大观园做得很不错，因为两个设计人都是地道建筑学出身的。

武　感觉先生那一代人，做设计，做研究无论中建的，西建的，做什么都能做得很地道。

　刘　有这么个原因，就是那时候的人没有金钱诱惑，任务就是我的生命价值，要么不做，做就要做好，不像现在，任务要求我在这儿坐着，但是心里还在想着怎么赚钱，炒点更（指做私活）什么的，不会专心。当时是没有这个问题的。

武　是不是当时写文章比做设计更好？

　刘　过去为什么很多人愿意搞建筑理论，因为做理论容易写文章，容易出成果。当时设计也是免费的，没有什么收益，要么就是为了锻炼锻炼学到的知识，并不是说接到这个项目能赚到多少钱。设计院都是免费设计的，所以架子很大，你甲方来，不是我求你，是你求我。比如说甲方要求设计房子一套 120 平方米，设计院就会说"不行！最多只能设计 100 平方米或者 70 平方米一套，你超标了，不能设计。"

武　您对林徽因先生的外甥女李莹 [11] 有印象吗？是否向她请教过外建史的问题？

　刘　我见过她，但是没有太多的联系。她当时在北京院，跟阿尔托学习过，是阿尔托的学生。

武　王炜钰先生说李莹好像是赖特的学生？

　刘　不对，如果说的是梁思成先生的外甥女李莹的话，她应该是阿尔托的学生。她在哪个学校我不知道，但说"她至少是阿尔托的学生"是不错的，为什么这么说呢？因为最早在（20 世纪）80 年代，1986、1987 年的时候，建工出版社要出一套外国著名建筑师丛书，当时第一个找到我，说"你选一个"，我说那我就选密斯吧，因为我当时对密斯还比较感兴趣。密斯的专辑 [12] 完成后，当时分配任务，李莹自己认领的是阿尔托，因为阿尔托是她的老师，这个题目就由她写。但是过了几年以后，她一直说自己身体不好，又说资料什么的不足。因为我那时在《建筑师》上，除了写介绍密斯 [13] 的文章，还写了其他人的，我写的介绍阿尔托的文章被她看到了。她说："哎呀，刘老师对阿尔托也很有研究，而且资料也不少嘛。"她主动向建工出版社推荐，说自己身体不好写不了，"请委托刘先觉来完成"，所以我写了两本书。一般人不是写一本嘛，阿尔托那本是她推荐我写的。一开始我不肯写，说我已经写了一本了，为什么还要叫我写？建工出版社说："李莹推荐你的，她见了你在《建筑师》上写阿尔托的文章，你要不写，就更找不到人了。"因为出版社再三要求，李莹又当面给我讲，我就觉得很为难。那个时候正好有个芬兰的女教师在这儿跟我进修，我就让她在芬兰帮我收集阿尔托的资料。另外，正好那时阿尔托的专集出来了，五大本，很厚，我们学校买了一套，因为我是学校图书馆的顾问，他们就告诉我。我想：正好，我正在找，上帝赐给我（笑）。有这些条件，最后我说"行吧，那我试试吧"。后来过了几年，阿尔托的书也完成了。

武　您 1956 年回到学校，之后外建史的教学情况您能介绍一下吗？

　刘　我回来是刘敦桢先生要的。当时我们第一届研究生毕业，清华不知道，同济、东南、天大都要要。天大指名要我，刘（敦桢）老师也指名要我，要我的目的是他年纪大了，教学要转移，要有人来接班，1955 年他把中建史移交给潘谷西先生，他就只上一门外建史，他说"你回来后就交给你"。因为他知道我在清华不仅学中建史，还帮助胡允敬先生担任外建史助教，他说"你努一把力，把这个担子挑起来，我就专心做科研了。"那时候他在南工组织了一个中国建筑研究室，后来叫"南京中国建筑研究室"，

属于建设部、属于研究院的（即建筑工程部科学研究院）。他那时已经 60 多岁，中建外建的教学任务就分掉了，他说："你在清华跟梁先生学了那么长时间，中建史也不能丢，我现在中建史研究有两个方面，一个是园林，一个是民居，你就跟我研究园林吧。"所以我教学是外建史，研究是苏州古典园林。我在东南一直教到 2002 年左右，之后由汪晓茜[14]老师接替。

刘先觉教授与斯卡利教授合影（1981 年）

武 现代建筑理论的引进，是在改革开放后开始的吗？

｜**刘** 那时我们都被送到国外，进修当访问学者，我 1981 年去，1982 年回来，在那待了一年半的时间吧。我当时在耶鲁大学，跟著名的建筑史教师文森特·斯卡利（Vincent Scully，1920—2017）。他是一位相当著名的学者，开了一门课"建筑理论"（Theory of architecture），是给研究生开的。我们在国内也搞不清楚，开头以为建筑理论就是建筑设计原理，如居住设计原理、学校设计原理，等等，也没当回事。后来一听才知道它完全是一门新的课，他一上课就讲，theory（理论）与 principle（原理）有什么区别。他用了几个词，我现在还记得很清楚，他说不要混为一谈，原理讲的是为什么（what），理论回答的是为什么会这样（why），还有是怎么形成（how）。他说理论课是要解决哲学问题和方法论的问题。（我）这才恍然大悟，知道它是一门新的学科，同原理不是一个概念。

武 后来国内高校相继开了这门理论课吗？

｜**刘** 应该说还是有先后的。本来那本书[15]上我也写了，后来觉得不太好。人家会讲你就会自夸。所以又删掉了。

｜**刘** 我 1982 年底回国，当时在国内，包括我自己，还有其他人，原理和理论是分不清的。我就是听了文森特·斯卡利讲理论的这么一个定义，如建筑现象学、历史学、美学等等这些东西是属于哲学范畴的，图示语言是属于方法论里面的。他每讲一个问题都很具体，有很多参考书。我在国外看了很多书，在国内从来没有接触过什么亚历山大模式语言理论、行为理论，根本就不清楚，国内当时就没有人知道。我就把它记录整理，回来后就慢慢拟了一个提纲，差不多前前后后经过了十年的时间，后来就出了这本《现代建筑理论》[16]，就是引进然后再整理、阐述，再编出来的。在引进的过程中，1983 年开始，我就试着一面讲一面收集资料。

武 就是说 1983 年您就开始上这门课了？

｜**刘** 对，是给研究生上。我当时开的课就叫"当代建筑理论"，用了美国的原题了。

武 当时清华汪坦先生他们也在做，是吗？

｜**刘** 到（20 世纪）80 年代中期，他们也开了"现代建筑引论"。是汪坦先生开的，他 80 年代中期到我们南工来讲学，[17]听他讲："我们也开，为什么叫'引论'呢，我们认为叫理论太广，我也讲不了，

我就是给大家一个简介吧，'引论'，就是给大家一个引子吧。"他说我就讲一两次，剩下的就请其他感兴趣的人（如吴焕加）来讲，每人讲一次。他们是讲座性质的，不是一个人来讲的。同济稍迟一点，在我们两校已经有这两门课后，他们开始有一些关于建筑理论的专题讲座。这些我书里本来都写了，后来觉得说自己最早不大好，就去掉了。天大好像他们也不太重视这些 [18]，但当时我毕业时建筑史方向天大曾指明要我。

武 沈玉麟 [19] 先生好像后来重点在城市规划方面。

┃**刘** 嗯。"文化大革命"后没多久，1978、1979 年，当时教育部提出来应该有一些统编教材，各个学校自编的讲义比较多，比较乱，中建史、外建史都要统编教材。当时主要还是以四个学校为基础，中建史当时是在南工开的，外建史是在同济开的。当时教育部有人，建工出版社有人，外建史天大是沈玉麟先生去的，南工是我，同济是罗小未 [20] 先生。清华去了两个，吴焕加和陈志华 [21] 都去了，因为讲外建史他们两个是井水不犯河水的，以 1851 年为分界线，吴焕加是近现代，陈志华是古代，谁也不能代表谁，所以两个人都得去。当时讨论外建史怎么来合编的问题，一开始，陈志华先生就讲了，他说我已经在 60 年代就编过《外国古代建筑史》，现在重编，很多资料还是差不太多的，最多是加一点苏联的东西，而且如果四个学校都来，可能有很多争论，意见都不一致，很难统一。他说，我这本书如果认为分量太厚的话，我把它去掉一半也好，去掉三分之一也好，这样我一个人很快就能完成了，如果再加三个人一起来讨论的话，从讨论提纲、编写，意见不一致，文稿不一致，最后统稿文风不一致，根本弄不出来，我建议是不是就由我一个人完成就算了。

武 除了陈志华先生（20 世纪）60 年代编的那本，各校就没出过书吗？

┃**刘** 我们各校是出讲义，各学校都有很多讲义，那本书大家用作教科书也作不起来，因为太厚了，学生买了最多只能做参考书，也没有那个学校能按它讲，所以大家各自编讲义。他讲了以后，其他人没好说什么，而且他个性强，大家也晓得他的脾气不太愿意与别人合作，就说"那好吧，你的事就放在这儿，那近现代的事怎么弄呢？"因为（各校）都没有正式成书嘛。我觉得罗小未先生比较开明，她年纪最大，算我们的老大姐了，说"那我们是不是就来合作编一本近现代史呢？"大家说"好啊，那就在你的主编下我们来做吧。"所以她就分了几个阶段，30 年代以前算一个阶段，30—50 年代算一个阶段，60 年代以后又划一个阶段。她就讲"刘先觉老师，你就负责第一个阶段"；吴焕加老师写大师嘛，就负责第二个阶段，"大师都归你啦"（笑），吴焕加也很乐意；天大的沈玉麟先生（负责城市部分），"所有的城市规划都归你"，沈先生本来就是学规划的，发挥了他的特长，他也很开心。我觉得罗小未先生安排得挺好，解决了各种矛盾，开始时比较紧张的矛盾都解决了。

武 我看到很多各校以前各时期编的讲义，好像都没有个人署名。比如"南京工学院建筑历史研究组"，是否都是您编的呢？

┃**刘** 嗯，都是我编的。

武 有人说梁思成先生从国外学回了现代建筑理论，但是他没有继续下去，是背叛了现代建筑，您觉得呢？

┃**刘** 我不这么看，我给一个积极的评价。梁先生知古通今，勇于开拓。他从国外回来，开拓了古代建筑的研究，他不墨守成规，他对北京城的保护是很积极的，但是他也要求你研究新的方向，我们当时研究生毕业论文的提纲，基本上就是在他的思路下写的。

武 您能谈谈梁思成先生、刘敦桢先生他们的建筑思想有什么不同吗？

　刘 我这里面有一篇文章，是对杨廷宝、梁思成、刘敦桢、童寯四位恩师的回忆，我就讲四个人的特点是什么。他们四个人都很有成就，不能说谁好谁坏。我过去曾经斗胆问杨廷宝先生，他不是经常出国嘛，又是建筑师协会的副会长，我回（南工）经常让他讲讲课、做做报告，我有一次就说"杨老，我斗胆请教您一下，有一些东西，你在上面讲的，和我看的书上不一样呀？""书上有的讲好得很，有的讲不怎么样"，他就给我一句话："尽信书不如无书，书也是人写的。"不同人有不同的观点嘛，都是讲自己亲身体会的东西，个人观点不同嘛。这个后来对我治学也好，写东西也好影响很大，不一定盲从，他说好的我也可以批评，他说不好的我也可以表扬，但是一定要根据你的切身体会来讲，也不能一拍脑袋就说，必须有事实依据。

武 我自己觉得梁先生的文章充满了感情，而刘敦桢先生不表露自己的感情，但是文章非常扎实，论证得很严密。

　刘 是。

武 童寯先生呢？

　刘 他不善于言辞，你不问他他不会讲的。我总结他有两点：一、身教胜于言教，比如说他到学生那儿看他的图，很少说你这不好那不好，他就做一个草图给你，"这样是不是好点？"他不大给你讲什么道理，他就做给你看，而且图画得非常漂亮；二、他自己讲，"我是一个钟，不敲不响"，他说"你们作为学生应该善于提问，不善于提问你就得不到知识"。后来（运动中）有人批评他，"你要做自鸣钟！不能做敲的钟！"他就讲"好，好，好，我要做自鸣钟，我要做自鸣钟"（笑）。

武 童寯先生在那个时候没有受冲击，是吗？

　刘 也受冲击，"文革"哪个不受冲击，老先生们，反动学术权威嘛，都受冲击。

武 外建史的老师是不是因为研究的是资本主义的东西，尤其容易被冲击？

　刘 批判当然是批判，但是我们还没达到反动学术权威的级别，最多贴你几张大字报，检讨检讨也就算了，还不至于把你关起来。当时要是当个领导，就要把你关起来，杨廷宝先生就关牛棚了。你们没有体会，那时候全国都疯了，也不知道谁对谁不对，反正是谁越年轻越革命。

武 南工好像还好一点，我看回忆录好像清华更厉害，有的先生说很惨痛的，还有出人命的。

　刘 清华更厉害，这是无疑的。我的同学吕俊华[22]，她的丈夫就是清华建筑系的副系主任，叫黄报青[23]，被打得受不了就跳楼了。

武 听说清华程应铨[24]先生沉水了，天大的林兆龙[25]先生自杀了。

　刘 这在当时是常事。所以"文革"我们都回避不谈。

武 您觉得研究理论与设计的关系是怎样的呢？

　刘 说实话，每个人学建筑，都是想做建筑师，不是想当建筑史学家。但是要服从分配嘛，要你做什么你就做什么吧。我在"文革"期间或者之前，想着能够找一点借口躲过运动，就做一点设计任务，因为那个时候设计都是免费的，人家也不会批判你是为赚钱做。那个时候研究建筑史有点危险，封资修

呀，那我做一点生产任务，为工农兵服务有什么不行呢？当时想：建筑艺术不能搞，结构、施工我可以做。所以在"文革"初期我花了很长一段时间，差不多至少有两三年时间，我泡在材料、施工、结构里面。当时四五层的建筑，从地基勘探一直到结构计算、施工，我全都能拿下来。那时在南京钢铁厂，他们说你逍遥派来干，我求之不得，就帮他们搞设计，还到工地里做粉刷工，知道混凝土是怎么调配的，水刷石是怎么回事，怎样操作怎样弄。经过这么一段设计实践以后，就觉得任何一个理论都要经过一个设计实践过程。吴焕加也做过设计。

武 陈志华先生像诗人，他的感情很丰富。

刘 是的。他还爱批评，他的《外国建筑史（19世纪末叶以前）》我们没写什么，我们四人写《近现代建筑史》，他写文章评过。我与他和吴焕加先生两人关系都不错，等边外交。

武 梁先生、刘先生、童先生他们对"建筑之树"有没有自己的看法呢？

刘 说实话，他们其实并不很在意建筑的政治意义。学术界后来把学科的东西都往政治上靠，比如说（建筑之树）"轻视中华民族"等（观点）。我是觉得也不必要把所有学术的东西往政治上靠。它（弗莱彻建筑史）有哪些优点哪些缺点，你就讲哪些优点、哪些缺点就行了。过去一定要学苏联，那就批弗莱彻的建筑史嘛，批判的依据就是苏联的理论，"社会主义内容，民族形式"，一定要讲奴隶社会、封建社会，阶级剥削呀这些。你看陈志华先生早期的那本书，里面阶级压迫、阶级剥削讲得很多的，那（时）不讲也不行呀。但是也不能不讲苏联建筑史的优点，苏联有两本很厚的建筑史，在这儿，一本蓝皮的叫《建筑通史》，一本咖啡色皮的叫作《城市建设史》，俄文原版的。我中学学的是英语，研究生时学的俄语。要了解这个过程：当时苏联的建筑史出来了，我们就要看这个书。拿它同弗莱彻的建筑史做对比，它就是按阶级斗争来讲的，这是一方面；另一方面，它也有优点，我现在的客观评价是它城市讲得多，群体讲得多。弗莱彻建筑史讲的都是单体，但是群体讲的不多。把这两者结合起来，我觉得还是不错的。所以我写简史，就把它们综合了一下。

武 您的《外国建筑简史》，它的受众是谁呢？

刘 这本书应该来讲是现在真正的教科书，现在全国学校基本上在用这本。出版社认为陈志华先生那本和后来四校合编的那本近现代建筑史，从教学上来说分量还是太重，复习或者考研的时候，学生看着还是太吃力，出版社后来就讲，"是不是还是请您根据教学的经验来写一本书""明确考试时应该注意哪些问题"。所以它基本上是根据教学的实际写的一本书，应该就是本科生作为教材的一本书，这是建工出版社指定要我写的。

武 有人说古代建筑知道个大概就行了，主要是把现代建筑了解好，您认为呢？

刘 这个问题看你怎么看，过去中建史、外建史学时较多，后来建筑史的学时减得越来越少。还有人认为"古代有什么，知道个概况就行了"，应该多学现代的为设计服务。这实际上是比较偏激的一种思想。真正作为一名出色的建筑师，他对建筑历史和理论的认识应该是很深的，杨廷宝、童寯先生都是对中外建筑史很了解的，不然杨廷宝先生怎么敢修天坛呢？古典建筑在西方看来，是心中的圣地。我在《建筑师》纪念密斯100周年时写的文章[26]中谈到，（密斯）不是要照抄古典建筑，他是要用这种古典秩序来演绎现代的设计。他在70多岁时还在雅典卫城上欣赏，寻找有哪些可供借鉴的，其在现代建筑中如何来发挥。

如果今天有人把古典的东西都否定了，说明他没有知识。像迈耶设计美国的中心[27]，大的建筑群体关系，他自己讲"我是受雅典卫城的启发"，"我这一组没有搞对称"，是顺应地形、因地制宜的布局。你想，他只知道古典建筑的大概行吗？他是吃透它了。所以我们要知古通今。

武 您觉得研究外国建筑史，应该具备什么样的素质呢？

| **刘** 我那本书上都有，出来了你仔细看，我讲了很多。比如说外文翻译，除了自己著作文章，我还翻译了很多书，像《世界室内设计史》[28]、塔夫里的《现代建筑》[29]等。这么厚的书我当然不可能自己一个人都翻了，还是要分给我的博士生，翻了以后我最后统稿，而且改得很细很细，就像改中学生作文一样，所以很多不是我的研究生，他们也要求来翻，目的就是要我来改，知道"我是怎么翻的，刘老师是怎么改的"。过去不是讲究"信、达、雅"嘛，我说做到"信"很容易，就是让人看得懂；"达"就是让人读得通顺；"雅"要求高一点，就是把外文翻译成有中文文学修养的词（句），那就很不容易了。现在有很多人翻译的东西，人家看不懂，它是一个词一个词堆出来的，就是因为这个文章他没有看懂，是硬翻的。建筑历史和理论的书同设计的书是不一样的，设计的书比较简单，这是什么，那是什么，看起来很容易，翻起来也没什么问题；理论的书很讨厌。我最早翻译的书是《建筑理论译丛》中的《建筑美学》[30]。美学属于哲学范畴，作者是个哲学家，引经据典，真难翻。而且他的文章，一句话有七八行，句子套句子，看上去真会蒙啊，不知从哪下手，所以翻译时很费工夫。我翻译的体会：我们在中学的时候，外文是请那些基督教的牧师来上课，有交流的机会；那时候很强调语法，除了上课以外，有专门的语法课，要求一定要把语法弄得很清楚，这样翻译才能翻得通。现在他们这些东西比较欠缺，特别是语法，现在是上到哪里教师就讲一段，这样不行，（学习）很不系统，对于很多语法弄不清楚。我想，学外语要多看，还要打好扎实的基础，基本的语法要过关。还有，一定要有中文的基础，否则文学气不够呀。

　　我后来写了两篇文章[31]，论外国建筑史的教学，在第二届和第三届世界建筑史研讨会上发表，那实际上就是我的教学体会。作为教师，你应该自己吃透了来讲，你先要有研究，然后再给学生讲，学生才能有收获。比如讲大师，我写了那么多大师的文章，研究了十几年，讲起来就能讲得很细很细。现在很多建筑史教师，（只）是为了完成工作量，没有时间去研究它，剩余的时间还要去完成生产任务，要有一点收益，这跟（我们）当时那个情况是很不一样的。所以现在做建筑历史和理论研究的人，要想沉静下来专心做下去，除非人家给他一定的经济支持，不然的话不太可能。我们那时候，做研究和设计都是没有报酬的，现在不一样，除了为升等升级，你让人家写书写文章，他才不写呢。

武 看您的研究，始终是在把握时代的脉搏，关注建筑发展的主线。

| **刘** 是，我还是勇于开拓的。这一个是得益于梁思成先生，他就希望你开拓；另一个是斯卡利，他也很主张开拓。像我的《生态建筑学》[32]就是在《现代建筑理论》上的发展，社会是在不断发展的，把握时代脉搏是很重要的，不然总停留在原地，总炒古代建筑史有什么意思。

武 史学研究有人重实证，有人重人文，您认为为呢？

| **刘** 还是应该兼顾。梁（思成）先生和刘（敦桢）先生的研究有一点不同，刘敦桢先生就比较注重实证法，他是日本回来的，受到日本当时研究的影响。我记得有一次在苏州郊区有一个大屋顶的房子，他带了七八个学生远远地看，说"你们看，这个房子大概应该是什么时候的房子？"有人说"应该是辽宋时候的东西吧，它的屋顶很平"，有人说"应该是明代的吧，保守点说"。到近处一看，（竟是）仿

古建筑，所以他说："你们判断一个建筑，不能看它的形式，第一要看它周围有没有碑记；第二要查查史书，如应看看地方志上那些碑记有没有；第三再查查梁架上有没有题词，然后再看看它的梁架里面有没有更新过，这样再断定他的年代。"这种实证法，他一脉相承下来，做得严谨。梁先生的特点就是他比较喜欢开拓，他觉得不然就被局限了，就是老的我也要研究，新的我也要提倡，而刘先生则很少研究近现代的东西。所以我觉得两个人可以互补，各有优点。

武 明白了，非常感谢您对各种问题进行了百科全书式的解答，谢谢您。

1　河北省高等学校人文社会科学重点研究项目（2016）"外国建筑史"的教学与研究（项目号SD171026）。本文参考：杨永生、王莉慧《建筑史解码人》，北京：中国建筑工业出版社，2006年；赖德霖、王浩娱、袁雪平、司春娟《近代哲匠录——中国近代重要建筑师、建筑事务所名录》，北京：中国水利水电出版社，知识产权出版社，2006年。

2　柳士英（1893—1973），籍贯江苏省苏州市。1907年考入江南陆军学堂。1920年与留日同学、挚友刘敦桢、王克生、朱士圭诸先生创办"华海建机事务所"，任设计部主任。1923年在苏州工业专门学校创办建筑科，开创我国现代建筑教育之先河。　1930年苏州撤市后，返上海重理"华海建筑事务所"设计业务，并受聘执教于上海大夏大学、上海中华职业学校。1934年，由上海前往内地湖南大学，任湖南大学土木系教授，并先后兼任长沙楚怡工业学校、长沙高等工业学校、长沙公输学校教授，长沙迪新土木建筑公司总建筑师，湖南克强学院建筑系主任、教授。新中国成立后任湖南大学土木系主任，创办建筑专科和土木专科。1952年受命筹建中南土木建筑学院，任筹委会主委，一年后任中南土木建筑学院院长。1958年后，先后任湖南工学院院长，湖南大学副校长，高教部教材编审委员会委员等职。曾编有《西洋建筑史》《五柱规范》《建筑营造学》《建筑制图规范》等教材。

3　高介华，1928年生，湖南宁乡人。1946年考入国立湖南大学，当时仅有他一名学生就读于建筑学专业并成为士英先生的单授弟子。1950年6月毕业分配到长沙市人民政府所属之长沙市工程公司，又师从我国著名城市史学者贺业钜先生。1950—1962年，先后任职于中南军政委员会所属中南建筑公司、华南区公路修建工程总指挥部、海南黎族苗族自治区建府委员会（1950年5月海南岛宣告解放，成立海南军政委员会，实行军事性管制。次年4月，成立广东省人民政府海南行政公署，1955年3月—1966年海南称为广东省海南行政公署）、交通部教育司公路学院筹备委员会、城市建设部、建筑工程部等所属设计单位。1962年2月调到中南工业建筑设计院。主持、审定的大中型工程建筑设计在300项以上。1983年主持创办《华中建筑》，并担任主编至退休。主编《中国建筑文化研究文库》《湖北古建筑》等丛书，著有《楚国的城市与建筑》《击水词》等。

4　胡允敬（1921—2008），河北天津人。1944年2月毕业于中央大学建筑工程系，1947年起任清华大学建筑系教师、教授。曾参加中华人民共和国国徽设计。生平介绍详见金建陵《参与中华人民共和国国徽设计的胡允敬》，《档案与建设》，2009年，第9期。

5　王炜钰，1924年10月生。1945年毕业于北京大学工学院建筑系，并留校任教，1952年院系合并至清华大学；中共党员，第三、四、五届全国人民代表大会代表。1989—1997年两次获国家自然基金批准研究项目《亚洲建筑比较研究》和《东亚建筑理论与实践》。完成主要工程任务有：中国革命历史博物馆工程方案竞赛（中选实施）、毛主席纪念堂工程（中选实施）、北京钓鱼台国宾馆方案竞赛、重庆文化艺术中心方案竞赛、泰安儿童乐园总体规划及个体建筑设计、深圳大学总体规划及设计、北京大观园宾馆方案竞赛、北京圆明园西洋楼整治与复原设计、珠海圆明新园西洋楼景区设计、人民大会堂室内设计、中国驻印尼大使馆室内设计、福建会堂门厅及礼堂设计、北京八一大厦阅兵厅及南门厅室内设计等。多次获得国内外室内设计大奖。

6　汪坦（1916—2001），1941年毕业于重庆中央大学建筑工程系，曾任兴业建筑师事务所建筑师。1948年赴美国赖特建筑师事务所留学。1949年回国后，历任大连工学院（1988年更名大连理工大学）副教授、教授，清华大学教授、建筑系副主任、土木建筑设计研究院长，中国建筑学会第五届常务理事，《世界建筑》杂志社社长。长期从事建筑教学和研究，专于建筑设计及建筑理论，20世纪80年代致力于中国近代建筑历史和当代国际建筑思想的研究。撰有论文《现代建筑设计方法论》（1980）、《战后日本建筑》（1981）、《现代西方建筑理论动向》（1983）等。曾主编《建筑理论译丛》《中国近代建筑总览》，合编《现代西方建筑美学文选》（1989）。

7 徐中（1912—1985），字时中，江苏武进（今常州）人。1935 年毕业于中央大学建筑工程系，1937 年毕业于美国伊利诺伊大学，获硕士学位。1937 回国后任职于国民党军政部城塞局、（重庆）中央大学建筑工程系、（重庆）兴中工程司、交通部民航局、南京大学建筑系教授；1950 年贸易部基建处及（北京）华泰建筑师事务所顾问建筑师，1951 任北方交通大学唐山工学院建筑工程系兼任教授，1952 年后历任天津大学土建系教授、设计教研室主任、建筑系主任。1953 年后任天津市建筑学会第一至五届副理事长，名誉理事长（1984）；曾任第五届全国政协委员，天津市政协委员、常委。设计作品有北京商业部进出口公司办公楼，对外贸易部办公楼、天津大学第五～九教学楼、图书馆。

8 刘光华（1918—2018），江苏南京人。1940 年毕业于中央大学建筑工程系毕业，1944 年赴美留学，1947 年获哥伦比亚大学建筑与城市规划研究生院硕士学位。1941 年合办（昆明）兴华建筑师事务所。1947 回国后任（南京）兴华建筑师事务所建筑师，中央大学建筑工程系教授。1948—1951 年合办（上海）文华建筑师事务所，1951 年 9 月加入（上海）联合顾问建筑师工程师事务所直至 1952 年 5 月。1947—1983 年任中央大学、南京大学建筑系副教授，南京工学院建筑系教授、教研室主任、系学术委员会主任，并任南京市政建设委员会委员、顾问，江苏省建筑学会理事、名誉理事长。1983 年后定居美国，为东南大学荣誉教授。著有 Chinese Architecture（《中国建筑》，New York: Rizzoli, 1989）等著作。

9 吴焕加，1929 年 11 月 28 日生，安徽歙县人。1953 年毕业于清华大学建筑系并留校任教，原从事城市规划教学，1960 年后转入建筑历史与理论方向，20 世纪 80 年代曾在美国、加拿大、意大利、西德等十余所大学研修、讲学和演讲。主教外国近现代建筑史；中国建筑学会建筑学会理论与创作委员会委员。著有《近代建筑科学史话》《外国近现代建筑史》（合著）、《雅马萨奇》《20 世纪西方建筑史》《西方现代建筑的故事》《外国现代建筑二十讲》等。

10 乐卫忠，1933 年生，上海人。1953 年同济大学建筑系本科毕业，1954 年哈尔滨工业大学土木建筑系副博士研究生预科毕业，1957 年南京工学院（现东南大学）建筑系研究生毕业一教授级高级建筑师，国家特许一级注册建筑师，同济大学兼职教授，中国风景园林学会资深会员，上海风景园林学会高级会员，享受国务院政府特殊津贴，作者从事建筑与园林的规划、设计、研究、教学工作 50 年。曾获得国际设计奖 2 项，国家级设计、科技进步奖 3 项，部级设计，科技进步奖 6 项，上海市级设计奖 6 项，一级学会系统优秀论文 2 项。编著《美国国家公园巡礼》（北京：中国建筑工业出版社，2009 年）。

11 李莹，又写作李滢，1924 年 5 月 29 日生，1945 年 6 月上海圣约翰大学建筑系毕业，1945 年 9 月同校土木工程系毕业，1947 年 6 月美国麻省理工学院建筑系硕士毕业，1949 年 3 月哈佛大学建筑硕士。留美期间，曾随阿尔瓦·阿尔托（Alvar Alto）、马塞尔·布鲁尔（Marcel Breuer）、A. D. 舒马赫（A. D. Schumacher）、普瑞班·汉斯（Preban Hanse）、凯·菲斯克（Key Fisker）等建筑师学习和工作。回国后在 1951 年任上海圣约翰大学建筑系教师，后赴京，任北京都市计划委员会、北京市建筑设计院建筑师。

12 刘先觉《密斯·凡·德·罗》，北京：中国建筑工业出版社，1992 年。

13 此处先生的记忆疑有误。《建筑师》发表过多篇刘先觉先生介绍西方建筑师的文章，其中包括《阿尔·瓦奥托》（第 8 期，1981 年 12 月）、《雅马萨奇》（第 19 期，1984 年 6 月）、《伊罗·沙里宁》（第 20 期，1984 年 10 月），但直至 1992 年 6 月第 46 期，并无先生关于密斯·凡·德·罗的介绍。

14 汪晓茜，1971 年生，1993 年南京建筑工程学院建筑系获工学学士，2002 毕业于东南大学建筑学院，获哲学博士，师从刘先觉先生。现任职于东南大学建筑学院历史理论与遗产研究所，副教授。代表著作《大匠筑迹——民国时代的南京职业建筑师》（2014）、《叠合与融通：近世中西合璧建筑艺术》（合著，2015）、《中国近代建筑史》（合著，2016）等。

15 刘先觉、杨晓龙（整理）《建筑轶事见闻录》，北京：中国建筑工业出版社，2013 年。

16 《现代建筑理论》（北京：中国建筑工业出版社，2001 年）据刘先生所写前言，该书协作单位有清华大学、南京建工学院、华侨大学、深圳大学、厦门大学、天津城建学院、浙江工业大学、山东建工学院、重庆后勤工程学院等。另有 19 位年轻学者参加编写。据赖德霖先生告知，其中第 15 章"亚历山大的模式语言"是汪坦先生指导的研究生吴耀东根据硕士论文（1989 年答辩）所写。

17 汪坦先生到南京工学院讲学时间为 1983 年 10 月，见潘谷西口述，李海清、单踊编《一隅之耕》，北京：中国建筑工业出版社，2016 年，75 页。

18 天津大学最初的外国建筑史课程由卢绳先生讲授（同时兼讲中国建筑史）。其后，外国建筑史近现代部分课程由沈玉麟教授和林兆龙（先为助教，后为讲师）承担。"文革"中，林兆龙去世。1977 年卢绳先生去世。因其时沈玉麟教授致力于天津大学城市规划专业的创立与建设，故不再承担外国建筑史的教学任务。邹德侬教授在 1979 年回校任教后，在研究生教学中开设有"近现代建筑理论""西方现代艺术论"等现代建筑理论课程。

卢绳（1918—1977），江苏南京人。天津大学建筑历史与理论专业的主要奠基者。1942年毕业于中央大学建筑工程系，而后加入中国营造学社，任研究助理，协助梁思成先生撰写《中国建筑史》。1944—1952年，先后执教于中央大学建筑工程系、北京大学工学院建筑系、中国交通大学唐山工学院（北方交通大学）建筑系，历任助教、讲师，其间曾兼任重庆大学建筑系讲师、中央美术学院雕塑系副教授。1952年院系调整后，受徐中教授之邀，出任天津大学土木建筑工程系副教授，同时任建筑历史教研室主任，主持指导历届学生的中国古建筑测绘实习，为20世纪80年代以后《承德古建筑》《清代内廷宫苑》《清代御苑撷英》等书的编撰出版奠定了坚实的基础。同时，先后参加了刘敦桢先生主编《中国古代建筑史》和中建筑史高校全国统一教材以及《中国古代建筑技术史》的编撰工作。主要著作有：《宜宾旧州坝墓塔实测记》《旋螺殿》《漫谈建筑考古》《李明仲》《承德避暑山庄》《承德外八庙建筑》《北京清故宫乾隆花园》《天津近代城市建筑简史》《河北省近百年建筑史提纲》等。

邹德侬，1938年生，山东福山人。1962年毕业于天津大学建筑系，分配到青岛铁道部四方机车车辆工厂。1979年调动工作回至天津大学。研究方向为建筑设计及其理论、中国现代建筑史、西方现代建筑及西方现代艺术。有译著《西方现代艺术史》《西方现代建筑史》（与巴步师等合作）等6种；学术专著《中国现代建筑史》《中国现代美术全集·建筑艺术卷2—5卷》等14种；建筑作品青岛山东外贸大楼、南开大学经济学院、天津大学建筑系馆等20余项；曾获《中国现代建筑史研究》获教育部自然科学一等奖（2002）及国家自然科学奖一等奖提名奖等10项。

19 沈玉麟（1921—2013），生于上海。1943年毕业于（上海）私立之江大学建筑工程系，1948年毕业于美国伊利诺伊大学，获建筑学硕士学位，1950年获城市规划硕士学位。回国后历任（上海）联合顾问建筑师工程师事务所建筑师，北方交通大学唐山工学院副教授，1952年9月后任天津大学土木建筑系、建筑学院教授。著有《外国城市建设史》（1989）等。

20 罗小未，1925年生。1948年圣约翰大学工学院建筑系毕业，1948—1950年担任上海德士古煤油公司助理建筑工程师，1951—1952年担任圣约翰大学院建筑系助教，1952年起任上海同济大学建筑系助教、讲师、副教授、教授；中国建筑学会理事、国务院学位委员会第二届学科评议组成员，上海市建筑学会第六、七届理事长，中国科学技术史学会第一届理事，上海市科学技术史学会第一届副理事长，全国三八红旗手，中国民主同盟盟员、国际建筑协会（UIA）建筑评论委员会（CICA）委员，著作有《外国近现代建筑史》（合著）、《外国建筑历史图说》《现代建筑奠基人》《上海建筑指南》《西洋建筑史概论》《西洋建筑史与现代西方建筑史》等。

21 陈志华，祖籍河北省东光县，1929年9月2日生于浙江鄞县。1947年入清华大学社会学系，1949年转建筑系，1952年毕业于建筑系。当年留校任教，直至1994年退休。自1989年起与楼庆西、李秋香组创"乡土建筑研究组"，对我国乡土建筑进行研究，对乡土建筑遗产进行保护。讲授过外国古代建筑史，苏维埃建筑史，建筑设计初步，外国造园艺术，文物建筑保护等课程。与西方建筑史相关的专著有《外国建筑史（19世纪末叶以前）》《外国造园艺术》《意大利古建筑散记》《外国古建筑二十讲》等。

22 吕俊华，清华大学建筑系1953级研究生。

23 黄报青，1951年在清华大学建筑系任教，1967年逝世。

24 程应铨，1948年在清华大学建筑系任教，反右斗争被打为右派，1968年沉水自尽。

25 林兆龙，1953年在天津大学建筑系任教，"文革"后期去世。

26 刘先觉《弘扬古典秩序的现代建筑大师——纪念密斯·凡·德·罗逝世40周年》，《建筑师》，2009年，第5期，5-8页。

27 即迈耶（Richard Meier）设计的盖蒂中心（Getty Center），1984年方案获选，1997年建成。

28 [美]派尔著，刘先觉、陈宇琳译，《世界室内设计史》，北京：中国建筑工业出版社，2007年。

29 [意]曼弗雷多·塔夫里、弗朗切斯科·达尔科著，刘先觉译，《现代建筑》，北京：中国建筑工业出版社，2007年。

30 刘先觉《建筑美学》，北京：中国建筑工业出版社，1992年。

31 刘先觉《外国建筑史教学之道——跨文化教学与研究的思考》，《南方建筑》，2008年，第1期，28-29页。刘先觉《再论外国建筑史教学之道——教研结合，史论并重，开拓外建史教学新视野》，《2009世界建筑史教学与研究国际研讨会论文集》，东南大学，2009年，11-15页。

32 刘先觉《生态建筑学》，北京：中国建筑工业出版社，2009年。

刘管平的华南建筑故事

**受访者
简介**

刘管平

男，广东省梅州市大埔县湖寮镇新村人。原华南理工大学建筑学系系
主任、教授、博士生导师、国家一级注册建筑师。1934 年 11 月 18 日
生于新加坡，1953 年考入华南工学院，毕业后赴同济大学进修，结业
后任教于华南理工大学。曾任中国风景园林学会理事，中国风景名胜
专业委员会委员，中国园林规划设计专业委员会委员，广东园林学会
理事。2015 年荣获中国风景园林学会终身成就奖。主要著作有《建筑
小品实录》(与李恩山合编，北京：中国建筑工业出版社，1980 年)、《园
林建筑设计》(与杜汝俭、李恩山合编，北京：中国建筑工业出版社，
1986 年)、《农村医院建筑设计》(与谭伯兰合著，北京：中国建筑
工业出版社，1986 年) 等。

采访者： 张弯 (华南理工大学建筑学院)
访谈时间： 2018 年 9 月 18 日
访谈地点： 广州市天河区华南理工大学刘管平教授府上
整理情况： 录音稿整理于 2018 年 9 月 26 日
审阅情况： 未经刘管平先生审核
访谈背景： 1952 年全国高等院校开始调整，在当时的中山大学工学院、华南联合大学理工学院、岭南
大学、广东工业专科学校四所院校的基础上，联合湖南大学、广西大学、南昌大学、武汉交
通学院、武昌中华大学及华南农学院等六个院校中与工科相关的专业组建为华南工学院，即
今日华南理工大学前身。中山大学建筑工程系 (前身为广东省省立勒勤大学建筑工程系) 随
同中山大学工学院并入华南工学院，成立为新的华南工学院建筑工程系 [1]。1953 年刘管平被
华南工学院录取。[2]

刘管平教授　　　　　　谭天宋教授　　　　　　夏昌世教授

张　弯　以下简称张
刘管平　以下简称刘

在华南工学院的求学

张　1953 年，您进入华南工学院（简称"华工"）学习，成为华工建筑系的第一届学生？

　刘　是的，我 1953 年通过统考被华南工学院录取入学，是建筑系的第一届学生。那时全国院系调整，原来中山大学的工学院变成华南工学院，成立了建筑系。刚开始的学制是四年制，三年级时改为五年制。因为全国各地号召学习苏联，所以我们的教育方式也受到苏联影响，所学的课程都是按照苏联建筑学的课程来安排。

　　在华南建筑系的历史上，我们是所学科目最多的一届，一个学期最多时有 50 多门课，每个学期有十几门科目需要考试，最少也有五六门。

　　我们拥有的教育资源也非常好，老师很优秀。老一辈的有夏昌世[3] 老师、谭天宋[4] 老师、龙庆忠[5] 老师……年轻一辈的有李恩山老师、谭国荣老师。建筑物理是冯秉铨[6] 老师教的，当时他是华工的副校长，也是研究无线电非常有名的教授。

　　向苏联学习，考试方式也改变了，所有的课都是口试。十多位老师坐在一个教室里，隔 15 分钟进一名考生。进去以后，考生先抽签，一个签上写着三个题目，只给一点时间准备，先在试卷上作答，老师再根据你的答案问你问题。不仅要你会做，还要问你为什么要这么做，要把自己的想法表达出来。

张　夏昌世、龙庆忠、陈伯齐[7]、谭天宋老师在教学方法上有何差异？

　刘　龙庆忠老师是教建筑史的，他调查了很多中国的古建筑。上课时，经常给我们看很多建筑图片，跟我们讲这些古建筑的历史和特点。陈伯齐老师是留德的，是我们的系主任。谭天宋老师是留美的，他在华工工作的时间不长，但是他的设计能力很强。当时有一个老板，请他在东山设计一个建筑，老板很大方，跟谭老师说："房子建好以后，送一半给你。"之后，谭老师就真的住进去了。有一次我去他家里拜访，是一个两层的小洋楼，一走进去，现代感非常强，很气派，那时在广州还没有出现这么现代的建筑。它不仅外观好看，房子内部的功能也设计得非常好，十分敞亮。谭老师是很风趣、很豁达的一个人。

有一次他带我们去北京实习，他和夏昌世、黄适三个人在茶楼喝茶，我刚好有事过去找他。喝完茶以后，夏昌世上洗手间去了，谭天宋说："这个家伙又跑了，我也要去洗手间。"就留下了黄适买单。他们三个年龄相差不大，经常在一起说笑。

夏昌世老师是留德的，我喜欢上夏老师的课，他非常聪明，也很幽默。后来我们去德国考察时，发现夏老师的设计风格与德国建筑风格相似，简洁明朗。他讲课的内容更偏向实际应用，因为他项目经验非常丰富，指导具体设计时，也会直接指出我们的错误。之后因为各种工作安排，跟夏老师一起做过几个实际工程，从旁边观察，我学到很多他的思考方法。

张　当时所学的课程有哪些？

刘　一年级学制图。制图课并不是由建筑系的老师教，而是制图专业的老师教。我印象比较深的是铅笔线条练习和色彩渲染练习，因为这些都需要交作业。渲染图需要自己动手画，那时没有电脑。有一次我觉得茶泡出来的颜色非常好看，就买了点茶叶，把茶色泡出来后，一点一点慢慢地"倒"在纸上，茶色从浅到深变化，渲染出的作品非常漂亮。

铅笔线条练习，画出来的线条必须从头到尾一样粗。我们在透明纸上画完线条后，要交给老师评分。当时教这个课的是谭国荣老师，我常看到他拿个小灯泡，把一大块玻璃架在灯泡上面，再把我们的作业放在玻璃上看，一条线一条线地看，如果有粗细不一样的，就要扣分，这个作业我没有不及格过。

一年级开始，我们就有实习课。第一个是认识实习，要出去参观，比如到北京去看建筑；第二个是实测实习，要去测量古庙等古建筑。龙庆忠老师要求很高，他会让学生爬到房顶去测量，我很怕，找了几根竹子当梯子爬上去，屋顶上都是烟灰，测完下来，衣服、手上都是黑黑的。还有生产实习和施工实习，施工实习需要去工地当工人，那时都是手工的，砌砖、铺地……什么活都做，特别辛苦。

二年级学做设计，从民用小建筑开始，之后设计小别墅、小学校方案。三年级基本上都是民用建筑。四年级，学建筑设计专业化的课程，比如做剧院、医院、工厂等。五年级就要做毕业设计了。

张　您毕业设计的课题是什么？

陈伯齐教授与其夫人

龙庆忠教授指导学生学习斗栱构造，背景为建筑系收集的大量传统建筑构件

| 刘　我们的毕业设计是"真题假做"，给一个实际工程，要你把它设计出来，只是不施工。华工建筑系有一个非常好的习惯，就是不做假题，从基础学习时，就开始与实际结合。

我的毕业设计是做纺织厂，当时员村有很多在建的纺织厂，我直接去那边找了总工程师，也不觉得害怕，就把他当自己的老师。他知道我是华工建筑系的学生后，给我看了很多施工图，我不懂的，就再向他请教。工人还在施工，我就在工地上一边看，一边问，一边学。

在华南工学院任教时期

张　1959 年，您入职华南工学院，当时您负责讲授的课程有哪些？第一堂课，做了哪些准备工作？

| 刘　我是 1958 年毕业，1959 年在同济大学城市规划专业进修了一年，结业后依照分配留校任教，担任建筑系助教。第一堂课是我从同济进修回来后，讲的城市道路规划，就是讲道路运输如何配合，自己写教材，前一天晚上写，第二天讲。

那时候开始"大跃进"，系里说农学院到农村去了，工学院也应该为农民服务，所以又安排我教农业建筑。我就骑着自行车到处去调查猪舍、牛舍、农业工厂、牛奶厂，还专门跑去上海参观调查，等我准备得差不多了，还没开始上这个课，又让我教医院建筑。虽然没有教农业建筑，但是我调查的资料非常多。

我的毕业设计是做工业建筑，毕业后做农业建筑，后来又做医院建筑，医院建筑做了将近十年。做医院建筑时，我的助手都怕去太平间量尺寸，我就一个人壮壮胆跑过去，看停尸间是怎么摆放尸体的，测量每个格子要多宽多高，医院每个角落的数据都要测出来。我觉得学建筑没有大小之分，最重要的是你要用心去解决问题。

我教书一般不用教材，不照着书讲，只是按照我做建筑的经过和我自己的体会来讲。特别是我讲风景园林，就将自己做园林设计时的体会、心得和解决问题的过程讲给学生听。讲课也是大纲性的，用图表在黑板上把需要讲授的内容表示出来。比如造园，学派有造园学、园林学，日本讲的是造园，苏联讲的是园林；中国有《园冶》，园是园林，冶是匠工，所以在我们国家，造园是非常早的概念。

1977 级学生毕业合影，第一排教师由左至右分别是：叶吉禄、黎显瑞、刘管平、张锡麟、徐振芝（副书记）、邹爱瑜、金振声、杜汝俭、卢兆华（书记）、林其标、陆元鼎、胡荣聪、杜一民、魏彦钧、马秀之、肖裕琴、高焕文、江凯义、叶荣贵。第二排右一：刘业
罗卫星提供

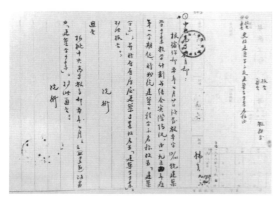

华南工学院教务处发布通告将原建筑工程学系改名为建筑学系、
将原有房屋建筑专业改名为建筑学专业
华南理工大学档案馆提供

建筑系学生作业——海幢寺测绘渲染图（1956年）

《园冶》我读了很多遍，后来出了一本园冶解析，但之后发现好多东西我都理解错了。因为《园冶》很多是用诗词的形式出现的，不了解它的背景，就不明白它的意思。我才知道中国园林的知识是非常丰富的，所以我根据自己的体会去把它概括成为我认为的园林：以自然为主的称为园林，以人工造景为主的称为庭园，它们都属于造园学。但我这种说法，国内一些专家不一定这样看，我在课堂上也经常跟学生说这只是我的看法，同学们怎么理解都可以，但是我觉得这样理解，对于我自己来说在工作上比较方便。

现在回忆起来，我的教师生活是很丰富的，我很真诚地对待我的学生，很认真地对待我要讲授的课程，最后的结果我也非常满意。

我有一个观念，如果开一门新课，一定从实际调查开始，因为只有实地调查以后，才能真正认识它。比如农业建筑，我们自己家里养猪，只要有个猪棚就行了，但猪厂就不一样了，要有给猪睡觉、洗澡、吃饲料、运动的（空间）。奶牛厂就更高级了，这些只有你去实地调查了，你才会真正了解。

刘管平先生与岭南园林

张　1963年3月，夏昌世教授与莫伯治[8]先生发表了关于广东四大名园的文章《漫谈岭南庭园》，并提出"岭南园林"的概念，从概念提出到发展成熟，经历的过程是如何的？

┃刘　夏老师是在《建筑学报》发表的这篇文章，后来，我们又出差考察了广东潮汕的西园、广西桂林的雁山园。我认为岭南包括广东全省、福建西南，还有广西东南，这一地区的气候、风俗文化、生活习惯都比较相似，在这地区所出现的园林就是岭南园林。

岭南园林提出后，很多北方的专家都不承认我们岭南园林，他们经常出差来广州，有时候同他们一起开会，有些就讥笑，说岭南园林是个什么园林啊？我都不说话，等他说完以后，我说，你们能不能在广州住两三个月，感受感受广东，每天都去茶楼喝喝茶、听听广东话，看看广东人有什么习惯，他们喜欢什么，了解了广东人，才能了解岭南园林。

财政厅前挖出来了一个一千多年前的岭南皇家园林，就是南越王宫，它给了我更大的信心，我们岭南园林不是现在才形成的，它已经存在了一千多年，甚至超过了北方园林。因为北方园林是在平地上造园，而我们挖出来了立体的园林，这个立体就是岭南的特色。整个岭南地区都是坡地，几乎没有平地，而且临近海边，建园的时候，我们就要知道如何利用水，利用坡度。

广东一直都是块宝地。那些商人把四川、湖南、湖北的药材、布匹、猪毛运到广州，再出口到海外，与外国的交流多了，经济繁荣了，就要想办法建设城市环境了。其他地方还在闹"文化大革命"，但我们已经建起了广州宾馆、白云宾馆、东方宾馆，这在当时的其他城市是没有的。城市建设开始了，就要讨论岭南文化和岭南园林了，改革开放以后，就完全形成了岭南园林，甚至成为中国园林改革的开端。在这之前，北方园林是室外的，而我们的广州宾馆把室外园林引进了室内，最早的室内园林就是广州宾馆。

张　您为了编写《园林建筑设计》《建筑小品实录》[9]，曾前往全国各地进行调研，当时是如何考虑的，去了哪些地方？调研是如何进行的？

｜刘　当时在广西，我们开了一个礼拜的会议，讨论要出一本关于园林小品的书，会议开了半天，也研究不出来要怎么写。中国建筑工业出版社又给了我们一个任务，要出一本《园林建筑设计》，所以我们要写两本书。

会议结束后，我和李恩山老师商量分工，他主要负责《园林建筑设计》，我主要负责园林小品。可惜的是这两本书还没有开始编写，李老师就病了，我们开了几次会之后，他就起不了床，住在中山医院那边。我和刘炳坤老师白天工作，晚上轮流值班去照顾，一直到他去世。李老师去世后，《园林建筑设计》就留给我负责了。

我这个人比较笨，自己不明白的，就要看实际的东西。我想，要写好这两本书，只能够到全国各地去调查。于是，买了火车票，先去主要城市，到一个城市了，就下车去找公园看有没有小品。铁路能去的地方都去过了，现在也记不清一共走了多少个地方。有时候半夜到一个城市，下车后赶快找个地方歇一会，天一亮，就跑去各个公园看，一直跑到东北哈尔滨那边。只要看到一个小品，我就把它测量下来。

调查了一圈，就琢磨着先把"小品"的定义确定下来，然后把这些内容归类，附上一些小说明和小设计。先写了一篇关于园林小品的文章，一拿出去，好像有点反响。因为从来没有过这样的文章，而且我的文章都有配图，很容易懂，一看就明白了。后来连续出了《建筑小品实录》，一共出了三辑。《建筑小品实录》的内容都是调查出来的，也有自己设计的。特别是第二辑，华工设计院也提供了材料。

后来据我了解，很多学校拿这套书做教科书。有一次北京林业大学的几名毕业生见到我后就说，刘老师，我们都读过你写的书。我说不对呀，你们是绿化为主的，我是搞建筑的。他们说，我们就是觉得这本书有用啊。因为书中大部分的例子都是根据调查过程中的现场实际测量记录的，而不是靠想出来或编出来的，所以它贴合实际应用。到现在，我的体会还是一切要根据实际说话，单凭过去的理论，或者自己的一些妄想，不能走出一条正路来，一定要根据实际去发展。过去的理论很难适应新时代，空论解决不了实际问题。

张　在您所设计的建筑中，您最喜欢的是哪一个？为什么？

｜刘　惠州西湖的逍遥堂是我设计的，我很喜欢。苏东坡被贬到海南岛之前，先被贬到惠州，那地方原来有一座逍遥堂，他每天晚上带儿子在那里看月亮，我非常喜欢这个故事。后来惠州那边想恢复这个逍遥堂，要我设计，我立刻答应了。

杭州西湖胜在大，惠州西湖胜在素雅曲折，所以逍遥堂一定要素。做逍遥堂，不能像北方做大屋顶，岭南建筑就是轻巧，所以我

《园林建筑设计》封面

广州白天鹅宾馆中庭
引自：《莫伯治建筑大师建筑创作实践与
理念》

刘管平设计的惠州西湖芳华洲逍遥堂

基本上是用木结构，做了一个步廊到西湖边上，看西湖的微波粼粼，很美。桥要贴着水面，我告诉他们不要建栏杆，为什么？我有一个经验，不建栏杆，没有人掉进水里，有栏杆的反而会有人掉进水里。

逍遥堂这个项目做完以后直到现在，我都没有写文章发表。我很想写，但一直没有写，身体不行了，就下决心不干了。现在去逍遥堂拍张照片的话，应该还是很好看的。

广东好多风景区，叫我去看的时候，我可以立刻做个小设计，这里做完了，我又去另外一个地方。后来回去看，有些地方真的建起来了，建得都还不错。

我觉得最好的建筑，不论大小，一定要同环境融合在一起。广州的中信广场做得不错，很简洁，同时具有时代性。在建筑群中间，一枝独秀，外观秀美，但是一点不脆弱，越是简洁，越能做出一般人想象不到的效果，这就是成功的建筑。

我们做建筑设计的，做风景园林设计的，要有一种对场景本能的反应，当你身在这个环境中时，会发自内心地感觉到，在这里，我可以做什么。

只有灵性是不够的，你要竭尽所能创造条件，马上动笔将你的感受画下来。但只是画下来仍然不够，你还要反复地去琢磨自己的想法，让自己的灵机一动真正落到地面上来。

张 您最欣赏的建筑师是谁？

｜刘 我最欣赏的建筑师是戴念慈 [10]，他当过中央建筑工程设计院总建筑师，后来又做了城乡建设环境保护部副部长，但一点部长的官架子都没有。几十年前，我们一起在汕头开会，他住在我的隔壁，我早上一般起得很早，但一开门，就看到他已经在画设计草图了。我感到很惊讶，因为他年纪比我大，我当时是四十多岁，他应该是六十岁左右。我问他："戴部长，你现在怎么还在做设计？"他说："那是，建筑师自己不动手做设计，做出来的建筑不是自己想象的效果。"我说："你找个助手嘛，把草图给助手放样，不是一样的吗？"他说："助手，我有过一个，跟我一年多以后就走了，学好本事了。我也很理解，就算他留下来，也不能做出我心中所要的施工图。"所以，从设计草图到施工图都是他自己做的。这一点，我很有同感。从接任务开始，只有觉得自己有能力承担这个任务，我才会答应，我不能依靠研究生来帮我解决问题。

改革开放之前，我做设计没有任何酬劳。一般是星期五上完课，星期六赶一晚上的车去到当地，第二天向当地的县委书记或市委书记汇报设计，汇报完，如果没有需要修改的，星期日再赶回来，因为周

一还要上课。当时我没有要酬劳的概念，觉得去到那里吃得好、住得好，并且我自己喜欢做，他们也信任我。

孟兆祯[11]先生是北京林业大学的第二位院士，每次到广州一定会来找我一起吃饭，他夫人是我的同乡。孟老师会唱京戏，他做园林规划，也是亲自动手做。虽然我是建筑出身，他是园林出身，但我对园林建筑比较熟悉，也能自己设计，他很喜欢我这样的伙伴。他比我大两岁，但是对我很尊重，我每次给他写信，他一定会回信，有时会画上两幅画相赠。

张 您的孩子是学什么专业的？

刘 一个学结构，一个学无线电。我对小孩从来都是放手的，不给他们设限，所以没有人接我的班，我也没有想到要有人接班。我觉得自己没有系统的学术，也没有学派。我还在世，就可以说一点，我不在了，就没有可说的了。不论是钱还是名，对我来说都是身外物，不放在心上。我还有一天的时间，就过好我的一天。

能够有好一点的环境，那我就能得到一点享受；如果没有，就顺其自然。我的父母亲苦了一辈子，等我能够养他们的时候，他们就走了，我还过了一点好日子，吃到几餐好饭，很幸福了。

1　施瑛《华南建筑教育早期发展历程研究》，广州：华南理工大学建筑学院，2014年。

2　谢纯、林广臻《刘管平与园林建筑小品》，《南方建筑》，2013年，第46期。

3　夏昌世（1903—1996），广东新会人。1928年毕业于德国卡尔斯鲁厄工业大学建筑与建筑历史专业，1945年任中山大学建筑系教授，1952年任华南工学院建筑系教授，主持设计华南土特产展览交流大会水产馆、桂林漓江风景区规划与设计、广州宾馆等多项重大项目。

4　谭天宋(1901—1971)，广东台山人。1922—1923年在美国纽约设计院学习，1923—1924年，在美国北卡罗来纳州立大学土木机械纺织厂构造及建筑工程科学习，1924—1925年在美国哈佛大学建筑学专修，后任纽约麦金、米德与怀特等建筑师事务所设计师，1950年任中山大学建筑系教授，1952年任华南工学院建筑系教授，主讲工业建筑设计、建筑设计及建筑概论等课程。

5　龙庆忠(1903—1996)，江西永新人。1931年毕业于东京工业大学建筑科，1941—1943年先后任教于重庆大学和中央大学，1946年任中山大学建筑系教授，1950年任中山大学工学院院长，1952年随院系调整，任华南工学院建筑系教授。

6　冯秉铨(1910—1980)，1910年11月出生于河北安新。1926年考入清华大学物理系，1930年毕业后任教于广州岭南大学，1934年获得燕京大学硕士学位，1935年任岭南大学物理系主任，1962—1966年任华南工学院副院长。

7　陈伯齐(1903—1973)，广东台山人。1939年毕业于德国柏林工业大学建筑系，1940年任重庆大学建筑工程系教授兼系主任，1943年任同济大学土木系教授，1946年任中山大学建筑系教授，1952年任华南工学院建筑系教授。

8　莫伯治（1914—2003），广东东莞人。1936年毕业于中山大学土木工程系，后留校任教，主持设计广州北园酒家、泮溪酒家、双溪别墅、广州宾馆、白天鹅宾馆等多项重大项目，1995年被评选为中国工程院院士，2001年获得第一届梁思成建筑奖。

9　1980年3月，刘管平主编的《建筑小品实录》由中国建筑工业出版社出版，该书收集了国内29个城市的建筑小品实例共188项，出版后受到广泛欢迎，分别于1982年、1984年再版，总印数达71 710册。

10　戴念慈(1920—1991)，江苏无锡人。1942年毕业于中央大学建筑系，后留校任教，1991年被评选为中国科学院院士，历任中央建筑工程设计院主任工程师和总建筑师、国家城乡建设环境保护部副部长等职。

11　孟兆祯，湖北武汉人，1932年出生。1956年毕业于北京农业大学造园专业，1999年当选中国工程院院士，2011年荣获风景园林终身成就奖，现任北京林业大学教授、博士生导师。

黄为隽先生谈个人学习工作经历与天津大学建筑教育 [1]

受访者
简介

黄为隽

男，1935 年生于北京，1958 年天津大学建筑系毕业，毕业后远赴新疆从事建筑设计工作。1980 年调入天津大学建筑系执教，先后任讲师、副教授、教授及建筑设计教研室副主任，并致力于建筑设计及其理论方面的研究。1993 年经国务院学位委员会评定为博士研究生导师。1996 年特许为国家一级注册建筑师。曾兼任校学术委员会委员，中国建筑技术发展中心及天津大学建筑设计研究院等设计单位顾问。2006 年退休。2008 年选为中国民族建筑研究会民居建筑专业委员会顾问专家组成员。2009 年被天津市人民政府聘为天津市规划委员会历史文化名城保护和建筑艺术委员会（第一届）委员。主要著作有：《闽粤民宅》（天津科学技术出版社，1992 年）、《建筑设计草图与手法：立意·省审·表现》（天津大学出版社，1995 年）、《中国百名一级注册建筑师作品选 4》（序编，北京：中国建筑工业出版社，1998 年）、《中国土木建筑百科辞典（建筑卷）》（序编并担任建筑卷编委，北京：中国建筑工业出版社，1995 年）。主要设计作品有：新疆自治区文化局办公楼、新疆自治区外贸局办公楼、天津开发区商办综合大厦、洛阳国际饭店、津港货运业务与培训中心等。

采访者： 戴路（天津大学建筑学院）、张向炜（天津大学建筑学院）
访谈时间： 2014 年 12 月 3 日
访谈地点： 天津高乐雅咖啡店（天大店）
整理时间： 2019 年 2 月 27 日—2019 年 3 月 3 日
审阅情况： 经黄为隽先生审阅，2019 年 3 月 30 日定稿
访谈背景： 2014 年 12 月，在基本了解天津大学建筑学院历史的基础上，对黄为隽先生进行了采访，既是对黄先生学习工作生涯回忆的记录，也是对天津大学建筑系的"前世今生"的记录，希望为新一代学生、建筑师提供工作学习经验，为口述史积累宝贵的基础资料。

黄为隽先生
2014 年 12 月，采访者摄

黄为隽　以下简称黄
戴　路　以下简称戴
张向炜　以下简称张

戴 黄先生您好！我们根据学院的资料了解到您在天津大学（以下简称天大）毕业以后就到新疆工作了，是服从分配去的新疆吗？您在新疆工作生活了多少年？

｜黄 22 年啊！那时候服从国家的工作分配。不是国家分配的话，咱们学校怎么会有老师分配到汽车厂？（这里指邹德侬[2]先生分配到青岛铁道部四方机车车辆工厂）我刚到新疆的时候也没有到设计院去，而是分配到工地。当时在一千多个人里面我是第一批到边疆去的。那时大学生少，我跟另外一个同学去工地报到以后，别的人都趴在窗户台上看大学生长什么样子。

戴 您去新疆之前在天大学习，在新疆工作了 22 年后又回到天大任教。您可以讲讲当年学习工作的故事吗？比如，为什么会选择到天大求学？学生期间以及在天大教学的故事？

｜黄 没问题。当时国内知道天大的少，我们学生报考看的升学指南，哪个学校热闹就报哪个学校。清华大学、哈工大（哈尔滨工业大学）、天大热闹，天大门类多。但是那时候天大的环境相比其他名校来说还是比较差的。天大最高的房子才两层，学生宿舍也只是没有任何装饰的砖房。但那时天津大学的生活很有意思！我们上卢绳[3]老师讲的建筑史课，他是营造学社出来的，会讲故事的来龙去脉，讲得非常好，黑板图也画得非常漂亮，三笔两笔就把草图画出来，特别形象，同学们特别佩服他。那个时候天大校园里面都是水田，从城里回来路过滨江道西开教堂[4]，从西开教堂开始就是农田，再从农田走过来。

　　我选择建筑系是因为我喜欢画画，但是那时候不能报美术学院，因为学工是一个潮流。在 1949 年前，靠卖画没办法生存。我家里上一代人都会画画，但是不依靠这个生活，属于业余爱好。学画画毕业以后出来顶多当个文化教员，或者宣传员。那时候，学理都不行，要实业救国，中国缺少工程师，学工是个浪潮。当时有一本厚厚的升学指导，我发现建筑学要画画，要考美术。"一张白纸，没有负担，好写最

新最美的文字，好画最新最美的图画。"这是毛泽东的名言[5]。上学的时候心比较大，就想设计一个城市。我们那个年代，许多学建筑的都喜欢画画。我当时画得比较好，所以跟美术老师比较熟，比如杨化光[6]、王学仲（呼延夜泊）[7]这些老先生。

杨化光先生对我很好。我们那时候喜欢画画，和美术老师来往比较多，美术老师也抓着我们，一方面带着我一起画画，另一方面就是让我们做模特。呼延夜泊给我画过素描，他画的很多画我都有，可惜"文革"以后都没有了。那时候班上的同学我都画过，实在没东西画了，自行车也可以画。我把画的很多速写拿给杨老师看，她都留下了。她和徐悲鸿[8]差一届，是艺术学院[9]（巴黎国立高等美术学院）毕业的，艺术学院当时是世界上有名的学府。她对我们非常好，就像是对自己的孩子一样，留着我们好多速写作品。她留学法国，因为艺术学院画的很多画是裸体的，别人就把她打成大特务，家里面那些画都没有了。杨老师的孩子想给她出一本书，让我和邹德侬写一段回忆录。我写的就是"亦师亦母，恩泽永存"，确实是这样。

我们上学期间，除了杨化光、徐中[10]这些岁数大一些的老师，多数老师岁数都和我们差不多。彭老师（彭一刚[11]）大我三岁、荆其敏[12]大我一岁、许松照[13]大概大我五岁，他画法几何讲的非常好。彭老师、胡德君[14]这一批是三年毕业的。徐中其实也不大，比我大 23 岁，我上学的时候他刚四十出头，那时候已经是大专家了。

戴 您说得对，建筑系的体系就是这样，能够拉近老师和学生之间的距离，发生在您身上的这些事情都是财富啊！您能进一步讲讲那个时候的天大吗？

　黄 那时学校管理得不错，学校凝聚力很强。1958 年 8 月毛泽东来天津大学视察，指示把教育和生产劳动结合起来。[15] 按照他的教导，全校各系纷纷搞创新竞赛，有的系还能搞创造、搞发明，建筑系没有发明创造。

从那天起，建筑系开始专心研究。一部分人研究了太阳能，另一部分就去研究汽车，建筑系做汽车就是做一个外形，真正的汽车要靠内燃机。我们做了两辆汽车，一辆用铁皮拼出来；另一辆使用合成纤维。总的来说，学生的生活很充实、很有趣，后来我就离开了学校。工作的时候，碰到了三年自然灾害，过的又是另外一种生活。

那时天大的化工专业很强，因为 1952 年的院系调整。天大化工系[16]是由多所大学的化工系并过来的，比如北京大学化工、清华大学化工、燕京大学化工、南开大学化工、河北工学院化工系等。那时候化工系有位系主任叫汪德熙[17]，钱学森[18]在讲"科学与艺术的关系"时提到过他。科学与艺术的关系，对于建筑学来说有较大的借鉴意义。在科学创新研究的同时，还要有艺术思维，科学家不能缺少艺术思维。钱学森讲"科学与艺术的关系"时，讲"著名的核化学家汪德熙本身就是一位钢琴家"。汪德熙从美国回来的时候专门学了怎么调试钢琴，买了一整套的调试设备带回来。汪德熙的哥哥汪德昭[19]是著名水声学家，也是一位老院士，同时也是一名钢琴家，他的夫人是音乐学院的一名音乐教师。钱学森还讲了很多科学与艺术的关系，比如苏步青[20]本身是数学家，同时也是艺术家；中国第一部小提琴协奏曲是李四光[21]谱写的。所以咱们现在稍微有一点不同，过去在校园里背着画夹子画画的都是建筑系的学生！

建筑和艺术的关系最为密切，钱学森说"建筑这个行业，说它是艺术，它也是技术；说它是技术，它也是艺术"。但是他说"艺术和技术的关系不能泛艺术论，不能凡是科学都要包含艺术，真正的科学发明很多都始于艺术思维"。钱学森引证了老哲学家熊十力[22]的观点：熊十力把人的智慧分成两种，一种是"量智"、一种是"性智"，其中"量智"搞自然科学，从微观世界到宏观世界来探讨事物的本质

和规律。艺术思维恰恰相反，艺术从宏观出发，由宏观到微观研究"智"的变化，从这个变化里面来探讨艺术的方法和规律。所以重大的科学发明先是（运用）艺术思维，然后才是逻辑思维、抽象思维。

重大的科学创新往往从猜想开始。比如"飞机"，没有鸟就想不到飞机，这些就是从想象开始的，有着跨学科的联系。仿生学就是借助想象进行发展，属于跨学科的科学，从大的方面、宏观的方面出发，进行跨学科的想象。科学家往往是从艺术思维开始，最后落实到逻辑思维，一直探索，一步一步地扩大进程。

建筑学本身就是一种艺术。当然，我说建筑学是一种艺术，也不能"泛艺术论"。所以曾经有一本书让我写个序，我就说"建筑艺术的特点要有所权重，和画画不一样，要和经济发展、文化发展有密切关系。"建筑艺术的特点要关注经济发展和文化发展，这种艺术不是任意的。和画画不一样，没有钱房子就盖不起来，这不是个人的事情，建筑要更复杂一点，牵扯到国家的经济和文化的发展，同时和社会阶层有关系。另外，还要得到大众认可，你设计得再好，得不到认可也没用。

学好建筑还要有灵性，灵性来源于直觉。艺术是一种感觉的东西，是情感的意向，没有情感就谈不上艺术，所以这种艺术可以畅想很多。搞科学创新要认识艺术的不可或缺性，不仅是建筑学科，各个学科都离不了艺术思维，有灵性就容易突破。

学习建筑学这门学科就应该兴趣广泛。我们上学的时候喜欢听音乐，每个礼拜都有音乐欣赏会，集中到一个教室里去听，音乐和美术也是咱们建筑的一部分。

还有沈瑾[23]，1996 年毕业的研究生，他的作品潘家峪惨案纪念馆设计，在 2000 年就评上了国家建设部一等奖，后来又评上了国家银质奖，在建国 60 周年的时候又评上了建筑界的创作奖。他的成就在一定程度上来源于他的爱好，他喜欢摄影，摄影技术非常好。一次聚会的时候，他送我一张光盘，拍了 200 只鸟，摄像技术挺不错，拍的非常漂亮！

所以说，要注重"一科多能"，全方位发展。

戴　您讲的这些，也是激励我们朝着"一科多能"发展吧。您的学生摄影技术练习到了一定境界。摄影在一定程度上能够捕捉建筑的形态特征，可以作为认识建筑的辅助技能，他在摄影期间是不是也耗费了不少精力？

|**黄**　他也吃苦，要是我的话可能干不了这事。他的设备 30 公斤，用车拉着，他出国拿着带胶片的相机、小相机、摄像机，还扛着架子（三脚架）。

张　在一定程度上关注各个学科，可以对自己的主攻学科有一定的启发。这可能也会耗费较多精力，所以咱们系的同学要经常熬夜做设计，让不少同学感到苦恼，您怎么看待这种现象？

|**黄**　建筑系的同学没有不熬夜的，带有艺术性的东西是没有尽头的。画得好的同学总觉得没画完，画不好的同学看不出来应该加些什么，很早就交卷了。另外，学校的同学也认识到了建筑学的重要性，在平时也会临摹我出的书。

戴　现在的学生看您的《建筑设计草图与手法：立意·省审·表现》，他们画图，经常看里面的范例。

|**黄**　但是有些同学只是去画树了，所以有些人反映"你别再出草图了，出完草图以后人家都去画树了。"其实我想说，手头功夫对于建筑师来讲非常重要！和甲方交流的时候，甲方说不行，你需要当场勾画和甲方进行协商，不能画不出东西，对不对？

1958 年 8 月 13 日毛泽东主席视察天津大学
摄于天津大学校史馆

戴 是的。现在的同学们热衷于电脑画图，仿佛是顺应 21 世纪的高科技发展潮流。正是因为这样，越来越多建筑系的同学忽略了手绘的重要性，您对此有什么看法？或者是对年轻一代的学生、建筑师有什么建议？

黄 建筑师哪有不会画图的，对吧？要一对一的说，（徒手）和电脑比也不好比较。其实徒手画的时候，坐飞机上也能画，做火车上也能画。电脑还有一个弊病：学生画的图看不出来好坏。你从别的地方弄来一个东西，处理一下就用到自己这了，老师不可能每一本杂志（资料）都看到，所以可能看不出来你参考的哪些东西。手绘就不一样了，画的好坏一眼就看出来。当然，不能说你画的好建筑设计就好，但是建筑设计好的人，多数手绘功夫都不错，不能把这个问题看死，这也不是绝对的。徒手画其实是思想情感的表达，电脑也可以，就是没有徒手快。比如说随便想一个东西，用手画的时候很快就能勾画出来，画什么样都可以。计算机必须通过软件才能画，存在的东西、现成的东西才可以弄，复制东西比较快，随便一个东西想把它画出来比较困难。

张 其实手脑是最直接的"设计工具"，那您在做设计的时候有没有什么具体的体会？

黄 我们这个年纪的人做设计都有体会，有时候睡觉都在想，做梦的时候可能就会出现新思路，第二天早上起来赶快记下来，不然就忘了。反正会（手绘）就比不会强，不会徒手也不能说做不出设计，也不能这么绝对的说。但是我还是那句话，如果他手（绘）也行，一定会比现在更好，可能现在也已经不错了，但是思维转动比较快的话，你会更出色。还应该注意，学习不能急功近利。

张 像平常我们接触到的写字、画画是不是跟艺术修养有某些关系？

黄 有关系！艺术修养难免和天赋有关系，你乐感不行却硬学音乐就不太好。现在外头很多骗人的，学美术的时候，人家老师说不让画确定的东西，直接给一个抽象的概念，我说给他什么抽象的概念？！抽象都是从具象中总结出来的，哪有直接的抽象的概念，对不对？抽象都是从具象里面提炼出来的，通过拔高概括出来的。就像毕加索[24]，具象的画也画得非常好，连中国水墨画都画得非常好。张大千[25] 去了以后分辨不出来，没想到他（毕加索）水墨画画得这么好，他（毕加索）那个抽象画不是随意画出来的。

戴 是啊，建筑设计需要手脑结合，需要充分发挥人的智慧和高科技的智慧，然后挖掘存在于人身上的天赋，这样才有可能将设计表达完整、提升设计水平。那您在天大进行了这么多年的教学工作，您对天大建筑系印象最深的是什么？

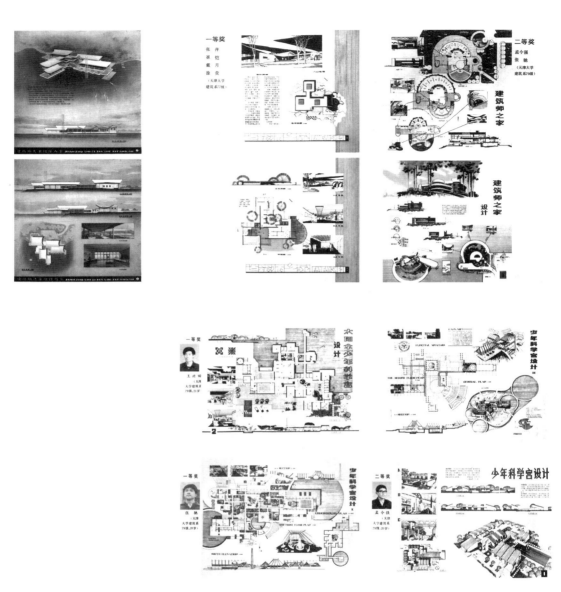

全国大学生建筑设计竞赛天大部分获奖作品

引自：《建筑师》，第 10 期，1982 年 3 月；第 14 期，1983 年 4 月

|黄 天津大学成立以后，建筑系真正成为现在这样的模式是在 1952 年的院系调整以后，我是 1953 年进校的。从老师的权威性来讲，天大也许不如清华等三所院校，如清华有梁思成[26]，东南有杨廷宝[27]、童寯[28] 等人；同济有谭垣[29]，他们和梁思成同期的。徐中相当于是晚"一代"，晚了大概六七年，没有那么大的权威。刚"解放"的时候，梁思成、杨廷宝这些人在国外也有名，同济也有些老先生属另一派，属于我们老师的老师。在这几个学校里面，天大显然不占优势。但是这些老人很快就岁数大了，慢慢退居二线。所以 20 世纪 50 年代以后的这批学生出来后，天大有明显的优势。中国的一些建筑图册里面，包含了清华大学李道增[30]、天大彭一刚等一批优秀老师的作品，相比之下彭一刚的画很占优势。再加上

崔愷[31] 他们这一届参加竞赛，也取得了很好的成绩。后来的竞赛，还是天大的学生获奖，有的学校就有点泄气，某些学校一看怎么每次都是天大的学生获奖，认为自己的理论教学是领先的，所以就提出来搞论文竞赛。那次是在新疆评奖，天大当时认为这次竞赛是没戏了，彭老师代表天大去参评，也说"这次没戏"。去了以后，别的老师说"这次又是你们天大的得奖"，彭老师说"怎么可能呢？"结果评奖一公布，（天大有）出奇的优势。有的人交了两篇文章都得了奖，用了两个名字，那个同学就是徐苏斌[32]，她用的另外一个名字我忘记了[33]。其他的人也有两篇得奖的，绝对垄断了。这次以后某些学校就觉得没意思了，后来大学生竞赛就少了，当时海峡两岸（举行竞赛）我们也经常得奖。

戴 在那个时候，天大建筑系确实很有实力，名气也越来越大，在竞赛中取得了骄人的成绩。

｜黄 总的来说，我们五三年这一批人，也就是院系调整这一批，整体上比较强，所以我们天大实力上去了。你说大学生竞赛老师有不管的吗？名义上不管，其实都管，都管的结果就是我们占优势了，所以一直到1982年这届都比较占优势。可是也要看大危机，不少学校的留学人员回来了，现在我们学校占领校外市场的资源比较少。

现在做建筑设计，既要做的出来还要说的出来。如果设计的好但是不会表达，想讲都讲不出来！另外，知识面还要非常广，所以有的时候别人夸我们，我们并不沾沾自喜。

天大的同学相对于一些学校的同学来说有一定的优势。因为有的学校同学容易批评人家，特别能说。我们优点和缺点并存，不善于抬高自己，也不善于贬低人家，所以我们往往在刚毕业出学校的时候不太说话，但是做出来的东西比他们好。后来有些人又把天大吹捧的不得了，一开口就说有的学校不行。我说"你们不能通过一两个人来看一个学校。"对不对？所以我们应该充分吸取其他名校的优点，弥补自身在管理和教学上的不足，这样才能不断进步，走在名校的前列！

1　天津市自然科学基金（16JCYBJC22000）、教育部留学回国人员科研启动基金资助项目。

2　邹德侬，男，1938年生于山东。1962年毕业于天津大学建筑学专业。曾为天津大学建筑学院教授，博士生导师。研究方向：建筑设计及其理论、中国现代建筑史等。参见《中国建筑口述史文库（第一辑）：抢救记忆中的历史》，上海：同济大学出版社，2018年，178页。

3　卢绳（1918—1977），字星野，教授，江苏南京人。1942年毕业于中央大学建筑系。1949年后，历任北京大学、唐山交通大学副教授，天津大学副教授、建筑历史教研室主任；九三学社社员。长期从事建筑历史的研究和教学，曾到承德，北京故宫、颐和园等地进行测绘调查研究，对我国古代建筑的保护研究作出贡献。

4　西开教堂，天主教西开总堂，位于天津和平区滨江道独山路，坐西南朝东北，全称天主教西开总堂，后因其所处地区又称为西开教堂和老西开教堂。

5　1958年4月15日，毛泽东著文《介绍一个合作社》。

6　杨化光(1905—1993)，天津大学教授，其父杨公为前清举人，累官至道尹。中国美术家协会会员，美协天津分会理事，天津市文联委员，擅长油画、水彩和美术教育。油画《香洲的早晨》参加1960年纪念"三八"国际劳动妇女节50周年美展，水彩画《仙客来》参加日本亚细亚第三届国际水彩画展，《葡萄》参加日本石川国际现代绘画展。

7　王学仲（1925—2013），笔名呼延夜泊，号滕固词人，室名泼墨斋。1925年生于山东滕州，书画家、教授。毕业于中央美术学院。中国书法家协会顾问。曾为中国书法家协会副主席、学术委员会主任，天津书法家协会主席。1953年起在天津大学任教，创立天津大学王学仲艺术研究所。精通书法、绘画、文学、哲学，是一位弘扬中华传统文化的教育家，创立"黾学"学派。

8 徐悲鸿（1895—1953），汉族，原名徐寿康，江苏宜兴市屺亭镇人。中国现代画家、美术教育家。曾留学法国学西画，归国后长期从事美术教育，先后任教于国立中央大学艺术系、北平大学艺术学院和北平艺专。1949年后任中央美术学院院长。与张书旗、柳子谷三人被称为画坛的"金陵三杰"。

9 艺术学院，巴黎国立高等美术学院的简称，创办于1796年，位于法国巴黎，是由法国文化部管辖并属于高等专业学院性质的国立高等艺术学院，世界四大美术学院之一。

10 徐中（1912—1985），江苏常州人。1935年毕业于中央大学建筑系，获学士学位。1937年获美国伊利诺大学建筑硕士学位。1939年起任教于中央大学建筑系，1949—1950年任南京大学建筑系教授，1950年受聘任北方交通大学唐山工学院（即唐山交通大学，现西南交通大学）建筑系教授、系主任。1952年，唐院（现西南交通大学）建筑系调整至天津大学，徐中先生随之前往天津大学，任建筑系教授、系主任，名誉主任。毕业于美国侯利诺伊大学。撰有《建筑与美》《建筑的艺术性究竟在哪里》《论建筑与建筑艺术的关系》《建筑风格的决定因素》。长期从事建筑理论与设计的研究和教学，专于民用建筑设计，学生中吴良镛、彭一刚、钟训正、聂兰生等均成为全国知名的建筑学家。

11 彭一刚，1932年生。著名建筑专家，天津大学教授、建筑学院名誉院长。1995年当选为中国科学院院士。曾任第八、第九届全国政协委员，民盟中央委员，民盟天津市委常委。著有《建筑空间组合论》等书，曾获过梁思成建筑奖，长期从事建筑美学及建筑创作理论研究。

12 荆其敏，1934年生。1957年毕业于天津大学建筑系，留校任教。天津大学建筑系教授，博士生导师，国家一级注册建筑师。常与国际建筑界交往，多次应邀讲学及出席国际学术会议，访美、法、德、加拿大、泰国、秘鲁和中国台湾、香港等地。

13 许松照，1929年生。任教于天津大学建筑系，著有《画法几何与阴影透视》。

14 胡德君（1929—2017），出生在四川自贡市荣县，1953年毕业于天津大学建筑系，后留校任教。历任讲师、副教授、教授，1987年任建筑系主任职务。

15 1958年8月13日上午，毛泽东主席在河北省和天津市相关负责同志的陪同下，来到天津大学视察，毛主席详细听取了学校领导的工作汇报，兴致勃勃地视察了机工厂、铸工厂等校办工厂，与师生员工亲切交谈，并做了重要的"三点指示"。即高等学校应抓住三点：一是党委领导；二是群众路线；三是把教育和生产劳动结合起来。

16 天大化工系，天津大学化工学科是1952年院系调整时，由当时的北洋大学、南开大学、燕京大学、辅仁大学、北京大学、清华大学、河北工学院、唐山铁道学院等高校的化工系合并组成。1997年，在原化工系的基础上成立了天津大学化工学院。

17 汪德熙（1913—2006），中国共产党的优秀党员、中国著名的高分子化学家、核化学化工事业主要奠基人之一、中国科学院资深院士、第三届全国人大代表、中国核学会第三届理事长、中国核工业集团公司科技委高级顾问、全国"五一"劳动奖章获得者。

18 钱学森（1911—2009），生于上海，祖籍浙江省杭州市临安。世界著名科学家、空气动力学家，中国载人航天奠基人，"中国科制之父"和"火箭之王"。由于钱学森回国效力，中国导弹、原子弹的发射向前推进了至少20年。

19 汪德昭（1905—1998），中国著名物理学家、大气电学家，中国水声事业的奠基人，中国科学院资深院士。

20 苏步青（1902—2003），浙江温州平阳人，祖籍福建省泉州市。中国科学院院士，中国著名的数学家、教育家，中国微分几何学派创始人，被誉为"东方国度上灿烂的数学明星""东方第一几何学家""数学之王"。

21 李四光（1889—1971），湖北黄冈人。地质学家、教育家、音乐家、社会活动家，中国地质力学的创立者，中国现代地球科学和地质工作的主要领导人和奠基人之一，1949年后第一批杰出的科学家和为新中国发展作出卓越贡献的元勋，2009年当选为100位新中国成立以来感动中国人物之一。在法国巴黎提笔写下小提琴曲《行路难》，是中国最早的小提琴曲。

22 熊十力（1885—1968），原名继智、升恒、定中，号子真、逸翁，晚年号漆园老人。中国著名哲学家、思想家。新儒家开山祖师，国学大师。著有《新唯识论》《原儒》《体用论》《明心篇》《佛教名相通释》《乾坤衍》等书。其哲学观点以佛教唯识学重建儒家形而上道德本体，其学说影响深远，在哲学界自成一体，"熊学"研究者也遍及中国和海外，《大英百科全书》称"熊十力与冯友兰为中国当代哲学之杰出人物"。

23 沈瑾，男，1965 年生。1996 年毕业于天津大学，建筑设计及其理论专业硕士；2011 年毕业于天津大学，建筑设计及其理论专业博士。现任十三届全国政协人口资源环境委员会委员，北京 2022 冬奥组委会规划建设与可持续发展部副部长。

24 毕加索（1881—1973），西班牙画家、雕塑家，法国共产党党员，是现代艺术的创始人，西方现代派绘画的主要代表。毕加索是少数能在生前"名利双收"的画家之一。

25 张大千（1899—1983），四川内江人，祖籍广东省番禺。中国泼墨画家，书法家。20 世纪 50 年代，张大千游历世界，获得巨大的国际声誉，被西方艺坛赞为"东方之笔"。曾与齐白石、徐悲鸿、黄君璧、黄宾虹、郎静山等，以及西班牙抽象派画家毕加索交游切磋。

26 梁思成（1901—1972），广东新会人。民盟成员，中国著名建筑史学家、建筑师、城市规划师和教育家，一生致力于保护中国古代建筑和文化遗产，曾任中央研究院院士、中国科学院哲学社会科学学部委员。他系统地调查、整理、研究了中国古代建筑的历史和理论，是这一学科的开拓者和奠基者。曾参加人民英雄纪念碑等设计，是新中国首都城市规划工作的推动者，建国以来几项重大设计方案的主持者，是中华人民共和国国旗、国徽评选委员会的顾问。在《建筑五宗师》书中与吕彦直、刘敦桢、童寯、杨廷宝合称"建筑五宗师"。

27 杨廷宝（1901—1982），建筑学家，建筑教育家，中国近现代建筑设计开拓者之一。历任中央大学、南京大学建筑系教授，院系调整后转入南京工学院建筑系，任南京工学院副院长、南京建筑研究所所长等职。长期从事建筑设计创作工作，为我国建筑设计事业作出了杰出贡献，并创导建筑设计要吸取古今中外优秀建筑文化，密切结合实际，结合国情，在国际建筑学界享有很高的声誉。

28 童寯（1900—1983），建筑学家，建筑教育家。中国近代造园理论研究的开拓者，中国近代建筑理论研究的开拓者之一。著有《江南园林志》《新建筑与流派》《苏联建筑》《造园史纲》《日本近现代建筑》《建筑科技沿革》《近百年西方建筑史》等。

29 谭垣（1903—1996），中国著名建筑师。1929 年获美国宾夕法尼亚大学建筑系学士学位。回国后参加上海范文照建筑师事务所，从 1931 年起兼任南京中央大学建筑系教授，1934 年 2 月起任专职教授。1937 年随中央大学迁重庆，并在重庆大学建筑系兼职。1947 年到上海之江大学任教。从 1952 年起任上海同济大学建筑系教授，晚年致力于研究纪念性建筑。20 世纪 50 年代主持设计的"上海人民英雄纪念碑"和"扬州烈士纪念园"获设计竞赛一等奖，1983 年设计的"聂耳纪念园"方案获设计竞赛一等奖。著有《纪念性建筑》一书。参见《中国建筑口述史文库（第一辑）：抢救记忆中的历史》，上海：同济大学出版社，2018 年，54 页。

30 李道增，1930 年生，建筑设计方法与理论专家。1952 毕业于清华大学。现任清华大学建筑学院教授、博士生导师，曾任北京市首都规划委员会建筑艺术委员会副主任。1999 年当选中国工程院院士。

31 崔恺，1957 年生，中国工程院院士。毕业于天津大学。现任中国建筑设计研究院副院长、院总建筑师，为我国建筑事业作出突出贡献。

32 徐苏斌，1962 年生。1984 年毕业于天津大学，现任天津大学建筑学院教授，天津大学中国文化遗产保护国际研究中心副主任，中国建筑学会工业遗产专业委员会副主任委员，中国建筑学会工业建筑遗产学术委员会副主任委员，国际古迹遗址理事会中国分会会员。

33 《建筑师》，第 18 期，1984 年 3 月。全国大学生建筑论文竞赛专刊，徐苏斌有两篇论文获奖。一篇《建筑的动》，署名徐苏斌；另一篇《地下王国＋田园城市——论未来城市结构形态》，署名沈晨。

杨永祥先生谈深圳中国民俗文化村、世界之窗和威海公园设计 [1]

受访者简介

杨永祥

男，天津大学建筑学院教授。1939 年 3 月 2 日生于山东省莱州市刘家洼村。1957 年考入莱州一中，1959 年应征入伍海军陆战队，驻防蓬莱。因 1960 年高考生源不足，动员入伍的高中生返校迎高考，又重回母校就读。1960 年考入天津大学土建系建筑学专业，1965 年毕业留校任教，现已退休。除教学外，还进行一些实际工程。1990—1993 年先后主持设计了深圳"世界之窗""中国民俗文化村"和"广州世界大观园"等主题公园项目。前两项分获省部级优秀一、二等奖。中国民俗文化村获全国优秀设计三等奖。2001 年设计的"威海公园"获省部级优秀设计二等奖，为该工程获得全国"鲁班奖"创造了先决条件。

采访者： 戴路（天津大学）、王尧（天津大学）

访谈时间： 2019 年 2 月 27 日

访谈地点： 天津大学建筑学院

整理时间： 2019 年 2 月 28 日整理，2019 年 3 月 2 日初稿

审阅情况： 经杨永祥先生审阅，2019 年 3 月 4 日定稿

访谈背景： 2019 年 2 月末，我们在汪江华 [2]、张琪岩 [3] 对杨先生访谈（2014）的基础上，再次对杨永祥先生进行采访，既是对杨先生个人景园设计工作的深度挖掘，也是对中国现代建筑史的记录，为口述史积累宝贵的基础资料。

1960 年入学，拍摄于青年湖畔　　　　杨永祥先生近照，摄于天津大学建筑学院

杨永祥　以下简称杨
戴　路　以下简称戴
王　尧　以下简称王

戴 杨先生，您在 1965 年留校任教，在后来的工作中带领师生参与了一些宝贵的实践项目，其中包括深圳中国民俗文化村[4]、世界之窗[5]和威海公园[6]，都是特色鲜明的主题公园，尤其民俗文化村和世界之窗，可谓 20 世纪 80 年代以来主题公园型景园的代表。主题公园原是欧美资本主义消费文化热潮下的产物，能在我国落地生根，我猜想与当时改革开放的大背景及深圳经济特区、改革试验田的地位密不可分。能否请您详细谈谈当时的设计背景？

丨杨 你说得对，是与当时改革开放的大背景有关。1978 年十一届三中全会后，我国政府在政治上拨乱反正，工作重心也转移到经济建设上来了。1980 年国务院在深圳设置经济特区，其对内对外都成为宣传中国的窗口。锦绣中华公司就是在这种背景下成立的一个香港与深圳合资的旅游企业，兴建了国内第一个文化主题公园——锦绣中华微缩园[7]，将我国的特色古建筑、山水名胜等缩小比例布于园内，获得成功。在这个基础上，锦绣中华公司计划在微缩景园西部另建集各民族民俗、民居于一园的大型民俗村，进一步满足游客的参与、娱乐、求知、猎奇、祈福等心理要求。民俗文化村项目的负责人袁永杰[8]是天津大学（以下简称天大）校友，曾在建筑学院师从邹月辰[9]老师和胡德瑞[10]老师。他带着对母校的信任，将民俗村委托天大进行设计。当时学院的老教师们年事已高，千里迢迢前往深圳比较困难，而年轻教师中能全面承担设计、结构、施工等业务的更是少之又少，我当时是技术研究室的教师，恰巧在各个方面都有所涉猎，因此担任了中国民俗文化村的现场设计主持，很幸运。

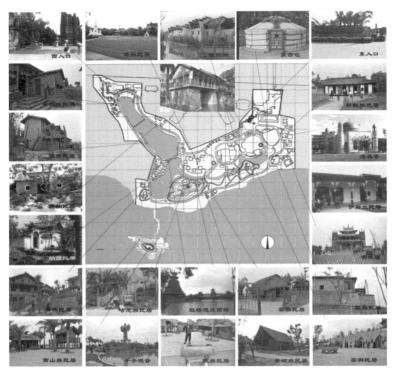

华夏瑰宝集鹏城——深圳"中国民俗文化村"设计
杨永祥先生提供

五洲璎珞聚华夏——深圳"世界之窗文化广场"规划设计
杨永祥先生提供

中国有 56 个民族，各民族的民俗和文化多种多样而又独具个性。不同的自然条件和历史背景，造就了风格迥异的人文景观与居住形式，极大丰富了传统建筑文化。它来自民间，充满了活力和浓重的乡情。锦绣中华公司意识到，如果把各种居住形式、民俗风情和古朴的生活写真荟集一堂，将会构成一个无与伦比的多彩世界，可以展示、传播精彩的传统文化，促进中外文化交流，并让大众可以共享中国几千年来创造的乡土文化。可以说，中国民俗文化村的设计目的正是为了继承、保护和弘扬中国宝贵的传统乡土文化遗产。接到任务后，全院都很支持，大家通力合作，年轻教师构思设计方案，技术教研室的老教师们王瑞华[11]、冯佑葆[12]、赵素芳[13]、王玉生[14] 等配合施工图设计，由我负责整体项目的主持与现场的把控。

戴 民俗村是国内第一次运用多民族艺术、民俗、民居特征创作的大型文化园林，可谓是西方主题公园中国化的一次重大尝试。那么在民俗村设计过程中，如何在这种大型主题景园营造中融合中国传统文化，运用传统造园手法？

| 杨 所谓民俗文化的表现，最直观的就是用形象去表现，依靠景观和建筑形象地将内在的灵魂和文化可视化。各个民族的景观应忠于在特定自然条件和历史背景下的原貌，不能随意创作，由于当时资料匮乏，我们只能靠照片或现场考察，依靠技术教研室王瑞华等教师，看着照片，根据比例，再加上翻阅与民居建筑相关的资料，配合设计施工图。这中间还有个小插曲。在民俗村的设计中，我们以尖拱的三孔窑洞代表窑洞建筑。在建园期间有人责问，窑洞为什么不做圆拱形式，我问他尖拱是不是窑洞，并阐明民俗村是以民俗建筑来弘扬民俗文化，但是具体到窑洞建筑，尖拱、圆拱都为窑洞。我们只做尖拱，未做圆拱，这没有错，只是不全面，而且场地大小所限也不可能做全面，只能选取一个代表性的。比如我是山东人，山东民居有莱州地区的、招远地区的等等，没有足够的场地一一展示，也只能选取其中之一。

在景观的处理上，借鉴中国古典园林的堆山、理水、绿化等手法。所谓"无山不为园，无水不为景"，二者相辅相成，缺一不可。我们在规划设计过程中也着重考虑了堆山理水。堆山首先能摹拟自然，重现

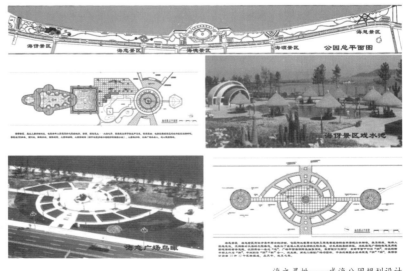

海之灵性——威海公园规划设计
杨永祥先生提供

1982 年与德方合作研究太阳房的
工程技术人员合影于柏林

与华侨城领导及工程技术人员合影
摄于 1994 年世界之窗开业

我国云贵一带的哈尼族、佤族、景颇族、侗族、苗族、布依族的山区环境。将这些少数民族村寨坐落于人工堆山之中，使村寨布局高低错落，近似自然村寨。游客走山路而入寨，如临其境。堆山还能分隔空间。在戏台广场西侧，景园和深圳湾大酒店的交界处，办公楼的围墙南侧等处的堆山，都出于这一考虑。更重要的是，堆山还能够造景。如西门入口的石林，翠湖北端的瀑布石林，以及水域周围的山石都是为了造景。深圳"中国民俗文化村"的堆山在肌理上采用了国画中的大斧劈皴的皴法。借这种写意的技法，增加山林之野趣。理水方面我们也作了重点处理。园中原有翠湖，水面达 2 万平方米。因偏于西部，虽可划船但不能游及全园。因此在翠湖南部东侧辟河引水，环绕园的中部和东部。规划中又在园的中区，将河道南侧拓宽成月牙状，定名月湖。水既能分割空间，将园分成东区、中区和西区，又能起联系空间的作用，将各分散的村寨景点有机地贯穿在一起。为了丰富园中水景，还在大观楼，也就是茶楼下门洞的河道内，设置了一个喷泉，让水从几层叠石上流下，形成水帘瀑布。为遮挡深圳湾大酒店的洗衣房、锅炉房及翠湖饭庄几栋建筑，我们在翠湖北端筑了一座高达 20 多米的石林。落差 15 米的瀑布高挂于石林上，直下翠湖。这一景观，给游人以翠湖之水天上来的感受，同时也给翠湖增加了生气。在绿化方面，我们在各村寨中尽可能地栽植当地富有特色的植物，如黎寨的椰林，傣寨的竹，侗、苗寨的杉树，朝鲜族民居的松，以及维吾尔民居前的葡萄棚、蒙古包周围的草地等，使再造的人工环境，尽量贴近自然，同时又能烘托建筑的地域文化氛围。

王 正如您所说，在深圳民俗村的设计中，您运用了很多中国古典园林的手法如堆山理水等，但是中国古典园林因迎合士大夫阶层"幽情雅趣"的审美观，着力于细微之处、小景处理，这好像与当代景园追求的开放、大众化与公共性有些矛盾，您怎么看这种矛盾？

杨 是的，民俗村的目的就是参观所用，是在当时经济、交通均不发达的情况下为大众提供的了解民俗文化的机会，并非有实际使用功能的建筑，它的开放性本就较强。刚才讲了，民俗村借鉴了古典园林堆山理水的手法，但它是应用于更大尺度范围内，使景园的开放化程度进一步提高。例如以堆山摹拟较大尺度的自然山体，重现我国云贵一带少数民族聚落的自然环境，使游客能参与其中，沿山路入寨，身临其境地感受民居文化，公共性自然提高了。

王 设计民俗村不久，您又在深圳参与了世界之窗的设计。在世界广场的设计中，您用了各国标志性建筑符号，又用球形网架双心拱塑造剧场，可以说杂陈了古今中外。这种集仿、拼贴的手法让我联想到拉斯维加斯的商业建筑，请问您当时在创作过程中是否受到后现代主义思潮的影响？

│杨 20 世纪 70 年代末期，特别是改革开放之后，后现代主义思潮传入中国。但我是在技术教研室，对建筑理论关注少，几乎没有受到后现代主义思潮的影响。在构思中，将世界广场作为世界建筑的窗口，精心选取世界各国或地区标志性建筑符号拼贴于广场内，6 座代表东西方建筑文化的门楼，108 根世界各国有代表性的柱式，结合四周弧形房的壁雕、中轴线上具有时代感的壳形露天舞台，组合成有历史内涵有现代品位的广场空间。露天舞台的设计，我受到黄为隽[15] 老师《取形·取意·取法——传统的启迪，创作的探索》[16] 一文的启发，试图将现代建筑语汇加入相对传统的各国标志性建筑之中，让世界广场呈现出文化的多元性。这其中也有一些对比例和尺度的思考。倘若给一个大型的舞台搭配西洋古典的柱式，柱子的尺度势必巨大无比，它的比例与周围其他建筑的柱式就难以协调，我们干脆采取非常现代的球形网架双心拱形式。我这里特别想跟你们说的是，世界广场是集体智慧的结晶，比如柱式的细部样式，是由盛海涛[17] 老师绘制的；门楼形体的选取，是大家集思广益的结果；其中还有一些资料是《建筑学报》的编辑齐立根[18] 先生和甲方提供的。为弄清建筑细部，王瑞华、冯佑葆、赵素芳等老师用放大镜对着照片，一点点精心推敲；再如四周弧形房的精致浮雕，是由湖北美院设计的；而我只是负责总图设计和整体把控。所以说深圳世界之窗真的是集体智慧的结晶，不是我自己的创作。参与广场设计还有荆子洋[19]、曹磊[20] 等老师，他们都付出了艰辛的劳动。

戴 在实际设计中，会有一些地形的高差，比如说世界之窗和民俗村里上层走人，底层停车，解决了人车混流问题。民俗文化村中的西大门以巨大的石壁山洞为入口，还将售票室和贵宾房都设计在山体之中。在景园的设计中，一方面要处理美观，另一方面还要考虑实用性，当时您在设计中，怎么去协调美观和实用的关系？

│杨 分清哪个是第一位的，景观是第一位的还是使用功能是第一位的。如果景观是第一位的，总有办法把使用功能简化压缩，塞入形体之中，满足最起码的使用功能。

王 除了深圳的两个重要项目之外，您还设计过山东威海的公园。您能谈谈有关那个项目的思考吗？例如您为什么放弃以历史事件为概念而以"海"为概念贯穿整个公园？

│杨 设计之初，在与甲方交流中，他们也提到威海有历史底蕴，如甲午海战、始皇东巡等事件都比较有名，但是我认为这种历史题材的公园太普遍了，难以做出特色。甲午海战对我国是一段屈辱的历史，太过沉重，适合做纪念公园，但不适合海滨休闲度假的定位。后来甲方提到威海最大的特色就是海这一自然条件。我就以拟人化的手法写大海，从景点的命名到广场的建筑雕塑，再到景区活动的选择，都紧紧呼应着海文化这一地域主题。将整个公园分为海伢、海恋、海魂（即文化广场）、海颂和海慧等五个景区。这五个景区的名称，将具有不同活动内容的景区用一个"海"字连成一体，一气呵成，与浩瀚的大海紧密相连，突出了海文化这一主题。

海伢景区以儿童活动为主。"海伢"顾名思义是大海之子，寓意我炎黄子孙生生不息、繁荣昌盛。场内设嬉水池和儿童游戏，健身器械及雕像、小品等。海伢的主雕其实我有所构思，想下部模仿俄罗斯彼得大帝雕塑[21] 中的三层水柱浪花，上部模仿比利时的尿童[22]，背着鱼篓，拿着鱼竿屹立在海边，以大海之子的形象直接点名"海"的主题，但是最终并未实施。公园中的管理房以形体象征章鱼、水母等海

杨永祥指导学员毕业设计并组织其赴现场调研
途中拍摄,摄于 20 世纪 80 年代末

四川教育学院邵逸夫先生赠款使用情况评审会,
与参会人员合影留念,摄于 2011 年

洋生物,也是对"海"的隐喻。海恋景区以青年男女活动为主。"海恋"有着很宽的包容面,既传达着男女恋情,又寓意威海山水相依、美不胜收的自然景观,使游人流连忘返,充满着对大海的无限眷恋之情,也表达了威海人民热爱生活,对未来无限美好的向往。以主题雕像来洋溢男女恋情的浪漫气息。文化广场是公园的重心,重点突出其文化内涵,通过广场的建筑、雕塑、各种功能性文体设施和建筑、园林小品,表达出从明朝建置卫所至今的沧桑更替和改革开放以来的丰功伟绩,使游客领悟到一种精神和力量。广场除了给游客以精神上的启迪和思考外,还是一个用建筑和雕塑构成的表演空间,供集会、演出等文化活动使用,同时也是一个观赏海景和城市天际线的最佳所在。海颂景区通过雕塑的抽象造型来讴歌大海养育万千生灵之恩泽,歌颂改革开放以来威海在各方面所取得的巨大成就。海慧景区重点表达科学文化。"海慧"就是大海的智慧,寓意科技强国,科技富民。科学技术的进步,促进了航海事业作出的巨大贡献。这个景区以航海文化为中心,通过平面布局、雕塑、绿化,构成一个极具科技氛围的,集知识与观赏于一体的休闲广场。这五个寓意和题材不同的景区,虽各具特色,但都在一个"海"字下命题,为不同年龄段的游客提供了娱乐、休闲和小憩的场所,也以不同内涵的雕塑、小品、建筑和广场的造型来描绘大海的灵性。

戴 在您的景园设计作品中,有的如民俗村,涉及中国传统文化;有的如世界之窗,涉及外来文化;还有一些如威海公园,涉及地域文化。您如何看待景园设计与文化之间的关系?

| **杨** 我一直认为隐喻象征是以景园建筑表现文化内涵的重要手法,在设计中我也多次运用。比如在威海的一个国道服务站设计中,我曾用建筑立面来表现大海波浪的形态,高低起伏的海浪形玻璃幕墙直接呼应了威海的海洋文化这一地域特色。蘑菇石、海草顶等建筑符号也在一定程度上展示了地域建筑文化。隐喻象征直观易懂,还能融入新的内涵。在威海新城海岸管理房设计中,我也运用了一些隐喻象征。过去抵御倭寇和外敌,要依靠长城和海防炮台,因此我想到以古代带有防御色彩的城堡造型唤起人们的回忆,唤醒威海曾是抗击倭寇前线的历史。现在我们虽然不需要抵抗倭寇,但还是有必要维护海洋的生态平衡,这里就是保护海洋的新哨所,既隐喻了历史,又加入了新的时代内涵。

戴 杨先生,非常感谢您接受我们的采访和向我们介绍这么多您的创作经历和体会。

| **杨** 别客气。

杨永祥先生回忆从初识建筑到创作设计的过程，感慨良多。采访结束后老先生向我们出示了他总结自我的一首诗《忆往昔》。敬录如下：

六零入学，俄项甲子；修业五载，杏坛展技；

建筑初步，工地实习；毕业实践，课程设计；

论文指导，构造原理；诸科施教，严谨不疲。

主持工程，一十八项；主题公园，宾馆剧场；

林林总总，落成各方；设计成果，不乏优良；

民俗之村，世界之窗；威海公园，省部获奖。

科研项目，与德共当；再生能源，利用太阳；

环保节能，太阳能房；科技进步，京城得奖。

退休至今，余热发光；修编教材，章复一章。

督导教学，不离课堂。逸夫工程，评审七场。

文化摄影，劲草自赏。

赴台湾旅游通关时，有感而发，以诗为证
杨永祥先生提供，摄于 2010 年

1　天津市自然科学基金（16JCYBJC22000）、教育部留学回国人员科研启动基金资助项目。

2　汪江华，1975 年生。1999 年毕业于沈阳建筑大学，建筑学专业本科；2001 年毕业于天津大学，建筑设计及其理论专业硕士；2005 年毕业于天津大学，建筑设计及其理论专业博士；2005 年至今天津大学建筑学院教师。

3　张琪岩，女，1996 年生。2018 毕业于天津大学，建筑学专业本科，现于东南大学攻读硕士研究生。

4　中国民俗文化村，于 1990 年 6 月委托天津大学建筑系设计，经现场设计、施工，于 1991 年 10 月 1 日开业。荣获教育部优秀设计二等奖和建设部三等奖，工程主持设计人为杨永祥与张敕，参与设计的建筑系教师有（以姓氏笔画为序）：王玉生、王全德、王炳坤、王瑞华、冯佑葆、朱政奎、刘洪图、刘冠华、严建伟、杨永祥、邹月辰、张敕、陈天、屈浩然、赵素芳、高辉、曹磊、盛海涛、靳元峰、靳炳勋（天津大学土建系六四年毕业校友）、潘家平。除建筑系教师外还有土木系主要参与工程设计的老师：齐铭扬、任兴华、王玲勇、李大元、姜淑香等。民俗村中的侗寨、苗寨、风雨桥和鼓楼是由贵州省建筑设计院（刘德福、张继文）完成的；彝族土掌房由云南省建筑设计院完成。

5　世界之窗，荣获教育部优秀设计一等奖，杨永祥为工程主持人，参与设计的建筑系教师有（以姓氏笔画为序）：王玉生、王炳坤、王瑞华、冯佑葆、刘洪图、杨永祥、赵素芳、荆子洋、荆其敏、曹磊、盛海涛。除建筑系教师外还有土木系主要参与工程设计的老师有：齐铭扬、王玲勇、李明书、李珍、姜淑香等。世界之窗项目的甲方任焕章先生（时任世界之窗甲方总经理，天津大学土建系校友），参与了该项目的策划构思。世界之窗欧洲区的规划和景点设计均由北京建筑工程学院，王贵祥先生主持完成。

6　威海公园，于 1998 年开始设计，2000 年竣工并投入使用，荣获省部级优秀设计二等奖。杨永祥为工程主持人，参加设计人员包括建筑设计：杨永祥、赵素芳、周卫、杨海；结构设计：张熙志、张晋元；绿化方案设计：羌苑；照明设计：沈天行、王爱英、孟涛；强弱电及设计：张在方；给排水设计：姜叔香、李明。

7　锦绣中华微缩园，坐落在风光绮丽的深圳湾畔，是目前世界上面积最大、内容最丰富的实景微缩景区。"一步迈进历史，一天游遍中华"是该景点的口号，园中的 82 个景点均按中国版图位置分布，大都按 1:15 复制。

8　袁永杰，曾为深圳"锦绣中华""世界之窗"、广州"世界大观"等一系列旅游项目的甲方主管负责人，并为某些项目的策划、设计提供了宝贵建议。

9　邹月辰，女，1933 年生。1955 年从东北工学院毕业后分配到天津大学建筑系，主要研究方向为建筑构造与建筑物理。

10 胡德瑞（1936—2010），男。1959 年天津大学建筑系毕业，天津大学建筑学院教师。

11 王瑞华，1929 年生。1951 年毕业留校任教。曾任天津大学建筑系建筑技术教研室主任，主要研究方向为太阳能建筑和节能建筑。

12 冯佑葆，女，1931 年生。1953 年毕业留校任教。曾任天津大学建筑系建筑技术教研室成员，主要研究方向为节能建筑。

13 赵素芳（1934—2017），女。1960 年毕业于西安冶金学院，天津大学建筑学院教师。

14 王玉生（1934—2014），1955 年毕业于东北工学院，天津大学建筑学院教师。

15 黄为隽，1935 年生。1958 年毕业于天津大学建筑系。天津大学建筑系教师，国家一级注册建筑师，曾任新疆建筑设计院主任。

16 黄为隽《取形·取意·取法——传统的启迪，创作的探索》，《建筑学报》，1987 年，第 2 期，7-13 页。

17 盛海涛，1964 年生。1986 年毕业于天津大学，建筑学专业本科；1989 年于天津大学获建筑设计及其理论专业硕士学位；1989 年至今天津大学建筑学院教师。

18 齐立根，男，1933 年生。1956 年毕业于清华大学，1960 年进入《建筑学报》编辑部工作，后因杂志停刊而调至外地工作，在 1973 年《建筑学报》复刊后，于 1980 年回到编辑部工作，1994 年退休。

19 荆子洋，1963 年生。1985 年毕业于天津大学建筑学专业本科；1988 年于天津大学获建筑设计及其理论专业硕士学位；1988 年至今天津大学建筑学院教师。

20 曹磊，1962 年生。1984 年毕业于天津大学建筑学专业本科；1989 年于天津大学获建筑设计及其理论专业硕士学位；2008 年于天津大学获建筑设计及其理论专业博士，1984 年至今天津大学建筑学院教师。

21 俄罗斯彼得大帝雕塑，高达 94 米，是为庆祝俄国海军 300 周年而建，是以中世纪乔治亚派的雕塑方式制作，造型是手持着古代卷轴地图的彼得大帝，昂然立在一艘 17、18 世纪的远洋帆船之上，象征着抱有远见的彼得大帝与俄国海军密不可分的关系。

22 尿童雕像是布鲁塞尔标志性建筑，尿童被称为"布鲁塞尔第一公民"。铜像位于市中心广场转弯处，高 0.5 米左右，是个光身叉腰撒尿的小男孩，形象逼真。

赖德霖教授谈清华大学外国建筑史教学 [1]

受访者
简介

赖德霖

男，1962 年生，1985 年获清华大学建筑学专业学士学位；1988 年与
1992 年先后获清华大学建筑历史与理论专业硕士学位和博士学位。
1994 年秋至 1997 年夏，任清华大学建筑学院讲师。1997 年秋入芝加
哥大学美术史系学习，2007 年获得中国美术史专业博士学位。先后担任
《世界建筑》杂志兼职副主编和编委会委员、《建筑师》《建筑遗产》《建
筑学报》等杂志海外编委。现为美国路易维尔大学教授，美术史专业主任。
长期从事中国近现代建筑与城市及美术史等方面的研究。主要论著有《中
国近代建筑史研究》（北京：清华大学出版社，2007 年），《走进建筑 走
进建筑史——赖德霖自选集》（上海人民出版社，2012 年），《民国礼制
建筑与中山纪念》（北京：中国建筑工业出版社，2013 年），《中国近代
思想史与建筑史学史》（北京：中国建筑工业出版社，2016 年)，并主编《中
国近代建筑史》（北京：中国建筑工业出版社，2016 年），合编《近代哲
匠录——中国近代重要建筑师、建筑事务所名录》（北京：中国水利水电
出版社、知识产权出版社，2006 年）。

采访者： 武晶（河北工程大学建筑与艺术学院）
访谈时间： 2013 年 12 月 18 日、12 月 20 日
访谈地点： 天津大学建筑学院
整理情况： 访谈资料整理完成于 2014 年 6 月
审阅情况： 经受访者审阅
访谈背景： 采访者时为天津大学建筑学院博士研究生。该访谈为采访者为博士学位论文《"外国建筑史"
的中国研究——以中国建筑教育为例》进行调研时所作。访谈内容主要是清华大学"外国建
筑史"教学情况的回忆及建筑史学相关问题。

赖德霖与陈志华教授在清华大学建筑馆梁思成先生铜像前合影，2002 年夏，李秋香摄

武 晶 以下简称武
赖德霖 以下简称赖

武 您读本硕博都在清华，一定对清华的建筑史教学相当熟悉，据说清华建筑史课上是没有教材的？

| **赖** 有呀，但是不按教材讲，因为陈先生说他的教材里写了的内容"你们就自己看吧"，他更愿意谈自己最新的思考和认识。

武 陈先生的书改了几版，有人说一直保留了阶级斗争观点，在课上他也会讲这些吗？

| **赖** 他当然不是老谈阶级斗争，但是对社会的批判一直都有。他在《北窗杂记》一书中所表达的社会关怀，批评当时意识形态对社会思想自由的压制，这些内容在他的讲课中常常出现。而且他非常重视辩证唯物主义和社会学对建筑的影响，就是通过建筑看社会，也通过社会理解建筑。

武 这是不是也是梁思成先生设立建筑史的一个初衷，因为他把建筑史归到社会史里去。

| **赖** 梁先生讲什么，由于年龄关系我就不知道了。陈先生上课的笔记我还有，而且记得很详细。当时他放幻灯片，我就打着手电把幻灯片所介绍的建筑记下来。陈先生第一次上课我印象就特别深，因为当时"文化大革命"刚结束不久，社会上和学校里很多人都反感谈马克思主义，好像一说马克思主义就是极左，可陈志华先生一上来就说他是马克思主义者。他不是党员，而且在清华长期被视为一个异类，但我后来发现他对马克思主义的理解比很多党员更好，因为他从社会学的角度来阐述，马克思主义对社会学的分析解读，陈先生用得更自觉。

他不太讲自己编写的教科书。他说你们都是大学生了，你们可以回去看，不需要我重复，有什么问题可以拿到课堂上来讨论。他讲的都是他去意大利进修和考察的所见与所思，包括文化遗产保护。因为中国当时也开始面临遗产保护的问题，有很多破坏，当然没有现在这么严重。他谈到希腊也有这么一段

时期，文明衰落了，很多人把这些石柱、雕像去烧石灰，特别可惜。我记得当时陈先生说有同学问了这个问题，他就在课上回答。但是我猜想实际上他是有感而发，因为他看到当时中国很多文化遗产没有得到应有的保护，甚至遭到破坏，想唤起大家对文化的重视。

第一堂课给我的印象非常深，他一上来就说建筑是什么，他还强调生产力决定生产关系，经济基础决定上层建筑这样的马克思主义观念，所以第一堂课他首先批评布鲁诺·赛维（Bruno Zevi，1918—2000）。当时《建筑师》上已经刊载了张似赞先生翻译的赛维著作《建筑空间论》（《建筑师》，第 2 - 9 期，1980 年 1 月—1981 年 12 月），我们从刚上大学就接触到，知道赛维从空间发展的角度理解建筑的发展，陈先生说这种史观是唯心主义的，因为忽视了社会和物质条件对建筑的影响，所以他不同意。他旗帜鲜明地批判，确实让学生很受震撼，因为我们当时觉得讨论建筑空间很时髦，一说起马克思主义的东西就觉得很教条，可是他的话让我非常信服。他对我的影响非常大。虽然现在我可能会有一些自己的看法，但是当时非常喜欢上他的课。

武 您对吴焕加先生教的近现代史部分的印象呢？

| **赖** 吴先生很幽默，我也有他讲课的笔记可以给你看。

武 您是什么时候开始听汪坦先生讲外国建筑理论的？

| **赖** 我 1980 年上大学，不久就听汪先生关于日本新陈代谢派建筑的讲座，1982 年还听了他在北京天文馆的一场讲演。之所以记得是因为当时还有罗小未和刘开济先生讲。[2] 坦率地说，我那时根本听不懂汪先生讲的理论问题，到研究生阶段都很困难，因为先生讲座中涉及的领域太广，我们的知识不够。甚至高亦兰教授都曾说，"听汪先生一次讲座我需要半年时间去消化。"我也问过比我高年级的学长有关他们听汪先生课的情况。王贵祥老师说，他 1978 年回清华读研究生就听过汪先生、周卜颐和吴焕加老师开设的"现代建筑引论"课，其中汪先生主讲理论。1983 年上研究生的另一位学长告诉我，他们那时上的这门课完全由汪先生一个人讲。我在 1985 年秋上研究生，第一学期的课也有汪先生开设的"现代建筑引论"。他每次上课都会带一摞卡片来，上面有他的笔记。我和另外两名同学是历史组的，所以我们还要负责录音，目前全套录音还保存在清华大学建筑学院资料室。

武 这门课为什么叫"引论"？

| **赖** 意思是对西方建筑理论的引导性介绍和提纲挈领。毕竟只有一个学期，同学们的基础又不够，汪先生只能做一个大概的介绍，学生如果感兴趣可以再自己去看书和学习。我不认为自己当时能听懂汪先生讲的内容，但确实领略到了建筑理论的丰富，佩夫斯纳（Nikolaus Pevsner，1902—1983）、吉迪恩（Siegfried Giedion，1888—1968）、诺伯格 – 舒尔茨（Christian Norberg–Schulz，1926—2000）、亚历山大（Christopher Alexander，1936—）、科林·罗（Colin Rowe，1920—1999）、弗兰普敦（Kenneth Frampton，1930—）、甚至塔夫里（Manfredo Tafuri，1935—1994）这些名字我都是从汪先生的课上听到的。他的课也促使我去读书，如《建筑师》上连载的由尹培桐先生翻译的诺伯格 – 舒尔茨的书。[3] 我现在教学和研究会看这些人的著作，汪先生的课算是对我最早的启蒙。

武 汪坦先生的《外国建筑理论译丛》是在什么样的背景下开始展开工作的呢？

| **赖** 建议你去请教罗小未先生，当时她和刘开济先生是副主编。罗先生曾告诉过我大部分的书都是由汪坦先生选的。

武 汪坦先生选书的标准是什么呢？

| **赖** 我做汪坦先生博士生的时候，这套书已经出得差不多了，他没有跟我谈这些事情。但是作为他的学生，这么多年来，我一直在看他的书，一直在思考。我觉得汪坦先生非常了不起，而且这套书带有汪坦先生对建筑的理解。汪先生刚去世时，我曾写过一篇《认识汪坦先生》，谈我对于他的认识，发表在2002年第2期《世界建筑》。我认为他和陈志华先生正好相反，陈先生是"唯物主义"，汪坦先生是"唯心主义"。"唯心主义"并不是我说的，而是罗小未先生说的，意思是说汪坦先生非常强调"心性"在建筑中的作用。他不认为技术能够解决所有问题，他认为赖特建筑能够打动他，也是因为能够触及心灵。他说他在美国的美术馆看到很多经典作品，他说"虽然它很有名，但是我不喜欢，因为他不打动我。"汪先生是一个非常有修养、非常执着的人，他在艺术上有自己的判断，不会人云亦云。他主编的这套丛书，我觉得有几本非常重要，斯科特（Geoffrey Scott，1884—1929）的《人本主义建筑》（*Architecture of Humanism*）、拉斯姆森（Steen Eiler Rasmussen，1898—1900）的《建筑体验》（*Experiencing Architecture*），这些书都是要把建筑拉回到人的体验。而陈先生是唯物主义者。他强调经济基础和社会因素。不过尽管史观不同，但两位先生相互非常尊重。汪先生很少说哪位建筑界同行读书多，但我听他夸过陈先生。而陈先生在赠汪先生的著作中则是自称"学生"。

武 汪坦先生影响了一个时代建筑学人对于外国建筑史的理解。因为影响太大，所以有人说他的观点几乎左右了建筑界对外国现代建筑理论的理解。例如他将建筑界的一些解构主义现象称为解构主义，是将设计手法问题看作了理论流派，您怎样看这个问题？

汪坦教授讲课情景，约1984年
引自：《匠人营国——清华大学建筑学院60周年》

| **赖** 说汪先生有这么大的影响好像有些言过其实，他自己也不会同意这样说。他说自己不是理论家，而是教师，责任在于引介国外的理论。汪先生谈过解构主义，包括哲学家德里达（Jacques Derrida，1930—2004）和建筑师彼得·埃森曼（Peter Eisenman，1932—）等，但总的来说他在当时还处于了解的阶段。我认为他对建筑现象学的认识更深入。关于这方面的理论他更多地是从哲学角度谈，设计手法问题涉及得不多。关于解构主义，好像刘先觉先生、吴焕加先生等都写过文章吧？

武 是，当时好像很多先生都对解构主义建筑谈过自己的看法。

| 赖 汪先生是一个随性的人，他说自己读书就是为了高兴，他并不在乎是不是写出来。相对而言，汪坦先生的著作很少，而且上课时他介绍得很多，如西方的哲学、心理学、语言学、史学理论等他都会涉及。但同他（渊博）的知识相比，他写得很少。我觉得他是少有的一位学者，为了研究建筑，为了研究理论，他会去关注哲学、关注心理学、关注语言学。如为了介绍诺伯格－舒尔茨，他会去了解海德格尔和认知心理学和"格式塔"。到现在我才开始理解汪坦先生，以前我不是特别理解。明天上课我会着重谈到汪先生，因为明天是他的忌辰，12 月 20 日，我一直记得的（附笔录）。

武 有人说中国对于外国建筑史的研究，有 50% 用的是拿来主义，您怎么看？

| 赖 这没办法，在这个阶段，你必须得看国外史家的书。但是看也是要有方法的，其实要学的不是他们的某一个的结论，而是他们的批判方法。

武 您上课时，陈先生、吴先生推荐什么拓展的书籍呢？

| 赖 没有什么书籍，陈先生有他的教材，吴先生用的是四校合编的教材。

武 课堂上有没有讨论？

| 赖 没有什么讨论，因为知识不够。其实陈先生是很愿意讨论的，我们后来在教研组经常同他聊天，课堂上反而不太容易讨论。我写博士论文曾就房地产问题请教吴先生，他向我介绍了马克思《资本论》中的有关论述，对我帮助非常大。

武 除了课堂所学，您还有什么渠道学习外国建筑史呢？

| 赖 我在大学里上过外建史课，也认真读过教材，但自己对外建史的深入钻研，是在 1995 年出国做访问学者之后的事，那时候我一边看实物，一边对着美国建筑学会（American Institute of Architects，AIA）编的城市建筑导游书中的介绍学习。其实我觉得中国外建史的教学还有很多问题需要改善。就说我研究中国近代建筑史，虽然在学校上过外建史课，但是在国内时对与中国近代建筑史关系最大的西方 18、19 世纪，甚至 20 世纪初的建筑了解很少，研究中就无法比较。我们经常说这个是古典主义，这个是折衷主义。说是折衷主义，就是指风格混杂，具体就什么也不用说了。可我觉得这是一个很不负责任的描述，应该讲清楚什么折衷了什么，怎么个折衷。如果只说"折衷主义"，就等于没说。很多中国建筑学生对西方古代建筑的认识只限于五柱式，甚至有的老师都分不清哥特建筑和古典建筑的区别，以为古代的就是古典，很多概念不清晰。出现这个问题主要是因为我们对 18、19 世纪的忽视。陈先生的课从希腊、罗马讲到文艺复兴、巴洛克和古典主义，之后就不细说了。吴焕加先生是从工艺美术运动开始讲。古典主义到工艺美术运动之间的建筑都被大家笼统地说成折衷主义，包括布扎（Beaux-Arts），在当时的中国建筑史教育中评价很低。这是一种偏见。其实这一时期建筑思想最丰富，对现代建筑和中国影响也最大。可是因为中国学界很少研究和介绍，所以我们对建筑话语的发展历史就不了解，研究近代建筑也就说不清西方建筑对中国建筑的影响和来龙去脉。

武 陈先生的《北窗杂记》很多文章，观点非常鲜明，这在当时好像是比较少见的。

| 赖 陈先生是对事不对人，我在听他讲课或同他谈天的时候，从来没有听他对某个人进行过批评，都只是针对观点和做法。

武 有人很奇怪为什么陈先生会从外国建筑史研究突然转到乡土建筑研究领域，您觉得呢？

| 赖 其实也不奇怪。他早年学习社会学，对社会学和人类学的方法很了解。他研究建筑史的基本方法是社会学的，可以去研究西方建筑，也可以去研究中国建筑，特别是乡土建筑。我 1985—1988 年跟周维权先生读硕士，研究云南大理白族地区的村落和建筑。因为是在历史组，所以也经常向陈先生请教。他当时还没开始研究乡土建筑，却能指点我借鉴社会学和文化人类学的方法去调查和研究，可见他对这方面的理论早有积累，思考也非常自觉。另外，我认为要理解陈先生，应该放到当时的背景中去，他面临什么样的问题，想解决什么样的问题，他反"传统"的时候，是因为中国的建筑创作受到意识形态的束缚，这些束缚有着各种各样的旗号，所以他提倡创新，反对以各种旗号来束缚建筑创作。如果不了解这个，你就会感到很奇怪。当然任何人都有局限性，关键是后人研究和评价前人不能简单化。对于传统和创新的问题，我觉得值得更深入细致和多角度地去看。

武 您觉得国内比较好的关于外建史书籍有哪些呢？

| 赖 陈志华先生的《外国建筑史》（即《外国建筑史（19 世纪末叶以前）》），这是我觉得中国最好的。

武 您能具体谈谈吗？

| 赖 通史难在哪里？除了要有实例，而且要讲出社会背景、历史原因，还要讲建筑师和他们的思想以及有些思想背后的哲学或美学思想，还要介绍风格的主要流派、技术成就、主要的理论和话语，能够把这么多东西完整、清晰地组织起来，用可读性很强的语言表述出来。我觉得中国的建筑历史教材里只有这本做到了这一点。

武 您对陈先生的评价是非常高的。

| 赖 当然。陈先生研究西方建筑史、西方园林史、文物建筑保护理论、中国乡土建筑，在所有这些领域他都有系统的论著，还写过大量建筑评论文章，通晓英、法、俄文，可以阅读日文。他曾经跟我说，任何这些领域要他开课，他都能做到"三有"，即有自己的教材、讲义和幻灯片。此外他还有很多译作，当今中国建筑界有几个人可以做到这点？

武 建筑史曾经在建筑学科中占有非常重要的地位，比如它是最早招博士生的（研究方向），后来才有了建筑设计，但是现在建筑史研究好像越来越边缘化了，您怎么看这个问题？

| 赖 我觉得是我们没有跟上社会的需要。建筑史家要反思，也要提高自己。

武 是不是可以理解建筑历史研究应该有个着眼点，就是为建筑设计服务？

| 赖 建筑历史研究应该为设计服务，但是绝不仅仅是这些。

武 有个史料方面的小问题：您当时在北京院调研时，有没有一个叫李芸的人？蔡德道先生的回忆录中提到她，我觉得她的经历很像李莹，推测可能指的是同一人。

| 赖 我调研时没有看到李芸这个名字，只有李莹。可能蔡老记错了，或者记录的人听错了。李莹的简历我 1990 年在上海查 1951 年建筑师注册登记档案时看到，当时非常吃惊，因为从没有听到老师们说过这样一位在麻省理工学院和哈佛大学直接受教育，并与好几位现代主义大师都工作过的前辈，当时也没有任何材料介绍过她。

赖德霖速写: 汪坦教授, 约 1985 年　　　　　　赖德霖速写: 吴焕加教授, 1982 年

武 建筑历史研究在西方是处于什么地位呢?

　|赖 西方建筑史学界同社会的交流要比我们积极。首先它的学界就很成熟, 大家在学界里面有自己交流的圈子, 同时建筑史界同社会的交流、业界的交流（也很多）, 社会也需要向专家来求教, 所以大家的互动要多得多, 建筑史家也愿意去做跟社区比较接近的研究。

武 明白了。您对我的研究有什么建议吗?

　|赖 我觉得你可以去采访更多的老师, 理出几种思路。即使四校, 你也可以整理出几种思路, 你不应写四校的历史, 应该是从中国的角度, 看建筑史家, 尤其是外国建筑史家, 他们所面临的问题和解决的方法。研究外国建筑史的目的, 是要为中国建筑师们提供外国的经验, 告诉大家今后的研究方向。现在大家还比较盲目, 比如有的老师就是纯书斋, 自娱自乐, 讲的课和自己的研究没有关系; 或者改行, 我教着这个, 干着那个, 研究生时做这个, 毕业就不做了。你可以看看外建史研究得比较好、与学科建设结合得比较好的学校, 看他们说了什么, 写了什么, 让大家觉得这个学科还比较有意思, 他们这方面的路子是怎样起来的, 这种认识是怎么形成的。同济大学、南京大学你都可以去看看。

武 您觉得应该怎样研究史学呢?

　|赖 我认为研究史学, 应该重视研究史家当时面临着什么样的问题, 而这些问题又是如何转变成历史叙述。

武 明白了, 谢谢您接受我的采访并给予宝贵的建议, 谢谢您。

1　河北省高等学校人文社会科学重点研究项目（2016）"外国建筑史"的教学与研究（项目号 SD171026）。

2　1982 年 11 月 13—17 日《世界建筑》杂志与《建筑师》（时为丛书）在北京天文馆联合举办的大型学术报告会四场讲演。汪坦先生的讲演是其中之一, 他介绍了亚力山大的图式语言、奥斯加·纽曼（Oscar Newman）的《创造可防卫的空间》（*Creating Defensible Space*）、简·雅各布斯（Jane Jacobs, 1916—2006）的《美国城市的死与生》（*The Death and Life of Great American Cities*）、剑桥大学土地利用和人工形成式研究中心的工作、罗布·克里尔（Robert Krier）强调的城市空间几何形态、凯文·林奇（Kevin Lynch）的《城市意象》（*The Image of the City*）。该讲演以《现代西方建筑理论动态》为题发表于《建筑师》, 第 14 期, 1983 年 3 月, 46-67 页。

3　《存在·空间·建筑》（*Existence, Space and Architecture*）, 《建筑师》, 第 23-26 期, 1985 年 7 月—1986 年 10 月。

附

纪念汪坦先生

今天是汪坦先生逝世12周年，12月20日是他的忌辰，在讲座前给大家简单讲一下他在建筑理论方面的贡献，以表达我对他的纪念。大家知道汪坦先生主编了一套《建筑理论译丛》，这套书对中国建筑理论是非常重要的贡献。之前比汪坦先生年长的建筑学人，如梁思成先生、童寯先生等，他们都是学贯中西的学者，但是他们留给中国建筑界最大的遗憾，就是在他们生前都没有做译介西方理论的工作，他们回来后参加中国建筑实践，或者研究中国的问题，或者虽然在教学中贯彻西方的理论方法，但是没有把文本的东西留给后人。又因为20世纪50年代之后，中国与西方隔绝了，所以有很长一段时间，中国不了解西方，导致学术交流上的脱节甚至中断。这种情况在1980年后开始受到中国建筑学界和出版界的重视，以汪坦先生为主编，翻译了这套译丛。

汪先生毕业于中央大学，他的英文很好。我采访过罗小未先生，她告诉我这套书的选择，主要是汪坦先生定的，然后分工给大家。这套书的难易程度不一样，而且译者的英文水平也不一致，所以这项工作可以说是勉为其难。汪坦先生负责组织工作，那时候我是他的博士研究生，时常去他家，曾看到老人穿着汗背心在家里挥汗校对译稿。有很著名的教授交来的译稿，汪先生说看起来不像是他自己翻译的，可能是学生做的。面对这种情况，汪先生只好自己去做。但是以他的精力，这么大的工作量，加上当时他还有很多自己的事情，比如那时他马上要到美国去看孩子，所以有些工作没能深入下去，但总算做出来了。后来由于中国和西方签订了版权公约，这套丛书没有经过授版权，没能继续译下去。我觉得对于了解20世纪西方的建筑理论，这套书虽不能说足够，但还是有很大的帮助，而且实际上这套书反映了汪坦先生的建筑观。

汪坦先生的建筑观有什么样的特点？大家知道陈志华先生编写了非常棒的外国古代建筑史教材，虽然今天有些读者看到有些带有时代特点的表述会不太习惯，可是作为一本史书，作为通史，它涵盖了各个重要的历史时期，重要的个案及其涉及的背景，除了社会背景，还有建筑学的背景，包括作品、建筑师、技术、风格，还有其背后的哲学和美学思想，非常的全面，非常的综合，而且有作者非常明确的观点，这样的著作非常难得。我在清华同陈先生在同一个教研组，非常有幸能同他有很多接触，所以比外面的人对他了解更深入细致一些。我觉得他是一位非常坚定的马克思主义的史学家，重视社会政治、文化和生产力对建筑的影响。当时在中国马克思主义很大程度上教条化了，但是陈先生对马克思主义的理解和运用不是这样。汪坦先生对建筑和艺术的理解更强调心性，他是一个非常有激情、非常有艺术修养的人。他对艺术有他的看法，强调的是艺术家和作品所表达的心性，所以罗小未先生说汪坦先生是"唯心"的，虽然是开玩笑，但是我觉得她是对汪坦先生有很真的理解。吉迪恩强调建筑观念对现代建筑的影响，认为只有一种新的观念出来，才会导致现代建筑的革命。我现在也慢慢地比较认同这一点。比如林徽因先生在谈建筑时曾说，中国古代建筑是木构，材料的特性决定了不可能有非常高的建筑，这是材料决定论，唯物论的观点。但是大家想一想，哥特式教堂那么高，它的每一块石头都长不过树干，可是却能造得那么高大，所以其实并不是材料决定了建筑，而是人的雄心、宗教的激情和主观的愿望，成为设计的动力，从而发明创造出一些特殊的结构方法。这些技术背后是有精神的因素的，所以伊藤忠太就说中国建筑是"宫室本位"，东方建筑是世俗的，没有宗教精神的，它不需要或者没有激情去追求超乎材料条件的表现。

所以我觉得一方面要看到材料的影响，另一方面不要忽视精神的影响。汪坦先生他是一个非常有激情的人，他说自己看书是因为高兴，他同我们上课也很高兴，他上课时你感觉不到特别的逻辑，但学生如果不看书，就没有跟他对话的能力。我曾经作为助教去整理他的讲课录音，但脱离了他讲课的语境，如他的黑板板书、手势，仅仅记录下他的一些话，就整理不出来特别像样的文字，他讲课是海阔天空，但是他有一些看法我至今印象还非常深刻，如他谈到非常有名的艺术家或艺术品，常常会说"但是他（它）不打动我""如此而已"，他倾向于艺术打动人的力量，不是慕名去看，而是要去和他交流。

说到汪坦先生主编的那套译丛，我觉得有几本书对我影响很大，第一本是彼得•柯林斯（Peter Collins）的 *Changing Ideals in Modern Architecture*，中译本是《现代设计与思想的演变》，大家看到"演变"，以为是写线性历史，其实不是。我觉得译者不是英文有问题，而是因为他坚持中国的历史思维，就是马克思主义史观和黑格尔目的论，相信事物总是在进化，建筑也是从原始发展到现代的"进步"，这是译者对历史的理解。可是柯林斯恰恰是反这种决定论的，他的目标并不是一部线性的历史，而是谈现代建筑在思想上的多元性。以往与大趋势看似不符合的思想往往被看作异端、另类或者是被淘汰的思想，只有正统或者体现了发展趋势的思想，才会被记入历史。可是这种大的叙述，强调正统的思想，却会忽视许多非常有生命力、非常重要的探索，那些探索在那个时代可能不受重视，但是换个时代，它的价值就可能被重新发现或认识。所以我以为这个书名正确的翻译应该是《现代建筑中变化着的思想（或理念）》。这本书是话语史。过去我们学校教的建筑史是从埃及金字塔到罗马建筑、中世纪、文艺复兴、巴洛克、古典主义……一个时期一个时期，一个文化一个文化讲过来，这是成规。关注的是风格、技术等本体论问题，而我们现在应该重视话语史，讲解每一时期的建筑思想的形成，及与当时的社会、当时的艺术等的关联，我觉得这才是对现在的学生、建筑师更有启发性的东西。彼得•柯林斯的这本书就是非常好的思想史、话语史。从这儿可以看出汪坦先生选书（的初衷），当时后现代主义盛行，也是代表当时对现代主义的反思，在这套书中汪坦先生没有强调早期现代主义，他介绍的都是早期现代主义的另类、或者现代主义之后新的浪潮。另外一本书是斯科特（Geoffrey Scott, 1884—1929）的 *Architecture of Humanism*，现在翻译成《人文主义的建筑》。这本书写于 20 世纪初，当时的思潮比较强调结构、强调理性，可是斯科特从移情论的角度强调人的体验，所以我认为将书名翻译成《人文主义的建筑》不够确切，应翻译成《人本的建筑》。还有一本是拉斯姆森（Steen Eiler Rasmussen, 1898—1900）的《体验建筑》（*Experiencing Architecture*）。从这些书可以看到汪坦先生非常强调人的体验。他是忠实的赖特的信徒，赖特（设计）的建筑都是非常宜居的建筑，（而）像密斯•凡•德•罗（Ludwig Mies van der Rohe, 1886—1944）的建筑就不是那么宜人，从这儿可以看出汪坦先生的思想受赖特的影响很大。汪坦先生晚年关注建筑现象学，就是从抽象的空间到人的生存环境。他看得很远，汪坦先生的深度在于他不只是看建筑理论，他还看哲学、美学、心理学、语言学、史学理论等学好建筑理论所需要涉猎的方方面面。他在课上和平时聊天时常常提及黑格尔、康德、海德格尔、卡西尔（《人论》作者）、格式塔心理学、索绪尔、汤因比、克罗齐、巴特克拉夫（《当代史学主要趋势》的作者）等人的思想或著作，这在当时的中国建筑界真的非常前卫。总之他在引介外国建筑理论方面做了大量工作，贡献非常突出，也非常值得后人纪念。

2013 年 12 月 20 日

口述史工作经验交流及论文

中国传统建筑营造中的口述传统

吴鼎航

香港大学建筑学系

摘　要:　　口述传统是中国历史文明发展进程中不可或缺的传播媒介。在中国传统建筑的营造中,口述传统更是工匠习艺、实践、传承的必经之路。其中,以营造口诀为核心。本文概述口述传统在中国传统历史文化方面的功用,并在中国传统建筑著作《营造法式》《木经》《鲁班经》中列举口述传统的佐证,最后论述匠师营造口诀的"天机"属性、口诀类别、口诀的隐秘性与必然性,阐明口述传统是中国传统建筑营造的核心所在。

关键词:　　口述传统　建筑营造　营造口诀　营造要诀

口述传统（Oral Tradition）是指通过口述的方式传播文化知识及民俗传统，如诗歌、谚语、格言、神话、传说、歌谣等。在中国传统建筑中，口述传统是关键，匠师所掌握的营造技法绝大部分是通过口口相传的方式记录、发展、传承的，口诀则为其主要形式。在建筑实践中，匠师会将一系列的营造技法，如堪舆选址、基地规划、放线下料、立柱起架、上梁封顶等，加密成为口诀，并通过口诀的形式施建与监工；而匠师授艺也是通过师承口授，以口诀形式传艺，此为中国传统建筑营造中的口述传统。

1 口述传统与中国历史文明

口述传统历史悠久，在文字出现以前，口述是社会各阶层主要的信息传递方式。美国人文学者沃特·昂（Walter J. Ong，1912—2003）在《口述与书写：文字的科技》（*Orality and Literacy: The Technologizing of the Word*）一书中指出："在人类历史后期，文字和书写才成为驱动现代人类文明社会发展的媒介。"[1] 昂的陈述指出，相对于人类历史的文明长河，以书写为载体的文字记录方式仅仅占据短暂的时期，在此之前，人类都是以口头语言作为主要的交流方式。再者，文字和书写的出现，并非意味着口述传统的消亡。比利时人类学家简·万西纳（Jan Vansina，1929—2017）在研究非洲口述社会时指出："在没有文字记录的社会，口述传统是重构历史的主要资源，即便在有文字记录的社会群体中，许多历史资料，包括最古老的资料，都是基于口述传统"[2] 口述传统是不能够被文字所替代的，作为人类最直接的文化信息传递方式，口述传统一直活跃在社会各阶层各领域。

中国历史上，司马迁（约公元前145或前135—公元前86）可能是第一位以口述资源作为其史学材料编纂的史学家。司马迁早年足迹遍及江淮和中原地区，他周游各地，采集传闻，在编撰《史记》时多次引用自己在旅途中的见闻。[3] 如在《史记·淮阴侯列传》中，便记载有"太史公曰：吾如淮阴，淮阴人为余者言……"[4]，而在《史记·游侠列传》中，则有"太史公曰：吾视郭解，状貌不及中人，言语不足采者……"[5]。换言之，司马迁很有可能是中国历史上第一位口述史学的拓荒者。

儒家经典之一的《论语》，则是一部记录春秋时期思想家孔子（公元前551—公元前479）言行的汇编，是孔门弟子及再传弟子对孔子口述言论的集录整理。《论语》行文以口述语录体形式为主，文中出现了大量的"子曰"，以记录孔子口述之言论。而汉代班固（公元32—公元92）在《汉书·艺文志》中亦指出："论语者，孔子应答弟子、时人、及弟子相与言而接闻于夫子之语也。"[6] 可见口述传统在中国古代思想发展史中作为学术推动力的重要作用。

此外，口述传统在中国古代数学和天文学等方面也存在各种各样的实证。如在宋、元两代的数学发展中，便出现用于筹算的歌诀，后来又演变成为用于珠算盘的口诀。到了13世纪，数学除法产生了"九归歌诀""撞归歌诀""飞归歌诀"以及"以斤求两价"等歌诀。[7] 这些都记载在元代数学家朱世杰（1249—1314）的《算学启蒙》中。汉以后，天文学蓬勃发展，出现了不同的星图及与之相对应的、为了方便记忆而创作的韵文或诗歌，如北魏张渊（生卒年不详）的《观象赋》《敦煌写本》中出现的五言长歌《玄象诗》[8]，以及从南宋起便广为流传的《步天歌》[9]。

近代史上，启蒙思想家梁启超（1873—1929）就曾在《中国历史研究法》一书中提出一种"新"的史料研究方法，是为"采访而得其口说，此即口碑性质之史料也"[10]。梁启超当时提出的通过采访记录口述资源以获得史料的研究方法实质上是借用当时美国历史学家休伯特·班克罗夫特（Hubert H. Bancroft，1832—1918）的理论。早在19世纪七八十年代，班克罗夫特便开始通过实地采访记

录了大量的关于美国西部历史的口述资料，尔后编修成 39 卷《班克罗夫特作品集》（The Works of Hubert Howe Bancroft）。梁启超的口述研究法，很有可能影响了后来梁思成（1901—1972）拜师学艺，促使他学习木匠们谙于口述的传统术语。

言而总之，口述传统作为文化知识与民俗传统的传播媒介，推动着中国历史文明各领域的发展。文字和书写的出现与普及在某种程度上只是凝固了一部分的口述传统，使之成为有形的实证材料，然而，坊间诸多行业仍旧用口述传统作为其交流与传递的首要媒介，尤其在建筑领域。

2 《营造法式》《木经》《鲁班经》中关于口述传统的佐证

口述传统在中国传统建筑行业扮演着重要的角色。现代建筑史学家冯继仁对于中国传统建筑营造技术有如下论述："建筑营造的实践技术是通过口传（orally）的绝密方式由师傅传给弟子，这种秘而不宣的知识传播方式带来了建筑技术在不同地域、不同匠师群体的多样性。"[11]

北宋时期，将作监李诫（1035—1110）在编纂《营造法式》（简称《法式》）时，除了考证先前经史古书外，他还找来各地工匠逐一讲解，才编纂成通用之《法式》，并于北宋元符三年（1100）颁行成书。[12] 李诫在《法式》的"劄子"中道出："臣考究经史群经，并勒匠人逐一讲说，编修海行《营造法式》。"而在"总诸作看详"中，李诫还指出，《法式》全 36 卷，计 357 篇，专业词条共 3555 条，其中 283 条取证于经史群书，而剩下的 3272 条则是来源于工匠经久行用之法。[13] 简言之，《法式》中有超过百分之九十的专业词条是源于工匠的口述知识，是一部不折不扣的由官吏编修的工匠口述实录。足见，口述传统在中国传统建筑中的关键作用，串联着整个行业的发展与传承。而《法式》对于中国建筑发展的重要性则

不言而喻，其中包括 1925 年梁思成在美国宾夕法尼亚大学求学时收到父亲梁启超寄来的《法式》抄本，开启了他对中国民族建筑理论与实践的探索。《法式》是梁思成揭开中国建筑"文法"的途径。1931—1932 年，为了解开这部宋代建筑手册的奥秘，梁拜老匠人杨文起和祖鹤洲为师[14]，学习"老匠师们谙于口述的传统术语"[15]，并以北京故宫为蓝本，释译清式《工程做法》[16]，为日后注释《法式》奠定了基础。时至今日，《法式》仍旧是中西方学者研究中国建筑的必经之道。

民间建筑手册的《木经》三卷本，也是彼时文人对于工匠口述知识的记录。相传《木经》为五代末、北宋初的大木匠师喻皓（？—989）所著，然原著已失传，仅在沈括（1031—1095）的《梦溪笔谈》中留有简略记载。事实上，沈括所持之《木经》并没有表明作者何人，故沈在论述《木经》时便先指出："营舍之法，谓之《木经》，或云喻皓所撰。"[17] 现代考古学家夏鼐（1910—1985）认为《木经》可能与《鲁班经》一样，是一部无名氏的著作，并指出喻皓本人虽是位巧匠，却极有可能自己不能写作，甚至连自己的名字也不会写，[18] 以至在不同文献中，"喻皓"之名出现有不同的"喻""预""皓""浩"等字。可见，当时的文人是依靠口传的发音作为记录的依据。换言之，古代的工匠不是一个依靠文字作为传播媒介的社会群体，较之文字，他们更偏向于通过口述的方式去研习、实践、传授建筑营造的知识与技术。

由明代流传至今的《鲁班经》[19]，也是一部民间工匠的口述实录。《鲁班经》中的若干内容，就是由当时流传于民间匠师中的一些书籍、抄本、口诀加以收集、摘抄、编集而成。[20] 书中关于营造技术的规定、房舍施工的步骤、家具的形式构造等，都是用诗曲的形式记录下来。在关于如何相地的记录中，便出现有《郭璞相宅诗三首》：[21]

屋前致栏杆，名曰纸钱山；
家必多丧祸，哭泣不曾闲。

门高胜于厅，后代绝人丁；
门高过于壁，其家多哭泣。

门扇两枋欹，夫妇不相宜；
家财当耗散，真是不为量。

而关于工具的使用，在论述如何断定尺寸的吉凶时，又记录有《曲尺诗》[22]：

一白惟如六白良，若然八白亦为昌，
但将般尺来相凑，吉少凶多必主殃。

《鲁班经》中的诗曲，大多以对仗、押韵的形式出现，实质上都是匠师们为了口述所设计的。如前述，工匠是一个不以文字为传播媒介的社会群体，然而在记录专业的建筑营造技术时，为何却以文人社会的"诗曲"形式出现？除去后来汇编时文人更改的可能性，事实上，这些"诗曲"都是为了方便口述和记忆而设计的。

《法式》《木经》《鲁班经》中不乏关于口述传统的佐证，可见口述传统在古代工匠体系中的重要性，匠师用口述的方式习艺、实践、传承。也正因为这样，这种古老的营造技艺才得以保存并发展至今。因此，释译匠师的口述传统便成为解开中国传统建筑秘密的关键。

3 口述传统：中国传统建筑营造的根本

中国传统建筑可分为官式与民居两类。自古以来，官式建筑的建造便如"栋宇绳墨之间，邻于政教"[23]，即宫室营建与国家施政无异，说明官式建筑的礼制规范与森严等级，故有宋代《法式》之颁布，道明但凡宫室的建造与修缮，均"类例相从，条章具在"[24]。而民居建筑，则多为工匠之作，匠师以口诀为本、辅业主之要求、因地制宜、因材施建。口诀是营造的根本，房屋的朝向、构件的尺寸、动工的时辰等都隐藏在口诀里，这些都是匠师们施建过程中必须遵循的法则。如前述，《法式》虽为官府颁发的工程规范，但实质却为工匠口述传统的实录之集成。由此可见，中国传统建筑，无论是官式还是民居，口述传统都是营造的根本所在。

3.1 匠师的口述传统为天机："天人合一"的营造思想

中国传统建筑的营造是一个追求"天人合一"的过程。早在《周礼·冬官考工记》中，便有文字记载工匠如何制作精良的器物："天有时，地有气，材有美，工有巧。合此四者，然后可以为良。"[25] 意思是"天有时令之变，地有刚柔之气，材料要优良，工艺要精巧。唯有合天时、地气、材美、工巧，才能制作精良的器物。"在这段文字中，天时与地气指的是自然界的规律，而材美与工巧则是人为的因素，唯有"天"和"人"的"合一"才能够制作"良"物。同理建筑的营造也追求天时、地气、材美、工巧的"合一"，是为达到"天"与"人"的合一。

现代新儒家冯友兰（1895—1990）在《中国哲学史》中指出"在中国文字中，所谓天有五义：曰物质之天，即与地相对之天。曰主宰之天，即所谓皇天上帝，有人格的天、帝。曰：命运之天，乃指人生中吾人所无奈何者，如孟子所谓："若夫成功则天也"之天是也。曰：自然之天，乃指自然之运行，如《荀子·天论篇》所说之天是也。曰：义理之天，乃谓宇宙之最高原理，如《中庸》所说"天命之位性"之天是也。"[26] 建筑营造所追求"天人合一"中的"天"正是五义中的"义理之天"，是宇宙中最高的原理。故而匠师在施建时，需懂得来自"天"的原理，并将其转化到实体的建筑物中，才能够制造"良"的建筑。因此匠师施建时，讲究的就是建筑的朝向要合吉、构件的尺寸要纳吉、动工的时辰要择吉。此处的"吉"实质上就是指"天"的原理，匠师把"天"的原理转化为"吉"

的朝向、"吉"的尺寸、"吉"的时辰，并付诸建筑中，以达天人之合一。匠师与业主也相信，只有这样的建筑才能为宅主及后代带来平安与富贵。简言之，建筑是"天"，或者是宇宙原理的实体化。而匠师把朝向合吉、尺寸纳吉、时辰择吉之术隐藏在口述传统中，是为天机。

3.2 匠师的口述传统：习艺口诀与营造口诀

如前述，中国传统建筑营造所用的口述传统是宇宙原理的实体化，是为天机，故而不能够随意泄露，也不能够随意传授给外人。因此，匠师会对本门派的口述传统进行加密，如替换、对调、去除专业术语等方式，使之成为晦涩难懂的口诀。匠师的口诀又称为歌诀，算例，或者行话，它不仅是工匠学艺的必经途径，也是工匠出师后从业的根本所在。

口诀种类繁多，以潮州匠班为例，依口诀功用大致可分为习艺口诀及营造口诀两大类。习艺口诀为工匠 [27] 入门所用，包含各式各样的基本功训练，如划、锯、刨、凿、砍等，还包括各式各样的小木作，如门、窗、天花、隔断、楼梯、家具、器皿用具等的制作。营造口诀仅仅为大匠师 [28] 所掌握，涵盖所有由关于建筑营造的天机，如相地选址时所用的风水口诀，建筑营造时所用的厝局 [29] 与侧样 [30] 口诀，祭祀、祈祷、灵佑等礼制仪式时所用的如立柱、起架、上梁等口诀。习艺口诀是每一位入门的工匠必须牢记掌握的，从口述传统的角度来讲，所谓能够出师者，就是指工匠已经掌握并学会如何应用习艺口诀。工匠从入门到出师一般需 40 个月，具体视个人而言。而营造口诀，则是在掌握应用习艺口诀后，继续跟随大匠师从业，并在品行、道德、技艺等方面获得大匠师认可后，才能被授予；被授予营造口诀者，即为新一代的大匠师。一般而言，大匠师只会在其弟子中挑选一到两位德艺兼备的人作为其衣钵继承者，且继承者的"德"往往比"艺"重要，

不仅因为建筑营造本身的神圣性，更是因为品德不好的匠师，会在营造过程中专门"趋凶避吉"，或使用降咒来乱人家事，杨穆的《西墅杂记》[31] 中便有类似的记载。

3.3 匠师的口述传统：口诀的隐秘性

口述传统在中国传统建筑的营造中以口诀的方式呈现，大匠师故意将营造技法加密成晦涩难懂的口诀或歌诀。这种原始的口述传统方式，一方面是为了记忆，另一方面也是为了传承，而正是这种垄断式的师承口授方式，将中国传统建筑的营造技艺完整无缺地保留、传承，并发展至今。再者，营造是一个竞技的过程，无论哪个朝代哪个地方，业主都偏好技法高超的匠师，故此不同门派之间的匠师会相互竞争，虽然有相互合作的时候，但也不乏出现不相往来的情况。无论是合作还是竞争，匠师都不会轻易透露自己门派的口诀，因为每一条口诀，都是匠师谋生的秘技，是赖以生存的根本。匠师的口诀在内容与形式上多多少少有类同之处，但都存在一定的差异，差异的地方往往便是匠师自己的独创，而这部分独创通常会被匠师故意留白，或者用门派内部特定的通用术语来替代。以潮州匠班建筑地台营造口诀为例：

阳埕水面六至八

口诀中的"阳埕"中的"埕"，原指闽南沿海一带养殖蛏类的场地，后衍生为庭院或场地，而"阳埕"则为工匠的专有术语，特指建筑前方露天的庭院或场地。"水面"指的是露天庭院或场地的水平面高度；"六至八"则应该解读为"六寸至八寸"，匠师故意把度量单位"寸"去除，简单化口诀以方便记忆，同时也增加了解读的难度。此外，这道口诀还省略了"当地历史最高水位线"——关键的高度参考值，故整道口诀应该释译为"建筑前方的露天庭院或场地的水平面高度应(比当地历史最高水位线)高出六(寸)到八(寸)。"

由此可见，在营造口诀中，匠师有意地用工匠术语来加密口诀，并去除重要的尺寸参考值，甚至去除尺寸单位本身，使之难以解读。对于外来者，或者是其他门派的工匠，即便能够获得口诀，也难以解读。此为匠师营造口诀的隐秘性所在。

3.4 匠师的口述传统：口诀在建筑营造中的必然性

诚然，口述传统以口述的方式来传达信息，其记录与传播并不能够像文字记录般准确，反之，具有一定的灵活性与可塑性。中国建筑的营造错综复杂，如在营造过程中，对于木构件榫卯的开凿，尺寸可精确至"毫厘"，这些都无法用文字或图纸来表达。其次，营造规则的应用也并非墨守成规，而是需要匠师根据不同场地、不同建筑，甚至不同业主的要求进行相应的调整与修正。再者，营造口诀并非一成不变，它是一个发展与演变的过程。匠师在继承营造口诀后，通常会根据自己的经验去解读，甚至去修正与补全口诀。而师傅授艺的时候，也并非手把手教，更多时候只是传授口诀和一些基本的实践要领，真正技能的掌握靠的是学艺者本身的经验与悟性。在工匠行业里有一句谚语："师傅领进门，修行靠个人"，说的便是这个道理。因此，具有灵活性与可塑性的口述传统是适用于中国传统建筑的，换言之，口述传统更加真实地反映了中国传统建筑的实践过程。

综上，营造口诀是中国传统建筑营造的核心，是天机，是匠师对宇宙中最高原理的解读。在中国的建筑传统中，唯有大匠师才能够掌握营造口诀，并由其通过师承口授的秘密之法传承。而匠师口诀的灵活性与可塑性也正是中国传统建筑营造的真实反映。

4 结语：口述传统与中国传统建筑的再思考

口述传统是中国历史文明发展中重要的一环，是重塑史料的重要来源。口述传统是中国传统建筑营造的核心，它承载着中国传统建筑营造技艺的积累、发展、与传承。匠师的营造口诀是"天机"，是匠师对于宇宙中最高原理，即中国哲学理念"天人合一"在建筑物中的再解读。诚然，研究匠师的口述传统，并非为了能够再造一座"新"的传统建筑。时至今日，中国传统建筑的研究不应只局限在描绘建筑的历史、外观、装饰，或停留在阐述建筑的社会人文关系，而应该深入到理论与实践，从匠师的口述传统及其营造技艺入手，解读其营造理念背后深层次的哲学思想，唯有如此才能真正理解中国传统建筑的精神与根源。然而，摆在我们面前的是如何能够有效地保护这些弥足珍贵，同时亦濒临灭绝的口述传统？

本文为作者博士论文 *Heaven, Earth and Man: Aesthetic Beauty in Chinese Traditional Vernacular Architecture: An Inquiry in The Master Builders' Oral Tradition and the Vernacular Built-Form in Chaozhou* (Ph.D. Dissertation of The University of Hong Kong, 2017) 节选章节的中文翻译与再整理。感谢导师龙炳颐先生的悉心指导，感谢潮州匠师吴国智先生的无私奉献。

1   Walter J. Ong, *Orality and Literacy: The Technologizing of the Word*（London: Methuen, 1982），英文原文为："writing, in the strict sense of the word, the technology which has shaped and powered the intellectual activity of modern man, was a very late development in human history."

2   Jan Vansina and H.M. Wright , *Oral Tradition: A Study in Historical Methodology* （New Jersey: Transaction Publishers, 2006），英文原文为："in those parts of the world inhabited by peoples without writing, oral tradition forms the main available source for a reconstruction of the past, and even among peoples who have writing, many historical sources, including the most ancient ones are based on oral traditions."

3   Luke S.K. Kwong, "Oral History in China: A Preliminary Review", *Oral History Review*, Volume 20,（1992）:27.

4   〔汉〕司马迁《史记》，《续修四库全书》卷 262，上海：上海古籍出版社，1995 年，199 页。

5   同上，第 375 页。

6   〔汉〕班固撰，松本市教育委员会文化材课编，《宋版汉书庆元刊本·上卷》，东京：汲古书院，2007 年，478 页。

7   宋元两代时，中国数学发展到高峰，彼时"算学"同"数学"两词是并用。如在元代数学家朱世杰的代表作《四元玉鉴》中，前进士莫若（生卒年不详）在其"序"中就同时用"算学"和"数学"两词，"燕山松庭朱先生以数学名家，周游湖海二十余年矣……方今尊崇算学，科目渐兴。"详见冯锦荣，《中国古代数学之内容与计算方法之发展》，香港大学，CHIN2243 中国科技史讲义，2013—2014 年，54 页。

8   《玄象诗》收录在《敦煌写本》中，为三国时期太史令陈卓（约公元 230—公元 320）撰。《敦煌写本》又称《敦煌遗书》，是对 1900 年发现于敦煌莫高窟 17 号洞窟中一批书籍的总称，书籍内容时间跨度从前秦至南宋。

9   《步天歌》在史籍中最早见于南宋郑樵（1104—1162）编撰的《通志·天文略》中，是为《丹元子步天歌》。尔后清钦天监博士何君藩（生卒年不详）编成《步天歌》。详见冯锦荣《中国古代星官数、星数与〈步天歌〉》，香港大学，CHIN2243 中国科技史讲义，2013—2014 年，1-5 页。

10 梁启超《中国历史研究法》，上海商务印书馆，1922 年，67-68 页。

11 Feng Jiren, *Chinese Architecture and Metaphor: Song Culture in the Yingzao Fashi Building Manual* （Hong Kong: Hong Kong University Press, 2012），英文原文为 "traditionally, practical building knowledge was transmitted from master to disciple orally, often secretly, and this secrecy partly created a diversity of technical methods in use by different groups of builders and in different regions."

12 梁思成《营造法式注释·卷上》，北京：清华大学出版社，1983 年，5 页。

13 同上，第 14 页。原文为："今编修到海行《营造法式》'总释'并'总例'共二卷，'制度'一十三卷，'功限'一十卷，'料例'并'工作等第'共三卷，'图样'六卷，'目录'一卷，总三十六卷；计三百五十七篇，共三千五百五十五条。内四十九篇，二百八十三条，系于经史等群书中检寻考究，至或制度与经传相合，或一物而数名各异，已于前项逐门看详立文外，其三百八篇，三千二百七十二条，系来自工作相传，并是经久可以行用之法。"

14 梁思成《清式营造则例》，北京：中国建筑工业出版社，1981 年，2 页。

15 梁思成著，费慰梅编，梁从诫译《图像中国建筑史》，天津：百花文艺出版社，2001 年，24-25 页。

16 《工程做法》是 1734 年由清工部刊行的建筑物筑造则例。梁思成于 1932 年完成《清式营造则例》一书，并于 1934 年出版。

17 〔宋〕沈括著，胡道静校证《梦溪笔谈校证》，上海：上海古籍出版社，1987 年，570 页。

18 夏鼐《梦溪笔谈中的喻皓木经》，《考古》1982 年，第 1 期，74-78 页。

19 《鲁班经》一本民间工匠专用书，并以仙师鲁班（前 507—前 444）命名。《鲁班经》现存不同版本，内容亦有差异。《鲁班经》前身为宁波天一阁所藏《鲁班营造正式》（约明成化、弘治间，1465—1505），后有明万历本《鲁班经匠家境》，内容及编排大幅改动，但却少前面二十一页篇幅的内容。其次还有明崇祯本《鲁班经匠家境》，则较为完整。以后的各种翻刻，均从万历或崇祯版本衍出。详见中国科学院自然科学史研究所主编《中国古代建筑技术史》，北京：科学出版社，1985 年，541-544 页。

20 中国科学院自然科学史研究所主编《中国古代建筑技术史》，北京：科学出版社，1985 年，542 页。

21 〔明〕午荣汇编，〔明〕章严全集，〔明〕周言校正《新镌京版工师雕斫正式：鲁班木经匠家镜》，《续修四库全书》卷 879，上海：上海古籍出版社，1995 年，189 页。

22 同上，89-90、173 页。

23 〔唐〕李华《含元殿赋》，《续修四库全书》卷 639，上海：上海古籍出版社，1995 年，197 页。

24 梁思成《营造法式注释·卷上》，北京：生活·读书·新知三联书店，2013 年，4-5 页。

25 〔清〕孙诒让《周礼正义》，《续修四库全书》卷 84，上海：上海古籍出版社，1995 年，441 页。

26 冯友兰《中国哲学史》上册，北京：商务印书馆，2011 年，45 页。

27 中国传统建筑营造以木匠为主，辅以石匠和泥水匠，均奉仙师鲁班。此处特指木匠。

28 大匠师，潮州匠班中的大木匠师，为建筑营造中的主持建筑师，或称大师傅。因建筑营造中大匠师需用墨线标划建筑尺寸，故大匠师也称掌墨师，或掌墨（大）匠。

29 厝局，潮州匠班所用之术语，是一个三维的营造空间概念。厝局着重于平面（地盘）布局，也包含了竖向结构关系。

30 侧样，潮州匠班所用之术语，指的是建筑的剖面，为木结构设计的重点。

31 《西墅杂记》："梓人魇镇，盖同出于巫蛊咒诅，其甚者遂至乱人家室，贼人天恩，如汉戾园（武帝太子）事多矣。今述所知：余同里莫氏，故家也。其家每夜分闻室中角力声不已，缘知为怪，屡禳之勿验。他日专售于人而拆、毁之，梁间有木刻二人，裸体拔发相角力也。闻凡梓人家传，未有不造魇镇者，苟不施于人必至自毙，稍失其意，则忍心为之。此营造者所当知也。"详见中国科学院自然科学史研究所主编《中国古代建筑技术史》，北京：科学出版社，1985 年，544 页。

参考文献

[1] 司马迁. 史记 [M]// 续修四库全书卷 262. 上海：上海古籍出版社，1995.

[2] 班固. 宋版汉书庆元刊本·上卷 [M]. 松本市教育委员会文化材课，编. 东京：汲古书院，2007.

[3] 李华. 含元殿赋 [M]// 续修四库全书卷 639. 上海：上海古籍出版社，1995.

[4] 沈括. 梦溪笔谈校证 [M]. 胡道静，校证. 上海：上海古籍出版社，1987.

[5] 午荣汇编，章严全集，周言校正. 新镌京版工师雕斫正式：鲁班木经匠家镜 [M]// 续修四库全书卷 879. 上海：上海古籍出版社，1995.

[6] 孙诒让. 周礼正义 [M]// 续修四库全书卷 84. 上海：上海古籍出版社，1995.

[7] 冯锦荣. 中国古代数学之内容与计算方法之发展 [Z]. 香港：香港大学，CHIN2243 中国科技史讲义，2013–2014.

[8] 冯锦荣. 中国古代星官数、星数与《步天歌》[Z]. 香港：香港大学，CHIN2243 中国科技史讲义，2013–2014.

[9] 冯友兰. 中国哲学史 [M]. 北京：商务印书馆，2011.

[10] 梁启超. 中国历史研究法 [M]. 上海：上海商务印书馆，1922.

[11] 梁思成. 清式营造则例 [M]. 北京：中国建筑工业出版社，1981.

[12] 梁思成. 营造法式注释·卷上 [M]. 北京：清华大学出版社，1983.

[13] 梁思成，费慰梅. 图像中国建筑史 [M]. 梁从诫，译. 北京：百花文艺出版社，2001.

[14] 龙炳颐. 中国传统民居建筑 [M]. 香港：香港区域市政局，1991.

[15] 夏鼐. 梦溪笔谈中的喻皓木经 [J]. 考古，1982（1）：74–78.

[16] 吴国智. 营造要诀基础研究：上 [J]. 古建园林技术，1994（3）：33–37.

[17] 吴国智. 营造要诀基础研究：下 [J]. 古建园林技术，1994（4）：30–34.

[18] 吴国智. 潮州民居侧样之排列构成：下厅九桁式 [J]. 古建园林技术，1998（3）：35–40.

[19] 中国科学院自然科学史研究所. 中国古代建筑技术史 [M]. 北京：科学出版社，1985.

[20] FENG J. Chinese Architecture and Metaphor: Song Culture in the Yingzao Fashi Building Manual [M]. Hong Kong: Hong Kong University Press, 2012.

[21] KWONG L SK. Oral History in China: A Preliminary Review [J]. Oral History Review, 1992, 20（1/2）：23–50.

[22] ONG W J. Orality and Literacy: The Technologizing of the Word [M]. London: Methuen, 1982.

[23] RUITENBEEK K. Carpentry and Building in Late Imperial China: A Study of the Fifteenth–century Carpenter's Manual Lu Ban Jing [M]. Leiden: E.J. Brill,1993.

[24] VANSINA J,WRIGHT HM. Oral Tradition: A Study in Historical Methodology [M]. New Jersey: Transaction Publishers, 2006.

[25] WU DH. Heaven, Earth and Man: Aesthetic Beauty in Chinese Traditional Vernacular Architecture: An Inquiry in The Master Builders' Oral Tradition and the Vernacular Built–Form in Chaozhou [D]. Hong Kong: The University of Hong Kong, 2017.

基于"专家"口述史的建筑历史研究
—— 梅季魁口述史编写综述

孙一民　侯叶

华南理工大学建筑学院
亚热带建筑科学国家重点实验室

摘　要： 通过"专家"口述史的发展回顾,界定区别于"民众"口述史的"专家"口述史的定义及研究意义,梳理"专家"口述史现有的发展类型及成果。结合梅季魁先生口述史的访谈及写作经历,对专家口述史的研究方式及研究过程进行探讨,总结梅季魁先生口述史的编写特色及基于实践经验的专家口述史访谈注意事项。

关键词： 口述史 中国现代建筑史 梅季魁

1 "专家"口述史发展回顾

1.1 "专家"口述史的研究意义

口述史研究指的是通过传统的笔录或录音、录影等现代技术手段方式收集、整理历史事件的当事人或者目击者回忆的历史研究方法，一般应用于社会学和历史学的研究。口述史研究在建筑历史研究中，早有应用，如早在我国建筑历史学科建立之初，梁思成先生对于中国古建筑中各构件的研究，便离不开对传统匠人的访谈。近年来，口述史研究逐渐得到重视，与传统的"类型归纳法""文化人类学法""图像学方法"及"文献分析法"等共同成为建筑学科历史研究的重要方法[1]，不但在乡野调查中的科学性有所增强，也逐渐有从"民众"到"专家"的发展趋势，即从对建筑使用者或民间建造者的口述采访作为建筑历史研究的依据之一，到对专业人士的口述访谈作为历史深入研究的补充完善。"专家"口述史和"民众"口述史相比，有以下重要研究意义：

（1）建筑文化传播的重要途径。"专家"口述史可以为日常难以接触到专家的普通民众和本专业莘莘学子及青年建筑规划工作者们提供一个便捷的途径，使大家能进一步熟悉行业领军人物，深度了解本行业不同分类下的研究成果，挖掘历史重大事件、成果和发展进程背后的历史原因和细节。

（2）我国建筑理论研究的重要组成部分。自从改革开放以来，国外20世纪六七十年代已繁荣发展的建筑理论涌入国内，通过"实践作品"和"理论著作"两种途径，一大批"世界建筑大师"为国内业界所熟悉。经历30余年的深化改革之后，国内建筑行业发展虽然经历了具有中国特色的发展进步，但除了建国初期卓有建树的梁思成、刘敦桢、杨廷宝、童寯等第一代建筑大师，其他二代、三代建筑师的相关实践和理论仍需要得到进一步研究、宣传。

（3）建筑文化遗产抢救的使命。口述史是历史研究中的生动、鲜活一手资料，而我国第二代建筑学人多出生于国难当头的战乱时期，接受了新中国成立之初的建筑教育，其人生经历是现代中国建筑实践和建筑教育的重要组成部分，目前这些老前辈已到耄耋之年，其口述资料是对我国近现代建筑史研究的珍贵资料，对其进行整理研究是我国建筑文化遗产抢救重要且紧迫的使命。

1.2 "专家"口述史的发展类型及现有成果

近几年来，"专家"口述史的学术研究先后涌现，其类型主要可分为"多人多面型"和"目标导向型"（表1）。

其中，"多人多面型"是通过多位专家的访谈，共同回应行业或时代的发展。如约翰·彼得（John Peter）著，王伟鹏译的《现代建筑口述史：20世纪最伟大的建筑师访谈》（2012）是较早的"多人多面型"口述史书籍。作者对70多位卓越的建筑师和工程师进行了采访，从多方面反映、诠释了世界范围内的现代建筑思潮。[2]作为译作，该书直接展示了美国口述史研究的成果，诠释了"口述史"的学术意义和科学高度，一定程度上推动了国内建筑学口述史的发展。之后陈伯超、刘思铎主编的《中国建筑口述史文库（第一辑）：抢救记忆中的历史》（2018）延续了约翰·彼得采取的集合多位专家口述资料的研究方式，对多位前辈分专题进行访谈，分建筑行政、建筑教育、建筑实践、城市规划四大板块结集成书。

"目标导向型"模式包括"事件导向型""机构导向型"和"人物导向型"，与"多人多面型"相比，针对性、导向性更强。其中，"事件导向型"以某一项或某一类历史事件为核心，对多位专家进行访谈，多方位还原历史事件的前因后果。如李浩主编的《城·事·人：新中国第一代城市规

划工作者访谈录》（2017）便是以新中国成立之初的八大重点城市规划为核心事件，访谈多位当事专家，进一步挖掘事件背后的珍贵史料。

"机构导向型"以某一团体、单位为研究对象，访谈与该机构产生过联系的多位专家，深入解析该机构的发展历史。如东南大学建筑历史与理论研究所编纂的《中国建筑研究室口述史（1953—1965）》（2013）便是结合中国建筑研究室成员的口述史料及档案资料，梳理了该室在 20 世纪中叶 12 年的短暂岁月中走过的艰难历程和作出的重要贡献。另有《南方建筑》官方微信于 2018 年推出了《口述华南建筑》专栏，通过多位教育名家采访，以口述历史的方式回顾华南理工大学建筑学院的历史往事。

"人物导向型"则是以某一位或几位专家的人生发展轨迹为线索，进行深入访谈，通过个人学术和实践轨迹反映行业、社会的历史变迁。中国建筑工业出版社在 2010 年左右开始面向老一辈建筑学者，通过"口述史"方法收集史料与素材，编写"建筑名家口述史丛书"。这套丛书则是典型的"人物导向型"研究。目前已出版的是刘先觉先生的《建筑轶事见闻录》（2013）、潘谷西先生的《一隅之耕》（2016）和侯幼彬先生的《寻觅建筑之道》（2018）。由于这套丛书已有口述者均为建筑理论和历史研究方面的学者，为了进一步补充我国第二代建筑学者的全面性，华南理工大学的孙一民教授带领其博士研究生开展了关于我国著名体育建筑专家、建筑教育家梅季魁先生的口述史研究，其成果《往事琐谈——我与体育建筑的一世情缘》于 2018 年 11 月份正式出版。

表 1　近年来中国建筑规划学科口述史学术成果及分类

类型	编者	书名	出版时间	出版社
多人多面型	约翰·彼得（John Peter）著 王伟鹏译	《现代建筑口述史：20 世纪最伟大的建筑师访谈》（*The Oral History of Modern Architecture :Interview with the greatest Architects of the Twentieth Century*）	2012（1994）	中国建筑工业出版社（Harry N Abrams,Inc.）
	陈伯超、刘思铎主编	《中国建筑口述史文库（第一辑）：抢救记忆中的历史》	2018	同济大学出版社

续表

类型		编者	书名	出版时间	出版社
目标导向型	事件导向型	李浩访谈/整理	《城·事·人——新中国第一代城市规划工作者访谈录》	2017	中国建筑工业出版社
	机构导向型	东南大学建筑历史与理论研究所	《中国建筑研究室口述史（1953—1965）》	2013	东南大学出版社
	人物导向型	刘先觉著杨晓龙整理	《建筑轶事见闻录》	2013	中国建筑工业出版社
		潘谷西口述李海清、单踊编	《一隅之耕》	2016	中国建筑工业出版社
		侯幼彬口述李婉贞整理	《寻觅建筑之道》	2018	中国建筑工业出版社
		梅季魁口述孙一民、侯叶访谈与编辑	《往事琐谈——我与体育建筑的一世情缘》	2018	中国建筑工业出版社

2 梅季魁口述史研究回顾

2.1 研究背景

梅季魁教授是全国著名体育建筑专家、建筑教育家，1930年生。1950—1956年就读于哈尔滨工业大学土木系工民建专业，1956—1958年就读于同济大学建筑系研究生班；毕业后任教于哈尔滨工业大学土木系和哈尔滨建筑工程学院建筑系，1983—1989年间曾任两届建筑系主任；1986建立建筑设计及其理论博士点，任博士生导师，在20世纪90年代设立博士后流动站，1990年创立建筑研究所并任所长；2000年随哈尔滨建筑大学（原哈尔滨建筑工程学院）并入哈尔滨工业大学，任教于建筑学院，2001年退休。梅季魁教授从事建

筑教育50多年，培养博、硕士研究生50多名，获中国建筑学会"建筑教育特别奖"；从事体育场馆等大空间公共建筑设计研究50多年，发表论文50余篇，出版专著5部参编3部；主持设计大中型工程项目40多项，建成近30项，获全国建筑创作奖和多项省部级优秀设计奖；参与北京奥运会等大型重点体育设施设计项目评审工作数十项，为我国体育建筑理论研究与设计实践，以及建筑教育事业作出了卓越贡献，成绩斐然。

2015年，华南理工大学孙一民教授带领其博士研究生开展了"梅季魁口述史"的研究工作。为了筹备"梅季魁口述史"，孙一民教授及其博士研究生侯叶于8月及10月对梅季魁先生进行了访谈，以访谈内容为主体的《往事琐谈——我与体育建筑的一世情缘》于2018年11月份正式出版。

口述史出版后拜访梅先生
左起：陆诗亮、王奎仁、姚亚雄、梅季魁、孙一民、侯叶、刘宏伟

梅季魁口述史

2.2 研究方式

梳理已有人物导向型的"专家口述史"的研究方式，一般可分为以下几种：

（1）本人写初稿，他人整理。如刘先觉先生便认为由作者口述，另一位作者重新编写工作量大，且容易返工；便由其本人写作了初稿，请他的博士杨晓龙进行整理配图。[3]

（2）本人写作，他人协助。如侯幼彬先生便认为自己年事已高，记忆力减退，由他人来访谈所进行大段的、集中的口述有所困难，便采取化整为零的方式，自己与夫人慢慢回忆整理。[4]

（3）本人口述，他人访谈、整理。如潘谷西先生的口述史便由东南大学建筑学院的李海清教授及其学生进行访谈、整理。[5]

三种方式各有优势，可根据不同专家的实际情况而定。考虑到由本人写初稿甚至亲自写作的方式对于年事已高的老专家而言，所耗费精力较多，由其他学者在大量历史资料研究的基础上访谈老先生，也许会跳出惯性，产生一些"他者"的研究视角。而孙一民教授曾在哈尔滨工业大学

建筑学院（原哈尔滨建筑工程学院）接受连续完整的建筑学教育，获得博士学位，不仅从硕士开始便受到梅季魁先生的直接培养，更是成为梅季魁先生的首位博士研究生以及我国首位体育建筑博士。博士毕业后，来到华南理工大学任教至今，期间曾作为高级访问学者出访美国麻省理工学院，并曾任职美国 SASAKI 公司。在此经历下，孙一民教授对梅季魁先生既有充分的理解，又有多年作为"他者"的观察。因此，本书采用了由华南理工大学的孙一民教授及其博士研究生对梅季魁先生进行访谈，将访谈内容整理成书的研究方式。[6]

2.3 研究过程

梅季魁口述史的研究写作过程主要分为以下几个步骤：

（1）收集及整理基础资料，包括梅先生历年论文、出版书籍等研究成果、其他学者对梅先生的研究论文、其他文献中与梅先生相关的论述、已有的关于梅先生访谈、相关新闻报道等。

（2）列初步写作大纲及访谈提纲。基于基础资料，对研究内容进行预判，将其分为几大模块，借助模块所形成的框架进行访谈问题的设计。如梅先生的访谈大致以时间为线索，线性地分为了"童年、青少年时期（1930—1949）""本科、研究生学习时期（1950—1958）""对体育建筑的初步探索时期（1958—1976）""实践出真知，对体育建筑的不断深入研究时期（1977—1999）""老骥伏枥，不断奉献（2000—2015）"这五个模块进行研究和设计访谈问题（表2）。

表2 初步写作大纲和访谈提纲的确定

研究模块	研究主题	主要研究内容
模块一	童年、青少年时期（1930—1949）	回忆特殊时代背景下（抗战时期）童年、青少年时期的成长环境和成长经历，追溯性格形成原因和童年时期奠定今后成功的关键因素
模块二	本科、研究生学习时期（1950—1958）	回忆大学进入哈尔滨工业大学土木系工民建专业的学习及生活，及毕业后初入校任教和去同济读研期间的工作、生活状况
模块三	对体育建筑的初步探索时期（1958—1976）	回忆任教于哈尔滨工业大学土木系和哈尔滨建筑工程学院建筑系的教学科研工作经历，回忆支援西藏的艰辛历程
模块四	实践出真知，对体育建筑的不断深入研究时期（1977—1999）	回忆改革开放后不断深入的研究、教育、创作过程以及此过程中的生活状态
模块五	老骥伏枥，不断奉献（2000—2015）	回忆新千年以后"退而不离"，为体育建筑设计研究事业和人才培养事业继续奉献的工作经历和生活状态

（3）进行访谈及资料收集。访谈前将提纲提前发去给被采访者，使被采访者有一个心理预期和对访谈内容的初步准备。约好时间，进行采访。梅先生的访谈主要于8月21—26日在梅先生家中进行，并于10月份录音初步整理出来之后进行了一次补录，补充确认若干内容。在访谈期间，进行相关照片、历史文档资料的收集。

（4）访谈内容整理。录音文件的整理可以基于访谈大纲，将录音文件分主题整理于各个访谈问题之下。录音文件的梳理也是对访谈内容再次熟悉的过程，为下一阶段的正式写作打好基础。

（5）写作调整。根据整理的录音文件和对访谈内容的整体把握，重新梳理写作提纲，并进行正式写作（表3）。提纲可以列到三级提纲；在三级提纲之下，可对写作内容进行简要描述，有助于访谈内容的整理，也可对写作内容进行更好地把控。写作过程中结合访谈内容补充被访谈者所提及人物、事件的基本信息，学术实践的重点成果，以便于读者获取更为全面的信息。写作完成后再交与被访谈人审阅，根据被访谈人的意见进行修正和补充完善。

表3 从访谈提纲到写作提纲的演变

访谈提纲 模块划分	写作提纲章节划分		
	一级标题	二级标题	三级标题
童年、青少年时期 （1930—1949）	颠沛流离的 成长岁月	鲅鱼圈的懵懂少年	熊岳城的海滨家乡
			较为独立的成长环境
		颠沛的求学时光	病痛相伴的小学岁月
			初步明事的高小学习
			沈阳"流亡中学"的日子
本科、研究生 学习时期 （1950—1958）	辗转艰苦的 求学生活	扎实的哈工大时期	辗转来到哈工大
			全面而扎实的"工民建"教育体系
			初试牛刀——等待分配期间的第一次实践
			毕业分配——天南海北，自此各奔东西
			哈工大排球队的岁月
		开放氛围的同济 时期	破例允许的人才培养
			严谨认真的苏联专家
			严谨与创新——互补的两种学习体系
对体育建筑的初步 探索时期 （1958—1976）	时代难题下 的奋进与坚 持	跃进年代的自强 建设	工业时代的富拉尔基重型机械厂水压机车间设计
			浮夸年代的万人体育馆设计项目
		从"不支持"到"不 反对"——体育建筑 的课题创新	顶住压力引入体育建筑教学内容
			设计从实际出发——20世纪60年代的 全国调研初衷
		崭露头角，遗憾中断	未成行的南宁体育馆修改任务
			上山下乡号召下的支援加格达奇城市设计 建设项目
	西藏岁月的 磨砺	分配去西藏	
		西藏往事	

续表

访谈提纲模块划分	写作提纲章节划分		
	一级标题	二级标题	三级标题
实践出真知，对体育建筑的不断深入研究时期（1977—1999）	筚路蓝缕，以启山林——建筑教育教学改革和学生培养	以"爱"之名，回归哈建工	
		摸着石头过河的研究生和博士生培养	经历特殊的首批研究生
			意义重大的博士点申请
			建筑界专家的支持
		创新基石——全国体育建筑调研	最初的调研团队
			积跬步，至千里——漫漫全国调研路
		改革中进步的建筑教育事业	当系主任期间的主要建树
			意外的肯定——"建筑教育特别奖"
		从实践出发的学术研究	全国体育馆设计学术会与"体育馆多功能设计"的研究
			中国建筑学会体育建筑分会和全国中小型体育馆设计竞赛
			中国建筑学会体育建筑分会与中国土木工程学会空间结构委员会
		读万卷书，行万里路——国外的调研访问经历	1980年的日本建筑教育交流
			1984年美、日、加三国调研
			1987年德国访学
			1988年加拿大卡尔加里冬奥会冰雪设施考察之旅
			从国外先进经验来看中国体育建筑未来之路
	理论结合实际的体育建筑设计之路	设计从实际出发——终身的坚持	
		实践初期来之不易的胜利	吉林冰球馆——爱它或不爱，它就在那里
			朝阳体育馆与意外的石景山体育馆——来之不易的亚运缘分
		设计理念与体育建筑实践的不断深入	研究所的成立——专注于设计和教学工作
			效率和品质的平衡——黑龙江速滑馆
			真实和创新的结合——哈尔滨梦幻乐园
			校园体育馆的探索——哈工大体育馆
			城镇体育馆的探索——汉中体育馆

续表

访谈提纲模块划分	写作提纲章节划分		
	一级标题	二级标题	三级标题
老骥伏枥，不断奉献（2000—2015）	老骥伏枥，奉献余热	评判中的学习——频繁的评委活动	"评""学"结合的评委工作
			坚持公正客观的评审方式
			创新与实际相结合的评审原则
			奥运场馆的评审
			评审中的感触
		经验的累积，让书籍进行传播	较早地展开了结合实际的理论研究
			结构形式的多样化带来建筑形式的多样化——《大跨建筑结构构思与结构选型》
			《奥运建筑：从古希腊文明到现代东方神韵》
			30多年工作的阶段性总结
			积极参与的书籍编写工作
		学无涯，工作无境——太长的培养，太短的奉献	2000年后的退而不休
			来自家庭的理解和支持
			不虚度时光的一生

85中前

来留科划.大约在1984年发生了令人石愉快的论及被剽窃事件。有人在"建筑学报"上 发表了抄袭民居。的
一篇文章都是"抄袭民居"的全面剽窃.文字内容捅国无一遗漏。这作署名者难如东西藏工地也何设计院.
参与我们民居调研工作，这不能不引起原调研组核心愤悦。大约在1984年夏秋我刚从昌岛迁到石
佳城区.便捎约去"建筑学报"编辑部反映情况.讨问书道。该报编辑表态要认真对待.澄清真相，但不
目久久不见音信.在事在原调研组及多次催促下.我们邀请"东流师"参与对"抄袭民居"论文及等参与调研人员全部
验视听。 后事坤论该人在表出业由研究生理到辑击.甚些先地有名所高平该其。后事"建讯号
很小扁幅做了一个说明.这作格作的一页芜芳翻建表得以澄清.就让它翻过去吧！

3 梅季魁口述史编写特色

该书与其他已出版的人物导向型"专家口述史"相较,有自身的编写特色,包括以下三个方面:

(1)梅季魁先生独特的研究领域与成果。目前"建筑名家口述史"系列中的几位老先生多师从梁思成、刘敦桢,一般是研究建筑历史、建筑理论方向的著名学者。梅季魁先生则是哈尔滨工业大学首批"工民建"教育体系培养出来的建筑学人,以体育建筑为其研究、实践、教学方向,其经历具有"三结合"的独特特征:

其一,建筑与结构相结合。在梅季魁先生的实践和教学中,重视结构在建筑形式创造和功能使用中的重要作用,建筑与结合联系紧密。

其二,实践与理论相结合。梅季魁先生不但在体育建筑实践领域有开创性建树,并能在众多实践的基础上能够总结出具有强烈的科学精神和科研特色理论著作。

其三,实践与教学相结合。梅季魁先生不仅在实践和理论方面卓有建树,对哈尔滨工业大学建筑学院的发展也做出了突出贡献,曾任两届系主任,培养了大批日后在各高校和设计院都能独当一面的建筑人才。

(2)编写保留了一定的口语特征。在编写过程中,梅先生口述的口语特征被斟酌保留,使得本书能较多还原与梅先生面对面"亲切交谈",历史事件和经验由梅先生"娓娓道来"的参与感。

(3)梳理补充了相关基础资料。在该书附件中不但整理出"梅季魁教授简介""梅季魁教授生平大事记""梅季魁教授实践工程概况""梅季魁教授获奖情况"等内容,从数据理性的角度出发介绍了梅先生的学术和实践成就;且设置了"其他专家学者相关评论节选"以及"弟子忆先生二三事"的板块,希望借助他者的视角,多方位补充梅先生的口述回忆。

4 基于实践经验总结的专家口述史访谈注意事项

与梅先生面对面的访谈虽然在整体研究中所占时间不多,但却是最终研究成果的主体内容,是研究写作5个步骤中的重中之重。通过对梅先生的访谈实践,总结出类似访谈中的几点注意事项:

(1)准备好录音笔。工欲善其事,必先利器。录音笔的准备首先要确定好录音笔是否录音清晰;其次要熟悉录音笔的使用,熟练操作录音、暂停、播放、关闭等功能,避免空录情况或意外删除情况的发生。此外需确定是否电量饱满,保证预计的录音时长。有条件可准备两份录音笔,以免出现意外状况。

(2)采访地点和时间的确定。采访地点最好选定为被采访者较为熟悉和舒适的场所,如家中或工作室等。特别是长时间的采访,采访者的舒适度直接影响口述的情绪和精力。采访时间也需考虑被采访者的日常其他安排。在梅先生的采访中,采访安排在梅先生家中,每天下午2点到6点左右。在每天4个小时的高密度访谈中,梅先生展现出了过人的精力、清晰的记忆力和缜密的逻辑。

(3)与被访谈者进行良好沟通。在访谈前与被访谈者交流好访谈目的,成果需求等内容。在访谈过程中营造和谐融洽的访谈气氛,根据被采访者的状态适当调整访谈内容。

(4)及时进行总结和反馈。在长时间的访谈工作中,等到访谈全部结束再进行录音内容的整理显然不是明智之举。长时间的访谈一般都会分为几次进行,在访谈间隙回顾之前访谈的内容有助于及时检查录音质量,梳理是否有遗漏问题、是否有可进一步深入的访谈内容,并可根据现有访谈内容补充扩展新的访谈问题。因此,首次拟定的访谈大纲只是抛砖引玉的初稿,伴随着访谈的进行,访谈大纲也会经历不断丰富发展的过程。

由于本次访谈的时间都安排在下午，使得访谈者可以在晚上和上午进行及时的总结和反馈的工作，对访谈的顺利推进和进一步完善极为有利。

（5）. 重视闲聊。闲聊即访谈提纲之外的，访谈者与被访谈者更为即兴的谈话内容。闲聊虽多在采访提纲之外，但多由相关问题所触发，有时会包含一定的信息。如在模块五的访谈开始之前，由于访谈者利用访谈间隙去回访了梅先生的建筑作品，于是便进行了以下闲聊："访谈者：这两天去参观了您的速滑馆，造型上好像改造过了，顶是银灰色，墙刷成了黄色。内部空间顶部采光还不错，门厅利用起来改成了乒乓球俱乐部。梅先生：要做到滑冰充分利用比较困难。要做到东北三省每个省都搞（速滑馆）的话实在是浪费。花销也比较大。"这段闲聊在访谈提纲之外，但引出了梅先生对于速滑馆赛后利用的基本倾向和观点。

5 结语

口述史研究是和档案研究互补的研究方法，在建筑历史研究中起到重大作用，尤其是当其呈现出规模化特征时。正如李浩指出："口述史学能否真正推动史学的革命性进步，取决于口述史的科学性与规模。"[7] 如果将单一专家的口述史看作是以其人生时间为经线，以学科事件为纬线的单一脉络，那么当专家口述史的数量达到一定程度，专家们的经历互相印证，便能对学科历史的研究提供经纬交错的立体素材，进一步提升口述史的学科意义和研究意义。因此，亟待更多专家口述史研究的进展，来共同推动学科历史研究的发展和进步。

参考文献

[1] 王媛. 对建筑史研究中"口述史"方法应用的探讨——以浙西南民居考察为例 [J]. 同济大学学报（社会科学版），2009,20（5）:52–56.

[2] 王伟鹏. 建筑大师的真实声音 评介《现代建筑口述史——20 世纪最伟大的建筑师访谈》[J]. 时代建筑，2016（5）:157.

[3] 刘先觉. 建筑轶事见闻录 [M]. 杨晓龙，整理. 北京：中国建筑工业出版社,2013.

[4] 侯幼彬，口述. 寻觅建筑之道 [M]. 李婉贞，整理. 北京：中国建筑工业出版社,2018.

[5] 潘谷西，口述. 一隅之耕 [M]. 李海清，单踊，编. 北京：中国建筑工业出版社,2016.

[6] 梅季魁，口述. 往事琐谈——我与体育建筑的一世情缘 [M]. 孙一民，侯叶，访谈与编辑. 北京：中国建筑工业出版社,2018.

[7] 李浩. 城市规划口述历史方法初探（下）[J]. 北京规划建设,2018(01):173–175.

附：改革开放初期的教学、研究、创作经历
—— 梅季魁先生口述记录节选

受访者
简介

梅季魁

男，1930年生，全国著名体育建筑专家、建筑教育家。1950—1956
年就读于哈尔滨工业大学土木系工民建专业，1956—1958年就读于同
济大学建筑系研究生班。毕业后任教于哈尔滨工业大学土木系和哈尔
滨建筑工程学院建筑系，于1983—1989年间任哈尔滨建筑工程学院
两届建筑系主任。1986年申请到建筑设计及其理论博士点，并任博士
生导师。在20世纪90年代设立博士后流动站，1990年创立建筑研究
所并任所长。2000年随哈尔滨建筑大学（原哈尔滨建筑工程学院）并
入哈尔滨工业大学，任教于建筑学院，2001年退休。梅季魁教授从事
建筑教育50多年，培养博、硕士研究生50多名，获中国建筑学会"建
筑教育特别奖"。从事体育场馆等大空间公共建筑设计研究50多年，
发表论文50余篇，出版专著5部参编3部。主持设计大中型工程项
目40多项，建成近30项，获全国建筑创作奖和多项省部级优秀设计奖。
参与北京奥运会等大型重点体育设施设计项目评审工作数十项。为我
国体育建筑理论研究与设计实践，以及建筑教育事业作出了卓越贡献，
成绩斐然。

采访者： 孙一民（华南理工大学）、侯叶（华南理工大学）
访谈时间： 2015年8月21—26日；2015年10月29日
访谈地点： 哈尔滨市梅季魁先生府上
整理情况： 录音资料整理于2015年
审阅情况： 经受访者审阅
访谈背景： 2010年左右，中国建筑工业出版社为了建筑文化遗产，开始通过"口述史"方法，面向老
一辈建筑学者收集史料与素材。2015—2018年，华南理工大学孙一民教授与中国建筑工
业出版社合作开展了"梅季魁口述史"的记录整理和编辑出版工作。以访谈内容为主干编
写的《往事琐谈——我与体育建筑的一世情缘》于2018年11月由中国建筑工业出版社正
式出版。访谈主题：实践出真知，对体育建筑的不断深入研究时期（1977—1999）主要内容：
回忆1978年改革开放后不断深入的教学、研究、创作过程以及此过程中的生活状态。

梅季魁先生 1984 年考察洛杉矶奥运会的主体育场　　　　梅季魁先生 1984 年考察加拿大蒙特利尔奥运场馆会赛事馆

梅季魁 以下简称梅
采访者 以下简称问

问 1977 年，体育馆设计正式进入哈尔滨建筑工程学院的课程设计和毕业设计（建筑 75 级到 80 级），在这个过程中您做了哪些努力？

｜梅 1956 年我毕业留校工作后曾被破格派去同济大学读研究生，由于我是学工业建筑派出去的，1958 年我回来后，也要我教工业建筑的课，也辅导设计。设计就牵涉教改的问题。1983—1989 年，我做两届系主任，主要工作有两项，还算有点贡献，一是教改，二是教学环境的建设。教改主要是把教工业建筑改成教民用建筑。我当时发现工业建筑占的学时太多，不是培养建筑专业学生最好的办法。工业建筑的题太死，受工艺制约大，受结构影响也大，功能根本不是设计者所能斟酌的。多层厂房、单层厂房的设计学生已经做了那么多，占的学时多，但教学效果并不好。所以当时我在系里倡议要研究这个情况，把工业建筑改一下。我的理由是，教学改革的核心问题是教育是以培养能力为主还是以灌输知识为主。我认为应该逐渐转变为以培养能力为主。用民用建筑做设计，学生有自主权，通过调查研究，能够确定它的功能。从调查研究中总结出社会的需求，相应的处理方案也会很多，不是简单地用某种结构配合，对学生设计能力的锻炼大有好处。工业设计主要以传授知识为主，缺少能力培养，而我们大学生的培养重点应注重能力。所以用合适的设计题，对师生都有好处。这个建议得到多数老师的支持，当然也有少数反对。有一部分老师一直从事工业建筑教学，不太理解，还写文章来反对这件事。当然最后还是改了。其实当时各校都在研究改革问题。我们算是改得早一些的。

问 那些老师反对的理由是什么？

｜梅 他们认为"工业建筑"是苏联专家交代的一个东西，很郑重。20 世纪 50 年代中国学习苏联，听苏联专家的，建筑以工业建筑为主。其实苏联专家也不完全是教工业建筑设计。我们到同济去学习时，教我们的专家也是以工业建筑专家的名义请来的。但那时不冠以"工业建筑"这个名字不行。像设计院的命名就很典型，北京的建设部设计院叫工业建筑设计院，湖北的设计院——就是现在中南设计院，也叫工业建筑设计院，冠"工业"的名称很冠冕堂皇。我在拉萨工作的时候，也是在工业建筑勘察设计院。但这些名称无非是个形式。

问 那在教改推进的过程中，学生的反应怎样？

｜梅 学生很欢迎啊。因为有生产设计，学生有收获，就有兴趣，愿意做。就是有些同事有看法。后来我就采取迂回的办法。我的民用建筑教学不算学时，还照样完成我在工业建筑教研室的任务，这样别人就没话说了，因为不完成原有的任务是不行的。通过这样的做法，我把教学改革坚持了下来。

问 那教学环境的建设具体有些什么举措？

｜梅 除了教改，我也为学校的教学改善了物质条件。因为我们科研和办培训班有一些收益，当时就给讲师以上的老师——我还记得有 40 多名讲师，当时还没有副教授——一人一台理光相机，另外还买了千余卷彩色胶卷。这样让大家出去拍照，有形象的东西，上课就不只是空口说，同时也提高了大家的照相技术。否则老师们放的幻灯里边什么材料都没有也不行。当时不少高校也都给教师配备照相机。现在理光不算什么，基本上也没有了。当时这种相机虽然不算贵，可是若要大家以个人开支去买还是有些困难的。此外，我们还和学校争取，把与专业有关的中外文图书和杂志集中起来，建了一个建筑学专用的图书资料室。当时全国各高校资料室的建设大多不太完善，我们这个资料室对教师和学生很有帮助。

问 1978 年改革开放，您也开始带研究生，您还记得第一届研究生的情况吗？

｜梅 1978 年的时候，哈工大建筑系是第一批可以带建筑研究生的。那时候招研究生需得到学校同意，只有几个学校批了，很多学校没有。1978 年之后就招了七八名研究生，都是以前六〇级的学生，他们毕业出去工作后又考了回来。建筑六〇级的情况比较特殊，因为他们当时是六年制，又赶上"文革"拖了两年，所以他们本科学了八年，1968 年才毕业。之后他们大多被分到西北去工作，还有的到了设计单位，我记得有两名同学在黑龙江省设计院；有的去了高校，好像有一名同学被分配到武汉建工学院，最后他又去美国学习，就留在那里了；还有一名到了济南山东建工学院当老师。还有到北京《建筑学报》当编辑的。这批学生现在基本上也都退休了。

1981 年哈建工首届硕士研究生与导师的合影
前排左起：李行、邓林翰、梅季魁、许佰昌、郑忱、常怀生、周凤瑞、侯幼彬
后排左起：丁先昕、罗文媛、徐勤、周今立、陈岳、王镛、鞠立復、赵光辉

问 当时研究生要读几年？学业任务有哪些？您觉得带研究生和本科生有什么区别？

|梅 好像是三年。他们主要是做设计和研究，没有怎么参加教学。本科生就是做设计、讲课，基本上没有个别接触；而带研究生要帮助选课题、安排调查研究，指导写论文，研究性质较强，内容也较多。

问 您对第一届研究生的感情会不会特别一些？有些什么印象深刻的事情吗？

|梅 会啊，因为是共同研究商量得多。过去没有做过这些工作，也都是摸着石头过河，尝试着来。这几名学生当时都有家有孩子了，夫人有时候也来，来自武汉建工学院的那名学生还有两个孩子，生活挺困难，但他们都坚持下来了。

问 1978年的时候您们组成了体育建筑研究团队，当时这个团队都有哪些成员？您也开始和郭恩章、张耀曾老师们一起进行国内的调研，您能跟我们讲讲那段经历吗？

|梅 当时就是找几名志同道合的同事，也有点时间，就跑出去调研。有郭恩章老师[1]、张耀曾[2]老师。郭老师后来被派去美国麻省理工学院读了两年的城市设计，回来后开了城市设计的课。我们当时要培养城市设计的人才，建设部张钦楠（1931—）[3]先生帮忙联系，派出去四人。除了郭老师，还有两名年轻一点的（一位是刘德明，另一位是建设部的同志），还有一人是从清华到我们学校工作的（叫李绍刚），他就留在美国。还好去了四名回来了三名，回来的都发挥了作用。城市设计在哈工大算是坚持下来了，开了课，也有了研究室，在国内产生了一定影响。张老师后来在（20世纪）80年代哈工大建工学院支援西北建工学院的时候离开了哈尔滨，去了西安。

问 每次调研都带多少学生？

|梅 那时候只带研究生出去。每次一般带两三名，多了也不行，经费不够。像孙一民那届有三人，跑的地方比较多，有北京、郑州、武汉、沙市，之后到了重庆、成都，然后又转向广州、深圳。反正如果学校能给些经费，我们就尽可能多看看。其他调研也去过长沙、湘潭、郴州、漳州、南宁等地。

问 当时调研有些什么心得？

|梅 主要是发现场馆利用率不够，功能太单一，效益不好。功能单一主要体现在都是以篮球场作为主要场地，体育馆不应该这样，场地大才有可能做多种活动。所以国内和国外比，显然差距很大，技术还是比较落后，建筑造型也比较陈旧。当时广州那个老体育馆算比较新颖的，单层薄壳结构，中间带采光窗。稍后的上海万体馆也比较新。南宁体育馆本来要请我们修改，最后由广西省设计院做，结果还不错。南宁比较闷热，场馆有自然通风，看台坐席底下是有孔板，也可以通风。这样就能与气候相适应，也很有特点。

问 您对北京的场馆有些什么印象？

|梅 当时北京的体育馆项目很少，用途也都不大。其中北京工人体育馆——也是乒乓球馆，整体呈圆形，屋顶是悬索屋盖，比较新颖。后来首都体育馆也建成了。首都体育馆的设计者去苏联前到哈工大来过，跟我们交换了意见。他到莫斯科学习了一些苏联的经验，但是最后首都体育馆做出来还是比较笨重。主要问题在于首都体育馆的场地是个冰球场，活动地板做得太大，大概 2 ~ 3 米宽，15 米长，用起来换一次地板很困难。国外一般都是 1 米 ×2 米或者 1 米 ×1 米，用叉车运过去就很方便。总的来说，那个时候我们的技术不仅和欧美相比落后，和苏联比也落后。

问 这些调研大概进行了几次?

┃**梅** 一共有七八次。有时候我们要持续一个月。当时条件也比较艰苦,晚上坐火车,白天调研。

问 1981年苏州的第一次"全国体育馆设计学术会"是你们挑头筹备的,还发表了四篇论文,奠定了哈建工在体育建筑领域的领军地位,您能跟我们简要回顾下那次会议的盛况吗?

┃**梅** 那时候觉得有一些设计问题,需要大家研究讨论。为了这次学术会,我们主动到北京访问北京市建筑设计院,到湖北访问湖北工业设计院,到杭州访问浙江省设计院,到上海访问上海市设计院(指上海民用建筑设计院)和华东院,我们也去了东北设计院,希望大家能共同讨论、关心学术问题。因为那个时候虽然学术气氛还有一点,但理性的和理论的准备并不多。还好那次大家参与的热情都很高。像上海华东院的倪天增(后来成了上海市管建筑的副市长)[4]调查了上海的体育馆,把调查的情况和他们设计的修改意见都整理出来,做的报告挺好。北京市院、浙江省院也提交了论文。东北院也提了关于视觉质量问题的看法。重庆、成都那边也拿来了自己的作品。我们住在苏州市体委的体育馆里,讨论的问题基本在我们提出的框架之下,会议很成功。我们发表了四篇论文,分量也比较重,起了一定的作用。但是后来体育建筑专业委员会就没有抓紧制定中心议题,这个和空间结构学术委员会比就有差距。空间结构学术委员会和体育建筑结合得比较密切,他们在这方面做得比较好。他们每两年一届的会议都有中心议题,提前请各单位做准备,再拿论文来交流。有一次在广东汕尾开学术委员会的会议,我就提出了这个问题。当然这也与体育建筑专业委员会的领导有关系,他们本身就不做这方面的工作,当然很难带动。如果能够带动高校和设计单位,大家分头做调查研究,应该能拿出很多有较高质量的论文。

问 后来这类会议有没有持续下去?

┃**梅** 也有,但是学术性就差了点。这个会议的缺点就是中心议题不明确,事先没有通知。会议筹备应该在一两年前就通知大家,让大家做准备,这样会议成果就比较大,质量也会比较高。这方面我认为做得有点不足。

问 当时大家对体育建筑的认识深吗?

┃**梅** 还不能这么说。大家对体育场馆的使用情况关注不够,用途以及场地的选择都不太明确。

问 1981年您在《建筑学报》上发表的《多功能体育馆观众厅平面空间布局》,当时提多功能是个很新的课题吧?因为当时对多功能的关注度不是太高。

┃**梅** 是,因为我们一直主张体育馆应该要有多功能,不然体育馆发挥不了应有的作用。当时的普遍现象是场馆的经营管理不重视经济效益,空置场馆,使得场馆面临建设投入高、利用率低的问题。当时上海卢湾区体育馆利用率较高。我到卢湾体育馆去过几次,上海的场馆做得比较好的地方是各场馆的使用都有记录,根据记录,可知道场馆利用率。但是卢湾体育馆开展了经营活动,就遭到大家反对。甚至《光明日报》的一名记者还发表了一篇文章——《体育馆姓"体"不姓"钱"》,给扣了个大帽子。体育界压力也挺大,场馆要做多功能用途,有人反对,就只能放那不用。没有太多"一馆多用,开源节流,自负盈亏"的概念。我们后来参加黑龙江的一些设计项目,场馆设计就考虑了多功能。多功能的场馆设计首先要考虑把场地设计得大一点,搭配使用活动看台。当时国内基本上没有活动看台,后来看到国外的情况,专门有现成的活动看台售卖。我们在国外考察的场馆基本都是多功能的,美国多功能场馆做得比

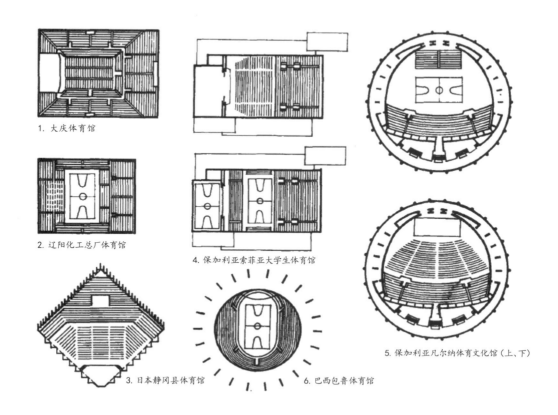

1. 大庆体育馆

2. 辽阳化工总厂体育馆

3. 日本静冈县体育馆

4. 保加利亚索菲亚大学生体育馆

5. 保加利亚凡尔纳体育文化馆（上、下）

6. 巴西包鲁体育馆

《多功能体育馆观众厅平面空间布局》中的多功能体育馆案例平面图
引自：《建筑学报》

较多，日本也有一些多功能的，但是当时的进展程度差一点。那些多功能馆里面可以进文艺演出、集会、比赛，也有冰球、篮球、排球的各种场地。

问 您曾参与 1984 年国家组织的美、日、加三国奥运设施考察团，这次调研考察目的主要是为了设计亚运场馆，考察范围较广，您能跟我们再讲述一下那段经历吗？

｜梅 我们 1984 年出去考察的团队一共有八个人。北京市院去了马国馨[5]、刘开济[6]、周治良[7]，规划局和国家体委各一位，还有一位国家计委文化处的司长。外地两位就是上海的魏敦山[8]和哈尔滨的我了。行程安排是先到美国，接着到加拿大，最后到日本。到了日本后，他们的体育组织主任说，我以为你们先到日本，现在既然从那两个国家来，日本就没有什么好看的了。我们最后参观了代代木体育馆、游泳馆以及大阪、神户的一些场馆。代代木体育馆的设计很不错。美国的首站是旧金山，然后到洛杉矶，参观了他们奥运会的体育场馆，接着去了纽约，参观了一些棒球场。又从纽约飞到加拿大的蒙特利尔。蒙特利尔曾是奥运会的所在地，所以也算是我们此行参观的重点。当地接待的人把我们接到郊区的一个滑

雪山上去住了两天，约滑雪场管理者们介绍实际经验。回到市里就住汽车旅馆，参观市区。接着到了金斯顿（Kingston），那里有个湖泊，是一个水上运动项目的举办地。之后我们到多伦多，在那里参观了一个带有活动屋盖的棒球场。然后到了埃德蒙顿。埃德蒙顿曾举办过联邦运动会和世界大学生运动会，我们参观了体育场还有冰球馆，也参观了埃尔伯塔大学的场馆设施。最后我们到了温哥华，参观了几个高等学校的场馆，也看了他们的高山滑雪的设施。和卡尔加里（Calgary）不一样，那里气候比较暖和，公园里还有一些花草，山上也不太冷。卡尔加里在落基山的另一边，冬天就冷一些。卡尔加里冬奥会我也去过。1988 年为筹备黑龙江省冬运会，黑龙江省体委组织，省长带头，也邀我参加，去考察卡尔加里冬奥会设施，在那住了一个星期。我们也参观了各个场馆，那边的设施很不错，其中冰球馆是一个马鞍形的悬索结构，比较先进。

问 1984 年的这次您觉得国外这些不同国家的场馆都有些什么特点？

|**梅** 从功能设置来看，美国的场馆考虑社会生活比较成熟，功能设置较为丰富，一个场馆绝对不仅仅用于体育，还有文艺演出、集会的功能。比如其中的谢亚棒球场（Shea Stadium，建成于 1964 年），有 5000 个活动坐席，坐席整体转动后可以变成足球场。还有一个扬基棒球场，功能也很灵活，活动也很丰富，去的时候还给我们每人发了顶棒球帽留做纪念，很有意思。

采访者 1987 年您设计了北京第十一届亚运会的石景山体育馆和朝阳体育馆，这两个场馆在当时非常先进，现在看也非常经典。您能谈谈它们的创作过程吗？

|**梅** 北京亚运会由常务副市长张百发 [9] 主管场馆建设。游泳建筑是上海民用院设计的。主体育场主体育馆本来要进行设计竞赛，后来就直接交给北京市院做了。亚运会的场馆建设我们一直希望参与，国家体委也表示欢迎。但是真要参与进去，无形的阻力还是有的。当时我几乎每月都要去一次北京，经常一去三五天都没有结果。后来我找到了张百发。因为 1983 年开上海全运会时，国家体委组织一个场馆考察团，张百发也在其中，还有清华的吴良镛先生、同济的葛如亮 [10] 以及魏敦山等人。考察内容就是各个比赛场馆。我还记得张百发喜欢早起，去市场上转一转，了解民情。因为有过接触，所以亚运的时候

20 世纪 80 年代武汉大学考察
左起：李玲玲、王之光、孙一民、梅季魁

梅季魁先生 1983 年上海全运会留影
左起：梅季魁、张百发、葛如亮

1986 年梅季魁先生向北京亚运会建设工程
指挥部汇报体育馆设计方案

我就把我们做的方案给他看，他表示欢迎，要我们给朝阳馆做个方案，这样我们才有机会参与。所以北京的任务我们没有真正竞标，而是主动参与进去的。后来各地专家看到我们的模型都很惊讶。因为除了清华做了体育学院的一个项目，只有我们参与了。石景山体育馆的任务来得还挺曲折，一开始是由石景山当地的设计师做，不想给别人做。我们给朝阳体育馆做了三个方案，还送去了实体模型。朝阳的那块地在拐角的地方，地块很紧张，如果把体育馆立起来，之后要修建的儿童医院也会受到影响，所以就把建筑降低一点，下沉了一层，看起来效果好一点。当时北京有个建设指挥部，里面有专家负责审查，看中了我们朝阳馆设计中的一个方案，想用在石景山那块地上。石景山自己设计室设计的方案是个矩形，与环境关系很不合理。后来就由指挥部做工作，总指挥张百发、副指挥周治良等人进行斡旋，把我们这个（方案）硬搬去了，比他们自己做的更合适。因此，亚运会八个中心馆，让我们做了两个，我们相当于从一个项目得到两个机会，一个是朝阳体育馆，一个是石景山体育馆。

问 当时没有投标的概念吗？

｜梅 没有投标，自己去联系。所以一开始联系石景山体育馆，经过了那个曲折过程。到了朝阳体育馆的时候，体委觉得，我们虽然是外地的，但水平还行，就让我们做了。现在这两个馆都还比较受欢迎。我们还给东城区和地坛送了方案，但都被婉言谢绝。后来联系好的就是朝阳区和石景山两个。

问 当时的资料有保留吗？

｜梅 没有保留，都拆掉了。那时候是用有机玻璃做模型，还挺费事的，但都被拆掉了。我们当时住在机械委设计院，利用他们的模型室做模型送审。还好，在北京的审查中受到欢迎。中央电视台也有比较多的报道，给了我们不少镜头。后来我们院长在家里看到了，他说有希望。

问 当时采用下沉式的场馆国内很少吧？

｜梅 对，国内其他场馆基本没有考虑这种手法。但是在国外很普遍，做法也比较合理，日本、美国、加拿大都有类似的案例。

问 那这几个场馆的设计过程还顺利吗？

20世纪90年代初期石景山体育馆建成实景

1986年朝阳体育馆模型

| 梅 亚运会的两个馆我们做得还算比较顺利，方案通过之后很快就出了施工图。最后绘制施工图是由机械部和电力部合在一起的北京机电部设计院完成的。因为我们参与的都是学生，不能调那么多人，去不了，所以我们主要负责方案设计，施工图就交给他们做了。因此那两个场馆的设计费我们拿得也很少，就20%，其余都是他们拿去了。

1 郭恩章，1934年生。1952年考入哈尔滨工业大学土木系，1958年留校任教，现任哈尔滨工业大学建筑学院教授、博士生导师、城市设计研究所所长。著有《城市设计知与行》等。

2 张耀曾，1935年生，江苏无锡人。1953年考入清华大学土木建筑系建筑学专业，1962年清华大学研究生毕业，进入哈尔滨工业大学建工学院建筑系任教。1983年，调入西北建工学院（长安大学前身）。1988年，调入西北工业大学。1995年筹建了西北工业大学西航建筑设计研究所，任所长兼总建筑师。

3 见《中国建筑口述史文库（第一辑）：抢救记忆中的历史》，上海：同济大学出版社，2018年，8页。

4 倪天增（1937—1992），1937年8月出生于浙江宁波市，祖籍嘉善县西塘镇。1962年毕业于清华大学建筑系。曾在华东工业建筑设计院和上海工业建筑设计院任职。1983年任上海市副市长，为上海市建设作出了贡献。

5 马国馨，1942年生，原籍上海，出生于山东省济南市。1965年毕业于清华大学建筑学院建筑系，进入北京市建筑设计研究院工作。1981—1983年在日本东京"丹下健三城市建筑研究院"研修。1991年获清华大学工学博士学位。1994年被授予中国工程设计大师，1997年当选中国工程院院士，2002年获第二届"梁思成建筑奖"。

6 刘开济（1925—2019），教授级高级建筑师、顾问总建筑师。1950—1952年任职于北京华泰建筑师事务所，1953—1990年任职于北京市建筑设计研究院（含院前身——永茂设计公司），1990年退休回聘在北京市建筑设计研究院。

7 周治良（1925—2016），天津人。1949年北洋大学建筑系毕业后任职于北京市建筑设计研究院（含建院前身——永茂设计公司），曾担任北京院副院长，任第十一届亚运会工程指挥部副总指挥。

8 魏敦山，1933年生，浙江慈溪人。1955年同济大学本科毕业。现任上海建筑设计（集团）有限公司资深总建筑师，魏敦山建筑创作研究室主任，同济大学建筑与城市规划学院教授、博士生导师。长期从事民用建筑设计工作，体育建筑设计专家，被誉为上海体育建筑之父。2000年获梁思成建筑奖，2001年被评为中国工程院院士。

9 张百发，1934年生，河北香河人。1954年加入中国共产党，时任北京市副市长，长期主管城市建设。

10 葛如亮（1926—1989），浙江省宁波市西坞泰桥村人。1948年毕业于上海交通大学。1953年进入清华大学建筑设计系研究生院深造，师从梁思成、林徽因。葛如亮教授毕生致力于建筑设计和建筑教学、科学研究，擅长于体育建筑和风景建筑，曾先后为上海交通大学、同济大学、福建泉州大学，任职教授、系主任、博士生导师。

以口述史联结建筑史与社会史——"武汉拆毁建筑口述实录"项目的实践与思考

许颖　丁援

中信建筑设计研究总院

摘　要：　口述史作为历史学的一个分支,在 20 世纪兴起,其在建筑史中的应用已有许多重要的成果。"武汉拆毁建筑口述实录"项目的实施,意在以口述史联结建筑史与社会史,关注城市更新与文化遗产,目前已经开展七期访谈,取得了一定的成果。该项目的实践能够推动利用民间记忆补充当代史的记载,也将有益于城市文化遗产的保护。

关键词：　口述史　建筑拆毁　社会史　武汉

当代的"口述史"（Oral History）兴起于科技的发展——录音机、录像机等设备的出现。前美国口述史协会主席唐纳德·里奇（Donald A. Richie）在他的《大家来做口述史（实务指南）》（*Doing Oral History*）中指出："口述历史是以录音访谈（interview）的方式搜集口传记忆以及具有历史意义的个人观点。口述历史访谈指的是一位准备完善的访谈者（interviewer），向受访者（interviewee）提出问题，并且以录音或录影记录下彼此的问与答。"[1] 口述史既是一种史料类型，也是一种记录历史，尤其是当代史的重要方法。

1 口述史的学科定位及真实性问题

口述史的学科定位，存在着一定的模糊性。在其出现伊始，它的史料学特征十分明显，是"以确定历史人物、事件的存在形态为目的"[2]。而 20 世纪 70 年代中叶以来，口述史则成为一种历史学研究方法，"有了一套被学术界普遍认同的游戏规则，真正成为历史学的一个分支学科"[3]。目前，口述史的史料学意义和方法论意义都依然非常重要，对口述史进行不同角度的研究，能够更好地指导口述史的记录和研究。

口述史呈现给公众的首先是"口述史料"。与"正史"大多简明扼要、宏大叙事不同，口述史料经常能够巨细靡遗地展现宏阔历史中的细节。在当代史书写中，口述史料的重要性源于其大众性。大众是历史的参与者，由于时局的变化、社会的发展等原因，历史文件、历史档案往往存在缺失之处，历史事件亲历者的回忆就显得格外重要。大众也是历史信息的载体。随着社会史、文化史、经济史等专门史的发展，对历史材料的挖掘也进入一个新的阶段。很多发生之时并没有引起很大关注的事件，经过时间的检验和人们的重新认识，也有可能重新回到历史学的视野之中。

这也需要及时对亲历者的记忆进行抢救性的口述史记录。

口述史料的真实性问题，经常受到质疑。一方面，受访者可能会为了有更好的表现，故意夸大某一人物、某一行为、某一事件的重要性，导致口述史的记载偏离了历史发展的事实；另一方面，采访者也有可能问出带有强烈倾向性、引导性的问题，导致受访者的口述只侧重于采访者的提问，偏离了历史的原貌。这些问题的存在，要求口述史料的记录者和整理者对口述对象、口述内容首先具有充分而科学的理解，并且具有科学的访谈手段，访谈之后还要对访谈内容进行科学整理、去伪存真。

2 建筑史研究中口述史方法的应用

在建筑史研究领域，口述史的研究也已经有了众多成果。口述史被用来指导设计实践，如常青的《西藏山巅宫堡的变迁——桑珠孜宗宫的复生及宗山博物馆设计》一书中，有"宗宫的口述史"一节，记载了一段颇有价值的关于桑珠孜宗宫的口述史材料[4]。口述史也被用来保存城市记忆，如"香港记忆"网站（www.hkmemory.hk）中，有多条与建筑有关的口述史记录，如"油麻地的历史建筑：三大医局、红屋、船屋和便以利堂"[5]等。口述史还被用来保存关于特定历史时期的建设记忆，如阮仪三口述的《上海皖南小三线工程勘察内幕》[6]等。陈伯超，刘思铎编著的《中国建筑口述史文库（第一辑）：抢救记忆中的历史》一书，则从建筑行政、建筑教育、建筑实践、城市规划、历史与理论研究、遗产调查与保护实践等方面，收录了大量建筑口述史作品，其中不乏贝聿铭等大师的口述。

3 "武汉拆毁建筑口述实录"项目实践

3.1 项目的缘起

2006年,武汉作家罗时汉的小说《白沙洲芦家》在中国文联出版社出版,是少见的、反映中国"拆迁之痛"的小说。在小说的附录《城市拆毁备忘录》中,武汉文史专家刘谦定先生总结了100处武汉三镇最近三十年来(1976—2006)被拆毁的、被移动的和被拆除后再仿造的历史建筑。这篇《城市拆毁备忘录》在当时就受到了广泛关注。

随着社会经济的发展与城市更新的加速,城市中被拆毁的老建筑数量不断增多。历史上的城市肌理也随着道路的拓宽、大型小区及大型工程的建设遭到了破坏。

3.2 项目实施情况及现有成果

本项目的访谈团队目前有五人,学科背景为哲学、历史学、建筑学及建筑摄影。受访者则分布在武汉各界。目前,本项目已经开展七期访谈,受访者分别为武汉文史专家刘谦定先生、武汉电视台退休记者侯红志先生、湖北省图书馆工作人员昌庆旭先生、作家罗时汉先生、汉商集团前总经理麻建雄先生、政府官员方三勤女士、湖北中医药大学冯春副教授。经过整理的访谈实录有6万余字,涉及的内容有工业遗产建筑、里分、街巷、宗教建筑等,具体成果分述如下:

1. 与刘谦定先生的访谈:物质文化遗产是顶梁柱

本项目的第一个受访者,是《城市拆毁备忘录》的作者刘谦定先生。[7]刘谦定先生近年来一直活跃在武汉文化遗产保护的前线。在访谈中他提到,为了保护老建筑,他付出了很多心血,被打、被闹、被骂的经历都有,吃了很多亏,靠一己之力抗争

非常难。《城市拆毁备忘录》发表之后,很多媒体转载,许多其他的省市也学习了这篇文章的内容,海外也有许多人深受这篇文章感染。然而由于生病和年老,刘谦定先生已经没有精力续写《城市拆毁备忘录》,对于"武汉拆毁建筑口述实录"这一研究计划,他表示强烈支持。但他也同时指出,续写《城市拆毁备忘录》的工作,需要很多资料,必须进行方方面面的调研、参照历史文献,这样写出来的东西才经得起推敲、站得住脚。

具体到近期拆毁的建筑,刘谦定先生谈到了以下几处:裕华纱厂、淮盐巷、汉口交通路、辅义里、金城里、汉阳洗马长街、武昌莲溪寺、宝通寺大雄宝殿。[8]

2. 与侯红志先生的访谈:工业遗产中有武汉的历史

本项目的第二个受访者是武汉电视台退休记者、武汉共享遗产研究会人文武汉学会副会长侯红志先生。侯先生在电视台工作期间,多次参与与历史建筑有关的报道拍摄,做了较为详细的记录。与侯红志先生的访谈是受访者准备得较好的一次,侯先生提供了多张已拆毁建筑的照片,也在访谈中提及尚有许多曾经拍摄的视频可提供整理。

侯红志先生谈及以下几处建筑:福新第五面粉厂、福新里、申新街、申新纱厂、江岸车辆厂、普爱医院、汽车配件厂。[9]

3. 与昌庆旭先生的访谈:武昌城与武昌城墙

与昌庆旭先生的访谈进行了两次,内容都与武昌城和武昌城墙有关。昌庆旭先生是湖北省图书馆的研究馆员,长期从事中文图书采购工作、藏书建设研究和谱牒研究。昌先生也是"砖家",收集和研究了许多武昌的城墙砖。与昌先生的访谈也是从城墙砖开始的。除了武昌城墙之外,昌先生还介绍了建首义广场时拆除的几栋用城墙砖砌的建筑、武昌城内的老水井等。

4. 两次行走访谈：汉阳古城、汉正街

前述与侯红志先生、昌庆旭先生的访谈结束后，侯先生与昌先生分别带领访谈人走访了访谈中提及的部分地点，收到了很好的效果。因此，在随后的访谈中，与麻建雄先生、罗时汉先生、方三勤女士采取边走边谈的形式。但这两次访谈也因此存在一些问题。一方面是由于行进中录音效果不佳，不便后期整理；另一方面则是由于行进中访谈讲述较为随意，"这栋建筑""那栋建筑"之类的指代在后期整理中往往难以准确描述。这两次访谈都有作家罗时汉先生参与，汉商集团前总经理麻建雄先生参与了汉阳老建筑的访谈，摄影师、本地官员方三勤女士参与了汉正街的访谈。

这两次访谈涉及以下内容：洗马长街、汉阳西大街、武汉市第五医院、绣花堂、汉阳女修道院、圣母无原罪堂、汉正街。[10]

5. 访谈冯春教授：昙华林的记忆

冯春教授是湖北中医药大学人文学院的副教授。湖北中医药大学昙华林校区，是原文华书院、文华大学的校园，保存着文华大学时期的历史建筑。[11]昙华林也是武汉的历史文化风貌街区之一。冯春教授曾在昙华林校区居住多年，也曾做过这一片区的老教授、老居民的相关访谈。本次访谈中，冯春教授对照20世纪30年代的武昌老地图，讲解了城市肌理改变的历史，以及昙华林片区拆毁建筑的情况。

3.3 项目计划

1. 近期计划

"武汉拆毁建筑口述实录"近期的访谈计划主要有三项：武汉展览馆拆毁与"复建"口述实录、汉口历史建筑修复失误口述实录、汉正街拆迁改造口述实录。介绍如下：

武汉展览馆拆毁与"复建"口述实录，拟主要采访麻建雄先生。麻建雄先生原工作于汉商集团，是目前武汉展览馆的业主单位。麻建雄先生曾经收集了大量与拆毁的武汉展览馆有关的历史资料与历史照片，又在汉商集团接手新武汉展览馆之后，在新展览馆之内按照历史旧貌复原了武汉展览馆的部分会客厅等细节。

汉口历史建筑修复失误口述实录，拟主要采访武汉共享遗产研究会的相关历史研究者与文物保护工程师。汉口是武汉历史建筑最为集中的片区，也是在历史建筑修复过程中，出现失误较多的片区。例如汉口三民路孙中山铜像，仅基座修复就出现了八处错漏；最新的"网红打卡地"汉口某工业遗产建筑，立面修复也存在与历史照片严重不符的情况，等等。

汉正街拆迁改造口述实录，拟主要采访王汗吾先生、方三勤女士及汉正街居民。汉正街是全国闻名的小商品交易市场，也是武汉的"城市名片"之一。目前，汉正街片区的拆迁改造工作正在开展，与拆迁改造同步进行口述史，是本项目的亮点之一，也是需要攻坚的难点。受访人王汗吾先生，是武汉地方志专家，长期关注汉正街的历史建筑及人文历史。受访人方三勤女士，是专门负责汉正街拆迁工作的政府官员，也曾经做过大量居民的口述采访，保存了大量的一手资料。除了采访这两位专家之外，汉正街拆迁改造口述实录还将采访见证汉正街历史与拆迁的城市居民。

2. 远期计划

本项目的远期计划，是完善原有的《城市拆毁备忘录》，并补充记录近十年来新拆毁的建筑、构筑物、街巷，等等。具体步骤如下：

首先确定30～50名访谈目标。本项目拟访谈的成员，包括研究武汉城市历史的专家、关心城市建设与城市更新的各行各业工作者，尤其是历史建筑改造设计与施工的工作者、城市拆迁的亲历者、老城区居民和摄影师、记者、收藏家等城市记录者，等等。

确定访谈目标之后，将进行前期研究，了解受访对象的关注与研究领域，在访谈之前进行沟

通，准备相关的地图、照片等材料，便于访谈及资料整理时使用。

在进行访谈之后，还将进行综合性研究，除对访谈稿进行整理注释之外，还将利用这些口述史料，推动对武汉城市更新的整体研究。

在积累了一定素材之后，整理者会将"武汉拆毁建筑口述实录"的部分内容，公布在"武汉文化遗产网"及"张之洞数字博物馆"网站上，将这些宝贵的城市记忆分享给公众。此后，还将通过技术手段，将这些拆毁的建筑、消失的城市肌理等标注在地图上，便于公众按图索骥，了解城市的前世今生。

4 对"武汉拆毁建筑口述实录"项目的思考

城市更新是当代建筑史上浓墨重彩的一笔。无论是"新城""新区"的设立，还是老城、老街的改造，都关系未来城市的发展与城市的命运。

在经济快速发展的中国，城市更新享受着制造业发达与劳动力价格低廉的双重福利，项目从设计到完成的时间较短，"新闻"层出不穷，能够进入传统历史书写的却只是少数。口述史在记录城市更新、留住民众记忆这一方面能够发挥极大的作用。

"武汉拆毁建筑口述实录"项目开展到现在，也暴露出一些具体的问题。如前期准备不足、访谈内容与"拆毁建筑"有一定差距等。另外，如何通过这一项目成果促进武汉文化遗产保护，也是在访谈和整理中需要注意的问题，避免将口述史变成个人色彩浓郁的回忆录和对城市负面情绪的"出气筒"。口述史的访谈和记录，都应围绕"留住乡愁"、呼吁人们认识城市及其文化遗产等方面开展。

"武汉拆毁建筑口述实录"项目是一次口述史的实践，也是"公众史学"的实践。公众是历史事件的亲历者，是口述史的讲述者，也应成为史料传播的受益者。

1 [美]唐纳德·里奇《大家来做口述历史（实务指南）》，王芝芝、姚力，译，北京：当代中国出版社，2006 年，2 页。

2 钱茂伟《史学通论》，杭州：浙江大学出版社，2012 年，58 页。

3 同上。

4 常青《西藏山巅宫堡的变迁：桑珠孜宗宫的复生及宗山博物馆设计》，上海：同济大学出版社，2015 年，27-30 页。

5 香港记忆《油麻地的历史建筑：三大医局、红屋、船屋和便以利堂》[2019-01-29].https://www. hkmemory.hk/collections/oral_history/All_Items_OH/oha_34/records/index_cht.html#p57151.

6 徐有威《小三线建设研究论丛（第二辑）：小三线建设与国防现代化》，上海：上海大学出版社，2016 年，273-275 页。

7 刘谦定先生是著名的"武汉通"，也是武汉著名的民俗专家。生于 1953 年，原为武汉市武昌区粮道街办事处的街道干部。2009 年，刘谦定先生获"薪火相传"——中国文化遗产保护年度杰出人物奖。

8 裕华纱厂由民族资本家苏汰余创办于 1922 年，武汉的厂房约拆毁于 2010 年。淮盐巷位于汉口汉正街中段北侧，长约 194 米，宽约 3 米。清末有吴姓商人在此设盐号，专售淮盐，故名淮盐巷。1912 年后，贺衡夫在此购买了大块地皮建房用于出租，取名"怡怡里"。目前这条巷子被拆除了一部分，其余的部分于 2014 年被公布为武汉市优秀历史建筑。汉口交通路曾经是有名的一条书店街，由于修建地铁 2 号线江汉路站，这些书店最终于 2010 年后拆除。辅义里由清末民初汉口商人刘子敬建于 1917 年，1927 年中共中央宣传部曾设于辅义里 27 号，瞿秋白曾在此为毛泽东

同志的《湖南农民运动考察报告》写序。2010 年，在吉庆街改造工程中，辅义里大部分建筑被拆除。原中共中央宣传部所在地辅义里 27 号现为全国重点文物保护单位。金城里出于中国建筑界泰斗庄俊先生之手，建于 1930 年，是当时汉口金城银行的高级职员住宅。在 2005 年开始的武汉美术馆改扩建项目中，金城银行保留了外立面，内部及金城里部分没有保留。汉阳洗马长街位于汉阳的龟山山麓，曾有社稷坛、大量的湖南商人的老建筑，也有许多西式的建筑，于 2006 年后整体被拆除。武昌莲溪寺始建于唐代，后屡毁屡建，最终重建于光绪年间。近年在改造中清代的山门和大殿等被拆除重建。宝通寺的大雄宝殿情况与莲溪寺类似。

9　福新第五面粉厂由荣宗敬、荣德生的荣氏兄弟集团创立于 1919 年，2012 年被整体拆除，仅保留了临汉江的 1918 年修建的面粉车间大楼。2011 年，福新第五面粉厂旧址被公布为武汉市文物保护单位。福新里位于江汉路，建筑仍保留。申新纱厂由荣氏集团创办于 1920 年，2011 年前后被拆除。江岸车辆厂建于 1901 年，1923 年这里发生过京汉铁路工人大罢工，当时厂内有 16 位工人牺牲，其中林祥谦被捕后被杀害。江岸车辆厂目前已经被列入武汉工业遗产保护名录，但其中大量建筑已经被拆除。普爱医院是武汉最早的西医院，建于 1861 年。目前，普爱医院北院的大部分老建筑已于 20 世纪 80-90 年代拆除，原门诊大楼经过整修改作食堂，保留了楼顶的小钟楼。2005 年，普爱医院南院开始拆迁，于 2009 年拆完。武汉汽车配件厂的前身可追溯到 1922 年，原为日资纱厂，后为日军汽车厂。1945 年日本投降之后，该厂被国民党接收，称"403 厂"，从事汽车修理工作。1949 年武汉解放后，解放军接管 403 厂，与其他汽车修理厂共同组建武汉汽车厂。1949 年后，该厂又屡经更迭，最终于 1959 年定名为武汉汽车配件厂，一直沿用到 2006 年工厂破产。目前厂区只剩下职工医院的建筑，作为社区卫生服务站使用。

10　洗马长街的情况在注释 8 中有提及。汉阳西大街的历史最早可以追溯到唐代，曾是汉阳古城的主要街道。2011 年起，西大街开始拆迁，画家易小阳先生开始在西大街的拆迁隔离墙上作画，留住西大街的民生记忆。2018 年，持续作画七年的易小阳和他的"西大街清明上河图"得到了央视的关注，这堵墙也成了"网红打卡地"。目前，西大街的拆迁改造工作仍在进行。武汉市第五医院、绣花堂、汉阳女修道院、圣母无原罪堂、汉正街建筑均在，但改造过程中，仍然存在立面粉刷不合理等情况。

11　文华书院（Boone Memorial School）由美国圣公会创办于 1871 年。1903 年增设大学部，称"文华大学"，后改名为华中大学，是今华中师范大学的前身之一。

参考文献

[1]　唐纳德·里奇. 大家来做口述历史（实务指南）[M]. 王芝芝，姚力，译. 北京：当代中国出版社，2006.

[2]　钱茂伟. 史学通论 [M]. 杭州：浙江大学出版社，2012.

[3]　常青. 西藏山巅宫堡的变迁：桑珠孜宗宫的复生及宗山博物馆设计 [M]. 上海：同济大学出版社，2015.

[4]　徐有威. 小三线建设研究论丛（第二辑）：小三线建设与国防现代化 [M]. 上海：上海大学出版社，2016.

[5]　陈伯超，刘思铎. 中国建筑口述史文库（第一辑）：抢救记忆中的历史 [M]. 上海：同济大学出版社，2018.

附：侯红志先生谈"福五"和"申四"

受访者
简介　　　侯红志

男，出生于 1955 年。武汉电视台记者（退休）、中国文保基金会专家组成员、武汉共享遗产研究会人文武汉学会副会长。主要作品：电视新闻专题《中山舰还将沉寂到何时》（获中国广播电视新闻奖）；论文《论舆论监督的前置效应》（获 2012 年湖北广播电视论文奖）；著作《徽章上的武汉》《武汉市工业遗产保护》《武汉竹枝词史话》；连环画《南沙海战》《法国之战》《假戏真做》等。

采访者：许颖（中信建筑设计研究总院）、陈嘉煌（武汉大学）、梁睿成（武汉大学）、吴中奇（武汉大学）、刘建林（武汉共享遗产研究会人文武汉学会）

访谈时间：2018 年 12 月 12 日

访谈地点：中信建筑设计研究总院有限公司

整理情况：许颖、陈嘉煌、梁睿成整理于 2018 年 12 月

审阅情况：经侯红志先生审阅

访谈背景：2006 年，武汉作家罗时汉的小说《白沙洲芦家》在中国文联出版社出版，是少见的、反映中国"拆迁之痛"的小说。在小说的附录《城市拆毁备忘录》中，武汉文史专家刘谦定先生总结了 100 处武汉三镇最近三十年来（1976—2006）拆毁的、移动的和拆除后再仿造的历史建筑。这篇《城市拆毁备忘录》在当时就受到广泛关注。随着社会经济的发展与城市更新的加速，城市中被拆毁的老建筑数量不断增多。历史上的城市肌理也随着道路的拓宽、大型小区及大型工程的建设遭到破坏。

许　颖　以下简称许
吴中奇　以下简称吴
刘建林　以下简称刘
侯红志　以下简称侯

|侯　对于武汉市老建筑的保护与拆毁状况，这次我带来几个比较典型的案例。我们今天先谈谈，同时我也写了文章，对于涉及的老建筑、老工厂过去和现在的情况，都做过调查，都有文字和照片。我从台里（指侯先生工作过的武汉电视台）退休的时候，提出把我做的专题片全部转成视频资料，台里还专门派了一个研究生给我转了一个月，全都给我转过来了，这里面有很多我原来做的与武汉文化、历史遗产建筑等相关的东西，并且都是成品。

许　这些都是很好很有意义的资料。今年的话，我们确实是年前（2018 年）的工作量太大了，过完年之后，我们想看看今年（2018 年）能不能把您的视频资料整理了，将它们发布出来，在我们的网站上给您做个专题。如果可以的话，希望您到时候能提供这些宝贵的资料。这些资料放到网站上，版权都是您的，这个请放心。

|侯　好的，你们愿意用我的东西是抬举我。

许　您的这些东西，放在您家里呢，是您自己的宝贝；您要是拿出来，就是全社会的宝贝。所以我们很乐意把您的东西放到我们的网站上。

刘　之前在《白沙洲芦家》一书中，刘谦定老师整理了武汉市至 2005 年被拆毁的 100 处老建筑。如今离 2005 年又有十几年了，我们打算将近十年以来，武汉市继续拆毁的历史老建筑再汇总 100 处，正好接上这本书以前的调查。这也是为市民保留历史记忆的一个方式。

福新第五面粉厂

|侯　首先，这是福新第五面粉厂。我不知道你们对武汉的历史和工厂发展状况了解不了解？你们做了研究吧，是不是？那你们知道福新第五面粉厂吗？

吴　没有听说过。（陈、梁二人亦摇头表示没听过）

|侯　这个福新第五面粉厂，是荣毅仁家族办的。当时荣氏集团在武汉有两个厂，这是其中之一。荣氏集团在无锡发迹，后来主要的工业基地在上海，之后又扩张到武汉。他们对武汉也很重视，他们的后人把武汉称为"民族工业的基地"，因为他们当时在武汉的纺织工业和面粉工业，曾经是工业中心。因为抗战期间，武汉一度成为国家的中心。后来，日本人打到武汉来的时候，他们又把这个厂子撤到后方，一部分到重庆，一部分到山西，所以它一直延续了下来。第五面粉厂位于沿河大道上，在汉水铁路向宗关水厂方向的地方。这个房子是 1919 年创建的，到现在（2019 年）正好就是 100 年了。

福新第五面粉厂厂房·外墙　　　　　　　　　　　福新第五面粉厂厂房·内部

这个厂的创始人、厂主就是荣德生的女婿，也就是荣毅仁他们家族的成员，叫做李国伟。李国伟是曾任国家副主席的荣毅仁的父亲荣德生的女婿，是荣毅仁的姐夫。他在武汉创办了这个厂，并且将其做到很大规模。该厂 1918 年新建面粉车间大楼，1949 年后改名第一面粉厂，继续生产面粉。到解放初期，都还是武汉一个很重要的企业，是武汉主要的一个面粉生产厂。但是到（20 世纪）90 年代，就开始衰落了。因为计划经济的背景改变之后，市场活跃了，很多大小面粉厂都进入武汉，对它形成一种冲击。之后，它入不敷出就停产了。到 2012 年的时候，就被整体拆除了。

现在我手中保留着大量福新第五面粉厂的照片，都是 2011 年它拆除之前拍的。拆除之前我并不知道它计划拆除的时间，后来突然知道的。对于这个厂子，因为我是在汉口长大的，小时候我就知道这个地方，记得这边的厂房建筑，因为我觉得这些建筑很特别，都带有西方建筑的色彩。我知道这是民族工业的厂子，是一个老厂，但是还不知道原来就是福新面粉厂的旧厂。当时荣氏集团在武汉有两个厂，一个是福新第五面粉厂，一个是申新第四纺织厂。它们的厂房从结构和外貌上看都有西方建筑的色彩，包括窗户、门脸等。其建筑都是（20 世纪）20 年代，国内民族工业借助外国资本，聘请外国设计师设计的，因而具有西式风格。

除了风格特异之外，这些厂房建筑还有一个特点，那就是非常坚固扎实，墙体很厚，同时又很漂亮，可以感受到当时是为了它们能够延至百年而建筑的。工厂停产后，还有很多生意人将它租作仓库使用，同样没破坏它。福新第五面粉厂一直到 2011 年拆除的时候，老厂房都没有维修过，一直使用到 2011 年。后来我们四九年后做的很多厂，建筑耐久度都赶不上这些房子。2011 年我们去拍的时候，面粉厂 1919 年修的建筑和四九年后继续修筑的一部分厂房建筑都在，照片我们都拍了。

2011 年的时候，我还在上班，在一线做记者，主要是做策划，就是对于一些节目，规划如何做、如何报道。我发现这个厂房要拆之后，就把一些记者带去了（老厂房），结果带去了以后，刚好碰到李国伟的女婿到武汉来"寻根"，我们见了面了。当时李国伟的女婿还送给我一些照片，包括一些荣毅仁家族的老照片，还有一些申新第四纱厂和福新第五面粉厂的照片，当时简称"申四""福五"，都是（20 世纪）40 年代在武汉拍的。

20 世纪 20 年代汉江边的汉口福新第五面粉厂

福新第五面粉厂厂房·面粉车间大楼

　　我看当时的老照片，发现在里面荣毅仁就是一个小子，有种顽皮小子的味道，好像在家族里面，他也没什么地位，我就有那种感觉；而李国伟等当时已经是实业家了。2011 年的时候，李国伟的儿子李元骏先生还到武汉来了，我们也见面了，因为他知道我们在做相关研究和报道，就通过朋友找到我们。而且他当时还和武汉的一个名人——评书艺术家何祚欢——联系上了，他们二人，再加上我们，一起去看福新第五面粉厂的旧厂房。

　　作为李国伟的儿子、荣氏的后人，他一去看那个厂房，对于这个车间、那个厂房原来是做什么的全都知道，如数家珍。我们去的时候，发现那个房子年久失修，实际上已经很破旧了。它是两层楼，室内地板已经烂了，但还没垮。

　　后来我们就想做报道了，想通过报道来把它保留下来。当时这个建筑都没有挂牌，它不仅仅没挂文保单位的牌，连优秀历史建筑的牌都没挂。我们原本打算借助报道的方式呼吁保下这片建筑。当我们带着记者，准备去拍的时候，好像还没回到台里，就有电话就打到台里去了，说那个地方，硚口区早已盯上，计划拆掉以后搞开发。后来，领导就告诉我，有人给他打电话打了招呼，希望这个东西最好不报，这个报道就没出来。虽然如此，我们当时去还是起到一个作用，就是促使该厂的一栋主要建筑——面粉车间——保留了下来，并且挂上了武汉市文物保护单位的牌。这挂牌是蛮有意思的，文物保护单位和市领导为此做了一些工作。

　　不过有趣的是，这栋房子周围的所有房子都拆了，它就孤零零地在那里。而且关于这栋房子，保护的过程中还遇到了一个问题。原来这个房子不属于武汉市，产权不属于我们市里管。在武汉的房子产权不属于武汉市，这是怎么回事呢？原来是之前的第一面粉厂破产了，破产以后在经营过程中负债。于是就找外地，好像是河南的一个单位，借了很多钱，欠了别人债。破产以后，人家找到第一面粉厂，第一面粉厂就把作为主楼的这个房子抵押出去，因此产权就到别人手上去了。我们把它保下来以后，却发现房子产权不在我们手上，为这个事市里头还出面找对方交涉，最后大概是由国资委（国务院国有资产监督管理委员会）请市政府出面和对方交涉，可能也给了对方一定的补偿，通过经济上的谈判，才把这个房子的产权收回来。

　　这个过程蛮有意思，说明了在实际的历史建筑保护方面，有很多问题、很多因素的制约，绝不仅仅是挂个保护的牌子就能解决的。包括产权的问题，就在这次实践中凸显出来了。另外，还有居住的问题。比如说，有些房子里面住了居民、职工，该怎么安排这些人？安排不好就是问题，是吧？还有，一些房

子快垮掉了，谁来出钱维修？这个就完全要政府出面来解决。而且，我们都说保护历史建筑，但是，这一保护的意义何在？同样也是需要思考的问题。因此，可见历史建筑保护，并不是个简单的事情。

许 这个建筑在使用过程中还有痕迹保留下来吗？

| **侯** 这栋建筑还有一个有意思的地方，它里面保留下来很有意思的历史痕迹。这个面粉车间，当时在武汉市来说都是一个很大的工业建筑，我进去看的时候，房子里面过去的痕迹全都在。既有"民国"时期在墙上写的一些字，也就是车间的一些专用字，也有"文革"时期写在墙上的标语，包括现在写到墙上的字迹，都保留着没除掉。此外，建筑里面有很大的一个电梯，如今电梯或许已不能运行，但是原来的电梯井还在。

关于这栋建筑的保护，还有一个插曲。就是到 2016 年的时候，网上有几个小青年找我，说他们知道我有保护这栋建筑的经历，就联系我，说他发现这栋建筑好像有人想拆，让我去看看是什么情况。我就告诉他："你如果住在旁边，要是（知道）有人想拆，你随时给我打电话。"我告诉他："这是历史文物建筑，不是随便谁想动就能动的。如果有谁要拆，我们找到他，要他拿出道理、依据来，否则这是没人敢拆的。"后来我看这次也是虚惊一场，房子没有被拆。

这个就是从沿河大道的角度拍摄的一张历史照片，就是刚才我们看到的那堵墙的另一面，靠河的那一面。这边就是我刚才说的那栋保护下来的面粉车间的大楼。

吴 我看之前的照片和现在看到的颜色不太一样，是做过什么改动吗？

| **侯** 对，这个是后来粉刷过的。这张照片是之前一直准备拆的建筑。这里面地板都烂了，墙也烂了，都没有管。

这是一张历史照片，你们看，房子是这样的。这个估计是（20 世纪）20 年代从汉水上拍摄的。这边就是现在保留下来的房子，但是过去这个房子要小些，到后来可能又扩建了一些。而且不是四九年后扩建的，应该是四九年前就已经扩建了。当时荣氏集团的两个厂还有一个特点，都离汉水很近，因为当时主要的运输方式是水运，其产品和原材料都是通过汉水运输的。这个面粉车间保留了下来。图片前面这个房子这个凸出部分，就是他们最大的电梯，这个工业电梯，我曾经也拍过。

这个房子外墙的粉刷，在其破产之前就已经有过。之前用的是白色，而且当时也已经不再作为面粉车间，而是作为办公室使用。后来的文化公司进去以后，又把外墙粉刷成灰色，有修旧如旧的感觉，似乎还要好一些。前面还有（20 世纪）六七十年代的大门，四九年后修的，现在全拆掉了。

这是面粉车间挂的牌。我们去打算采访报道是 2011 年 2 月，2011 年 3 月就挂牌了，所以有时候媒体、电视台还是起作用的。我当时在"都市写真"栏目，类似于武汉的"焦点访谈"，我们做评论，主要的工作就是做舆论监督。

许 这张照片上的人都是谁，他们跟"福五"是什么关系？

| **侯** 这张是李国伟的儿子李元骏及其夫人林建华，以及厉无咎的儿子厉宗煌。后面就是李国伟的故居，现在这座房子的面貌相比之前改变了一些。这栋房子的大门口，还有两根罗马柱。李国伟就是在这里出生和长大的。后来这栋房子也差点被拆了，但是他们为了保下这房子，就想了一个计策。当时厉无咎的儿子在武汉，他就找到一些资料，据这资料记录，在武汉会战的时候，武汉成了全国的中心。当时国内的一些工矿企业，在武汉会战开始之前，国民党就决定让它们向后方撤退，包括搬到重庆、西北等地。

当时这个厂子也准备搬迁，李国伟他们也愿意搬，但是因为当时的面粉厂作为股份有限公司，董事会的一些人不愿意搬，大家意见不一致，因此决定不下来。就在这样一个时刻，宋美龄亲自到这个厂里来，和董事会的人谈话，向他们表示"要以大局为重"的意见。他们通过这份资料，发现当时宋美龄来谈的地点，正是在这栋房子里面。于是他们就找到媒体，让他们大肆渲染，仿佛这是一个惊人的消息，说宋美龄在抗战的时候，在什么房子里面，做出了抗战期间工厂向后方转移的重大指示等。然后又通过我们找来专家，让专家出来说几句话，指出"这个事情是真实的""这个房子的价值非常大"，等等，这栋房子就这样保存了下来。因为当时一下子把舆论搞得很大，我们请市文化局、文保处的相关领导都出来说了几句话，因此这栋房子，就算是被他们以"曲线救国"的方式保了下来。

现在这个地区要开发，工厂的很多房子都被拆了，就剩下这两栋房子。当然，这两栋能保留下来也很不错了。目前，我也还不清楚这两栋房子是不是挂牌了，挂的是优秀历史建筑还是武汉市文保单位的牌子，我也不知道。甚至连它们现在有没有被拆也不知道，因此我都很想去看看，到底现在是个什么状况。

李元骏及其夫人林建华现居香港，在当地做了很多慈善事业。厉宗煌现在是美国籍，他为我提供了不少资料，我们到现在仍然有联系。

我也渐渐感受到，我们研究工业遗产、研究历史，不能只研究建筑，还要研究和建筑有关的社会形态，包括人的反应和人的意识。人的反应和意识，能够代表政治生态和社会状态。我认为，我们要记录的，不是一所房子留下什么或被拆了什么，建筑的历史，我们通过查资料，都可以查到。但是，这些建筑里面居住的人，包括以前居住的人，和以前居住的人的后人，他们的观念、心态等，都很有意思，更需要关注。

福新第五面粉厂厂房·武汉市文保单位挂牌

福新第五面粉厂厂主后人
左起：李国伟儿子李元骏、儿媳林建华与厉宗煌

申新纱厂

上面的房子是申新纱厂的厂房。这一片历史建筑很有趣，既有四九年前的建筑，又有四九年后修建的职工宿舍。当时申新纱厂的职工宿舍是（20世纪）50年代苏联专家帮忙设计的，有点苏联的味道，

包括风雨廊、楼梯等，都是很漂亮的，是武汉市最好的，当时武汉人很羡慕。这个照片是我 2011 年拍的，现在这些建筑全都被拆了。

　　申新纱厂在四九年前的职工宿舍，我曾经看过几间，这是其中的一间。这样的房子叫做"八间头"，是当时厂里人的一个习惯叫法，是一般职员住的，也有部分工人住。比如现在我们说的班组长，他们也住这样的宿舍。这个房子做得相当好，它是两层楼的建筑，外面有一个小的围墙，里面还有一个小的天井，而且建筑也很精致，比如门楣上的装饰。不过天长日久，这些房子也已经破烂不堪，里面还住着人，

申新纱厂厂房

20 世纪 50 年代申新纱厂
职工宿舍·"八间头"

都是厂里的职工。我们去看的时候，他们以为我们是拆迁一方的，还对我们大诉其苦，希望能够赶快拆掉，殊不知我们还希望这些房子能够保下来，因此（我们）也不敢说明身份，或是表达自己真正的看法。

刚刚看的叫"八间头"，这叫做"六间头"。六间头是给高级职员住的，就是一般的中层干部住的。这房子明显比"八间头"好，是小洋楼式的房子，里面的楼梯做得非常精美，有点租界里的房子的味道。其纹饰也非常漂亮，装饰精美，对着它的门，颇有味道。包括我们看它的屋檐、上面的楼梯、栏杆等，都是20世纪40年代的，有一种海派的味道，给人一种过去的感觉。不过如今都已破烂不堪了，里面的居民，都期盼早日拆迁。

我前不久去看，它还是空地，我们现在拍的这些东西，可能就是唯一的资料了。

拆迁的时候，我还采访了一位老工人，一位职员，一对老头老太太，都80多岁了。当时我在那个地方看，他们就问我干嘛的，要拆房子的时候都很敏感。后来我就说我是记者，也谈得很契合，后来我把记者证给他们看，他们就敞开心扉跟我谈。

其中一位老人，讲了三句话就哭了起来。他是申新纱厂1948年从上海过来担任棉花技术员的工人，当时他们很多技术工人都从上海来武汉了，是李国伟亲自把他调到武汉来了。过来以后，1949年就"解放"了，从那以后他一直在工厂工作，做的也是类似于中层干部的职务。公私合营的时候，他也没事。但到"文革"的时候，就开始整他们。说他们是资本家的人，实际上他就是个技术干部，但还是说他是资本家的人。把他从"六间头"里面赶了出来，搞了一个小房子让他住。他说他的几个孩子都只能睡阁楼，我不知道他怎么活了80多岁的，而且身体还蛮好的。

20世纪50年代申新纱厂
职工宿舍·装饰精美的门楣

他说因为我是记者，就跟我说心里话，好不容易才找到个人谈心里话，就觉得很委屈。他说他们都是很老实的人，凭技术来干活的人，谁都没想到"文革"的时候会整到他们头上，说他们是资本家的人，说他们是和资本家一起的，但实际上他们也是被资本家管的。所以说，"文革"时期，发生了很多很荒诞的事情。

中国人都是很可爱的，这些老头老太太，也只不过是有这个机会来倾诉一下，也只是希望（通过）这次拆房子，让自己能够有个安身之所。有时候我见到这些人，心里都很难过。我跟他谈了以后，心里更加难过，就觉得我一定要把它写出来。可能现在他们人都不在了，当时就80多岁了，现在又过了六七年，可能人已经不在了。不过，我们出的书里面都有他们。照片、文字的故事都有，我都记录下来，作为一种资料保存下来。

我还碰到过一个老工人。这个老工人很有意思，他在路上走，看我拿个相机过来，就问我在干嘛呢。我说我是记者。他就开始跟我谈了。在交谈中我了解到，他已经退休了，年龄也将近80岁，估计是管发电机的。他说了一个情况，当时申新纱厂的那个发电机组是从荷兰进口的，他说当时这在武汉市都是

20世纪50年代申新纱厂
职工宿舍·"六间头"

非常好的。当时在"文革"期间，有一段时间武汉市缺电，停电了以后，政府就调他们的发电机来支援，让他们发电，满足周围居民区的供电需求。厂里的发电机是用了几十年，他是管发电机的，后来就对发电机有感情了。他说现在发电机早已经不知道拆到哪里去了，可能当废铁卖了都不一定。言语之间可以看出他对发电机的感情。在工厂里面，有很多这样的人，所以我刚才说的，对于历史建筑，里面不仅有房屋建筑，还有人，人是其中很重要的一部分。"解放"前，申新纱厂的福利很好，资本家有自己的子弟小学，有专门的医院，他们的医院就在这个厂子对面，职工拿张条子就可以去，就像我们现在的公费医疗一样。

当时除了纱厂，还建了火柴厂。厂里的职工可以入股，当时很多职工入股。职工除了自己的工资收入，厂子办好了，他还有股份。资本家的管理非常科学，他把你和企业的利益紧紧绑在一起，只要好好干，生活会越来越好。所以说我们确实是经历了很多教训。

20世纪50年代申新纱厂
职工宿舍·精美的山花

20世纪50年代申新纱厂
职工宿舍·海派风格的楼道

20世纪50年代申新纱厂
职工宿舍·楼梯和栏杆

保护与破坏：基于村民口述的聚落变迁史（1945—1978）——以皇城村为例

薛林平　石玉

北京交通大学

摘　要： 文章论述皇城村解放初期至大规模旅游开发前（1945—1978）的聚落变迁过程及其原因，主要研究方法为田野调查、口述访谈。通过具体分析不同阶段聚落破坏的程度，认为家族权利的瓦解、政治观念的植入、经济形势的变革，都对传统村落的物质形态产生严重破坏与负面影响。同时，藉由多位村民的口述事实得以发现，普通民众在特殊时期的遗产保护中仍旧发挥出重要的积极作用。这些口述史为我们未来的传统村落遗产保护工作提供支持。

关键词： 村民口述　聚落变迁　遗产保护　人民公社时期

引言

1949 年以后，政治运动、经济发展、现代化建设等多种因素，使得传统村落的聚落形态、建筑景观面临前所未有的严峻考验。除少数得以有幸保存外，绝大多数传统村落在短短数十年间发生了剧烈变化，大量宝贵的历史痕迹在此期间被抹平。这一时期至关重要却鲜少受到关注。其重要性体现在，这是"传统"最后残存的几十年，也是"现代"最初诞生的几十年，更是我们看得见、摸得着，距离"传统"最近的几十年；鲜受关注则是由于各种政治社会原因，以及当时落后的记录方式导致资料信息极其匮乏。

不过，有一扇门并未关闭，那就是无数老人的亲身经历。一生置身于其中的他们，亲眼见证了聚落变迁的深刻变化，从他们口中讲述"过去"，能帮助我们通过社会记忆的方式再现一个弥足珍贵的传统世界。

以皇城村为例：口述的对象，有陈姓有外姓，有百姓有干部，有男人有女人，集中于曾经在老院子深入生活几十年的皇城老者。我们争取通过不同的社会视角形成记忆互补，如外姓对陈氏家族的兴衰荣辱，持有更为客观谨慎的观点；干部对重大事件的发生发展，具有更为敏锐宏观的把控；女人对生活细节的点滴记忆，塑造出更为立体化的生活场景。口述的内容，基于 1949 年前后到改革开放前皇城村社会发展简史而展开，围绕着聚落环境、空间格局、建筑遗产变迁这一主题。惊喜的是，口述除了帮助重建昔日文化遗产外，民众在社会变迁中如何各自发挥出保护与破坏的关键作用，渐渐开始作为一条有意思的线索若隐若现。

1 皇城村概况

皇城村，位于山西省晋城市阳城县北留镇。2005 年，皇城村被公布为第二批中国历史文化名村；2012 年，皇城村被公布为第一批中国传统村落；2013 年，"陈廷敬故居"被公布为全国重点文物保护单位。

作为典型的晋东南血缘聚落，皇城村以明初迁居于此的陈氏家族为主。大约在清康熙、雍正时期（1662—1735），家族发展达到巅峰，享有"德积一门九进士，恩荣三世六翰林"的美誉，其中最具代表性的人物当属康熙帝师陈廷敬[1]。与此同时，陈氏家族历经几代建造了一座规模庞大的山地城堡（即陈廷敬故居）——分内城（俗称"里罗城"）与外城（俗称"外罗城"）两部分。整个平面呈不规则形，依山就势，层楼叠院，雉堞林立，将防御工事、官式建筑与地方民居巧妙结合，具有极高的历史文化、建筑艺术价值（图1、图2）。

图 1 陈廷敬故居全貌（今皇城相府景区）

图 2 陈廷敬故居传统建筑分布图

内城形成于明朝末期，包括为抵御流寇而修筑河山楼、城墙、藏兵洞等防御体系。外城完成于清朝中期的康熙、雍正年间，陈氏家族发展的巅峰时期，新建有多处官式建筑。城门外为收藏有康熙御赐"午亭山村"匾额及"春归乔木浓荫茂，秋到黄花晚节香"对联的御书楼等。另外，堡南侧建有南书院与花园，为陈氏家族之书堂，原藏大量古书，陈廷敬画像、圣旨等物亦保存于此。

2 清朝中后期－民国时期

清朝中后期以后，陈氏家族开始衰退，渐渐从名门望族回归普通百姓。到了近代至民国时期，

建筑质量也因二三百年的风吹日晒受到严峻考验，城墙坍落，其上阁楼、城垛全无，其下藏兵洞破败不堪。（图3、图4）城中多处院落房倒屋塌成为废墟，如内城"青林后院（世德院南院）……分果实房的时候分给一家人，人家在外头买上房以后不回来住了，就把这房卖了，结果买主也不住，拆了走了，就成了一片土圐圙（空地）"（皇城村陈黑丑）；"河山楼原来就是那么个直圪筒，也没有顶，底下整个没有楼板了"（皇城村李积业）（图5）；如外城"相府院后头，当时有地基没房，可能是房塌了，变成一片空地"（皇城村李积业）；"樊家院原来有小前院、前院、后院、窑院四个院子，前院后院中间的过厅塌了，有一棵大榆树长在里头"（皇城村李积业）。

图3 内城西城墙及城门（修复前）
皇城村樊书堂提供

图4 内城东城墙藏兵洞（修复前）
皇城村樊书堂提供

图5 内城河山楼正立面（修复前）
皇城村樊书堂提供

这一时期，外城已有外姓人居住。变卖族产在所难免的情况下，基本是以整院为单元进行交易，如"姓郭的都住在小姐院"（皇城村郭培刚），樊家院"姓樊的都集中在这儿了"（皇城村樊书堂），但他们都承认这房子"原来是人家陈廷敬后裔的"（皇城村郭培刚）。

3 "解放"－土改－农业合作化时期（1945—1957）

3.1 家族权利的瓦解

土改期间，资产重新调配，本族与外姓发展脉络被打乱，外姓比例又大幅增高。这从一定程度上撼动了古老的家族型产业，陈氏族人对于建筑群的宏观掌控力丧失。首先，公共族产消逝。除了城墙和东坡庙以外，凡是有利用价值的公共建筑，如祠堂、河山楼、御书楼、西山院以及城墙上面的阁楼等都分给了私人。其次，私人财产沦陷。虽然皇城村中农和富裕中农稍多一些，没有地主，调配不太明显，但依旧有许多住在城墙之内的口述人承认自己的房子是"祖上分的果实房，就是解放以后给穷人分的房"（皇城村樊生林）。再次，外姓涌入堡内（图6），如住在祠堂院的于姓，藏兵洞的王姓、卫姓、裴姓，树德院的许姓、刘姓，樊家院的武姓等。

具体到建筑层面，即最好的和最差的建筑分给了文化水平低、经济条件差的穷人，甚至大量外姓。唯成分论的年代，经济状况与成分地位成反比，建筑质量与主人素质也完全不对等。这些人受限于自身条件，对于老房子基本没有任何保护能力，即便损坏也没有经济能力修复。因此，每当面临选择之时，条件稍好的家庭不必在老房子上想办法，但穷人往往迫于无奈，拆老房盖新房来解决燃眉之急。另外，大部分陈氏后人基于强烈的家族感情及使命感，认为"老祖宗留下来

图6 "解放"初期皇城村姓氏分布图

陈氏居住地
外姓居住地
复建/新建建筑

的东西，不想败坏祖宗"（皇城村樊书堂），而外姓则不同，认为所分得的房产利用度不高、位置不便利等，随意进行改造、破坏与买卖，甚至"拆了走了"（皇城村陈黑丑）。举例说明：

祠堂"过去是陈廷敬他们搁神主（祖宗牌位）的地方，里头有专门烧纸的地方"（皇城村郭培刚），土改的时候分给了姓人家，人民公社时期曾"变成大食堂了，里面支个大锅做饭"（皇城村陈兴富），大锅饭散了以后，厅房"原来是一层，后来就在中间把它挡起来，上边放点乱七八糟的东西，下头住人"（皇城村郭培刚）。

河山楼"土改的时候分给私人了，当时村民们也没多大用处，最下边那一层有个地下室，就在里面喂牲口、搁点草。"（皇城村郭培孝）

御书楼"干脆就拆没了，光有'午亭山村'那匾和对联，放在城墙那里。"（皇城村王小留）

西山院则是由于地势太高不方便生活，"都拆光了，拆的东西弄回来还能修点什么。"（皇城村郭培孝）

城墙上的藏兵洞，"土改时候分给个人以后，有人为把砖拆了的，也有失修塌掉的。"（皇城村郭培孝）

3.2 政治观念的植入

除了资产调配外，土改时期严酷的批斗给普通村民留下了刻骨铭心的印象，而这直接影响了"文革"时期民众对于保护文物的态度。年纪稍大、经历过土改的人，至今提起当时的批斗都心有余悸，直言"土改斗争吓得人都跟鬼一样"（皇城村裴小乞），即便没有经历过土改的人，也略有耳闻，认为"文革""和斗地主时候一样样的，就是一回事，当权派他就不敢说话"（皇城村陈黑丑）。因此，当生命受到威胁时，保护文物已经不被看作当务之急。

4 人民公社－改革开放时期（1958—1978）

4.1 政治变革对于乡土聚落的严重破坏

这一时期政治运动异常频繁，而这些对聚落本身及其生态环境造成直接伤害。在此选取"大跃进"和"文革"两个代表性节点具体分析。

"大跃进"时期，国家号召大炼钢铁，所以"人都跟疯了一样，一天起来什么也不干，就是炼铁"（皇城村樊书堂）。而材料来源只有两个渠道：

一是山上的铁矿石。阳城县志中记载，"史山产铁，西五里有金裹谷海会寺在谷中。"[2] 所以，史山无可避免地成为重灾区，老幼皆兵，小学生们"不会挖，就负责抬矿石，好像跟那搞运输的一样"（皇城村樊书堂）；妇女们甚至"带着孩子在史山住了半个月，在黑山那儿抬矿，反正只顾得做这些了"（皇城村裴小乞），"村边上到处都是炼铁的小高炉"（皇城村樊书堂），可见其对山体环境的破坏之大。

二是家中的铁构件、铁器物。"大队怕完不成任务，还让老百姓把屋里铁的东西都卖了，连炉子的炉齿都刨了，把锅、铁灯树这些都收到那上头炼钢铁，这些东西比矿石好炼。"（皇城村陈炳全）损坏的东西数量无法估量，我们仅对口述中专门提到的器物种类作粗略统计（表1）。

"文革"时期，政治运动更加深入和广泛，但大多数人认为皇城村破坏不大，大量居住建筑及大体量构筑物因无法损毁而保留下来，因为"真的没办法，放也放不倒，砸也砸不碎。"（皇城村樊书堂）其他大量文化色彩浓厚或较易破坏的小型文物及建筑装饰物则无法幸免（图7）。

表1　大跃进时期铁构件、铁器物损坏表

口述人	铁构件、铁器物
樊书堂	铁刀剑、灯树、铁笼、铁锅、铁洗脸盆、门上包的铁皮、门环
王小留	好铁炉
陈兴富	铁锅、铁钉、大学士第院外铁旗杆
陈兴炎	锅、碗、铁炉
裴小乞	炉齿、钉、刀
陈丙全	火炉炉齿、铁锅、铁灯树
陈胜利	灯树、脸盆

我们对口述中提到的破坏统计如下（表2）：

表2　文化大革命时期文物及建筑破坏表

口述人	文物及破坏方式	建筑及破坏方式
樊书堂	南书院几十道圣旨（烧毁）、陈廷敬画像（不知去向）、陈廷敬相片（不知去向）	
郭培刚	古书（烧毁）、神主（烧毁）、古碗（红卫兵拿走销毁）、绣花鞋（红卫兵拿走销毁）、陈廷敬画像（不知去向）、陈廷敬相片（不知去向）	今御史府功德牌坊处的两个石狮、兽头、砖雕（砸毁），墙上涂画"毛主席语录台""学毛著专栏"、口号等
王小留	瓷器（摔毁）	今御史府功德牌坊处的两个石狮（砸毁）
陈兴富		大门的牌匾、屋脊、兽头、石狮子（砸毁）
郭培孝	古书（烧毁）、南书院圣旨（不知去向）、相府院圣旨和牌匾（不知去向）	屋檐上的龙嘴（砸毁）
李积业	陈廷敬画像（烧毁）	
陈兴炎	《康熙字典》（烧毁）	今御史府功德牌坊处的两个石狮（砸毁）
陈丙全	相府院门外头挂了俩宽宽的匾（做成推磨放面粉的篮子）、陈廷敬画像（不知去向）	兽头（砸毁）
樊生林	陈廷敬画像（烧毁）	雕刻、兽脊、龙吻（敲毁），祠堂和各家的神主（烧毁）
陈接斗	陈廷敬画像（烧毁）	兽头（敲毁），相府院正门上头三个老匾、门簪上头的匾（拆毁）
王培富	陈廷敬画像（烧毁），古书（烧毁），《康熙字典》（烧毁），祠堂里边的神主牌位（烧毁）	相府院门匾（拆毁），庙里面的老爷像（拆毁）
陈黑丑	《康熙字典》（烧毁），陈廷敬画像（烧毁），	屋坡上两边的寿星（敲毁）；祠堂的石狮，脑袋、耳朵、嘴（敲毁）；西坡庙老爷泥塑
裴小乞	陈廷敬画像（不知去向）、陈廷敬相片（不知去向），两三个圣旨和一个跟"圣旨到"一样的题字（不知去向）；小香炉（不知去向）；首饰（不知去向）	

其他时期的政治运动对聚落环境及建筑、文物遗产造成的间接影响（表3）：

表3 其他时期聚落环境要素破坏表

类型	名称	破坏时期	破坏方式
聚落环境	飞鱼阁	兴修水利、整治河道运动	飞鱼阁巨石被炮击用以修筑河坝
	周边山体	农业学大寨、土地基本建设运动	小地变大地、深挖土地破坏山体景观
		农民从事副业换取工分运动	煤矿大力发展，对山体、水体都产生巨大影响，如山体缝隙变大，地下水位下降，温泉消失，动物被炮轰声吓跑
	七柿滩	兴修水利、整治河道运动	被填成滩地种植水稻
建筑遗产	陈廷敬墓地及其它墓地	农业学大寨、土地基本建设运动	墓地被平整；陈廷敬棺材板用于修建东坡庙

注：由于现在的聚落环境已经被大规模的现代化建设所覆盖。我们通过口述结合现存《皇城陈氏诗人遗集》中的诗文，大致还原出其重要的聚落环境要素。

由此可见，政治运动作为集体行为，其破坏力度与广度都远远大于民众。以城墙的破坏为例：1958年人民公社时期，集体为了发展生产，大规模拆城墙上的砖，利用大学士第（相府院）后面的空地进行建设。"相府院后边当时那里是空着的，集体专门修了一个大灶在那里做饭"（皇城村王小留），"原来挨着城墙根有一片都是我们的古房，变成一块空地了，公家那时候把城墙拆了在我家地基上修学校，城墙断口就在那儿，三轮车还可以进出"（皇城村陈接斗）。尤其是已经坍塌之处，不是被拆了修房，就是直接挖断，方便村民去大食堂打饭或去田地劳动时抄近路，这让破败不堪的城墙雪上加霜。私人也有破坏，但规模小而散，如"当时藏兵洞后头、关帝像那儿的城墙塌了个口，我们叫塌城口，白天我就在塌城口担些砖"（皇城村王培富），或者有人"拆了修鸡窝、修猪圈的，或者是谁家里盘个火炕没有砖，出去买还得出钱，就上城墙刨砖。"（皇城村郭培刚）（图8）

图7 祠堂门口的石狮（头部修复后）

图 8 内城东城墙塌城口（修复前）
皇城村樊书堂提供

4.2 经济滞缓对于乡土聚落的负面影响

通过口述可知，经济状况最惨淡的并不是建国初期，而是 20 世纪 60—70 年代初期，"三年自然灾害"加上"文革"造成的经济后退，大部分人连吃饭问题都解决不了。老百姓当时的生活难以想象，"日子很艰难，吃花生皮、吃豆枕里头的油糠，吃柿叶、柿花，煮煮捣捣，吃的东西都咽不下。要不就是玉米上头的碎皮皮搁上点碱煮煮，就那么度过来的。"（皇城村丁雨清），"那时人吃的是现在猪都不吃的那个东西。把干柿叶弄回来以后，经过沤制，放点碱把它煮融了，拿出来揉，淋出浆，浆沉淀下来的东西捏成馒头，就吃那个，苦得就不能吃。玉米根、麦秸弄出的淀粉还稍微好吃一点。玉米穗剥下的皮，也是弄的叫人吃了。就数柿叶很难吃，苦的，可是能填了肚子。"（皇城村王小留）少数口述人讲到动情处，哽咽不止。

当所有人都挣扎在温饱线上的时候，建筑、文物都面临着最严峻的考验：

第一，外部流失严重。岁月艰苦，保命为先。六七十年代通过售卖建筑、文物而获取食物的现象普遍存在。赫赫有名的家族文化及官宦大院必然被异常贫瘠的物质与精神文明一步步蚕食瓦解。如樊书堂口述，"我记得 1970 年左右，家里头真真一分钱都没有，逼得我没有办法，就把我奶奶留下的瓷碗，在箱子里扣着的，悄悄拿上俩去北留镇卖上两三块钱，卖得挺便宜的，那时候没有意识到这个东西值多少钱，给我钱能花就行了……我记得我家还有一个镜屏架，是紫壇木的，我安徽那姐夫来了以后拿走了。以前哪里知道什么值钱什么不值钱，反正放着也是放着，不如换成钱。"如郭培刚口述，"反正就是解放以后我们没东西吃了或者要干什么事情，家里生活紧张了，我父亲就拿上那么几个银元把它卖掉，一般是去收银元的收购站或者银行……六几年那会，住在世德院的陈晓栓他父亲，因为吃不饱肚子，就把书房院卖给了大桥沟一个在部队当团长的人……房子卖了一千块钱，他们一家人到庄河口那地方去赶了个集，一顿饭就把一院房子吃光了，还没吃饱。……魁星阁也卖过。土改的时候本来分给裴小乞那一家了……1975 年左右吧，这家欠款还不起帐……后来他们下边一家给他拨了 70 块钱的帐，把那房子买下来了。"如陈胜利口述，"过灾荒年的时候（1960 年左右），我老奶奶穷得都要饿死了，就把南边的一排房，包括南房、东南角楼、和西南角的院门，再加上外面藏兵洞里的两眼窑洞，卖给了在外面做生意比较有钱的许文兴。一共才卖了七斗米，在那种环境下什么值钱？只有命值钱。"如王培富口述，"像世德院，家里珍贵东西多，里边陈阁老睡的那个上下床，当时是卖到润城，后来又从润城买回来。好东西都变卖了，卖给外边换粮食了，没吃的还要东西有什么用，人都要饿死了。"

第二，内部破坏增多。有资料统计，"1953 年，全国第一次人口普查，全村有 77 户，共计 338 口人。1982 年，全国第三次人口普查，全村共有 146 户，541 口人。"[3]这一时期户数几乎翻倍，但由于经济条件的限制，建设活动却停滞不前，居住条件相当落后与拥挤。唯一涉及建设的时机便是"为儿子娶媳妇"。被逼无奈下，人民往往采取三种方式：一是房内隔断，这最常见，如王培富口述，"把外边那个房子隔成小间，把地墁一墁，墙泥一泥，

就在老房子里准备结婚了"；二是开拓楼上及耳房空间，如樊书堂口述，"我结婚就搬到了我们那两间房的楼上，父母住楼下"；三是拆旧建新，如郭培刚口述，"御书楼土改的时候分给了城墙里头住的一个贫下中农，在20世纪四五十年代人家也是老党员、老干部。后来他给儿子娶媳妇，老房子屋顶漏得实在没有办法，就把那二层皇亭上的木头、瓦拆下来，在老房子旁边修了一个小房，也没多大，楼下楼上一共才两间。"

前两种方式对于建筑的破坏不大，至多就是为了生活便利而改动门窗、砌筑隔墙，如裴小乞口述，"我们一家人，我婆婆、我们两口、五个孩子，八口人住在老厅房里，用砖把原来过厅后墙上的门都堵住了。厅房太高，嫌冬天冷得厉害，里头又用砖砌的屋顶和墙，分成三间，每个屋都用砖盘一个炕才能住下。"第三种方式的拆与建，往往对堡内传统建筑与空间格局具有颠覆性的破坏，如20世纪五十至七十年代，为了降低成本，宅基地选址大多在老房子周边，以便继续利用老房，难免会私搭乱建、拆旧建新。如小姐院的人在城墙外侧新建，并在城墙上挖洞将其联通，相府院的人在相府院东侧建房，南书院的人申请在花园建房等。还有个别老百姓采取"偷梁换柱"的方式，将老房子上百年的粗梁柱拆除下来二次利用或者卖到外地换成钱，再购买新型建筑材料建设新房。如王培富口述，"里面点翰堂的梁都是换过的，大概就是1975年、1976年，'文革'快结束时候。陈兴富给他两个弟弟陈富斗、陈小斗娶媳妇，全凭捣鼓那个梁。"除了房屋破坏外，城墙内的大部分古树也都在这一时期被砍伐利用或买卖。

第三，分房变成拆房。陈昌言修筑斗筑居之时，曾留下遗训："世守而勿替，惟我子孙之贤。"[4]当地家庭内部"错层分房"的传统，确实在保护遗产方面发挥了积极的作用，"好比一栋楼，楼上三间，楼下三间，他不能把这六间都给一个人，他要楼上楼下错开分，因为祖上的人也不想让这后辈人给他把房卖了，要是卖楼上，不能说连上

带下一起卖，吊起来也搬不走。"（皇城村陈黑丑）

但是到了人民公社时期，人口增加了，房屋数量却几乎没变，所以居住条件非常紧张，以合院为例，楼上楼下都有人住，边角采光不好的耳房也住满了人。人均占有房屋指标，从古时的一座或一层房，变成了以"间"为单位衡量。许多人从祖辈分得的房屋往往是半座房，"一间半"，加上中国古建筑"墙倒屋不塌"的优势，大量单层的房屋出现了"对半劈"的改造、拆除等破坏现象。如陈兴炎口述，"本来西房三间都没有楼上，我堂哥和我从当中劈开，一人一间半，立了一堵墙，算是小两间吧。农业社那时候，他们在楼下小两间喂牛，楼上有起了两间房。我们这边一间半没起来楼。"再如陈胜利口述，"他们家就到我们这上头，把底下垒的一间和上头屋顶的一间半拆走了。"

在物质低迷的情况下，大多数人的原则是"物尽其用"，保护便无从谈起。

5 普通民众对于遗产保护的积极作用

特殊的政治经济背景下，陈氏祖先亲手创造的文化遗产，被陈氏后人一点点亲手葬送。但是我们必须同时看到，民众在这段艰苦岁月背后做出选择的深层次原因。以"文革"时期为例：

首先，民众最大的压力来自于内心对于被批斗的恐惧。如陈廷敬画像所有者裴小乞，因为见识过土改时期"斗争成分不好的地主老财，打地更厉害，斗石长林那次真正把人吓怕了，这个踢一脚，那个踢一脚，招上人专门用笤帚打，最后他脸上结的全是痴"，所以做出"宁舍画像不戴帽"（皇城村裴小乞）的选择。因为不上交文物的后果，就是"给你套上一个绳拽着，再戴一个纸糊的尖尖帽，糊个小喇叭，让你喊着'我是牛鬼蛇神'去以前皇城的街上游街，还去各村串，从史山、东峪、大桥转上，再回到郭峪、王街，一直来回

串，和斗地主时候一样样的。"（皇城村陈黑丑）甚至出人命的事儿也屡见不鲜。

在这样的恐惧心理下，大部分人只能选择沉默和被动服从。如陈黑丑口述，"我记得大门口放的有古书，可是我还小，也不知道是什么，那时候就是害怕。"如郭培刚口述，"红卫兵喊着口号到了你家，这家里人就不敢动了，人家说拿什么就拿什么，凡是四旧的东西都要拿走……我们只能看看，当时就是多看少说，甚至不说。"如陈兴炎口述，"那时候红卫兵厉害着哩，每天戴一个红袖章，批斗这些国民党，让他们戴一个尖尖帽游街。等天黑了还要查我们那个房，半夜去我家楼上不知道把什么拿走了。"如陈丙全口述，"那时候谁敢收起来？收起来红卫兵把你抓住，又不知道给你起个什么名堂。一般老百姓就害怕观点不一样，阶级斗争太厉害了。"

其次，民众在尽可能的情况下采取了间接的保护措施。实际上搞破坏行动的红卫兵主要是年纪尚轻的学生，如陈黑丑口述，"只要是小孩子，红卫兵不管你是郭峪还是哪儿的，来这么一个稍微大些的人，戴上一个红袖章，人家说让造反，底下的这小孩子们都戴上一个红布圈，跟上就走了。"而这些未成年人尚没有形成足够的价值判断力，再加上受教唆，做出了错误的行为。如樊生林口述，"那时候是专门搞破坏，皇城古迹是'文化大革命'破坏的。那两年就没有学到文化，现在后悔也没办法，老师教我们的就是干这些。"如陈丙全口述，"学生们回来了，大队支书就说，给你个红袖章戴上当红卫兵吧！"

但尽管在这样的高压下，民众也是有所作为的。例如，有的长辈旁敲侧击红卫兵，或者晚上回家教育自己的红卫兵小孩不要"出风头"；有的人冒着风险将文物藏起来，如裴小乞口述，"我舍不得把大像给他们，就把小像给了。结果不行，第二天晚上，郭峪的红卫兵又来要了"；陈黑丑口述，"（《康熙字典》）那时候要说出来早烧光了，能藏一点就藏一点，能留点就留点……家里的神主……能保存下来的都是我偷偷藏起来的，搁到一

图9 村中老者奋力保护的石匾及对联

边不敢让别人看见，让红卫兵查住了就是反革命"。有的村干部则通过婉转的方式降低破坏，如石牌坊上的字"让木匠弄上些泥、土，放点麦糠和一下，把它抹住，用石灰水一冒，上面写上'读毛主席的书，听毛主席的话，做毛主席的指示战士，做毛主席的好战士'，底下写个'林彪'就妥了"（皇城村郭培刚）；如祠堂院的狮子，"弄几个人把它转回你那大门后边用砖一垒，看不着就行了"（皇城村王小乞），等等。

再次，部分民众在"文革"结束后，政治形势稍有好转时，便采取了正面、主动保护文物的行动。如口述中多次提到过主动保护皇城村"午亭山村"匾及对联（图9）的一位老者，樊生林口述，"我们村里有个姓陈的人，大家叫他'认真老汉'，他就懂得这些都是文物，看住不让破坏。像'午亭山村'的碑，就是他一直保护的。"程毛旦口述，"上面的碑和对联就在御书楼边的地上，那里有一个陈家的老头，一般不让外人去动那个东西，私人把它看住了，也没有任何代价，相当负责任。"

结语

中华人民共和国成立初期，由于党和国家对社会主义初级阶段路线的迷茫与探索，使得政治运动、经济变革相对频繁。通过口述可知，传统村落的物质环境变迁不可避免地被外部环境动荡

所波及，由此出现了人民公社时期集体建设对城墙的破坏、"大跃进"时期对铁器的破坏、"文革"时期对文物的破坏、农业学大寨时期对墓地的破坏等行为。虽然破坏大于保护，但普通民众作为人微言轻的小人物，对于文物保护一直做着潜移默化的积极努力，而非彻底的放任自流、不作为。这将会改变大众以往对于村民单纯破坏或消极保护行为的偏见。

基于此，我们或许可以更加深刻地理解传统村落的"昨天、今天与明天"，发现聚落变迁背后的深层次因素，并且在未来的保护工作中做到"以史为鉴"。此乃本文口述研究的意义所在。

补记

2015年，受皇城村村委会委托，我们团队开展了皇城村传统村落保护规划项目，同时完成《皇城古村》著作撰写，并将其纳入山西古村镇系列丛书之中。为了在前期大量研究的基础上有所突破，我们选择"口述"作为主要研究方法，于是便有了本次尝试。

然而，口述开始后，最大的迷茫为：是否围绕我们既定的建筑主题。作为建筑专业人士，毫无疑问，我们更关心建筑本身。但当我们问起，"当时的房子怎么样"时，受访者竟不知如何回答，或觉得没什么好说的，对当时的生活场景却历历在目。几次访谈之后，我们终于意识到，脱离了当时特殊的社会大背景而只关心房屋状况，一切

谈论根本没有意义。后来我们决定不再纠结于主题，局限自己的同时也局限了受访者。新的问题终于让他们有了共鸣，受访者立刻产生了强烈的"倾诉"愿望，他们饱含情感地滔滔不绝、侃侃而谈，我们饶有兴趣地静静聆听、重新审视，因为这一切都更加打动内心。口述者所讲的，是关于建筑的生活；我们所听的，是关于生活的建筑。

2015—2016年间，我们的口述工作者四次往返皇城村，总计采访了34人次，保存了33.2万字抄本、将近120小时录音。事实上，我们收获的不仅仅是这些数字，更重要的是对聚落变迁史前所未有的认识和思考。此次口述最大的遗憾是没能采访到皇城村张家胜书记。本着严谨的工作态度，我们计划首先采访普通民众，收集到足够的信息后再重点采访关键人物。然而，就在我们第二次打算奔赴皇城之时，惊闻皇城村张家胜书记去世的噩耗。这对于皇城村和我们都是无法估量的损失。

口述工作最离不开群众的支持。我们感谢每一位口述者，其中樊书堂为我们提供了大量宝贵资料与信息，陈兴富为本书上篇的研究做了指导。感谢上庄村的王晋强、张冬梅夫妇，他们孜孜不倦、一丝不苟地帮助我们整理录音文件，同时在工作、生活各方面提供热心帮助，让我们更深入地了解当地的生活。最后，感谢为我们口述工作提供帮助的皇城村委干部，以及每一位皇城村民，没有他们的热心帮助和无私分享，就没有我们今日的研究成果。

1 陈廷敬是一位出色的政治家，同时还是著名的文学家、史学家、理学家。其官累至正一品光禄大夫、文渊阁大学士，历任经筵讲官，吏、户、刑、工四部尚书，都察院掌院士，左都御史；主持编纂《康熙字典》《佩文韵府》《明史》《大清一统志》等重要典籍，对清代文化的发展有重大贡献。

2 凤凰出版社编《中国地方志集成·山西府县志辑》，第38册，《乾隆阳城县志》（卷之二·山川·沁河），南京：凤凰出版社，2005年。

3 参见《皇城村村志》（未出版）。

4 栗守田编著《皇城历史文化丛书—皇城石刻文编》，晋城：阳城县印刷厂印刷，1998年，59页。

参考文献

[1] 定宜庄，汪润.口述史读本[M].北京：北京大学出版社，2011.

[2] 唐纳德·里奇.牛津口述史手册[M].北京：人民出版社，2016.

[3] 陈墨.口述史学研究[M].北京：人民出版社，2015.

[4] 陈墨.口述历史门径（实务手册）[M].北京：人民出版社，2013.

[5] 薛林平，石玉.皇城古村[M].北京：中国建筑工业出版社，2017.

渔猎之音——口述史视野下的鄂温克族居住空间探究 [1]

朱莹　仵娅婷　李红琳

哈尔滨工业大学建筑学院，寒地城乡人居环境科学与技术工业和
信息化部重点实验室

摘　要：　渔猎民族鄂温克，至今仍然保持着跨境迁徙的生活方式。这种动态的、变化的迁徙模式决定
了鄂温克族的建筑形态不同于其他民族封闭、固定的民居形式，是一种流动的聚落。论文以
鄂温克族聚落空间为研究对象，以时间和空间为动线，探讨聚落在流动中的生成和演变。基
于鄂温克族只有语言没有文字的特殊性，口述史成为复原生活空间的重要方法，通过口述史
的描述将散点式的资料串联并最终形成一种画面，帮助我们分析这种居住空间的演变和发展。

关键词：　鄂温克　居住空间　口述史

1 概要

近年来对于微小民族的探讨和研究愈发热烈，对于微小民族目光的集聚来自于这些微小民族所面临的人口紧缩、文化流失、民族自身的特点削弱等一系列危机现状。发迹于遥远的严寒之地西伯利亚的鄂温克族以其古老的民族来源、鲜明的民族特征、跨境迁徙的行为模式、游猎而居的生存方式成为我国 28 个人口较少民族中极具特色的一支。鄂温克族是只有语言没有文字的民族，因此对于鄂温克族的研究，口述史是极为重要的方法。口述史是一种通过对调查对象进行采访，通过录音或笔记的方式进行记录的一种人类学田野工作的重要手段。长期以来，对于我国历史文化的研究都是基于一系列文献和实地调研的框架之

中，这对于保存文献资料丰富的民族来说是可行的，但是对于一些文献较少，甚至没有文字的少数民族来说并不适用，在这种背景下口述史对于微小民族的研究意义就更加深远。本文采访了位于内蒙古自治区根河市敖鲁古雅的使鹿鄂温克人，是鹿鄂温克是鄂温克三个分支中的一支，大多分布在呼伦贝尔市根河市最北部的敖鲁古雅乡，是鄂温克族最远也是最神秘的一个支系居住的地方（图 1、图 2）。该地地形以森林山地为主，气候寒冷湿润，冬长夏短，春秋相连，结冻期 210 天以上。

本文通过口述史循证的方法，追索古代起点，探求民族历史起源，特别是居住文化的源流以帮助我们提取和复原鄂温克聚落的居住文化空间原型。

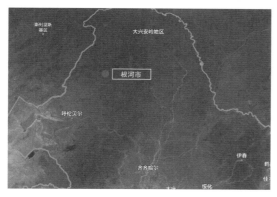

图 1 根河市地理位置

图 2 敖鲁古雅自治乡地理位置

本文的口述史内容以 2018 年 6 月对内蒙古呼伦贝尔根河市的鄂温克人布冬霞及丈夫肖良库，何协，戴光明等人的采访为主要内容，布冬霞，肖良库和何协均为驯鹿鄂温克的猎人，采访位于他们的猎民点内。戴光明为敖鲁古雅乡博物馆馆

长，也是撮罗子传承人，采访地点位于敖鲁古雅乡。文章通过将几位鄂温克族人（表 1、图 3）的口述内容归纳和整理，结合建筑学自身的研究方法相结合，提取和复原鄂温克族聚落的生活空间原型。

表1 鄂温克族采访对象

姓名	简介	年龄	采访时间	采访地点
布冬霞	猎民点猎人	44	2018年6月19日	布冬霞猎民点
肖良库	猎民点猎人	53	2018年6月19日	布冬霞猎民点
戴光明	撮罗子传承人；敖鲁古雅博物馆馆长	48	2018年6月21日	敖鲁古雅乡
何协	驯鹿鄂温克族老猎人	62	2018年6月20日	敖鲁古雅乡

布冬霞　　　　　　　　肖良库　　　　　　　　戴光明　　　　　　　　何协

图3 四位采访对象

图4 现鄂温克族猎民点临时住房

图5 鄂温克族的驯鹿

2 游居之源——鄂温克族聚落文化起源探究

鄂温克族有着悠久的民族历史，早在公元前两千多年，鄂温克族就出现在贝加尔湖沿岸地区，历史上的鄂温克族曾有过"通古斯""索伦""雅库特"等不同的称呼，在中国古代的史书中鄂温克族也曾被多次提及。关于鄂温克族的起源，在鄂温克族口口相传的传说中提道：他们的祖先来自宽广的勒拿河，住在有八条大河流入的贝加尔湖畔，周围高山环绕，而他们的祖先就来自这些崇山峻岭之中。正如鄂温克一词本身的含义——

"住在大山林中的人们"。近代根据考古发现证实，贝加尔湖畔确实为鄂温克族人的祖先的发源地，由此可见神话故事里包含的历史真实性和文化价值。时至今日，鄂温克族因为没有文字史料记录因此面临着民族非物质文化遗产濒危的现状。而口述史采访帮助我们丰富历史资料，还原生活场景，循证历史信息的重要内容。时至今日，鄂温克族面临着民族非物质文化濒危的现状，因为没有文字史料因此很多文化遗产都伴随着老一辈人的逝去而消失。站在传说的起点之上，口述史的研究能够成为我们探究族群起源、迁徙路线、生活方式、宗教崇拜等找到原型。

3 游居之变——鄂温克族居住空间的时空演变

作为跨境迁徙的渔猎民族，鄂温克族与自然时空之间相互依存，密不可分。三百多年前，一部分鄂温克人从遥远的西伯利亚来到中国东北的大兴安岭，从此就在这片茂密的森林中繁衍生息。鄂温克人没有固定的住宅和村落，他们随着动物、植物、水源、气候等自然因素不断的迁徙移动。因此他们的聚落是自由、流动的。他们一切生活物资来源都来自森林，他们崇尚自然，尊重自然，因此聚落的每一次生成和演变都和自然有着密不可分的关系，是以自然因素为主导的游居形式。

3.1 时间轴线——鄂温克族聚落生成的时间动因

鄂温克族是依附自然和地缘的游牧民族，其生存繁衍自然离不开自然界自身的春去秋来，潮起潮落。同时由于人自身的活动行为具有一定的规律性、周期性，因此就构成了鄂温克族聚落发展的外部因素和内部因素两条时间轴线。两条时间轴线相互影响相互作用，进而使聚落空间的演化随着时间的变化而流动。

从外部的自然时间轴线来说，不同季节、不同维度和不同地理环境造成的温湿度变化，动物繁衍生存的环境要求，植物的生长周期等一系列自然界的时间要素是鄂温克聚落生成的基本制约条件。这种以自然为主导的时间轴线决定了鄂温克聚落的地理环境、迁徙位置、迁徙时间、迁徙频率、建筑用材等一系列内容。

从内部的人的行为动线来说，人的生活习惯，生活方式，生活需求等以人为出发点时间动线也是聚落演变的重要因素。这种以人为主导的时间轴线影响了鄂温克聚落的整体规模，每个家族小聚落的位置，以家庭为单位的"撮罗子"的大小，以及基于人的尺度要求的"撮罗子"内部空间规模、其他附属功能建筑的内容、数量、具体位置等，都是基于人自身活动的规律性。由外部和内部的时间因素共同构成了鄂温克聚落系统中的影响因子，这些影响因子又有不变的固定因子和变化着的流动因子组成，通过聚落空间系统中的不同因子的组成我们可以复原和提纯这种原型空间。

绵延的历史，传说的继续，神话中那些内容虽成为远点，但今天鄂温克的故事仍在继续，我们今天仍然可以解析那些传说。

朱莹 您了解鄂温克族的迁徙过程吗？

| 布冬霞 我们三百多年前就已经从贝加尔湖到这边了，我们是在俄罗斯饲养驯鹿的鄂温克人，依据驯鹿的移动轨迹，我们也逐渐迁徙到这，驯鹿逐渐到中国东北这边，因为东北的苔藓生长的特别好，我们是游牧民族，所以就到了这，在划分国界的时候，就把我们留在中国了。原来我们没住这样的帐篷的时候，住撮罗子的时候，驯鹿是一种特别爱干净的动物，如果它觉得它的生活环境脏了的时候，它就离开了，继续找干净的地方，或者有河的地方，或者苔藓比较厚的地方。我们就把帐篷之类的行李搭在驯鹿的背上，就走了。位置和地点都是驯鹿自己选择的，我们跟着它们。

朱莹 是从16—17世纪在贝加尔湖沿岸、西伯利亚勒拿河上游，随后1658年由于沙俄入侵迁入到黑龙江上游额尔古纳河吗？

| 布冬霞 是的，实际上要比那时候还早一些。我们是在俄罗斯饲养驯鹿，因为战争和部落种族斗争等原因，驯鹿就把我们带到中国来了。

朱莹 为什么后来去了奇乾？

| 布冬霞 奇乾是我们最早居住的地方，新中国成立之后，我们最早过来的地方就是奇乾，先是在奇乾，后来当地的苔藓生长不好了，我们又随着驯鹿进行迁徙，黑龙江漠河那边我们也去过，我们是一个家族在一个区域，每个家族都不一样。

朱莹 每年大概搬迁几次？大约什么时间？

| 布冬霞 大概四次，每年7月，10月中旬下雪之前，根据驯鹿的生长周期进行搬迁，秋季驯鹿产崽的时候搬一次，产完再搬一次，发情期的时候搬一次，发情期之后再搬一次。可能会回到原来居住过的地方，根据当地苔藓的生长情况。

朱莹 建筑选址会随季节、气候等变化吗？

| 布冬霞 夏季的时候会选择距离河较近的地方，树木茂盛的地方，一个原因是要喝水，另一个原因是驯鹿在树林里比较遮阳。冬天找风小的地方，比如说小山窝。首先驯鹿会带领我们到一个区域范围，我们在这个范围内寻找适合我们居住的地方。居住点为了防止水灾距离河岸一般在300米以上。

李红琳 你们不同季节搬迁的时候是如何选址的？

| 肖良库 搬迁的时候冬夏选址不一样，夏天选择高一点地方背风，高地防水，水往下流，高地土壤硬实。冬天选择坡下的地方，后面靠山挡风，在较为平坦开阔的地方，因为树林里阴冷。搬家的时候没有什么特殊的习俗，就是用方言祷告几句，用草熏一下拴鹿的笼头。笼头只拴在一个鹿身上，其他鹿便会自然地跟着走，距离近的时候赶着走就可以了，不用拴。如果远的话，一个人在前面牵着笼头，另一个在后面赶着年幼的崽鹿就可以了。如果在山里迷了路，可以先找鹿，让鹿来找方向，就能回家了。如果鹿丢了找不到了，等过了几天十几天， 你再到你去过的营地或者自己家的围场里，就能找到。鹿喝活水不喝死水，还很干净，它们走过的地方都没有异味，粪便也没有异味。鹿王在短距离搬迁的时候会走在前面领路，还能驮人，鹿一般三岁就长得很大成形了。国家对我们的补助很少，2003年生态移民的时候，我们搬过来的，原来在山上生活，我们这个部落没有酋长，网络上的宣传都是假的，我们这只有头人。 我们有四大姓氏，何、古、索、布。现在纯土著使鹿鄂温克人，不算与外族繁衍的子孙，只有三十几个人。之前我们还狩猎的时候，我们

叫狩猎部落，后来不狩猎只养鹿，就叫使鹿部落。2004年收缴枪械。2013年世界驯鹿养殖者大会，各个国家养驯鹿的都来了，还有一些友好国家也来了，我咨询过他们，他们都有枪支，澳大利亚还用飞机养驯鹿。

李红琳 打猎的情况以及在野外如何居住？

| 布冬霞 一年四季都在打猎，男人主要是出去打猎，打一些大的动物，女人主要是在家养驯鹿，也有枪，打一些小的动物。夏季男人出去打猎晚上就带一张皮子露天睡，不搭撮罗子，有的时候一个多星期都在外面，牵着驯鹿去。冬季搭建简易的撮罗子，一个撮罗子里面住2～3个人。

李红琳 平时打猎是依据什么周期来进行的？

| 肖良库 冬天我们出去打猎的时候，也会牵着鹿然后带一些生活用品。五月份的时候打鹿胎，七月份的时候打鹿茸，正好是不老不嫩的时候，打鹿胎的时候要去阳坡山，找一个秃山没有任何障碍物，两个人上山，一个人吹鹿哨，打公鹿的时候学母鹿叫，打母鹿的时候学公鹿叫，五月份的时候学公鹿叫，把母鹿引过来，七月学母鹿引公鹿来，打鹿茸。在打鹿茸的时候，击伤后要立刻跑过去，因为鹿在临死之际会破坏掉自己的鹿茸，不让别人获得。在它破坏之前，人要跑过去割掉完整的鹿茸。人们在切割鹿茸之后，会给鹿上药，防止血液逆出， 待血液凝固之后再放生，它还会再生长出新的鹿茸。两三天就要追赶一次， 因为时间长了会跑远，而且人类生火产生的烟会驱赶蚊蝇，驯鹿较为喜欢，也愿意靠近烟较大的地方。如果不点烟吸引，驯鹿就会到河边或者灌木等地方， 就很难找到或者很难驱赶回来。但是有一个弊端，烟会导致森林大火。打鹿胎都是野鹿，不会影响繁殖后代。男人上山打猎，女人在家养鹿，养鹿的作用是用作交通工具和取鹿茸来贩卖。

3.2 空间轴线——鄂温克族聚落的空间原型

鄂温克族长期以来保持着游牧民族的迁徙传统，因此 1949 年之前的鄂温克是没有固定的定居地点的，他们游居在苍茫的原始森林中，每到一处落脚地他们就会搭起最具民族特色的建筑——撮罗子。这是一种以简单的木头进行捆绑形成骨架、外覆树皮、草帘子、兽皮等材质而形成的居住单元，这种能够随着鄂温克人不断迁徙，就地建造生成的建筑成为鄂温克族生活中最主要的生活空间。整个聚落的建筑形态又是基于人–家庭–族群关联的不变的空间原型，是一种属于本民族的基因。从组织形式上基于个体元素的点、活动关联的线、行为展开的面层层嵌套，最终演化为整个居住模式的组织系统。

游居而生，空间繁衍，从今天的布局看社会性的聚居，那些社会性的因素将传说的内容赋予了新的人间秩序。

李红琳 每个家族的建筑如何分布和排布的？

| **布冬霞** 父母和老人、自己的孩子住在一个大的撮罗子里，孩子成家之后就从这个撮罗子里搬出去，自己另外搭建一个新的。有的还会建一个小的，留给客人居住。一个撮罗子里面能住八九个人，内部在地上铺上皮子，最上面是萨满神，旁边是男孩，门口住女人，女人和女孩都不可以

到萨满神的地方居住，中间是火堆。我们分为五个氏族，每个氏族都不在一个地方，每个姓氏族下面分几个家族，每个家族几个撮罗子。每个氏族的人不一定在一起生活，因为人数较大，但是每个家族是在一起生活的。以家族为单位进行搬迁，每个家族都有一个带领着。氏族的德高望重的领头人我们叫他头人。基本上每个姓氏是在一起的，有一小部分会分出去，但是迁徙的时候要听头人的调遣，头人会来通知哪部分人需要到那里去，所以整个氏族都是头人带领的。每个猎民点之间距离不是非常远，大约一天的路程就能到达，我们也常用驯鹿作为通信的方式，所以每个氏族只需要一个头人就可以了，他会通知所有人。撮罗子的排布方式是以头人的撮罗子为中心向四周围合，有可能是散落的，也可能是圆形围合，但是不是一字排开的。

李红琳 每一个家庭分公社、乌力楞吗？

| **戴光明** 鄂温克一般就是四大姓氏，乌力楞就是说一个家族，比如说，从我这里，我有姑娘，我有儿子，他们在结婚，我们是哥俩，我们在一起就是乌力楞，就是亲属。后代也可以出去，在成立乌力楞，现在有 11 个猎民点，一个猎民点现在就有一家。以前乌力楞每个撮罗子是弧形排列的。一个乌力楞比如有 10 家，就是这 10 家就是有一个头领，最前面就有是头领，一个点有一个头领。现在正在修改完善族谱，奥鲁古雅的族

简易撮罗子

简易撮罗子内部

谱会出版，现在博物馆里也有一个简单的，布是最大的姓氏，姓何的也是从布中分出来的。我（博物馆馆长）小时候，一个猎民点就有 10 多家。头领一般就是父亲，住在把头，不是中间，然后半圆形，排开。很规整，在山坡上排开。

每个乌力楞离得挺远的，搬家时候都有记号，记号在树上做，这样每个猎民点都能联系到，别人家要是临时没有生活用品了，你可以拿别热家的，然后还回来就可以了，没有锁，就是公开放着。

屈芳竹　"关于撮罗子的搭建？"

| 肖良库　"撮罗子搭建最好是三个人，两个人也能搭建，选取三个带岔口的树干首先支起，之后在上面搭木条，顶点不需要任何的钉子或者绳子来固定，完全依靠岔口来支撑。木条需要的多少依据实际情况，大约是十几根至二十几根，里面居住的人越多，所需要的面积越大，木条也就多。冬天需要的木杆比较多，大多为二十三根至二十八根，因为冬天遮盖的东西较多，兽皮较重。夏天是桦树皮的围盖，所以轻一些。现在，国家不让扒树皮了，我们就用帆布替代。我们现在烧木头也都是死树，掉落的树枝等。"

屈芳竹　"除了撮罗子还有其他建筑形式吗？"

| 布冬霞　"有树上仓库，一个居住地依据打猎的多少布置仓库的数量，如果捕获的猎物多，就多布置仓库。仓库距离撮罗子大约二三十米。我们叫仓库为"靠劳宝"，还有一些放置米面所搭建的架子。"

屈芳竹　"上山打猎会搭撮罗子吗？"

| 何协　"会搭，自己家住的地方搭，牵着驯鹿，鹿驮东西。现在有时候也在山上住，不是经常，国家没盖这些木房子时候，就在山上住。已经也不断搬家，驯鹿去哪，人就去哪里。以前的经济来源，就是养驯鹿，吃的就打熊。牵着驯鹿就可以打猎。"

屈芳竹　"打猎的时候在山上您家搭几个撮罗子？"

| 何协　"打猎时候是简易的撮罗子，就用一个撮罗子大家住。平时我家是 4 个撮罗子，我老婆在中间住。"

4　历史之源与现实之音

从聚落文化的源头的追溯，到居住模式演变的探究，口述史作为一个引领，在带动文献查据、个案例证、史实考据中帮助我们建立一个完整而丰富的文化体系。古代神话故事就是民族源头的口述，而今天的口述则是当代故事的留存。二者相互区别又相互关联，在循环反复的发展中，形成包含着变与不变的遗传和突变。在这个过程中，不变的是崇尚自然、向往自由、奔放洒脱的民族性格，变的是在放下猎枪之后何去何从、迷茫生存方式的转变。

生存方式的改变影响了聚落居住空间新的裂变。渔猎民族不断迁徙影响下的聚落空间是一种特殊的空间场域，它包含的不仅仅是单体建筑"撮罗子"内部的家庭空间，更是个人 – 家庭 – 氏族 – 族群层层嵌套紧密关联的嵌套空间。这种对于原型空间的探讨不仅仅是为了复原一个濒危民族过去的生活画卷，更是为了找到这个民族的内在基因，通过挖掘这种内在基因与聚落的空间原型，使二者相结合能够最终使整个民族的系统架构完整、全面。这不仅对于鄂温克族是一种保存和延续，更是为其他濒危民族探寻如何在当今社会中保持原真性以理论参考。这种与自然依附共生的生活方式在新时代的浪潮中能否焕发新的活力，这种动态游居生存方式能否为当代建筑注入新的灵感，值得我们进一步探讨。

1　2018 年度黑龙江省经济社会发展重点研究课题（项目编号：18208）；2018 年度黑龙江省哲学社会科学研究规划项目（项目编号 18SHB047）；2016 年度黑龙江省寒地建筑科学重点实验室自主研究课题（项目编号 :2016HDJ2-1203）。

参考文献

[1] 朱莹，张向宁.演进的"乡土"——基于自组织理论的传统乡土聚落空间更新设计研究 [J].建筑与文化，2016（3）:108–110.

[2] 朱莹，张向宁.更生的乡土——传统乡土聚落"基底生形"更新设计研究 [J].城市建筑，2017（10）:33–35.

[3] 朱莹，李红琳，屈芳竹.东北渔猎民族濒危人居模式的"原空间"研究 [J].城市建筑，2018（9）:117–120.

[4] 卡丽娜.驯鹿鄂温克人文化研究 [M].辽宁：辽宁民族出版社，2004.

[5] 东北地区渔猎文化略论 [J].黑龙江民族丛刊，2003（6）.

[6] 于学斌.中国满 – 通古斯语族民族渔猎文化类型探析 [J].满族研究,2014（3）:78–84.

[7] 唐戈.鄂温克族驯鹿饲养业的困境与对策 [J].黑龙江民族丛刊，2008（6）：129.

[8] 朝克赛.多样与共生：通古斯鄂温克人族称的历史与现状 [J].湖北民族学院学报 (哲学社会科学版），2017（3）:37–42.

[9] 于悦.试析中国最后狩猎部落生态移民 [J].绿色环保建材，2018（10）:45–48.

[10] 郝时远.取代与改造 : 民族发展的方式选择——以鄂温克族猎民的发展为例 [J].民族研究,1996（4）:32–39.

历史照片识读

· 清华大学建筑系"歌剧"《没有国哪有家》剧组合影（谢文蕙）

· 毛主席纪念堂设计团队合影（马国馨、张向炜）

· 关肇邺先生在北京大学图书馆扩建工程工地指导施工（赖德霖）

清华大学建筑系"歌剧"《没有国哪有家》剧组合影

清华大学建筑系"歌剧"《没有国哪有家》剧组合影, 1950 年
谢文蕙藏

照片简介

　　清华大学五〇级（五四届）学生 1950 年 9 月入学。同年 10 月, 抗美援朝开始。为了支援中国人民志愿军在前方打仗, 学校号召各系学生们参加文艺宣传活动。学术们自编、自导、自演"歌剧"——《没有国哪有家》。该剧讲述: 赵大妈（汤纪敏饰）犹豫是否送二儿子（熊明饰）参军, 正与朋友张大娘（谢文蕙饰）念叨此事, 大儿子（英若聪饰）在美军飞机轰炸中惨死。认识到"没有国哪有家", 赵大妈毅然下决心送二儿子参军奔赴前线, 保家卫国。

　　这出"歌剧"有表演、道白和演唱, 当时称作"活报剧", 但我们这些编剧及演员更愿意称其为"歌剧", 因为剧中采用了大量当时的流行歌曲。如表达幸福生活时, 会唱《解放区的天是晴朗的天》; 赵大妈的儿子去世时, 我们引用《白毛女》中杨白劳出场时的悲怆调, 另填入自编的词; 等等, 所以有大提琴和小提琴手伴奏。另外, 表现飞机轰炸时是靠后台的同学用硬纸板和蒙上布的脸盆制造音响效果, 而演员所穿的棉袄、棉裤和棉鞋, 以及所用的一些道具都是从清华附近的"八家"和"东官房"等村子的老乡家借来的。

　　1950 年 12 月, 全校在大礼堂会演时, 该剧受到表扬并获优秀节目奖。之后接连到北京各地演出, 包括延庆、密云、平谷的农村, 以及昌平的棉纺厂和建筑机械厂等地, 受到广泛好评。

人物介绍

左一　梁友松（1930—2018），男，大提琴手，清华大学建筑系四九级，原上海市园林设计院总工程师。

左三　谢文蕙，1930年生，女，剧中饰演张大妈，清华大学五〇级，原清华大学经济管理学院教授。

左五　熊明，1931年生，男，剧中饰演张大妈二儿子，清华大学五〇级，原北京市建筑设计研究院院长。

左六　英若聪（1931—?），男，剧中饰演张大妈大儿子，清华大学建筑系四九级，原北京建筑工程大学建筑系教授。（承胡雪松院长代查英先生生平，特此感谢）

右五　汤纪敏（1929—2012），女，剧中饰演赵大妈，清华大学四九级，原清华大学基建修缮处副处长。

右四　殷一和（?），剧中角色?清华大学五〇级，原清华大学建筑系教授。

右三　茹竞华（1928—?），女，清华大学四七级，原建工部设计院工程师。

右二　程明瑞（?），男，剧中角色?清华大学五〇级，原五机部设计院工程师。

右一　虞锦文（1924—2015），小提琴手，清华大学四六级，原北京市建筑设计研究院高级工程师。

谢文蕙

毛主席纪念堂设计团队合影

毛主席纪念堂设计团队合影（原题 "The designers from 8 municipalities and provinces have successfully completed their work"（八省市设计师成功地完成了他们的工作），*China Pictorial*, Sep., 1977, p.8）

照片简介

　　有关照片事先简答如此：拍摄时间真记不得了，但肯定是大部分图纸完成后稍有空闲时拍的，从衣着看像是冬春间，地点就在工地现场设计组内。

　　其中人物除一人外，其他我都叫得出来。中间手指模型的是杨芸。坐着的左起为某工作人员（侧脸）、王炜钰、巫敬桓、高亦兰、黄国民。

　　站立者左起：徐伯安、李颐龄、徐荫培、周之德、杨芸、庞洪涛、设计组的工人师傅、张绮曼、郑炜、李新院、马国馨、赵志勇。

马国馨

2018 年 12 月 19 日

人物介绍

杨芸（别名：殷承训）

男，生于 1924，浙江绍兴人。1948 年毕业于北京大学建筑工程系。先后任职于河北平山晋察冀解放区边区政府、哈尔滨市人民政府建设局建筑科、国营新东建筑公司设计室任助理工程师、北京中直修建办事处设计室。1952 年任建筑工程部北京工业建筑设计院建筑师、副主任建筑师，1971 年任河南省建委建筑设计院主任建筑师，1973 年任国家建委建筑科学研究院建筑设计研究所主任建筑师，1979 年任中国建筑科学研究院副总建筑师。中国建筑学会第五届（1980 年 10 月）理事。参加设计哈尔滨国际旅行社、中南海甲种宿舍楼、北京中国科技大学、中南海怀仁堂礼堂、北京展览馆、北戴河东山休养所、重庆压缩空气机厂改扩建、广西桂林榕湖饭店及宾馆、天津宾馆二号楼、河南林县外宾招待所、北京图书馆、毛主席纪念堂等重要建筑。当时负责瞻仰厅的设计，在建筑工程部北京工业建筑设计院任职。

王炜钰

女，1924 年 10 月生于北京，祖籍福建闽侯。清华大学建筑学院教授、国家一级注册建筑师、全国室内装饰协会资深室内设计师、全国建筑装饰会咨询委员会专家组成员、北京市建筑协会专家组成员。1941—1945 年就读北京大学工学院建筑系建筑学专业，毕业后留校任教。1952 年院校调整，随北京大学工学院建筑系合并至清华建筑系，先后为讲师、副教授、教授。曾参与中国革命历史博物馆和毛主席纪念堂等重要工程，并主持人民大会堂的澳门厅、香港厅、台湾厅、全国人大常委会会议大厅、小礼堂、河北厅，北京八一大厦阅兵厅及南门厅的室内设计。多次获先进工作者、三八红旗手等光荣称号。1964 年当选第三届全国人大代表，并连选连任为第四、五届全国人大代表。完成《亚洲建筑比较研究》等重要科研论文，合译有 [日] 小宫容一著《图解室内装饰设计方法》（北京：科学出版社，1997 年）等。曾获全国装饰协会优秀作品一等奖，北京装饰协会优秀设计奖，1995 年新西兰羊毛局室内设计大奖赛一等奖。

巫敬桓（1919—1977）

男，四川人。1941 年考入南京国立中央大学建筑系（今东南大学），1945 年毕业并留校任教，同时参与学校工程设计，也曾任职民用航空局设计处、中央银行工程科，期间设计中央大学学生宿舍楼、九江航空站、上海龙华航空站、民航局宿舍楼等。1951 年加入北京兴业投资有限公司建筑工程设计部。1954 年随设计部并入北京市建筑设计院工作，先后任新成立的第五设计室建筑设计组长、设计室主任、高级建筑师。曾参与或主持北京和平宾馆、新侨饭店、王府井百货大楼、八面槽百货商场、人民日报社办公楼、中国文联办公楼、全国工商联大楼、石油学院教学楼、河南医学院、北京师范学院楼群、解放军俱乐部、毛主席纪念堂南大厅，及若干中小型使馆等重要工程的设计。

高亦兰

女，1932 年 3 月生于山西省米脂县，清华大学教授、博士生导师，中国建筑师学会建筑理论与创作委员会委员，全国高等学校建筑学专业教育评估委员会主任委员，国际女建筑师协会会员。1949 年毕业于上海中学后考入清华大学建筑系，1952 年毕业后留校任教。长期从事建筑设计的教学、设计实践和研究工作。1958 年参加中国革命历史博物馆的设计。1959—1966 年任清华大学中央主楼工程负责人。1976 年 9 月—1977 年 8 月，参加毛主席纪念堂设计。20 世纪 80 年代初，任北京燕翔饭店新楼设计负责

人，该工程 1989 年获国家教委系统优秀设计二等奖。曾主持或参加的重大设计项目有：首都师范大学本部校园改扩建规划、沈阳航空工业学院图书馆等。主持科研项目：框架轻板工业化住宅体系研究、梁思成建筑思想研究、建筑形态与文化研究等。在国内外刊物上发表论文 20 余篇，合译有 [苏] 耶・安・阿谢甫可夫著《苏维埃建筑史》（见《城市建设文集》(内部发行)，北京 : 中国建筑工业出版社 ,1955 年)、[美] 克里斯托弗・亚历山大著《建筑模式语言》（北京 : 知识产权出版社，2002 年)。1993 年获全国优秀教师称号，其合作教学成果"提高教学质量 , 迈步走向世界"（合作) 获 1993 年全国普通高等学校优秀教学成果奖国家级一等奖。

黄国民

时为设计组办公室工人师傅领导，生平待查。

徐伯安（1931—2002）

男，1931 年生于辽宁丹东。清华大学建筑学院教授、著名中国建筑历史学家、国家一级注册建筑师、中国建筑学会建筑史学分会理事。1954 年毕业于清华大学建筑系，并留校任教。作为主要助手参加了梁思成主持的《中国古代建筑史及文物建筑保护》项目的研究工作，承担梁思成主持的〔宋〕《营造法式注释》项目的大量工作，完成梁思成研究成果的整理工作。1958 年参加中国历史博物馆和革命博物馆的方案设计。1963 年协助梁思成设计扬州鉴真纪念堂。1976 年参加毛主席纪念堂设计全过程。曾担任清华大学建校设计组组长，主持或参与设计清华大学工程物理系馆、实验电厂，清华附中，吴晗纪念亭，清华大学同学会馆，颐和园后山买卖街复原，十三陵九龙游乐园等工程。先后主讲中国建筑史、中国古代园林史、中国宗教建筑史、宋式建筑构造、清式建筑构造、中国古代建筑年代鉴别、清式建筑形制及工程作法等建筑历史课程。

李颐龄

时为设计组设备专业工程师。生平待查。（哈尔滨军事工程学院同学"信息交流联谊会"成员中有同名人，1961 年毕业于该校五系，即工兵工程系。见"信息交流联谊会"登记名录，《法尊日记(1985—1990 年)》，http://hjgmemoir.blog.sohu.com/270641893.html）

徐荫培

男，1957 年毕业于北京市土木建筑工程学校（今北京建筑大学）工民建专业，著名建筑师，毛主席纪念堂设计组总负责人，时任北京市建筑设计院四室主任，北京城市开发集团有限责任公司总建筑师。时为设计组建筑专业工程主持人。

周之德

时为设计组办公室领导，结构专业人员。生平待查。

庞洪涛

时为设计组办公室工作人员，生平待查。

张绮曼

女，生于 1941 年 10 月，河南人。中国环境艺术设计专业的创建人及学术带头人，中央美术学院教授、博士生导师，张绮曼教授环境艺术工作室主任，中国美术家协会理事、环境设计艺术委员会主任，中国室内装饰协会副理事长，中国工业设计协会常务理事、北京市建筑装饰协会设计委员会会长。1964 年毕业于中央工艺美术学院室内设计专业。1964—1978 年先后任职于建工部北京工业建筑设计院、北京市建筑设计院。1980 年于中央工艺美术学院获硕士学位。1983—1986 年任东京艺术大学美术学部环境造型设计研究室研究员。1980—1998 年任教于中央工艺美术学院。1998—2000 年中央工艺美术学院合并至清华大学成立美术学院。2000 年 10 月调往中央美术学院。编著有《室内设计资料集》（北京：中国建筑工业出版社，1991 年）、《室内设计经典集》（北京：中国建筑工业出版社，1994 年）、《环境艺术设计与理论》（北京：中国建筑工业出版社，1996 年）、《室内设计的风格样式与流派》（北京：中国建筑工业出版社，2000 年）等。参加及主持北京人民大会堂西藏厅、东大厅、国宾厅，毛主席纪念堂，民族文化宫，外事接待大厅，北京会议中心，北京饭店，中国国家博物馆等大型室内设计项目。时为设计组室内设计人员。

郑 炜

时为设计组设备专业人员，生平待查。

李新院

时为设计组给排水专业人员，生平待查。

马国馨

男，1942 年生于山东省济南市。中国工程院院士，北京市建筑设计研究院总建筑师、教授级高级建筑师，国家一级注册建筑师，中国建筑学会建筑师分会会长、中国科协常委、北京市科协副主席。1959—1965 年于清华大学建筑系学习，毕业分配到北京市建筑设计研究院工作，历任建筑师、设计室副主任、主任建筑师、副总建筑师、总建筑师。1981—1983 年于日本东京丹下健三都市建筑研究所研修。1991 年获清华大学工学博士学位，并荣获全国"五一"劳动奖章。1994 年获中国勘察设计大师称号。1995 年获"全国先进工作者"称号。1997 年当选中国工程院院士。2000 年当选中国建筑学会副理事长。2003 年获"第二届梁思成建筑奖"。主要设计作品：北京国际俱乐部，毛主席纪念堂，国家奥林匹克体育中心，首都国际机场新航站楼，北京宛平中国人民抗日战争纪念碑和雕塑园，北京申奥场馆设计方案指导等。主要论著：《丹下健三》（北京：中国建筑工业出版社，1989 年）、《日本建筑论稿》（北京：中国建筑工业出版社，1999 年）、《体育建筑论稿——从亚运到奥运》（天津：天津大学出版社，2006 年）、《建筑求索论稿》（天津：天津大学出版社，2009 年）、《环境城市论稿》（天津：天津大学出版社，2016 年）、《南礼士路 62 号》（北京：生活·读书·新知三联书店，2018 年）等。

赵志勇

时为设计组设备专业负责人，生平待查。

张向炜

关肇邺先生在北京大学图书馆扩建工程工地指导施工

关肇邺先生在北京大学图书馆扩建工程工地指导施工（赖德霖摄、藏）

照片简介

  1997年7月初的一天我正在清华大学校园内拍照建筑，恰遇关肇邺先生骑车路过。他说，他从远处看正在施工的北京大学图书馆扩建部分，注意到大屋顶翘角位置的混凝土浇筑可能有问题，正要去工地核实。既然遇见，便邀我陪同前去，说这样可以尽量避免自己一个人看走眼。

  先生到工地后发现，浇筑完的大屋顶东南角起翘确实不是从水平过渡到上扬，而是先下沉一点再上扬。这是施工错误。于是，他当场指示工地负责人采取措施进行修改。我在一旁看他们讨论，感到机会难得，便为先生拍摄了一组工作照片。其中表情略显疑惑、正与先生讨论的小伙子就是工地负责人。

  我在先生忙完后告诉他，自己已决定离开清华赴美"接受再教育"，当天就要去向学院辞职。先生略感诧异，但马上说："那我们应该合个影。"于是，我请工地负责人帮助拍下了我与先生的合影。

赖德霖

2019年2月28日补记

关肇邺先生在北京大学图书馆扩建工程工地指导施工

附 录

附录一

中国建筑口述史研究大事记
（20 世纪 20 年代—2018 年）[1]

沈阳建筑大学王晶莹（整理）
（文中的灰底部分为文史界及国外部分口述史研究背景情况）

• 20 世纪 20 年代

苏州工业专门学校建筑科主任柳士英寻访到"香山帮"匠师姚承祖，延聘他开设中国营造法课程。后教授刘敦桢受姚之托，整理姚著《营造法源》。（见赖德霖、伍江、徐苏斌主编《中国近代建筑史》，第二卷，北京：中国建筑工业出版社，2016 年，370 页）

• 20 世纪 30 年代

梁思成通过采访大木作匠师杨文起、彩画作匠师祖鹤洲，对清工部《工程做法则例》进行整理和研究，1934 年出版《清式营造则例》。（见：《清式营造则例》"序"，北京：清华大学出版社，2006 年）

• 20 世纪 40 年代

1948 年，美国史学家艾伦·内文斯（Allan Nevins）在哥伦比亚大学建立口述历史研究室，一些中国近现代历史名人的口述传记，如《顾维钧回忆录》（唐德刚，1977）、《何廉回忆录》（1966）、《蒋廷黻回忆录》（1979），以及对张学良的访谈，均由该室完成。

• 20 世纪 50 年代

1959 年 10 月，陈从周、王其明、王世仁和王绍周采访朱启钤，了解北京近代建筑情况。（见张复合《20 世纪初在京活动的外国建筑师及其作品》，《建筑史论文集》，第 12 辑，北京：清华大学出版社，2000 年，106 页，注释 3）

• 20 世纪 60 年代

侯幼彬协助刘敦桢编写《中国建筑史》，负责近代部分。受刘支持和介绍，采访了赵深、陈植、董大西等前辈。（见侯幼彬《缘分——我与中国近代建筑》，《建筑师》，第 189 期，2017 年 10 月，8-15 页）

• 20 世纪 70 年代

唐德刚整理完成《顾维钧回忆录》（*The Memoires of V. K. Wellington Koo*,1977），《胡适回忆录》（*The Memoir of Hu Shih*,1977），《李宗仁回忆录》（*The Memoir of Li Tsung-jen*,1979）。

• 20 世纪 80 年代

邹德侬、窦以德为撰写《中国大百科全书：建筑、园林、城市规划》，到各地的大区、省、市建筑设计院和高校与建筑师、教师举行座谈会或进行专访，计数十次，录下 100 多盘录音带（见"邹德侬"，杨永生、王莉慧编《建筑史解码人》，北京：中国建筑工业出版社，2006 年，271–276 页）。该项工作为中国现代建筑史研究中所进行的首次系统性口述史调查和记录。

东南大学研究生方拥在撰写硕士论文《童寯先生与中国近代建筑》的过程中采访了诸多童的同学、同事、学生，以及亲属和友人，并通过书信向陆谦受前辈做了请教。（见"方拥"，杨永生、王莉慧编《建筑史解码人》，北京：中国建筑工业出版社，2006 年，335–341 页）

李乾朗通过采访台湾著名大木匠师陈应彬（1864—1944）的后人并结合实物，对陈展开研究。2005 年出版著作《台湾寺庙建筑大师——陈应彬传》（台北：燕楼古建筑出版社，2005 年）。

1988 年上海市建筑工程管理局成立《上海建筑施工志》办公室，承担这部上海市地方志专志系列书之一的编撰工作。《志》办成员在广泛搜集图书档案资料的同时，也走访熟悉上海建筑施工行业历史的人物搜集口述资料。成果见《上海建筑施工志》编纂委员会编《东方"巴黎"——近代上海建筑史话》（上海文化出版社，1991 年）、《上海建筑施工志》（上海社会科学院出版社，1997 年）。

在中国近代建筑史研究中，赖德霖、伍江、徐苏斌等采访了陈植、谭垣、唐璞、张镈、赵冬日、黄廷爵、汪坦、刘光华等第一、二代建筑家，或他们的亲属和学生，还通过书信向更多前辈请教。成果见于他们各自的著作或论文。

• 20 世纪 90 年代

在口述史调查的基础上，李辉出版《摇荡的秋千——是是非非说周扬》（海天出版社，1998 年）；贺黎、杨健出版《无罪流放——66 位知识分子"五七"干校告白》（北京：光明日报出版社，1998 年）；邢小群出版《凝望夕阳》（青岛出版社，1999 年）。

1999 年北京大学出版社策划"口述传记"丛书，出版了《风雨平生——萧乾口述自传》《小书生大时代——朱正口述自传》等。

美国学者 John Peter 出版 *The Oral History of Modern Architecture: Interview With the Greatest Architects of the Twentieth Century* (New York：H.N. Abrams, 1994)。

林洙女士在研究中国营造学社历史的过程中采访了诸多当事人和当事人亲属。成果见《叩开鲁班的大门——中国营造学社史略》（北京：中国建筑工业出版社，1995 年）。

1997 年陈喆发表《天工建筑师事务所——访唐璞先生》。（见《当代中国建筑师——唐璞》，北京：中国建筑工业出版社，1997 年，9–11 页）

同济大学研究生崔勇在撰写有关中国营造学社的博士论文过程中采访了许多当事人或当事人的亲友、学生、同事、知情人。访谈记录收入崔著《中国营造学社研究》（南京：东南大学出版社，2000 年）。

• 2000—2009 年

在口述史调查的基础上，陈徒手出版《人有病，天知否—— 一九四九年后中国文坛纪实》（北京：人民文学出版社，2000 年）。

美国学者格罗·冯·伯姆（Gero von Boehm）访谈贝聿铭，出版 *Conversations with I.M. Pei: Light is the Key* (New York：Prestel Publishing, 2000)。

天津大学研究生沈振森在撰写有关沈理源的硕士论文过程中采访了许多沈的亲属和学生。成果见 2002 年天津大学硕士论文《中国近代建筑的先驱者——建筑师沈理源研究》。

原新华社高级记者王军发表《城记》（北京：生活·读书·新知三联书店，2003 年），在为此书收集史料的十年间，采访了陈占祥先生本人及其亲属，以及梁思成先生的亲友、学生和同事等。

美国纽约圣若望大学历史系教授金介甫 (Jeffrey C. Kinkley) 搜集大量资料著 *The odyssey of Shen Congwen Odyssey of Shen Congwen* 并由符家钦译为《沈从文传》（北京：国际文化出版公司，2005 年），介绍中国现代著名作家、历史文物研究家、京派小说代表人物沈从文的生平事迹。

东南大学研究生刘怡在撰写有关杨廷宝的博士论文过程中采访了许多杨的学生。访谈记录收入刘和黎志涛著《中国当代杰出的建筑师、建筑教育家杨廷宝》（北京：中国建筑工业出版社，2006 年）。

华中科技大学学生郑德撰写硕士论文，通过现场调研获得口述资料的方式，对汉正街自建区住宅进行了考察和研究。成果见《汉正街自建住宅研究》（华中科技大学，2007 年）。

中国现代文学馆研究员傅光明根据自己的博士论文扩充而成《口述历史下的老舍之死》（济南：山东画报出版社，2007 年），介绍作家老舍曲折生活经历、老舍之死的史学意义，并且分析了 20 世纪中国知识分子的悲剧宿命。

邢肃芝(洛桑珍珠)口述，张健飞、杨念群笔述的《雪域求法记—— 一个汉人喇嘛的口述史》（北京：生活·读书·新知三联书店，2008 年），讲述了一位精通汉藏佛教、修道有成的高人邢肃芝的传奇经历。

同济大学副教授钱锋在 2003—2004 年撰写有关中国近现代建筑教育的博士学位论文过程中，采访了国内各高校建筑学科的一些老师，以了解各校现代建筑教育发展的历史情况。成果见钱锋、伍江《中国现代建筑教育史（1920—1980）》（北京：中国建筑工业出版社，2008 年）。

香港大学研究生王浩娱在撰写博士论文的过程中采访了范文照、陆谦受等中国近代著名建筑家的后人，以及郭敦礼等 1949 年以前在大陆接受建筑教育，之后到海外发展的建筑师。成果见 Haoyu Wang, *Mainland Architects in Hong Kong after 1949: A Bifurcated History of Modern Chinese Architecture*, PhD Thesis, University of Hong Kong, 2008。

原广州市设计院副总建筑师蔡德道在访谈中回顾了在 20 世纪 60—80 年代在我国建筑界作出杰出贡献的"旅游旅馆设计组"之始末，探讨了从岭南现代建筑的一代宗师夏昌世先生身上所获得的教益与经验，并阐述了现代建筑在中国的若干轶闻。（见蔡德道《往事如烟——建筑口述史三则》，《新建筑》，2008 年，第 5 期）

哈佛大学费正清研究中心联系研究员，前上海交通大学副教授王媛总结了建筑史研究的一般方法，并通过实例说明在建筑史尤其是民居研究中采用口述史方法的重要性，还对如何将这种方法纳入更为规范和学术化的轨道进行了探讨。（见《对建筑史研究中"口述史"方法应用的探讨——以浙西南民居考察为例》，《同济大学学报》，2009 年，第 5 期）

• 2010 年至今

河南工业大学讲师、同济大学博士段建强通过访谈大量当事人，梳理了 20 世纪 50 年代以来，尤其是 80 年代以后上海豫园修复的过程，在此基础上研究了陈从周的造园思想与保护理念、实践意义和学术贡献。成果见《陈从周先生与豫园修复研究：口述史方法的实践》，《南方建筑》，2011 年，第 4 期。

同济大学教授卢永毅在回忆资料和访谈基础上发表论文《谭垣的建筑设计教学以及对"布扎"体系的再认识》。（见《南方建筑》，2011 年，第 4 期）

同济大学建筑城规学院常青院士借助历史文字、图像和口述史资料的分析，从渊源和修复两个方面，探讨桑珠孜宗堡的变迁真相及复原再现的特殊意义。成果见《桑珠孜宗堡历史变迁及修复工程辑要》，《建筑学报》，2011 年，第 5 期；《西藏山巅宫堡的变迁：桑珠孜宗宫的复生及宗山博物馆设计研究》（上海：同济大学出版社，2015 年）。

胡德川、宋倩通过对五位与怀化相关民众的采访，撰写论文《怀化价值及未来——五个人的怀化口述史》。（见《建筑与文化》，2011 年，第 10 期）

同济大学建筑与城市规划学院出版《谭垣纪念文集》《吴景祥纪念文集》《黄作燊纪念文集》（北京：中国建筑工业出版社，2012 年），汇集了诸多谭、吴、黄前辈的同事、学生、亲友的回忆文章。《黄作燊纪念文集》中还有钱锋对多位黄的学生的访谈记录。

2012 年，建筑出版界前辈杨永生先生的口述自传《缅述》由李鸽、王莉慧记录、整理和编辑，由北京中国建筑工业出版社出版。

河南工业大学讲师段建强发表《口述史学方法与中国近现代建筑史研究》，《2013 第五届世界建筑史教学与研究国际研讨会》论文，重庆大学，2013 年。

上海大学图书情报档案系连志英以档案部门城市记忆工程建设作为研究对象撰写论文《基于后保管模式及口述史方法构建城市记忆》。（见《中国档案》，2013 年，第 4 期）

上海济光职业技术学院副教授蒲仪军将"口述史"研究方法用于微观研究和保护设计中，发表论文《陕西伊斯兰建筑鹿龄寺及周边环境再生研究——从口述史开始》。（见《华中建筑》，2013 年，第 5 期）

东南大学建筑历史与理论研究所通过采访当事人，编辑出版了《中国建筑研究室口述史（1953—1965）》（南京：东南大学出版社，2013 年）。

2013 年，中国建筑工业出版社推出"建筑名家口述史丛书"，已出版刘先觉《建筑轶事见闻录》（杨晓龙整理，2013 年）、潘谷西《一隅之耕》（李海清、单踊整理，2016 年）、侯幼彬《寻觅建筑之道》（李婉贞整理，2017 年）。

山西大学薛亚娟在 2013 年硕士论文《晋西碛口古镇文化景观整体保护研究——以口述史为中心的考察》中，以晋西碛口古镇文化景观为研究对象，以文化景观的保护为研究重点，试图通过口述史的方法，探索对碛口古镇文化景观整体保护的一种模式。

天津大学张倩楠撰写硕士论文，探讨口述史方法在江南古典园林营造技艺研究、园林修缮研究和记录，以及园林研究学者个案研究方面的意义和价值。成果见《江南古典园林及其学术史研究中的口述史方法初探》（天津大学建筑学院，2014 年）。

北京建筑大学建筑设计艺术研究中心黄元炤出版《当代建筑师访谈录》（北京，中国建筑工业出版社，2014 年）。

对中国工程院院士：关肇邺、张锦秋、王小东、何镜堂、马国馨、崔愷；教授学者：张钦楠、邹德侬、鲍家声、王建国、赵辰、梅洪元、庄惟敏、黄印武、李立、金秋野、张烨、刘亦师；建筑史：黄汉民、吴钢、祝晓峰、王振飞进行的笔谈，回顾他们与"学报"的情缘，讨论他们对"学报"的期望，撰写《亦师亦友共同成长——〈建筑学报〉编者、读者、作者笔谈录》（《建筑学报》，2014年，第9期）。

清华同衡规划院历史文化名城所在福州上下杭历史街区针对1949年之前街区生活的记忆进行了口述史记录工作，成果见齐晓瑾、霍晓卫、张晶晶"城市历史街区空间形成解读——基于口述史等方法的福州上下杭历史街区研究"，《中国建筑史学会年会暨学术研讨会论文集》（2014年）。

清华大学程晓喜受中国科学技术协会的委托于2014年7月启动清华大学建筑学院教授关肇邺院士学术成长资料采集工程并担任项目负责人。采集内容包括口述文字资料、证书、证件、信件、手稿、著作、论文、报道、评论、照片、图纸、档案，以及视频影像和音频资料，其中对关肇邺本人的直接访谈1786分钟，对多位中国工程院院士的访谈录音229分钟。

清华大学建筑历史研究所刘亦师在文献梳理的基础上结合对13名健在的中国建筑学会重要成员和历届领导班子成员的口述访谈，撰写《中国建筑学会60年史略——从机构史视角看中国现代建筑的发展》。（见《新建筑》，2015年，第2期）

河北工程大学建筑学院副教授武晶以关键人物的口述访谈和相关文献为基础，撰写博士论文《关于〈外国建筑史〉史学的抢救性研究》（天津：天津大学建筑学院，2016年）。

同济大学建筑学博士后王伟鹏撰写期刊论文《建筑大师的真实声音评介〈现代建筑口述史——20世纪最伟大的建筑师访谈〉》。（见《时代建筑》，2016年，第5期）

中国城市规划研究院邹德慈工作室教授级高级城市规划师李浩博士在大量访谈的基础上完成并出版了《八大重点城市规划——新中国成立初期的城市规划历史研究》（上、下卷）（北京：中国建筑工业出版社，2016年）和《城·事·人——城市规划前辈访谈录》（1—5辑）（北京：中国建筑工业出版社，2017年）。撰写期刊论文《城市规划口述历史方法初探（上）、（下）》（分别刊登在《北京规划建设》，2017年，第5期和2018年，第1期）。

清华同衡规划院齐晓瑾、王翊加、张若冰与北京大学历史学系研究生杨园章、社会学系研究生周颖等，2016年在福建省晋江市五店市历史街区就宗祠重建、地方文书传承、建筑修缮和大木技艺传承等话题进行系列口述史记录与历史材料解读。调研成果与访谈记录参加深港建筑城市双年展（2017），其他成果待发表。

清华大学建筑历史研究所刘亦师结合文献研究和口述史料，对公营永茂建筑公司的创设背景、发展轨迹、领导成员、职员名单及内部的各种管理制度等内容进行梳理。成果见"永茂建筑公司若干史料拾纂"系列文章，收录于《建筑创作》，2017年，第4、5期。

清华大学建筑学院参与中国科学技术协会老科学家资料采集工程，整理吴良镛、李道增、关肇邺院士口述记录。

中国高校第一部以口述史方式完成的院史记录《东南大学建筑学院教师访谈录》由东南大学建筑学院教师访谈录编写组采访和编辑整理，2017年由中国建筑工业出版社出版。其中有对不同时期23位老教师的访谈记录。

香港大学吴鼎航通过采访大木匠师吴国智完成有关潮州乡土建筑的博士论文。成果见 Ding Hang Wu, *Heaven, Earth and Man: Aesthetic Beauty in Chinese Traditional Vernacular Architecture – An Inquiry in the Master Builders' Oral Tradition and the Vernacular Built-form in Chaozhou*, Ph.D. dissertation of the University of Hong Kong, 2017。

北京建筑大学刘璧凝在 2017 年硕士学位论文《北京传统建筑砖雕技艺传承人口述史研究方法探索》中对口述史在北京传统建筑中的适用性和研究要点进行探讨，总结适用于北京传统建筑砖雕口述史的作业方法、作业流程及问题设计、整理方式等。

中国社会科学院近代史研究所专家白吉庵将 1985 年 7 月 27 日至 1988 年 1 月 19 日对思想家、教育家和社会改造运动者梁漱溟的 24 次访谈整理成《梁漱溟访谈录》（北京：人民出版社，2017 年）。

华南农业大学林学与风景园林学院的赖展将、巫知雄、陈燕明以英德当地一线英石文化工作者赖展将先生为口述访谈对象，运用历史学的口述历史研究方法，以其个人与英石相关的工作经历，介绍英石文化与产业在改革开放之后的发展历程，撰写期刊论文《英石文化需要崇拜者、创造者和传播者—— 一位英石文化工作者的口述》留下第一手原生性资料，为英石文化的当代传承作出重要贡献。（见《广东园林》，2017 年，第 5 期）

天津大学孔军 2017 年在博士论文《传承人口述史的时空、记忆与文本研究》中，通过分析大量传承人口述史资料，探讨口述史方法在传承人研究领域中的应用，从时间与空间交织、文化记忆研究取向以及口述史文本采写和样式等方面展开分析，论述传承人口述史的口述实践和文本建构，总结传承人口述史不同于其他类型口述史的特征。同时撰写研究成果期刊论文《试论建筑遗产保护中"非遗"传承人保护的问题与策略》。（见《建筑与文化》，2017 年，第 5 期）

华南农业大学林学与风景园林学院翁子添、李晓雪整理了以前任广州盆景协会会长、岭南盆景研究者谢荣耀为口述访谈对象，从岭南盆景培育技术、树种选择和盆景推广三个主要方面谈岭南盆景的发展和创新的访谈记录，发表期刊论文《岭南盆景的发展与创新—— 盆景人谢荣耀口述》为岭南盆景的当代研究留下第一手资料。（见《广东园林》，2017 年，第 6 期）

华南农业大学林学与风景园林学院的翁子添、李世颖、高伟基于风景园林学科范畴，以口述史的研究视角对岭南盆景技艺的保护与传承进行初步探讨，撰写《基于岭南民艺平台的"口述盆景"研究与教育探索》。（见《广东园林》，2017 年，第 6 期）

清华大学建筑历史研究所刘亦师从 2018 年 5 月份起，陆续对参与清华设计院创建及对其发展了解20 多位老先生进行访谈，着重梳理了 20 世纪 90 年代以前的设计院的发展历程。在查证档案材料的基础上，按照设计院发展的历史阶段、围绕重要的工程项目，把这一次获得的口述史料摘选合并成文，撰写《清华大学建筑设计研究院发展历程访谈辑录》。（见《世界建筑》，2018 年，第 12 期）

河西学院土木工程学院冯星宇撰写期刊论文《基于口述史的张掖古民居历史再现》。（见《河西学院学报》，2018 年，第 1 期）

清华大学建筑历史研究所的刘亦师在《清华大学建筑设计研究院之创建背景及早期发展研究》一文中运用访谈等口述史研究方法对清华大学建筑设计研究院的创办的基础与背景、发展历程及组织运营等方面的史实资料进行系统的整理说明。（见《住区》，2018 年，第 5 期）

　　沈阳建筑大学设计艺术学院的王鹤、董亚杰以东北地区规模最大、保存最完整的清末乡土民居建筑遗产——长隆德庄园为研究对象，应用口述史方法，对长隆德庄园选址依据、原始布局、建筑功能以及营建过程进行研究，撰写期刊论文《基于口述史方法的乡土民居建筑遗产价值研究初探——以辽南长隆德庄园为例》。（见《沈阳建筑大学学报（社会科学版）》，2018 年，第 5 期）沈阳建筑大学地域性建筑研究中心陈伯超、刘思铎主编《中国建筑口述史文库（第一辑）：抢救记忆中的历史》（上海：同济大学出版社，2018 年）。20 多位学者完成了对贝聿铭、高亦兰、汉宝德、李乾朗、莫宗江、唐璞、汪坦、张镈、张钦楠、邹德慈等著名建筑家和建筑民俗工作者范清静等受访者建筑口述史采访记录，扩充中国建筑的口述史实物和档案史料，进一步丰富和扩展中国建筑史研究。

　　贵州师范学院美术与设计学院的张婧红、杨辉、秦艮娟在《口述史方法在少数民族建筑设计营造智慧研究中的应用》一文中运用口述史的研究方法对少数民族传统建筑设计营造匠人进行尽可能全面系统的深度访谈，将其建筑技艺和思想抢救加以记录，为国家和民族保住一份建筑文化遗产。（见《山西建筑》，2019 年，第 4 期）

附录二

编者与采访人简介

（按姓氏拼音排序）

蔡 军 女，上海交通大学设计学院教授、博士生导师。日本名古屋工业大学博士毕业，日本学术振兴会（JSPS）特别研究员。上海市建筑学会历史建筑保护专业委员会委员、上海市景观学会景观历史专业委员会主任、国家科技奖励评审专家、*Journal of Asian Architecture and Building Engineering* 编委。研究方向：大空间公共建筑设计、江南地区传统建筑木作营造技术、中国古典建筑与法式制度、既有建筑更新与利用。发表论文 90 余篇，著有《〈工程做法则例〉中大木设计体系》（2004），《历届世博会建筑设计研究（1851—2005）》（2009），《建筑地图 – 上海》（2012），主持日本学术振兴会、国家自然科学基金委、上海市教委等多项重要课题，主讲"中国建筑史"获上海市精品课程。

陈芬芳 女，华侨大学建筑学院讲师。2007 年天津大学建筑设计及其理论专业硕士研究生毕业，研究生论文题目为《中国古典园林研究文献分析》，2018 年天津大学建筑历史与理论专业博士毕业，博士论文题目为《二十世纪的中国古典园林学术史基础研究》。主要研究方向：传统景观创作理论、闽南传统建筑等，已发表《近代以来的古典园林研究史初探：文献分析与学科分布研究》（2009）、《历史文化视野下的中国古典园林研究地理分布分析》（2018）、《厦门虎溪岩寺景观理法探析》（2018）等论文。

陈嘉煌 男，武汉大学历史学院 2016 级研究生，主要研究方向为中国文化史。

陈耀威 男，国际和马来西亚 ICOMOS 会员，马来西亚文化遗产部的注册文化资产保存师以及华侨大学兼职教授，现任陈耀威文史建筑研究室主持。台湾国立成功大学建筑系毕业。从事文化资产保存，文化建筑设计以及华人文史研究工作。著有：《槟城龙山堂邱公司历史与建筑》《甲必丹郑景贵的慎之家塾与海记栈》《掰逆摄影》《文思古建工程作品集》《槟榔屿本头公巷福德正神庙》（合著）、*Penang Shophouses: A Handbook of Features and Materials*。曾主持修复槟城鲁班古庙、潮州会馆韩江家庙、潮州会馆办公楼、本头公巷福德正神庙、大伯公街海珠屿大伯公庙、清和社等传统建筑与店屋。

陈志宏 男，华侨大学建筑学院，教授，博士。主要研究方向：近代华侨建筑文化海外传播史、闽台地域建筑研究；主要著作：《闽南近代建筑》（2012）；主要奖项：2009 年获首届中国建筑史学青年学术论文二等奖；2017 年设计作品"闽南生态文化走廊示范段 —— 木棉新驿驿站"获中国建筑学会主办首届海丝建筑文化青年设计师大奖赛二等奖。

成 丽 女，博士，华侨大学建筑学院副教授。主要研究方向: 闽南传统建筑、营造技艺、遗产保护等。主持国家自然科学基金青年基金项目、教育部人文社会科学研究青年基金资助项目等科研课题，出版《宋〈营造法式〉研究史》（2017）等著作。

戴 路 女，天津大学博士，天津大学建筑学院建筑系教授。主要研究方向：中国近现代建筑历史与理论研究、中国现代建筑的动态跟踪、20世纪中国建筑遗产保护、地域性建筑、建筑设计与可持续发展研究。主要著作：《印度现代建筑》（邹德侬、戴路，2002），《中国现代建筑史》（普通高等教育"十一五"国家级规划教材）（邹德侬、戴路、张向炜，2010），译著《当代世界建筑》（刘丛红、戴路、邹颖，2003）；主要奖项：参与"中国现代建筑史研究"获得教育部自然科学奖一等奖（2003），参与"中国当代建筑创作理论研究与应用"获得天津市科学技术进步奖二等奖（2002）。

丁 援 男，建筑学博士。中信建筑设计研究总院有限公司副总规划师、正高职高级工程师，ICOMOS共享遗产中心主任，UNESCO工业遗产教席联合持有人，武汉共享遗产研究会副理事长兼秘书长。主要研究方向：文化线路、武汉文化遗产、都市复兴。在权威期刊与核心期刊发表各类科研论文20余篇，出版专著2本，编著8本，主持和参与多项国家及省部级科研项目。

段建强 男，河南工业大学教师。主要研究方向：风景园林史、近代学科史、建筑历史与理论、城市更新与遗产保护。译著《无限之镜：法国十七世纪园林及其哲学渊源》（2013）、《帝都来信：北京皇家园林概览》（2018）。

高 原 女，中国建筑东北设计研究院有限公司《建筑设计管理》杂志社主编。2007年毕业于沈阳工程学院社会工作专业，现就读于辽宁大学新闻与传播学院。长期围绕期刊定位，致力于为建筑设计行业和企业改革与发展，坚持交流探索企业管理新经验，宣传建筑设计业界精英人物；以选题的引领性和深度挖掘的艺术表达为记写视角，致力以丰富、精炼、深刻的内容回馈读者。

何滢洁 女，天津大学建筑学院，2015级建筑历史与理论专业方向直博生。主要研究领域：中国明清档案学家、建筑史学家单士元先生的学术活动及学术思想。曾参与故宫2017年"古建守护者系列之单士元专题展览"、2018年"古建守护者系列之于倬云专题展览"的策展工作，并在"故宫讲坛131期"讲述《故宫人单士元先生的学术人生》。

侯 叶 女，华南理工大学建筑学院，2012级建筑学专业建筑设计及其理论方向博士研究生，师从孙一民教授。主要研究领域为大空间公共建筑及体育建筑设计。

华霞虹 女，同济大学工学博士（建筑历史与理论方向），耶鲁大学访问学者，现为同济大学建筑系教授，国家一级注册建筑师，中国建筑学会建筑评论分会学术委员会委员，《时代建筑》兼职编辑，阿科米星建筑设计事务所文化顾问。主要学术兴趣：中国现当代建筑史、日常城市研究与普遍建筑更新、

消费文化中的当代建筑。合著《上海邬达克建筑地图》（2013）、《绿房子》（2015）、《中国传统建筑解析与传承（上海卷）》（2017，传承篇负责人）《同济大学建筑设计院60年》（2018）等，并参与五卷本《中国近代建筑史》（2016）的编写工作。

黄美意　女，华侨大学建筑学院 2016 级建筑学专业硕士研究生。研究领域：闽南传统建筑营造技艺。

康斯明　男，华侨大学建筑学院 2016 级建筑学专业硕士研究生。研究方向：东南亚华侨建筑。

赖德霖　男，清华大学建筑历史与理论专业和美国芝加哥大学中国美术史专业博士，现为美国路易维尔大学美术系教授、美术史教研室主任。主要研究领域：中国近代建筑与城市。曾与王浩娱等合编《近代哲匠录：中国近代重要建筑师、建筑事务所名录》（2006），与伍江、徐苏斌等合编五卷本《中国近代建筑史》（2016）。主要著作有：《中国近代建筑史研究》（2007）、《民国礼制建筑与中山纪念》（2012）、《走进建筑走进建筑史——赖德霖自选集》（2012）、《中国近代思想史与建筑史学史》（2016）。

李　浩　男，重庆大学城市规划博士（师从邹德慈院士），清华大学博士后，荷兰莱顿大学访问学者，现为中国城市规划设计研究院邹德慈院士工作室主任研究员，教授级高级城市规划师，中国城市规划学会城市规划历史与理论学术委员会委员。主攻学术方向：中国当代城市规划史。已发表学术论文 100 余篇，出版著作 10 余部，代表作：《八大重点城市规划——新中国成立初期的城市规划历史研究》（2016年第一版，2019 年第二版）和《城·事·人》访谈录（已出版 5 辑）。

李红琳　女，哈尔滨工业大学建筑设计研究院。主要研究领域：少数民族历史建筑保护。

梁睿成　男，武汉大学历史学院 2016 级研究生。主要研究方向为中国文化史。

刘建林　男，ICOMOS 共享遗产研究中心高级摄影师，武汉共享遗产研究会人文武汉学会秘书长。

刘思铎　女，博士，沈阳建筑大学副教授，中国建筑学会近代史学术委员会委员。主要研究领域：建筑地域性理论、中国近现代建筑。参与五卷本《中国近代建筑史》（2016）的编写工作，并发表《沈阳近现代建筑的地域性特征》（2005）、《奉天省咨议局建筑特点研究》（2013）、《从〈盛京时报〉看沈阳 20 世纪 20 年代的建筑发展》（2013）、《沈阳近代小南天主教堂建筑技术探讨》（2014）、《沈阳近代建筑技术的传播与发展研究》（2015）等近 20 篇论文。

刘　莹　女，上海交通大学船舶海洋与建筑工程学院 2016 级土木工程专业方向博士研究生。主要研究领域：江南明清民居木作营造技术。

卢永毅　女，同济大学建筑与城市规划学院建筑系教授、博士生导师，外国建筑历史与理论学科组责任教授。1990 年毕业于同济大学建筑与城市规划学院，获建筑历史与理论博士学位。长期从事建筑学本科与研究生的西方建筑历史与理论教学，同时开展有关西方建筑史、上海近现代建筑与城市历史及其遗产保护的研究工作。曾参编建设部全国重点教材《外国近现代建筑史》，主编《建筑理论的多维视野》《地方遗产的保护与复兴》以及《谭垣纪念文集》和《黄作燊纪念文集》等，参写《中国近代建筑史》（第二卷、第四卷），译著《建筑与现代性》，发表相关学术论文数十篇。主持建设的同济大学"建筑理论与历史"课程于 2008 年获全国高校精品课程。主持国家自然科学基金两项，完成上海市优秀历史建筑和历史街区保护，以及相关保护管理制度建设等多个研究。

马国馨　男，中国工程院院士，北京市建筑设计研究院总建筑师、中国建筑学会建筑师分会会长、中国科协常委、北京市科协副主席。1942 年生于山东省济南市。1959—1965 年于清华大学建筑系学习，毕业分配到北京市建筑设计研究院工作。1981—1983 年于日本丹下健三都市建筑研究所研修。1991 年获清华大学工学博士学位，并荣获全国"五一"劳动奖章。1994 年获中国勘察设计大师称号。1995 年获"全国先进工作者"称号。1997 年当选中国工程院院士。2000 年当选中国建筑学会副理事长。2003 年获"第二届梁思成建筑奖"。主要设计作品：北京国际俱乐部，毛主席纪念堂，国家奥林匹克体育中心，首都国际机场新航站楼，北京宛平中国人民抗日战争纪念碑和雕塑园等。主要论著：《丹下健三》（1989）、《日本建筑论稿》(1999)、《体育建筑论稿——从亚运到奥运》(2006)、《建筑求索论稿》(2009)、《环境城市论稿》(2016)、《南礼士路 62 号》(2018) 等。

马晶鑫　男，华侨大学 2014 级建筑学专业硕士研究生。主要研究领域：闽南传统建筑堆剪作。

彭长歆　男，华南理工大学建筑学院教授、副院长，2013 年弗吉利亚大学建筑学院访问学者。主要研究方向为中国近现代城市、建筑及风景园林，并在公共建筑设计、既有建筑改造、建筑遗产保护与利用、历史环境保护与再生设计等领域开展设计实践。著有《现代性·地方性——岭南城市与建筑的近代转型》《岭南近代著名建筑师》《华南建筑 80 年：华南理工大学建筑学科大事记（1932—2012）》（与庄少庞合著），参编《中国近代建筑史》《辛亥革命纪念建筑》等著作。2012 年获美国亚洲文化协会颁授捷成汉伉俪奖助金（Desiree and Hans Michael Jebsen Fellowship）。

钱　锋　女，同济大学博士，现为同济大学建筑与城市规划学院建筑系副教授。主要教学和研究方向为西方建筑史和中国近现代建筑史。代表著作有：《中国现代建筑教育史（1920—1980）》（与伍江合著，2008），以及论文《"现代"还是"古典"——文远楼建筑语言的重新解读》《从一组早期校舍作品解读圣约翰大学建筑系的设计思想》等。承担有国家自然科学基金项目"近代美国宾夕法尼亚大学建筑设计教育及其对中国的影响""中国早期建筑教育体系的西方溯源及其在中国的转化"等课题，并参与五卷本《中国近代建筑史》（2016）的编写工作。

石　玉　女，北京交通大学建筑与艺术学院，专业技术岗研究人员。2015 年至今跟随导师薛林平长期从事建筑文化遗产的研究与保护工作，尤其是乡土建筑遗产、建筑口述历史等方向。参与编写：《皇城古村》《东沟古镇》《西文兴古村》《中国传统建筑解析与传承（山西卷）》等。

孙鑫姝 女，沈阳建筑大学建筑研究所，2018级建筑设计及其理论专业方向学硕研究生。主要研究领域：辽宁近现代城市建筑发展研究。

孙一民 男，华南理工大学建筑学院院长，博士生导师、长江学者特聘教授、国家教学名师、百千万人才工程国家级人选，有突出贡献中青年专家，首届广东省工程勘察设计大师，享受国务院特殊津贴。兼任亚热带建筑科学国家重点实验室常务副主任、中国建筑学会常务理事、中国体育科学学会体育建筑专业委员会副主任委员、建设部城市设计专家委员会成员。致力于大型公共建筑工程与城市设计。著有《当代建筑集成：文化建筑》（2013）、《江门长堤历史街区》（2016）、《土地使用与公交整合的城市发展模式》（2016）、《往事琐谈——我与体育建筑的一世情缘》（2018）、《精明营建——可持续的体育建筑》（2019）等著作，译有《体育馆设计指南》（2016）。先后获得4项国际体育建筑设计奖以及美国建筑学会（AIA）波士顿分会（BSA）"可持续规划优秀奖"、国家优秀工程设计银奖、建国60年建筑设计大奖，中国建筑学会金奖，中国勘察设计一等奖和省部级科技进步奖。

涂小锵 男，华侨大学建筑学院2016级建筑学学术硕士研究生。研究方向：东南亚华侨建筑。

王晶莹 女，沈阳建筑大学建筑研究所，2017级建筑设计及其理论专业方向专硕研究生。主要研究领域：工业遗产保护与再利用。

王　军 男，故宫博物院研究馆员、故宫研究院建筑与规划研究所所长。1991年毕业于中国人民大学新闻系，曾任新华社高级记者、《瞭望》新闻周刊副总编辑，第十一届北京市政协特邀委员。长期致力于北京城市史、梁思成学术思想、城市规划与文化遗产保护研究。著有《城记》《采访本上的城市》《拾年》《历史的峡口》《建极绥猷：北京城市文化价值与保护》。

王伟鹏 男，同济大学建筑与城市规划学院建筑系博士后，2016年毕业于南京大学建筑学院，获建筑设计及其理论博士学位。主要研究领域为西方近现代建筑历史与理论、美国建筑和建筑翻译，发表相关学术论文十几篇，译作《现代建筑口述史——20世纪最伟大的建筑师访谈》（2019）。

王　尧 女，天津大学建筑学院2017级建筑设计及其理论专业硕士研究生。主要研究领域：中国现代建筑研究。

温玉清（1972—2014） 男，天津大学建筑设计及其理论专业博士。博士期间以中国建筑史学史为研究方向，先后完成了《中国建筑史学研究概略（1949—1958）》《读刘敦桢先生未刊手稿〈河北定县开元寺塔〉有感》《中国营造学社学术成就与历史贡献述评》等论文。博士毕业后任职于中国文化遗产研究院，参与吴哥窟茶胶寺修复项目，发表《法国远东学院与柬埔寨吴哥古迹保护修复概略》《未完成的遗构：柬埔寨吴哥古迹茶胶寺散记之二》《毁灭与重生：古代高棉的历史记忆——柬埔寨吴哥古迹茶胶寺散记之一》等论文，出版《茶胶寺庙山建筑研究》。

吴鼎航 男，香港大学建筑历史与理论博士，师从龙炳颐教授，现任香港大学建筑学系博士后研究员。主要研究领域：中国传统民居建筑及遗产保护。

吴小婷 女，华侨大学建筑学院 2013 级建筑学专业硕士研究生。研究领域：闽南传统建筑营造技艺。

吴中奇 男，武汉大学城市设计学院 2017 级研究生。主要研究方向为建筑设计与城市更新。

仵娅婷 女，哈尔滨工业大学建筑学院，寒地城乡人居环境科学与技术工业和信息化部重点实验室，2018 级建筑历史方向硕士研究生。主要研究领域：中外建筑史论与遗产保护。

武 超 男，华侨大学 2015 级建筑学专业硕士研究生。主要研究领域：闽南传统建筑砖瓦作。

武 晶 女，天津大学博士，河北工程大学建筑与艺术学院教授。研究方向：建筑教育、建筑历史与理论、文化遗产保护。主持和参与多项省级社科基金项目，在核心期刊（CSSCI 和北大核心）及建筑学科重要期刊发表论文十余篇。

谢文蕙 女，1950 年毕业于天津南开女中，同年考入清华大学建筑系。毕业后在中国城市规划研究院工作。1970 年起任教清华大学建筑系。1979 年参加清华大学经济管理工程系筹备工作并任教授，在全国首先开创建筑技术经济学及城市经济学专业。在国内一级刊物发表论文 30 余篇，曾获建设部科技二等奖、兰州科技一等奖、北京市二等奖等。于 1980 年写出了《建筑技术经济》教材。1984 年正式出版《建筑技术经济》教科书，在国内属于领先者，一次出版四万余册。1996 年《城市经济学》出版第一版，2006 第二版，2008 第三版。2010 年获全国大学出版社联合会大学优秀教材二等奖。(谢教授之女，东密西根大学教授吕江撰)

许 颖 女，哲学博士，中信建筑设计研究总院城市规划博士后，ICOMOS（国际古迹遗址理事会）共享遗产研究中心高级研究员，UNESCO（联合国教育、科学及文化组织）工业遗产教席项目专员，武汉共享遗产研究会青年分会秘书长，张之洞数字博物馆执行副馆长。主要研究方向：经典学术与东亚社会、文化遗产保护理论与申遗实践。著有《武昌老建筑》等。

薛林平 男，同济大学建筑与城市规划学院博士，现为北京交通大学建筑与艺术系副教授。主要研究方向：观演建筑理论及其设计、建筑遗产保护等。主要著作有：《山西传统戏场建筑》《山西古村镇》《中国佛教建筑之旅》《中国道教建筑之旅》《上庄古村》《窦庄古村》等，发表论文 30 余篇。

殷 婕 女，上海交通大学设计学院 2014 级建筑学专业方向本科生，主要研究领域：杭嘉湖地区明清民居木作营造技术。

　　张　弯　女，华南农业大学硕士，现为华南理工大学建筑学院《南方建筑》专业编辑。主要研究方向：岭南园林史、建筑历史与理论。代表著作：《木塑复合材料在园林工程中的应用研究》（2016）、《东方文明古国的建筑力量——多西与王澍》（2018）、《以智慧和汗水书写美好人生——何镜堂建筑人生展》（2018）等。

　　张向炜　女，天津大学博士，天津大学建筑学院副教授。主要研究方向：中国近现代建筑、中西方现代建筑比较等。主要著作：《中国建筑60年（1949—2009）：历史纵览》（邹德侬、王明贤、张向炜，2009），《中国现代建筑史》（普通高等教育"十一五"国家级规划教材）（邹德侬、戴路、张向炜，2010）。主要奖项：著作《中国建筑60年（1949—2009）：历史纵览》获得天津市第十三届社会科学优秀成果奖（2013）。

　　朱　莹　女，哈尔滨工业大学建筑学院，寒地城乡人居环境科学与技术工业和信息化部重点实验室，副教授，硕士生导师，荷兰代尔夫特理工大学访问学者。主要研究领域为建筑遗产保护、乡土聚落再生。先后主持国家自然科学基金青年项目、黑龙江省自然科学基金青年项目、黑龙江省社会科学基金青年项目、黑龙江省教学改革项目等7项，参与4项，分别在《建筑学报》《城市建筑》《南方建筑》《建筑与文化》等核心刊物、国内外重要会议上，发表文章40余篇，出版专著3本。

图书在版编目（CIP）数据

建筑记忆与多元化历史/陈志宏,陈芬芳主编.--
上海:同济大学出版社,2019.5
（中国建筑口述史文库.第二辑）
ISBN 978-7-5608-8525-4

Ⅰ.①建… Ⅱ.①陈… ②陈… Ⅲ.①建筑史—史料
—中国 Ⅳ.① TU-092

中国版本图书馆 CIP 数据核字 (2019) 第 070580 号

中国建筑口述史文库　第二辑
建筑记忆与多元化历史

主　　编　陈志宏　陈芬芳

出 品 人　华春荣

特邀编辑　赖德霖　责任编辑　江岱　助理编辑　金言　苏勃　责任校对　徐春连　装帧设计　钱如潺

出版发行　同济大学出版社　　www.tongjipress.com.cn
　　　　　　（地址：上海市四平路 1239 号　邮编：200092　电话：021-65985622）

经　　销　全国各地新华书店
印　　刷　上海安枫印务有限公司
开　　本　787mm×1 092mm　　1/16
印　　张　21
字　　数　524 000
版　　次　2019 年 5 月第 1 版　　2019 年 5 月第 1 次印刷
书　　号　ISBN 978-7-5608-8525-4
定　　价　84.00 元